U0383939

生态文明建设气象服务
保障关键技术

钱　拴　张　迪　张碧辉　等著

气象出版社
China Meteorological Press

内容简介

本书瞄准生态文明建设需求,汇集了2018—2021年生态气象业务和环境气象业务从研究服务技术方法、建立业务系统到形成服务产品的主要建设成果,内容涵盖了植被生态、水生态和大气环境气象监测评估、气象灾害和气候变化对生态影响评估等方面。全书共分为15章,包括生态文明建设气象保障概述、植被气候生产潜力评估、植被生态质量气象监测评估、水体遥感监测及气象影响评估、大气环境气象监测评估预警、生态服务功能气象影响评估、生态气候承载力评估、气候生态宜居评估、生态旅游气象预报预测、气象灾害对生态安全影响的监测评估预警、气候和气候变化对生态的影响评估、生态文明建设绩效考核气象条件贡献评价、生态气象地面观测和遥感监测能力建设、国家级生态气象业务平台、生态文明建设气象保障标准体系。本书注重实用性,可操作性强,具有较高的应用参考价值。

本书可供从事气象、生态、环境、农业、林业、旅游等相关领域科研业务人员及高等院校相关专业学生参考使用。

图书在版编目(CIP)数据

生态文明建设气象服务保障关键技术 / 钱拴等著
. -- 北京 : 气象出版社, 2023.10
ISBN 978-7-5029-7725-2

Ⅰ. ①生… Ⅱ. ①钱… Ⅲ. ①生态环境建设—气象服
务—研究—中国 Ⅳ. ①X321.2②P451

中国版本图书馆CIP数据核字(2022)第095892号

Shengtai Wenming Jianshe Qixiang Fuwu Baozhang Guanjian Jishu

生态文明建设气象服务保障关键技术

钱　拴　张　迪　张碧辉　等著

出版发行:气象出版社				
地　　址:北京市海淀区中关村南大街46号		**邮政编码**:100081		
电　　话:010-68407112(总编室)　010-68408042(发行部)				
网　　址:http://www.qxcbs.com		**E-mail**:qxcbs@cma.gov.cn		
责任编辑:张锐锐　吕厚荃		**终　　审**:张　斌		
责任校对:张硕杰		**责任技编**:赵相宁		
封面设计:艺点设计				
印　　刷:北京建宏印刷有限公司				
开　　本:787 mm×1092 mm　1/16		**印　　张**:27.5		
字　　数:718千字				
版　　次:2023年10月第1版		**印　　次**:2023年10月第1次印刷		
定　　价:150.00元				

序

天气气候是诸多生态系统影响因素中最直接易变的自然因素,其波动变化直接影响着生态系统的生产能力、固碳能力和生态环境质量,关系着生态保护和修复、生态保护红线严守。为此,国家气象中心(中央气象台)一直加大生态气象和环境气象监测预报技术研究力度,并把技术、系统推广应用到省级气象部门,促进国、省两级形成合力,建立了国家级和省级互动的全国生态和环境气象业务服务体系,创建了《全国生态气象公报》《大气环境气象公报》品牌和草原、森林、荒漠等生态气象监测预测服务专报等多项系列化产品,为生态文明建设提供了多方位的气象保障和支持,获得了自然资源部、生态环境部、农业农村部、国家林业和草原局等部委以及省、市、县各级政府部门的肯定,服务效益显著。

钱拴研究员等专家牵头编写的《生态文明建设气象服务保障关键技术》是对多年科研业务一线研究成果的提炼和整理,是气象部门 2018 年以来围绕国家生态文明建设开展系列关键技术研究和业务能力建设的最新成果,其中既包含了研发的最新业务化技术、使用的业务支持数据、建立的业务系统、研制的服务产品,还包括了技术示范、试点,以及对生态文明建设气象保障标准体系存在问题的思考和未来发展的设计,服务示例包括国家、省、市、县多级,为未来生态和环境气象监测评估、预测预警技术研发和生态文明建设气象保障业务的发展提供了重要参考信息。

本书从光、温、水等气象条件入手,阐述了植被气候生产潜力估算、植被生态质量气象监测评估、水体遥感监测和气象影响评估、大气环境气象监测评估预警、生态服务功能气象监测评估、生态气候承载力评估、气候生态宜居评估、生态旅游气象预测预报、气象灾害生态安全影响评估预警、气候和气候变化对生态的影响评估、生态文明建设绩效考核气象条件贡献评价等服务的关键技术和服务案例,展示了生态气象综合观测示范和生态气象业务平台,可为生态文明建设提供技术支持和业务示范。

全球气候变化背景下,天气气候及极端天气气候事件对生态系统的影响更为复杂,重大气象灾害对生态安全威胁更大,生态文明建设气象服务保障将面临更多难题。希望气象部门继续努力,围绕国家发展改革委、自然资源部 2020 年印发的《全国重要生态系统保护和修复重大工程总体规划(2021—2035 年)》及其九项专项规划,研究更多的新技术和新方法,取得更多应用成果,为保障生态文明建设、建设绿色低碳高质量发展的美丽中国贡献气象智慧。

李泽椿

2023 年 4 月 26 日

前　言

　　天气气候作为影响生态系统和生态环境最活跃、最直接的自然因子,对生态文明建设有着重要的影响。短期天气和极端天气事件影响着生态系统的功能和结构,重大气象灾害对生态系统造成破坏,长期气候决定生态系统的格局,不利气候变化甚至引发生态系统逆向演替,威胁人类的生存和安全。因此,研究天气气候对生态系统及其生态环境的影响,建立气象业务技术体系、业务系统,开展气象服务,是气象部门保障生态文明建设的重要任务。

　　2002年以来气象部门紧紧围绕地表生态保护与修复、大气污染防治等对气象服务的需求以及促进"绿水青山就是金山银山"的理念,研发气象服务关键技术,集约化建设业务系统,研制气象服务产品,制定规范标准,建立气象业务服务体系,提高气象服务水平,目前建成了国省保障生态文明建设的气象监测、评估预报、预警业务体系,形成了气象服务保障能力。

　　本书是在总结2018年"保障生态文明气象监测与评估能力示范项目建设"和2018—2021年国家级生态气象业务能力建设部分成果的基础上形成的。全书注重技术的科学性、业务建设的实用性和服务应用的指导性,重点介绍了主要使用的气象数据和基础背景数据、研究形成的气象服务关键技术、建立的主要业务支撑系统、研制形成的主要服务产品,以及支撑技术研发和业务应用的生态气象地面自动观测和遥感监测能力建设、国家级生态气象业务平台开发,并对生态文明建设气象保障标准进行了总结和未来发展设计。

　　全书共分15章,第1章主要介绍了生态文明建设气象保障情况;第2—5章分别介绍了生态文明建设重点关注的植被气候生产潜力估算、植被生态质量气象监测评估、水体遥感监测及气象影响评估、大气环境气象监测评估预警;第6章主要介绍了生态服务功能气象影响评估;第7—8章以城市为重点,分别介绍了生态气候承载力评估、气候生态宜居评估;第9章介绍了生态旅游气象预报预测;第10章介绍了气象灾害对生态安全影响的监测评估预警;第11章介绍了气候和气候变化对生态的影响评估;第12章介绍了生态文明建设绩效考核气象条件贡献评价;第13章介绍了生态文明建设需求的生态气象地面自动观测和遥感监测的基础能力建设情况;第14章介绍了基于"云+端"架构的国家级生态气象业务平台;第15章对生态文明建设气象保障标准进行了总结和未来发展设计。其中,第2—12章为国家生态文明建设急需的气象服务关键技术,每一章都从使用的基础数据、研发的服务技术、建立的业务系统、到研制的服务产品,较为详细地给出了如何实现的过程,以期为开展更多的生态文明建设气象保障技术研究、直接形成业务支撑能力和服务提供一定借鉴。

　　本书由钱拴研究员主持撰写,钱拴、张迪、张碧辉统稿。其中,第1章由钱拴、张迪、张碧辉等执笔;第2章由钱拴、延昊、丹利、曹云等执笔;第3章由钱拴、延昊、曹云、赵春雷、莫伟华、廖靡、薛晓萍、刘洋、蔚德康等执笔;第4章由郑伟、荀尚培、赵春雷、肖建设、祝存兄、都瓦拉等执笔;第 5 章由桂海林、王继康、张恒德、康志明等执笔;第 6 章由曹云、郑华、徐玲玲、乔斌等执笔;第 7 章由卢燕宇、唐为安、邓汗青等执笔;第 8 章由卢燕宇、邓玉娇、邓汗青、王胜等执笔;第 9 章由程路、钱拴、赵运成、徐玲玲、邓玉娇、廖廓、郑家全等执笔;第 10 章由钱拴、张蕾、张立生、徐辉、韩芳、田鹏举、陈国茜等执笔;第 11 章由钱拴、张碧辉、郑伟、赵慧颖、刘丹、赵春雷、李亚春、王怀清等执笔;第 12 章由延昊、张碧辉、徐辉、钱拴等执笔;第 13 章由吴东丽、张晔萍、杨大生、廖瑶、段莹等执笔;第 14 章由钱拴、吴门新、曹云等执笔;第 15 章由钱拴、崔晓军、姜月清、张迪、张碧辉等执笔。

在上述章节中,还有部分执笔或做出贡献的人员(以姓氏拼音为序):安林昌、常宇飞、陈蝶聪、陈娇娜、陈磊士、陈燕丽、陈紫璇、迟茜元、崔洋、代海燕、戴志健、邓剑波、邓力琛、邓学良、狄靖月、方锋、冯旭宇、郭立峰、杭鑫、何彬方、何立、何亮、贺忠华、洪利、洪也、洪莹莹、侯英雨、胡锋、花丛、黄少平、黄永瞒、黄志刚、霍彦峰、贾成朕、江琪、孔萍、李柏贞、李丹、李二杰、李峰、李佳英、李丽纯、李雪、李永波、李云鹏、李正泉、林晶、刘超、刘海知、刘洪利、刘慧、刘惠敏、刘朋涛、刘扬、刘芸、路秀娟、罗建英、吕梦瑶、马翠平、孟成真、莫建飞、娜日苏、彭继达、邵佳丽、盛黎、石春娥、宋海清、孙玮婕、孙小龙、孙银川、孙应龙、谭浩波、唐果星、唐为安、田宝星、汪金福、王海梅、王晗、王昊、王欢、王捷纯、王阔、王莉萍、王萌、王笑影、王亚强、王铸、吴必文、吴陈锋、武荣盛、夏玲君、相云、肖建辉、肖晶晶、徐杰、旭花、薛红喜、杨鑫、杨绚、杨寅、殷世平、尤媛、于敏、玉山、郁珍艳、云文丽、占明锦、张存厚、张海真、张浩、张宏群、张磊、张亚军、张玉琴、章毅之、赵娜、赵培涛、赵玉广、郑健、钟仕全、周德平。本书撰写过程中得到了中国气象局应急减灾与公共服务司、国家气象中心、气象探测中心、国家卫星气象中心以及黑龙江、辽宁、内蒙古、河北、宁夏、青海、甘肃、安徽、江苏、江西、浙江、广东、广西、福建、贵州、湖南、湖北、北京、天津、上海、重庆等省(区、市)气象局的大力支持,毕宝贵、张祖强、李明媚、魏丽、薛建军、延晓冬、丹利、毛留喜、吕厚荃、赵艳霞等领导和专家给予了指导,在此一并表示衷心感谢。

由于生态文明建设内涵丰富,气象保障技术涉及面广,加之作者水平有限,难免有遗漏或欠妥之处,恳请读者批评指正,以便在后续工作中加以改进。

作者
2022 年 12 月

目 录

CONTENTS

第 1 章

生态文明建设气象保障概述

近几十年来,我国经济快速发展,而资源趋紧、环境污染严重、生态系统退化等问题日益突出,已成为我国经济社会可持续发展的"瓶颈"。党中央、国务院十分重视生态环境保护和建设工作。1998 年 11 月 7 日国务院印发《全国生态环境建设规划》(国发〔1998〕36 号);2000 年 11 月 26 日,国务院印发《全国生态环境保护纲要》(国发〔2000〕38 号),要求各有关部门、各地区要加大生态环境保护力度,扭转生态环境恶化趋势,改善和保护生态环境,以提高人民生活质量,实现社会和谐发展。党的十八大以来,以习近平同志为核心的党中央对生态文明建设和生态环境保护高度重视,提出了包括生态文明建设在内的"五位一体"建设和发展目标。习近平总书记指出,"建设生态文明,关系人民福祉,关乎民族未来""绿水青山就是金山银山";2017 年 10 月 18 日,党的十九大报告把"坚持人与自然和谐共生"作为新时代坚持和发展中国特色社会主义的基本方略,从"推进绿色发展、着力解决突出环境问题、加大生态系统保护力度、改革生态环境监管体制"四个方面对加快生态文明体制改革、建设美丽中国做出具体部署;2020 年 9 月 22 日,国家主席习近平在第七十五届联合国大会一般性辩论环节提出,中国力争 2030 年前实现二氧化碳排放达峰、努力争取 2060 年前实现碳中和,为我国应对气候变化、实现绿色低碳发展进一步指明了方向;2020 年 10 月 26—29 日,党的十九届五中全会进一步提出,"十四五"时期生态环境持续改善,到 2035 年基本实现美丽中国建设的宏伟目标;2022 年 10 月 16 日,党的二十大报告强调,中国式现代化是人与自然和谐共生的现代化,坚持节约优先、保护优先、自然恢复为主的方针,像保护眼睛一样保护自然和生态环境,坚定不移走生产发展、生活富裕、生态良好的文明发展道路,实现中华民族永续发展。党和国家有关生态文明建设的系列政策方针为气象部门保障生态文明建设、促进绿色低碳高质量发展指明了方向,成为气象部门开展新时代生态文明建设气象保障和服务的行动指南。

1.1　生态文明建设气象保障服务的重要性

人类赖以生存繁衍的地球是一个由森林、草原、农田、荒漠、湿地等不同生态系统组成的复杂系统。天气气候不仅影响着生态系统结构,还影响着生态系统功能(图 1.1),影响生态系统中的"水、土、气、生"(图 1.2)(钱拴,2019),关系着人类的生存环境、食物来源和其安全。天气气候可谓是影响生态系统和人类生存环境最主要且最易变的自然因子,特别是气候变化背景下极端天气气候事件频发、气象灾害多发重发,生态系统经常遭受损害,威胁着人类的生存和安全,因此做好生态文明建设气象保障服务非常重要。2006 年,国务院印发的《关于加快气象事业发展的若干意见》(国发〔2006〕3 号)及中国气象局下发的《业务技术体制改革总体方案》指出,气象部门要根据行业特点、优势和可能条件,重点开展重大生态问题气象监测评估和预测预报业务能力建设。2019 年在新中国气象事业发展 70 周年之际,习近平总书记做出重要指示,强调气象工作关系生命安全、生产发展、生活富裕、生态良好,为气象事业高质量发展提供了根本遵循。2022 年 4 月 28 日,国务院印发《气象高质量发展纲要(2022—2035 年)》(国发〔2022〕11 号,以下简称《纲要》),指出气象部门要加快推进气象现代化建设,增强气象科技自主创新能力,加强气象基础能力建设,筑牢气象防灾减灾第一道防线,提高气象服务经济高质量发展水平,优化人民美好生活气象服务供给,强化生态文明建设气象支撑能力,努力构建科技领先、监测精密、预报精准、服务精细、人民满意的现代气象体系,全方位保障生命安全、生产发展、生活富裕、生态良好,更好地满足人民日益增长的美好生活需要,《纲要》为加快生态文明建设、全面建成社会主义现代化强国、实现中华民族伟大复兴的中国梦提供坚强气象支撑。

3

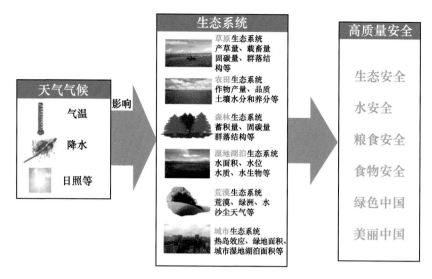

图 1.1　天气气候对陆地生态系统的影响及其对生态文明建设的重要性

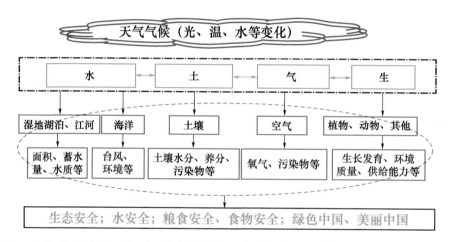

图 1.2　天气气候对"水、土、气、生"的影响及其对生态文明建设的重要性(钱拴,2019)

1.2　生态文明建设气象保障能力建设概况

　　天气气候作为影响生态系统最活跃、最直接的驱动因子,对生态系统和生态环境有着重要的影响。特别是重大气象灾害对生态系统、生态环境的影响更大,气候变化带来的不利影响甚至可能造成生态系统逆向演替,因此,气象保障是国家生态文明建设的重要基础。中国气象局高度重视天气气候对生态系统和生态环境质量的影响,2002 年下发了《关于气象部门开展生态监测与信息服务的指导意见》(气发〔2002〕367 号),指导气象部门向生态气象领域拓展;2010—2013 年参与编制《全国生态保护和建设规划(2013—2020 年)》(发改农经〔2014〕226 号),把强化生态建设气象保障纳入了国家规划;2017 年 5 月编制下发了《"十三五"生态文明建设气象保障规划》(中气函〔2017〕114 号),同年 12 月编制下发了《关于加强生态文明建设气象保障服务工作的意见》(气发〔2017〕79 号)。2019 年中国气象局派专家参与自然资源部《重点生态功能区生态修复工程实施方案》编制,并制定下发了《生态气象业务能力建设实施方案

(2020—2022)》(气办发〔2020〕1 号),明确了生态气象业务服务能力发展的 3 年目标和建设任务,强化核心技术攻关,坚持集约、协同、特色发展。2020 年中国气象局以习近平新时代中国特色社会主义思想为指导,全面贯彻党的十九大和十九届二中全会、三中全会、四中全会、五中全会精神,深入贯彻习近平总书记对气象工作的重要指示精神,参与《全国主要生态系统保护和修复重大工程总体规划(2021—2035 年)》(发改农经〔2020〕837 号)及其专项规划编制,把"提升生态气象保障能力"作为气象保障生态文明建设的重要支撑,写入《生态保护和修复支撑体系重大工程建设规划(2021—2035 年)》(发改农经〔2021〕1812 号);同时,积极谋划"十四五"生态气象业务发展,印发了《"十四五"生态气象服务保障规划》(气发〔2021〕163 号),明确了气象部门保障生态文明建设的重点任务,加快构建生态文明建设气象服务保障体系。

国家气象中心作为业务牵头单位,在中国气象局领导下,持续围绕生态文明建设需求,不断研发生态气象服务技术,建设业务系统平台,研制发布服务产品;同时,通过技术辐射、系统推广、产品共享,助力 31 个省、自治区和直辖市开展生态气象服务,至 2019 年底初步建成了以国家级、省级为主的全国生态气象业务服务体系。其中,在 2018 年气象小型基本建设项目"保障生态文明气象监测与评估能力示范项目建设"和 2018—2022 年山洪地质灾害防治气象保障工程中的"生态气象业务能力建设"项目的支持下,气象部门国家级与省级联合,利用全国地面气象观测、专业气象观测等地面观测资料和 EOS/MODIS、FY(风云气象卫星)等卫星遥感资料以及高分卫星、无人机观测等资料,研发了天气气候对陆地生态系统以及大气环境质量影响的监测、评估、预报预警业务技术,形成服务能力。围绕国家急需,研发了重大气象灾害对生态影响的监测评估预警技术、气候和气候变化对生态影响的评估技术、地方生态文明建设绩效考核气象条件贡献率评估技术、气候生产潜力评估技术、气候生态宜居评估技术、生态服务功能气象影响评估技术等,形成了可直接用于业务服务的技术体系。针对国家急需气象部门建立的生态气象观测网络,开展了以厦门、雄安新区白洋淀、西北旱区银川阅海湖以及县级浙江省开化县生态旅游为示范的地面生态气象自动观测方法研究和能力建设。为满足地表生态状况遥感监测对长序列气象卫星遥感资料的需求,开展了以形成可对比的 EOS/MODIS、FY 等长时间序列卫星遥感基础资料为目标的基础业务能力建设。至 2019 年底,基本形成了针对整个陆地生态保护和修复的气象监测、评估、预报预警技术体系。2020—2022 年,针对青藏高原、黄土高原、东北森林带、京津冀、西南石漠化区、洞庭湖和鄱阳湖两湖流域等重点生态功能区生态保护和修复需求,研发建立了重点区域生态气象服务技术体系。

1.3 生态文明建设气象保障业务发展的主要阶段

2002 年以来,生态气象业务从无到有、从小到大、从单个服务产品到系统性融合服务产品,从国家级业务服务体系到形成国、省(区、市)互动的全国业务服务体系,走过了约 20 a 的创建历程。环境气象业务始于 2001 年,2013 年起应国家大气污染防治需求蓬勃发展,经过近10 a 的不断努力建设,也发展成国、省两级互动的全国业务服务体系。

◆ 1.3.1 初创阶段(2001—2007 年)

2004 年国家气象中心(中央气象台)在中国气象局的领导下,成立了农业和生态气象室,牵头拓展生态气象领域。针对国家急需保护和修复陆地植被、恢复草原生态环境的迫切需求,启动了生态气象业务服务技术应用研究和服务能力建设,与青海省和内蒙古自治区气象局形成合力,开展了北方草原生态气象监测预测技术研究。经过两年研究和服务试验,初步建立了北方天然草地植被生长气象条件评价模型(钱拴 等,2007a)、北方草原产草量遥感估测模型(侯英雨 等,2006)、载畜量预报模型、草畜平衡监测评估模型(钱拴 等,2007b);同时,基于月尺度 NOAA/AVHRR 卫星遥感资料和地面气象观测资料,建立了全国植被净初级生产力(net primary productivity,NPP)光能利用率估算模型(毛留喜 等,2006,2007;侯英雨 等,2007),实现了像元尺度全国植被净初级生产力的估算,提出了基于植被 NPP 评价生态环境优劣的生态气象评价指数(毛留喜 等,2006,2007)。2007 年初步建立了全国陆地植被 NPP 估算、北方草地生态气象监测评估系统,制定业务流程,建立起国家级生态气象业务,形成了服务北方草原和全国植被生态保护的生态气象监测评价服务产品。国家气象中心环境气象业务始于 2001 年,2001 年 6 月 5 日起,中国气象局联合国家环境保护总局(现生态环境部)开展了重点城市空气质量预报,为公众人体健康和国家污染防治提供了参考依据。

◆ 1.3.2 持续发展阶段(2008—2015 年)

国家气象中心持续围绕国家保护草原的迫切需求,在中国气象局新技术推广项目的支持下,加大气象服务技术研发力度,研究范围从北方草原拓展至全国草原。从中国科学院大气物理研究所引进植被大气相互作用模型,研究在全国草原区域的气象业务化应用技术,建立了业务化运行的植被大气交互作用—草地生态模型(atmosphere vegetation interaction model-grass,AVIM-GRASS),实现逐日气象要素驱动的机理模型在业务服务中的应用(Qian et al.,2012);针对影响草原的最大气象灾害——干旱,研究了全国草原干旱监测评价模型,经过不断改进完善,建立了全国草地生态气象监测预测技术体系和业务系统(钱拴 等,2007a,2007b,2008,2009;毛留喜 等,2008;全国农业气象标准化技术委员会,2017a),实现了草原干旱动态监测评估(Qian et al.,2022)。同时,把技术推广到新疆、西藏、青海、内蒙古等草原大省(区),于 2010 年建立起国、省两级互动的草地生态气象业务服务体系,形成了月、季、年系列化全国草地生态气象监测预测服务产品,满足了全国草原生态保护和畜牧业生产的需求。同时,开展了 1961 年以来和未来百年气候变化对北方草原植被生产力和载畜量的影响评估预评估(Qian et al.,2010,2012),实现了对全国草原日、月、季、年尺度的实时监测评估到年代际尺度的气候变化影响评估和预评估。此外,引进中国科学院大气物理研究所中国森林生态系统碳收支模型(forest ecosystem carbon budget model for China,FORCCHN)(延晓冬 等,2007),研制季、年尺度全国森林净初级生产力、净生态系统生产力(net ecosystem productivity,NEP)和叶面积指数(leaf area index,LAI)气象影响评估服务产品,形成了对全国森林固碳的气象影响评估能力(赵俊芳 等,2018)。为了发挥气象卫星高频次、宏观监测地表生态变化的优势,把以美国国家海洋和大气局(NOAA)卫星 AVHRR 植被指数为主的植被净初级生产力光能利用率估算模型改进为以美国地球观测系统的 EOS/MODIS 植被指数为主的估算模型(毛留喜 等,2006,2007;侯英雨 等,2007;Yan et al.,2015),实现对1982 年以来中国陆地植被净初级生产力的动态估测和气象影响评估,每年发布全国植被生态质量气象影响评估产品。国家气象中心围绕大气污染防治对气象保障服务的迫切需求,环境气象业务于2013 年进入专业化发展阶段,2014 年环境气象室成立,很快建立了环境气象监测、预报预警和评估业务体系(康志明 等,2016)。

◆ 1.3.3 快速发展阶段(2016—2022 年)

2016 年在中国气象局领导下,国家气象中心制订了《2016 年全国生态气象公报编制方案》

和《2016 年全国生态气象公报提纲》(气减函〔2016〕73 号),创建了《全国生态气象公报》。2017年以来,国家气象中心紧密围绕国家生态文明建设对气象服务的新需求,研发了国家急需的气候和气候变化对生态影响的评估技术、气象灾害对生态影响的监测评估预警技术、气候生产潜力评估技术、生态服务功能气象影响评估技术等,加大对全国草原、森林、农田、荒漠等生态系统气象监测和影响评估力度,建立了基于植被 NPP 和覆盖度的植被生态质量指数、年际对比评价模型以及多年变化趋势评价模型,实现了全国植被生态质量时空变化的定量化对比和监测评估(钱拴 等,2020);开展植被固碳释氧、防风固沙、水源涵养、土壤保持等生态服务功能气象影响评估,与相关省级气象部门联合加强对三江源、祁连山、黄土高原、秦岭、东北林区、海河流域、雄安新区、洞庭湖和鄱阳湖、西南石漠化区等重点生态功能区的气象监测和影响评估服务,不断丰富《全国生态气象公报》内容。研制发布了北方荒漠生态气象监测预报专报、全国重要植物花期预报和红叶生态景观气象预报以及植树造林适宜期预报等产品,形成了保障生态保护和修复、促进绿水青山变为金山银山的多个系列化生态气象服务产品。建立了基于中国农业气象业务系统(China agricultural meteorology service system,CAgMSS)的全国生态气象业务服务平台,制定了技术规范、标准,服务产品得到相关部门的肯定。与此同时,国家气象中心充分发挥国家级生态气象业务的技术辐射和牵头作用,把国家级生态气象服务技术、系统和产品及时推广到省(区、市)级气象业务部门,2018 年初步建立了国家级、省级生态气象服务平台,2019 年实现全国空间分辨率为 1 km 的精细化植被生态质量监测的逐月指导产品在气象大数据云平台"天擎"的共享,初步建立了基于"云＋端"架构的云平台,建立了国、省两级互动的生态气象服务业务体系,提升了生态文明气象保障能力。与此同时,2016 年起环境气象年度综合评估产品《大气环境气象公报》对外发布,对每年全国大气环境及大气污染气象条件的变化进行分析和论述。以静稳天气指数为代表的环境气象评估技术(张恒德 等,2017)实现了大气污染气象条件的定量评估,陆续开展气候和气候变化对大气环境影响评估、气象条件对大气污染防治效果影响评估等服务。以多模式集成预报技术为核心的环境气象预报技术(张天航 等,2020)为重污染天气预报预警和重大活动保障服务提供了有力支撑。

1.4　针对共性需求研发的通用性生态气象服务技术

根据生态文明建设对气象服务的普遍性需求,研发了从生态气象条件监测预测到植被生产力监测评估、植被生态质量气象监测评估、水生态质量气象影响评估、重大气象灾害对全国生态状况影响的监测预测预警、气候和气候变化对生态的影响评估、生态服务功能气象影响评估、气候生态宜居评估、生态景观气象预报、生态文明建设绩效考核气象条件贡献评价等普适性关键技术。在研发技术的同时,分类建立了业务子系统,支持各种服务产品的研制和制作。同时,为了充分发挥气象卫星在生态文明建设中的基础性作用,建立了长序列历史可对比的气象卫星遥感数据集,形成动态处理能力;针对地面生态气象观测站点稀少、观测能力薄弱等问题,开展了典型生态气象自动观测试验,为未来发展积累实践经验。

◆ 1.4.1　生态气象条件监测评价预报技术

气温、降水、日照、风等气象要素是影响生态系统和"水、土、气、生"的主要气象因子,生态文明建设主要关注历史、实时以及未来时段的逐日最低气温、最高气温、平均气温、降水量、空气相对湿度、风速、风向、日照时数等要素对生态环境质量的影响。国家气象中心研发了生态文明建设需求的周、旬、月、季、年等任意时段气象要素逐日动态统计方法,统计生态文明建设关注的生物学界限温度、积温、物候期等。根据统计结果,分析光、温、水等气象条件与生态系统功能、结构和"水、土、气、生"之间的定量关系,开展单气象要素监测及其对生态影响的评价。针对陆地植被,把光、温、水等单一气象要素根据植被生长气候适应性原理和生态系统自然因子最小限制性原理,组合建立植被生长气象条件指数,开展植被生长综合气象条件影响评价(钱拴 等,2007a,2008;全国农业气象标准化技术委员会,2017a,2019);并结合未来天气和气候趋势预测结果,分析判断未来气象条件对生态的可能影响。

◆ 1.4.2 全国植被生产力气象监测预测技术

植被生产力和固碳能力的强弱关系人类的食物来源和生态环境,及时掌握植被生产力、固碳水平对于保障粮食安全、食物安全、生态安全、实现低碳绿色发展等都具有重要的意义。国家气象中心 2005 年以来一直致力于植被生产力气象估测方法研究,通过自主研发并引进机理模型,不断业务化改进,形成了用于业务服务的两大类机理模型:一类是逐日气象要素驱动的可反映植被光合、呼吸和干物质分配等过程的机理性估算模型;另一类是利用气象卫星遥感数据和地面气象观测数据,基于光能利用率原理的植被 NPP 估算模型。其中,2007 年通过引进中国科学院大气物理研究所植被大气交互作用模型、中国森林生态系统碳收支模型,研发了逐日气象要素驱动的估算草原、森林以及针对所有植被 NPP 的业务估算模型,经过多年地面观测资料验证,实现了对全国所有气象站点所代表的草原、森林以及植被净初级生产力、净生态系统生产力、生物量、叶面积、产草量等的日、月、年、年代际尺度动态估算,2019—2020 年实现对全国所有陆地植被类型 NPP 的估算,并结合天气气候趋势预测结果开展了植被生产力预测。同时,基于1982 年以来长序列气象卫星遥感资料和地面气象观测资料,研发了气象和遥感数据驱动的基于光能利用率原理的植被 NPP 估算模型,经多次改进,2018 年已实现由大叶模型发展为双叶光合生产力模型,实现了逐月动态估测全国陆地植被净初级生产力和固碳量,空间分辨率全国为 1 km、重点区域为 250 m。多个植被生产力估测模型的业务运行为国家级和省级开展植被生产力、固碳量监测和气象影响评估预测等提供了技术支撑。

◆ 1.4.3 全国植被生态质量气象监测评估技术

为定量表达全国植被生态质量状况,开展气象条件对植被生态质量的定量化影响评估,国家气象中心于 2006—2007 年构建了以植被 NPP 为核心的生态气象指数(meteorologically-driven ecological assessment index,EMI),为开展生态气象监测评价探索了较好的方法(毛留喜 等,2006,2007;钱拴 等,2008)。2015—2017 年从植被生长气候适应性原理、植被生产力和覆盖度为植被生态质量的两个重要标量角度,构建了植被综合生态质量指数(钱拴 等,2020),经过多年的地面验证和业务应用,实现了基于植被覆盖度和植被 NPP 的综合生态质量监测评价,解决了长期以来不能把植被生产力和覆盖度有机结合起来以评价植被综合生态质量的问题;同时,进一步构建了植被生态质量年际对比评价模型,开展年际之间生态质量的优劣评价;还构建了植被生态质量变化趋势监测评价模型,分析多年植被生态质量变化趋势、生态改善与否及其改善程度。全国植被生态质量监测评估产品的空间分辨率由最初全国 8 km 提升到 1 km、250 m,使用的卫星资料从最初的 NOAA 卫星发展到目前 EOS/MODIS、FY-3,实现了对全国植被净初级生产力、覆盖度、生态质量时空变化的逐月精细化监测和季、年尺度的气象影响评估,建立了全国植被生态质量气象监测评估技术体系,保障业务运行。

◆ 1.4.4 水生态质量气象影响评估技术

我国淡水资源总量为28000亿 m^3，占全球水资源的6%，名列世界第4位。但我国人均水资源量只有2300 m^3，仅为世界平均水平的1/4，是全球人均水资源最贫乏的国家之一。自然降水是地表水分的重要来源，因此做好水生态质量、水资源气象影响评估十分重要。气象部门高度重视湿地、湖泊、江河等水体监测评估工作，开展了全国重要水体卫星遥感监测和气象影响评估技术研究，建立鄱阳湖、洞庭湖、太湖、巢湖、滇池、白洋淀、呼伦湖、扎龙湿地、青海湖、居延海等水体面积监测、区域生态质量气象影响评估系统。

◆ 1.4.5 大气环境气象监测评估预警技术

2000年以来随着我国大气污染物排放的增加造成空气污染加剧，我国雾、霾天气持续增多，能见度降低，对交通安全造成重大影响，也威胁到人民群众的健康。国家气象中心在中国气象局的领导下成立了环境气象室，根据《大气污染防治行动计划》，围绕国家治理大气环境污染的迫切需求，发展与大气污染防治密切相关的霾天气以及大气污染气象条件的监测预报预警评估技术。基于中国气象局环境综合观测系统监测数据及生态环境部国家空气质量自动监测点空气质量资料，结合常规气象要素观测和气象卫星遥感监测，实现全国雾和霾实况、大气成分实况及超标日、重点区域及重点城市空气质量状况等实时监测。2018年随着全国118部风廓线雷达、119部L波段探空雷达和3座气象铁塔等边界层加密观测资料的接入和应用，边界层气象条件精密监测技术能力明显提升。研发了空气质量气象数值预报和客观化预报方法、大气污染气象条件预报技术、霾天气预报技术、气候变化对大气污染治理影响评估技术、气象条件对大气污染防治效果影响评估及贡献评价技术，成为环境气象业务服务的重要技术支撑。

◆ 1.4.6 生态服务功能气象影响评估技术

生态系统为人类提供多种服务功能，如固碳释氧、涵养水源、保持土壤、防风固沙等。天气气候不仅影响生态系统提供人类生存必需的食物、医药及工农业生产的原料等产品，还影响生态系统维持人类生存环境的能力，包括水源涵养和固碳释氧等服务人类的功能。2017年以来，国家气象中心针对业务中缺少生态服务功能气象影响评估技术，研究了基于植被生产力的固碳释氧能力气象评估技术，分析植被固碳释氧量变化及气象条件影响，建立服务系统；通过引进中国科学院生态环境研究中心相关研究成果，研发了黄土高原、海河流域等重点区域直至全国区域的涵养水源、土壤保持服务功能气象影响评估技术；建立了区域空间分辨率为250 m、全国空间分辨率为1 km的精密化监测和气象影响评估系统，实现对全国涵养水源、土壤保持服务功能的精准化气象影响评估；基于植被覆盖度、湿润指数、易起沙尘大风日数、土壤表层砂粒含量和坡度等长时间序列数据，开发了北方土地沙化敏感性综合评估指数，建立空间分辨率为1 km的北方植被防风固沙功能气象监测评估系统，形成了评估指标体系和业务服务能力。

◆ 1.4.7 气候生态宜居评估技术

气候条件是人类赖以生存的气候资源，决定着人们的宜居环境，关系着居住的舒适程度。适宜的温度、适量的降水、适度的风等气象条件是判定一地气候环境是否宜居的基本因素。2018年以来气象部门针对缺少气候生态宜居评估服务技术的短板，开展了气候生态宜居评估

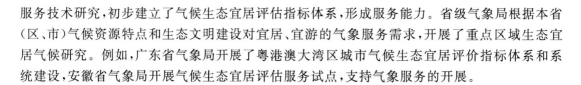

服务技术研究,初步建立了气候生态宜居评估指标体系,形成服务能力。省级气象局根据本省(区、市)气候资源特点和生态文明建设对宜居、宜游的气象服务需求,开展了重点区域生态宜居气候研究。例如,广东省气象局开展了粤港澳大湾区城市气候生态宜居评价指标体系和系统建设,安徽省气象局开展气候生态宜居评估服务试点,支持气象服务的开展。

◆ 1.4.8 生态旅游气象预测预报技术

优美的生态景观既是自然资源,也是促进经济发展的源泉。国家气象中心、公共气象服务中心和省、市、县气象局围绕人们对美好景观的向往,开展了美丽生态景观预报方法研究。其中,国家气象中心研发了油菜花和樱花盛花期的早晚与春季升温,红叶与秋季降温的早晚、快慢、幅度等之间关系,牧草返青期、盛草期、黄枯期与气象条件、植被指数之间的关系,开发了树叶变色期、樱花花期、油菜花期、牧草返青期和枯黄期预报模块以及人机交互通用的物候期预报模块;此外,针对植树造林对气象服务需求,研究了植树造林适宜期预报技术;初步建立了生态景观气象预报子系统。广东省气象局集监测、预报与预警信息发布于一体,研发建立了广东生态旅游气象服务系统;福建省气象局分析大气负氧离子与气象要素之间的关系,构建了"清新指数"指标体系;浙江省开化县气象局研发了集空气清新指数、人体舒适度指数、避暑指数、紫外线指数的生态旅游智慧气象服务平台,开展气象服务,促进了生态旅游和乡村振兴。

◆ 1.4.9 气候和气候变化对生态影响评估技术

气候决定着生态系统格局,也影响生态系统结构和功能,气候变化带来的不利影响甚至造成生态系统逆向演替。多年气候条件下我国生态质量变化如何?气候变化对生态质量的影响如何?国家急需气象部门给出评估结果,形成服务能力。为此,国家气象中心2009年以来先后开展了气候和气候变化对植被、大气环境的影响评估研究和服务系统建设;国家卫星气象中心和河北、江西、湖南、江苏等省(区、市)气象局一起开展了气候和气候变化对重点湿地、湖泊等的影响评估研究和服务能力建设,初步研究了气候影响评价方法和指标,给出气候变化条件下我国植被净初级生产力、覆盖度、生态质量的时空变化和常年气候条件下的空间分布格局以及湿地、湖泊面积变化等。研究了1961年以来气候变化和未来100 a气候变化对草原植被NPP、产草量和载畜量的影响评估技术,开展了1961年以来气候变化对北方草原、全国陆地植被以及黄土高原、祁连山等重点区域植被净初级生产力、生态质量影响评估(Qian et al.,2012;钱拴 等,2020);同时研究确定了多年平均气候条件下的全国植被净初级生产力、覆盖度和生态质量指数的时空格局,初步建立了随时间增加,可动态评估多年气候和气候变化对植被生态质量影响的业务服务系统,具有开展气候和气候变化影响评估服务能力。研发了静稳天气指数,客观定量反映气象条件对污染物的扩散能力,建立了1981年以来气候变化对大气环境影响评估数据集。

◆ 1.4.10 气象灾害对生态影响的评估预警技术

我国是一个自然灾害影响严重的国家,气象灾害约占自然灾害的70%。气象灾害不仅使生命财产遭受损失,也使人们的生产和生活无法正常运行,同时使生态环境遭受破坏。干旱造成植被不能正常生长、植被生产力和覆盖度降低、生态环境质量变差;台风、暴雨、山洪地质灾害造成生命财产损失,可能破坏地表生态环境,但是气象服务中缺少气象灾害对生态影响的评估预警技术。为此,国家气象中心围绕国家保障生态安全的需求,2018年以来研究构建了植被干旱指数和植被干旱风险指数,监测评估全国植被干旱时空变化及其对植被生产力、覆盖度和生态质量指数的影响,结合未来 30 d 天气气候预报预测,实现对全国植被干旱的动态预测;研究了我国沿海地区台风风险评估模型,实现对台风"莫兰迪""山竹"等影响的评估;研究了强降水诱发的山洪、地质灾害对局地生态环境影响的评估技术以及舟曲泥石流灾后生态恢复评估技术,结合未来 10 d 天气预报,预测山洪和地质灾害对生态的可能影响。此外,霾的形成、消散与气象有很大的关系,气象部门研究了霾天气精细化评估预评估技术。截至 2022 年底,已建立了干旱、台风、暴雨、山洪地质灾害生态影响监测评估预警以及霾天气评估预评估技术,研发建立了业务系统,保障业务服务。

◆1.4.11　生态文明建设绩效考核气象条件贡献评价技术

生态文明建设的成效既受天气气候影响,也受人为干扰影响,区分二者一直是一个难题。2018 年之前气象部门还没有开展相关研究,没有形成业务服务技术,生态文明建设绩效考核缺少气象条件贡献率评价支持。2018 年以来气象部门研究了生态文明建设绩效考核中对植被覆盖度、植被生态质量考核以及大气污染防治气象条件贡献率评价技术,并不断改进,为生态保护和修复成效评估、大气污染防治等气象服务积累了一定的技术和能力基础。

◆1.4.12　气象卫星长序列可对比数据集处理技术

气象卫星遥感在时间和空间分辨率方面具有独特的优势,使其成为大面积生态环境监测的主要数据来源。气象部门具有接收 EOS/MODIS、FY 等多种气象卫星的能力,高频次、较高分辨率的气象卫星遥感数据可以监测地表生态环境要素及其动态变化。2018 年国家卫星气象中心在小型基建项目的支持下,建立了 EOS/MODIS 和 FY-3 长序列资料处理系统,处理了 2000 年以来逐月 MODIS 卫星遥感数据、2013 年以来 FY-3 卫星遥感数据,形成了历史可对比、规范化的全国旬月尺度、空间分辨率为 1 km、250 m 的分别基于 EOS/MODIS 和 FY-3 卫星遥感数据的归一化差值植被指数(normalized differnce vegetation index,NDVI)和地表温度(land surface temperature,LST)数据,成为开展气象卫星遥感监测生态环境变化的重要基础支撑。

◆1.4.13　生态气象地面自动观测试验和示范

我国生态气象观测起步较早,但发展缓慢,2003—2004 年青海、内蒙古、辽宁、黑龙江、陕西等省级气象局围绕地方需求,相继建立了省级生态气象地面观测站,其中青海、内蒙古气象局建立了覆盖全省(区)的生态气象观测站点,观测草原、荒漠、森林等生态状况和气象影响要素。随着自动观测技术的发展,2013 年以来广西、内蒙古、新疆、河南等省(区)在多个生态类型区试建了生态气象地面自动观测系统,探讨自动化观测的途径和方法。但截至 2017 年生态气象地面观测站点依然稀少,未形成生态气象观测网络。随着全球气候变暖加剧,城市规模快速扩张,极端天气气候事件多发频发、气象灾害重发频发等影响,生态气象观测基础薄弱已成为制约气象保障生态安全的重要因素之一。为此,2018 年国家气象中心和中国气象局气象探测中心以及部分省(区、市)气象局在雄安新区建立了白洋淀湿地生态气象自动观测试验站,开展气象、植被、水体、土壤等观测试验,为研究天气气候对湿地生态的影响提供了技术支撑和先期示范;围绕宁夏回族自治区迫切需要提高西北干旱区城市湿地生态气象监测能力的需求,在

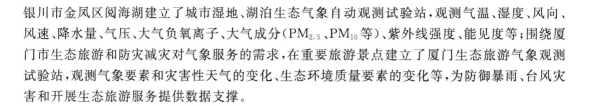

银川市金凤区阅海湖建立了城市湿地、湖泊生态气象自动观测试验站,观测气温、湿度、风向、风速、降水量、气压、大气负氧离子、大气成分(PM$_{2.5}$、PM$_{10}$等)、紫外线强度、能见度等;围绕厦门市生态旅游和防灾减灾对气象服务的需求,在重要旅游景点建立了厦门生态旅游气象观测试验站,观测气象要素和灾害性天气的变化、生态环境质量要素的变化等,为防御暴雨、台风灾害和开展生态旅游服务提供数据支撑。

1.5　针对不同生态系统保护需求研发的生态气象监测评估预警技术

草原、森林、农田、荒漠、湿地湖泊等生态系统各有鲜明的特点,而且每个生态系统存在的生态问题不同,对气象保障服务的需求也不相同。国家气象中心针对全国草原、森林、荒漠、农田等生态系统对气象服务的特殊需求,研发建成了主要生态系统气象监测评估预报技术体系;国家卫星气象中心和省级建成了重点水体卫星遥感监测和气象影响评估技术体系;全国 31 个省(区、市)气象局基本形成了省级生态气象监测评估业务技术体系。

◆1.5.1　草原生态气象监测预测技术

针对全国草原,研发了从草原气象条件监测预测到草原植被物候期监测预报、草原植被 NPP 和覆盖度估测、产草量和载畜量估测预报、草原生态质量监测评估、气候变化影响评估等系列化的模型和指标,建立了全国草原生态气象监测评估预测业务服务系统,支持开展全国草原生态气象服务。

◆1.5.2　森林生态气象监测评估技术

针对全国森林,研发形成了从气象条件监测评价到对森林植被 NPP、NEP、LAI 和凋落物估测,森林固碳释氧、水源涵养、土壤保持等生态服务功能气象影响评估,气候变化影响评估等系列化的评估技术和指标,建立了全国森林生态气象监测评估业务系统,支持开展全国森林生态气象服务。

◆1.5.3　荒漠生态气象监测预测技术

针对北方荒漠化治理需求,研发了气象条件监测评价,荒漠化区域植被覆盖度和 NPP 估测,易起沙尘指数估测,沙尘天气发生日数监测、起沙成因分析等系列化服务技术和指标,建立了北方荒漠生态气象监测预测技术体系,支持开展气象服务。

◆1.5.4　农田生态气象监测预测技术

针对全国农田,研发了气象条件对农作物的影响评估,气象灾害监测评估预警,农区植被覆盖度、NPP 估算,作物产量估测预报等系列化气象服务技术和指标,建立了全国农业气象业务技术体系,支持农田生态气象服务开展。

◆1.5.5　湿地湖泊生态气象监测评估技术

根据湿地、湖泊等水体生态保护修复需求,开展了湿地、湖泊、水库、江河等遥感监测和气象影响评估,形成了水体遥感监测评估技术体系,支持服务开展。国家卫星气象中心和湖南、江西、江苏、安徽、云南等省气象局研发了洞庭湖、鄱阳湖、太湖、巢湖、滇池遥感监测和气象影响评估业务技术;黑龙江省气象局针对扎龙湿地,研究了明水面积遥感监测、区域植被生态质量气象监测评估技术;河北省气象局针对雄安新区白洋淀湿地,研究了白洋淀遥感监测以及降水与白洋淀湿地面积、水位之关系和洪涝影响评估技术,形成了服务能力。

1.6 针对重点生态功能区保护修复需求研发的特色气象监测评估技术

不同生态功能区存在的生态问题不同,对气象保障服务的需求也不一样。国家气象中心联合国家卫星气象中心、相关省(区、市)气象局针对青藏高原区生态保护与恢复、黄土高原生态保护修复及水土流失治理、京津冀地区水源涵养区生态保护修复、东北地区森林生态系统保护修复、西南地区石漠化防治、洞庭湖和鄱阳湖污染治理等对气象服务的具体需求,研发了青藏高原重大气象灾害、气候变化、产草量、防风固沙监测评估技术,黄土高原、京津冀等重点区域水源涵养、土壤保持等气象精细化监测评估技术。针对西南地区石漠化区干旱和植被生态质量,研发了精细化植被干旱监测评估技术。围绕洞庭湖和鄱阳湖区域,研究了水体面积、水质和植被生态质量气象影响评估以及干旱、暴雨洪涝灾害影响监测预测技术,成为开展气象保障服务的技术支撑。

1.7 生态文明建设气象保障主要业务服务平台

◆ 1.7.1 全国生态气象业务服务平台

生态气象业务数据种类多、数据量大、数据格式多样、算法模型复杂。原始数据有站点数据,有格点数据,还有多边形、等值线等不同形式数据。格点数据空间分辨率粗到 10 km 级,精细到百米级、十米级、米级甚至亚米级。基本气象数据有气象站点和格点数据,生态和农业气象等数据有站点、格点数据,还有文本、ArcGIS 格式、图像、照片数据等;数据有来自省级、市级、县级自定义的数据,还有来自部门外各种形式的数据。生态气象模型从气象条件的历史、现在和未来天气气候趋势预测,到使用气象、遥感、基础背景等多源数据计算产生的大量生态状况数据,气象条件影响评估预评估结果等的初级、中间和最终产品,包括全国、省、市、县区域统计结果和不同分辨率的格点分布图、文本数据和文件等。为此,国家气象中心在研发生态气象业务服务技术的基础上,同时建立了数十种技术模型和指标支撑的业务子系统,建立了国家级生态气象业务服务平台,实现了对全国生态气象数据、模型、产品的标准化和共享,并支持省级引进或共享国家级普适性子业务系统。省级根据本省(区、市)生态文明建设的具体需求和地方特色,建立了省级生态气象业务系统,形成了国、省两级功能共享和优势互补的业务系统发展模式,支撑国、省、市、县多级开展生态气象服务。

◆ 1.7.2 全国环境气象业务服务系统

为增强业务平台对大气环境多源监测数据、丰富客观预报产品、专业化评估服务的支撑能力,自 2014 年起,国家气象中心围绕"监测、预报、评估"三个重点业务方向,兼顾业务流程管理,开始环境气象业务服务系统建设。监测方面,接入了实时大气成分监测数据以及 L 波段秒探空、风廓线雷达、铁塔等边界层监测数据,便于业务人员第一时间掌握空气质量和大气边界层实况。针对能见度、雾霾、空气质量等预报产品设计了可交互的操作界面,便于快速获取定量化预报信息。在影响评估预评估方面,强调风速风频、逆温、混合层高度、污染日数等环境气象指标的统计功能,并对污染来源解析结果进行展示。2018年起,环境气象业务服务系统进行了全面升级。加强了卫星和地面融合监测、大气环境多模式释用、短临滚动订正预报、中长期概率预报、气象条件影响综合定量评估等新技术产品的应用。环境气象业务服务系统通过中央气象台天气业务内网实现主要产品和功能模块与省级共享使用,在2019年新中国成立70周年庆祝活动、2022年北京冬奥会等重大活动中发挥气象保障作用,省级业务单位发挥技术产品指导和平台支撑作用。

1.8 研制形成的主要业务服务产品

在研发气象服务技术、建立业务系统、形成生态和环境气象业务系统平台的基础上,根据生态文明建设对气象服务的不同需求,研制形成针对性的气象服务产品。目前,国家级形成了面向不同需求的多类型业务化产品,服务于与生态文明建设相关的不同用户,包括政府部门和社会公众。

◆ 1.8.1 《全国生态气象公报》

针对生态文明建设需求,在中国气象局应急减灾与公共气象服务司的领导下,国家气象中心牵头研制中国气象局《全国生态气象公报》(以下简称《生态公报》),2016—2022年已发布6期。《生态公报》从气象条件对全国地表生态影响的角度,系统监测了全国全年植被净初级生产力、覆盖度和生态质量状况,分析了年尺度和生长季气象条件、气象灾害对植被生长的影响,分析2000年到最新年度的植被净初级生产力、覆盖度和生态质量的变化趋势以及气象条件变化的影响,阐述全国生态保护成效与气象成因、气象条件贡献等。针对全国草原、森林、农田、荒漠、湿地湖泊等主要生态系统,分析全年气象条件对不同生态系统的影响。同时,国家气象中心联合国家卫星气象中心、国家气候中心、中国气象科学研究院和全国31个省(区、市)气象局围绕国家关注的重点区域生态问题,监测评估气象条件对三江源、祁连山、黄土高原、西南石漠化、扎龙湿地等重点区域和重点水体环境变化的影响。每年《生态公报》围绕最新关切,不断增加新技术,回答新热点,为国家相关部委以及各级党委政府、社会公众了解全国地表生态质量变化和气象条件的影响提供了重要依据和科学信息。青海、山东等31个省(区、市)气象局研发形成了省级生态气象公报、年报或生态气象和遥感应用年报等,为省、市、县相关部门及公众提供气象服务。

◆ 1.8.2 《草原生态气象监测预测服务专报》

针对我国草原生态保护和修复、畜牧业生产对气象服务的需求和草原生态系统的自身特点,专门研制了《北方草原生态气象监测预测服务专报》《全国草地生态气象监测预测服务专报》(以下简称《草地专报》)。《草地专报》从上一年入冬时的墒情和冬季蓄墒情况开始,关注气象条件对牲畜越冬、牧草返青、旺盛生长和黄枯的可能影响,逐月滚动开展草地植被生长物候期和生产力监测预测、气象影响评估预报,发布牧草关键物候期(返青、黄枯等)气象预测、上一月草地产草量和植被覆盖度监测、草地生态质量评价和气象条件影响分析以及未来气象条件对草地植被生长影响预估。牧草主要生长季结束后,制作发布全国草原产草量气象预报、北方草原冷季载畜量预报,分析预估未来冬季白灾、黑灾发生的可能范围、程度及其对牲畜过冬度春等的不利影响。截至 2022 年,草原生态气象监测预测服务专报已发布 18 a,成为我国草原生态保护和畜牧业生产可持续发展的重要依据。

◆ 1.8.3 《北方荒漠生态气象监测预测服务专报》

针对我国北方荒漠化防治对气象服务的需求,专门研制了《北方荒漠生态气象服务专报》(以下简称《荒漠专报》),包括荒漠生态气象监测评估月报和荒漠生态气象监测评估年报。《荒漠专报》从气象条件对荒漠化地区植被生长影响的角度,评估区域生态变化和植被防风固沙功能,动态监测沙尘天气发生状况,分析重点荒漠化区域(八大沙漠和四大沙地)生态保护与修复成效和气象影响因素,结合未来气象条件提出对策建议。《荒漠专报》已成为国家荒漠化治理决策的重要依据。

◆ 1.8.4 《森林生态气象监测评估专报》

针对森林生态保护和修复需求,专门研制了《森林生态气象监测评估专报》(以下简称《森林专报》)。《森林专报》主要包括森林植被净初级生产力(NPP)、净生态系统生产力(NEP)和叶面积系数(LAI)的逐日估算和任意时间的累计估算;森林固碳释氧量、涵养水源、土壤保持服务功能气象影响评估等。根据需求,不定期制作季度、年度森林生态气象服务产品,开展森林气象服务。

◆ 1.8.5 《生态景观气象预报》

受天气气候条件的影响,地表植被的生长一年四季变化很大,地表绿色程度变化也很大,特别是北方和青藏高原地表植被绿色程度一年四季变化更大。国家气象中心根据人们对春季踏青、盛夏草原观光、冬季南方翠绿观光的需求,在构建的植被生态质量指数基础上,发展了绿色美丽度指数(表达植被的绿色美丽程度),研制形成了全国植被生态质量季度气象监测预测产品,产品内容包括过去一个季度全国植被生态质量情况,与常年和上一年的对比结果(偏差或偏好)及其气象原因,以及未来一个季度的逐月月末全国植被绿色美丽度预测,便于公众提前安排旅游出行。

油菜花、樱花、红叶是我国极具特色的物候景观和重要的生态景观,也是重要生态旅游资源。国家气象中心根据需求,研究油菜、樱花花期和树木展叶期以及红叶期与气象条件的关系,研制形成气象预报产品。并联合内蒙古自治区气象局、兴安盟气象局以及突泉县和科尔沁右翼中旗气象局,开展了兴安盟五角枫无人机观测,分析五角枫叶子变色与气象条件之间的定量关系,制作发布精细化五角枫最佳观赏期预报,助力生态旅游发展和乡村振兴。

◆ 1.8.6 《重点生态功能区生态气象监测评估专报》

根据国家重点生态功能区生态保护和修复需求,国家气象中心联合省级单位从气象影响角度,针对区域存在的主要生态问题,开展气象专项监测和气象影响评估。针对黄土高原水土流失治理需求,开展了植被生态质量和水源涵养、土壤保持量监测、多年变化气象影响评估;针对海河流域水源涵养区,开展了气象条件对植被生长,库、湖蓄水影响评估;针对青藏高原生态屏障区,开展植被覆盖度、生产力、湖泊蓄水、积雪以及冰川、冻土气象影响评估;针对洞庭湖、鄱阳湖、太湖、巢湖污染治理,开展了水生态和区域植被生态质量气象影响评估;针对西南地区

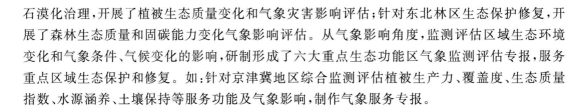

石漠化治理,开展了植被生态质量变化和气象灾害影响评估;针对东北林区生态保护修复,开展了森林生态质量和固碳能力变化气象影响评估。从气象影响角度,监测评估区域生态环境变化和气象条件、气候变化的影响,研制形成了六大重点生态功能区气象监测评估专报,服务重点区域生态保护和修复。如:针对京津冀地区综合监测评估植被生产力、覆盖度、生态质量指数、水源涵养、土壤保持等服务功能及气象影响,制作气象服务专报。

◆ 1.8.7 《大气环境气象公报》

为充分发挥气象部门在大气环境领域的特色与优势,打造中国气象局环境气象权威服务品牌,国家气象中心从 2016 年起牵头编制《大气环境气象公报》(以下简称《环境公报》),对逐年全国大气环境及大气污染气象条件的变化进行分析和论述。《环境公报》加强大气本底观测分析及大气环境多要素综合分析。发挥数值预报模式优势,体现大气环境气象条件评估特色。结合大气污染防治工作进程,突出对重点区域及主要大气污染物的分析结论。《环境公报》内容主要包含全国及重点区域大气环境现状评价、大气污染气象条件评价和气象条件对大气环境质量影响评估三个方面。其中,全国大气环境现状评价主要分析全国及各重点区域影响大气环境质量的大气污染物及与大气环境质量相关的气象观测要素,包括:能见度、霾、沙尘、大气颗粒物、反应性气体和酸雨。全国大气污染气象条件评价重点分析影响大气环境质量的相关气象要素的特征,主要包括冷空气活动、风、相对湿度、降水、静稳天气指数、日最高气温和累计日照时长等。针对影响大气环境变化的气象条件,利用 $PM_{2.5}$ 气象条件评估指数(EMI)和臭氧气象条件评估指数,定量分析全国及各区域气象条件变化对大气环境变化的影响。

◆ 1.8.8 围绕重大生态环境问题,不定期开展生态和环境气象决策服务

针对重大生态环境问题,研究需求的具体服务技术,制作气象服务决策报告。如:白洋淀是华北平原最大、最典型的湿地湖泊、雄安新区核心,对维持华北平原生态平衡具有极其重要的意义,但白洋淀自 20 世纪 60 年代以来变化很大,60—70 年代曾发生严重内涝,21 世纪初出现干涸,而近十年又碧波荡漾,气象条件特别是降水对白洋淀及周围区域生态环境影响有多大,是关注的重大问题。2018 年国家气象中心与河北省气象局开展了雄安新区及其下游区域 20 世纪 60 年代以来生态环境演变的精细化遥感监测和气象影响评估,制作了决策服务报告,给出"拓宽白洋淀到渤海湾水道并建缓冲湿地为解决水患防御洪涝对策之一"的建议。植树造林是我国重要生态保护修复工程,国家气象中心从 2019 年起收集亚热带、暖温带植树造林的主要树种及其适宜种植的气候指标,结合天气气候趋势预测,研制了植树造林适宜期气象预报产品。2020 年以来开展了暖温带品种林木(国槐、杨树等)、亚热带品种林木(樟树、榕树等)等不同树木种类春季植树造林适宜期预报,用于指导植树造林。2013 年"大气国十条"(大气污染防治行动计划)实施以来,我国大气环境质量显著改善,气象条件的年际变化对污染防治的影响评估是科学定量评价污染治理成效的基础。国家气象中心在大气污染治理效果气象条件贡献评价技术的支撑下,多次开展气象条件影响评估决策服务。如:2018 年秋冬季全国平均大气污染气象条件明显差于 2017 年同期,不利气象条件使 $PM_{2.5}$ 浓度较 2017 年升高 5.8%,结合污染浓度实际变化,定量评估减排效果。此外,联合北京市气象局开展第三方评估,为当地政府大气污染防治提供气象决策服务。

1.9　生态文明建设气象服务规范标准体系建设

国家气象中心围绕生态文明建设需求,不断发展气象业务服务技术,并把技术制定成气象业务规范和技术标准,保障业务运行。2017 年编制发布了《草地气象监测评价方法》(GB/T 34814—2017);2019 年编制发布了《陆地植被气象与生态质量监测评价等级》(QX/T 494—2019)、《$PM_{2.5}$气象条件评估指数(EMI)》(QX/T 479—2019)和《霾天气过程划分》(QX/T 513—2019);编制下发了《陆地植被生态质量气象监测评价业务规范(暂行)》(气减函〔2019〕50号)、《气象条件对大气污染防治效果影响评估服务规范(暂行)》(气减函〔2019〕68号)和《全国生态气象公报编制发布规范(暂行)》(气减函〔2019〕88号);2020—2022 年编制了《北方植被防风固沙生态功能气象评价等级》(QX/T 648—2022)、《生态系统水源涵养功能气象影响指数》(QX/T 649—2022)等气象行业标准;2022 年编制下发了《全国草地生态气象业务规范(暂行)》(气减函〔2022〕37号)、《植被生态质量变化气象条件贡献率评价业务规范(暂行)》(气减函〔2022〕73号)、《气象条件对大气污染物区域间传输影响评估服务规范(试行)》(气减函〔2022〕78号)、《气象条件对臭氧浓度变化影响评估服务规范(试行)》(气减函〔2022〕79号)。此外,截至 2022 年 12 月 31 日,气象部门还发布了《生态气象术语》(全国农业气象标准化技术委员会,2013)、《植被生态质量气象评价指数》(全国农业气象标准化技术委员会,2017b)、《农业气象和生态气象资料分类与编码》(全国农业气象标准化技术委员会,2021)等标准。

1.10　生态文明建设气象保障业务未来发展

生态文明建设对气象服务需求多、范围广,需要气象部门深入研发的技术很多,且每种技术及其使用的数据精细化程度不同,所以目前生态气象业务服务技术、系统和产品成熟度差异较大,如植树造林适宜期预报技术目前还处于起步研究阶段,缺少植树造林时间和灌溉量等实况数据和业务系统支撑;生态气候承载力评估服务技术目前也处于零星研究阶段,缺少许多针对具体地点和工程的应用研究。因此,未来气象部门将继续围绕生态文明建设具体需求,开展精细化气象服务技术研究,加强精密气象监测,开展精准气象影响预报预测和评估,提供更加精细的气象服务,助力生态文明建设高质量发展。

第 2 章

植被气候生产潜力估算

植被气候生产潜力是指在当地光、温、水等气候条件下,单位面积的植被通过光合、呼吸等生理生态过程可达到的生产能力。其估算方法有很多,归纳起来,主要有三类。第一类是过程模型(动态模型),即考虑植物生长过程的机理性模型,如植被大气相互作用模型(atmosphere-vegetation interaction model,AVIM)和中国森林生态系统碳收支模型(forest ecosystem carbon budget model for China,FORCCHN),该模型是中国科学院大气物理研究所(Ji,1995;Ji et al.,1989;季劲钧 等,1999;Yang et al.,2019;Dan et al.,2005,2007a,2007b,2015,2020)和北京师范大学(延晓冬 等,2007;赵俊芳 等,2007,2008,2009;Fang et al.,2020a,2020b,2021)发展的机理性生态过程模型,定量刻画了气象条件驱动下的植被光合、呼吸、干物质分配以及植被与大气的交互作用。第二类是半理论半经验模型,即基于生理生态学理论基础,结合相关统计,确定经验参数的数学模型,如基于植物生产力的 Chikugo 模型。第三类为经验统计模型,即根据生物量与气候因子的统计相关关系建立的数学模型,如美国的里思.H和惠特克.R.H(1985)根据年平均温度和年平均降水量建立的植物生产力迈阿密(Miami)估算模型和改进的桑斯韦特概念模型(Thornthwaite Memorial)等。

国家气象中心 2006 年以来从中国科学院大气物理研究所引进机理模型 AVIM 和 FORCCHN,2008 年初步建立了业务系统,2010 年实现了业务化应用,2010 年以来不断改进完善,一直支持生态气象业务开展。2018 年增加了基于 Miami 模型、Thornthwaite Memorial 气候生产潜力模型(Lieth,1975a,1975b)以及自然植被 NPP 模型(周广胜 等,1995)为基础的植被气候生产潜力估算系统,在考虑气温和降水对植被生长影响的基础上,分别实现基于热量、水分、蒸散等气候环境因子的植被气候生产潜力估算。基于上述多种模型和业务系统,开展了光、温、水等气候条件决定下的全国植被气候生产潜力评估。

2.1 植被气候生产潜力估算使用的主要数据

从全国综合气象信息共享平台(China integrated meteorological information service system,CIMISS)实时获取逐日平均气温、最低气温、最高气温、降水量、相对湿度、风速、云量、日照时数、辐射等气象资料,利用反距离权重(IDW)空间插值方法,生成 1 km×1 km 空间分辨率的栅格数据。

利用逐日气象资料,驱动基于光合、呼吸等植物生理生态过程机理模型(AVIM 和 FORCCHN),估算逐日以及任意时段的陆地植被以及草原、森林植被净初级生产力;基于逐日气象要素,计算年平均气温、年降水量,驱动半经验半机理模型和经验统计模型,估算植被年气候生产潜力。

2.2 植被气候生产潜力估算模型和方法

◆ 2.2.1 基于植被大气相互作用模型的植被 NPP 估算

植被大气相互作用模式(AVIM)是在简化的一维地表过程模式 LPM 基础上加入了植被生理模块发展而来的。该模式包含了物理过程模块和植被生理模块,前者是关于植被冠层内部及大气、土壤之间的水热交换和系统物理状态的变化,后者是植被群体的生理和生长过程以及干物质积累和在植被各器官之间的分配(图 2.1)。其中,左半部分代表物理模块,右半部分代表生理模块,把这两部分联系起来的参数是 LAI,植被生长使得生物量、LAI 发生了变化,最终导致反照率、气孔阻抗和零平面位移的变化,而这些变量会改变地表能量平衡和水分平衡,造成了地气之间不断相互影响而趋于平衡。

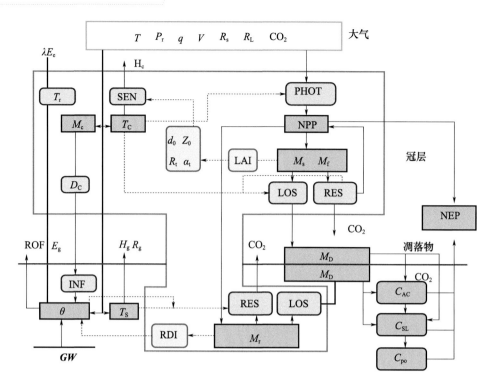

图 2.1　植被大气交互作用模型（AVIM）

图中变量的意义见表 2.1 和表 2.2。其中 T、q、V、CO_2、P_r、R_S、R_L 是来自大气的温度、比湿、风速、二氧化碳浓度、降水、短波辐射和长波辐射。在离线模式中，这些变量作为 AVIM 的驱动场，在耦合模式中，这些要素还会受到陆面过程的反馈影响。

表 2.1　AVIM 中的物理参数表

参数及符号名	意义	单位
λ	潜热系数	—
E_c	冠层水汽通量	$W \cdot m^{-2}$
λE_c	冠层潜热通量	$W \cdot m^{-2}$
H_c	冠层感热通量	$W \cdot m^{-2}$
SEN	同 H_c	$W \cdot m^{-2}$
T_r	同 λE_c	$W \cdot m^{-2}$
T_c	冠层叶温	K
M_c	冠层含水量	m
D_c	冠层下落水速率	$m \cdot s^{-1}$
ROF	地表径流量	$m^3 \cdot s^{-1}$
E_g	裸土潜热通量	$m^3 \cdot s^{-1}$
H_g	裸土感热通量	$W \cdot m^{-2}$
R_g	裸土净辐射	$W \cdot m^{-2}$
T_s	裸土温度	K
INF	土壤入渗率	$m \cdot s^{-1}$
θ	土壤体积含水量	$m^3 \cdot m^{-3}$
GW	地下水	—
d_0	零平面位移	m
Z_0	地表粗糙度	mm
R_t	气孔阻抗	$s \cdot m^{-1}$
α_t	反照率	—

表 2.2 AVIM 中的植被生理参数及符号表

参数及符号名	意义	单位
LAI	叶面积指数	$m^2 \cdot m^{-2}$
PHOT	光合作用	—
NPP	净初级生产力	$kgC \cdot m^2$
M_s	茎生物量	$kg \cdot m^{-2}$
M_f	叶片生物量	$kg \cdot m^{-2}$
LOS	凋落过程	—
RES	呼吸过程	—
NEP	净生态系统生产力	$kgC \cdot m^{-2}$
CO_2	二氧化碳	—
M_D	死亡部分生物量	$kg \cdot m^{-2}$
M_r	根部生物量	$kg \cdot m^{-2}$
C_{AC}	土壤活性库	$kg \cdot m^{-2}$
C_{SL}	土壤慢性库	$kg \cdot m^{-2}$
C_{po}	土壤惰性库	$kg \cdot m^{-2}$
RDI	根密度指数	—

在 AVIM 模式中气象驱动场输入后,根据地表不同植被类型的分布,在各个格点或站点上调用与植被类型有关的模型生理和物理过程参数,比如最大光合羧化率,这些参数均按不同植被类型一一对应到格点或站点上,具体的计算流程如图 2.2 所示。

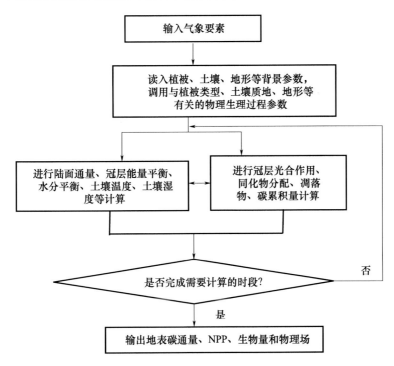

图 2.2 AVIM 模型植被生产力和碳通量计算流程

(1)AVIM 物理模块

AVIM 的物理模块是在 Ji 和 Hu(1989)的工作基础上发展而来的,可直接应用于单点(site)或斑块(patch)计算。

（2）冠层能量平衡方程

$$C_c \frac{\partial T_c}{\partial t} = R_{nc} - \lambda E_c - H_c - I_p \tag{2.1}$$

式中，C_c 是冠层热容量（$J \cdot m^{-3} \cdot K^{-1}$），约与 0.2 mm 厚的水层热容量相当；$T_c$ 是冠层叶面温度（K）；t 是时间；λE_c 和 H_c 分别为冠层潜热通量和感热通量（$W \cdot m^{-2}$）；I_p 是植被光合作用消耗的能量（$W \cdot m^{-2}$），由于其量级较小，在热平衡计算中一般可以略去；R_{nc} 是冠层净辐射（$W \cdot m^{-2}$）。

（3）AVIM 生理生态模块

AVIM 生理生态模块主要包括光合作用、呼吸作用、干物质分配以及植物凋落等过程。植物生产力或固碳量的改变由碳平衡决定，植被净初级生产力（NPP）可写为：

$$\text{NPP} = \text{GPP} - R_m - R_g \tag{2.2}$$

式中，GPP 是总光合速率，R_m 是维持呼吸速率，R_g 是植物的生长呼吸速率，单位均为 $kgC \cdot m^{-2} \cdot d^{-1}$。

国家气象中心 2006—2008 年利用观测的围封草原地面观测资料，对 AVIM 模型进行了验证和改进，业务化了 AVIM 模型，形成适合估测草原植被 NPP 和产草量的 AVIM-GRASS 模型（Qian et al.，2012）。2017—2018 年形成了估测全国陆地植被 NPP 的能力。

◆ 2.2.2 基于 FORCCHN 模型的森林生产力估算

中国森林生态系统碳收支模型 FORCCHN 是一个基于个体生长过程的斑块模型，该模型以植物生理学、森林生态学和土壤环境学的基本原理为基础，由每日气象条件驱动，逐个计算一定面积斑块上每株树木的碳收支，通过求和及耦合土壤碳循环模型所计算的土壤碳收支得到森林生态系统在单位面积上的 NPP、NEP，还有 LAI（延晓冬 等，2007；赵俊芳 等，2007，2008，2009）。该模型改进后，增加了非结构碳库。模型考虑的主要过程和计算流程见图 2.3。

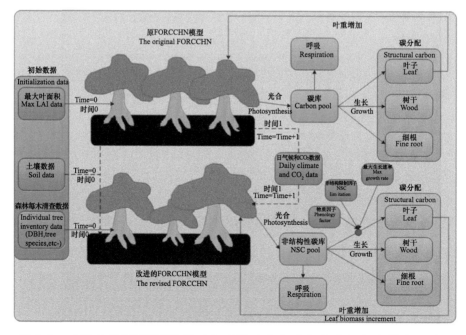

图 2.3 改进的 FORCCHN 模型与原模型考虑的主要过程和计算流程对比

FORCCHN 通过两种步长运行：在步长为天时的基本过程包括林分（个体）的光合、呼吸、分配和凋落以及凋落物和土壤有机物的呼吸和转移；在步长为年时的基本过程包括林分的同化物分配、树高和胸径增长、大凋落物生成。对该模型进行了样地水平上与全国总量上的森林NPP、NEP 的验证,验证结果表明(延晓冬 等,2007),该模型在考虑幼龄林基础上,能较好地模拟出中国森林生态系统的碳收支,可以用来模拟中国森林生态系统碳收支过去动态和未来发展趋势,国家气象中心 2006—2008 年引进并业务化了 FORCCHN 模型,用于估测气候条件驱动下的中国森林 NPP、NEP。

FORCCHN 模型具有 4 个主要特点:第一,碳、水和氮在土壤-植物-大气系统中的循环过程有机地结合;第二,森林生态系统碳收支的外部强迫和驱动因素基本上基于个体生理生态过程机制,而不是由当前气候和生态系统的统计关系预先确定;第三,生态系统的碳收支是由林分个体生长来确定的,从而使中国森林生态系统碳收支得到较可靠的估算;第四,模型可以同时用于预测气候变化所引起的森林生态系统碳收支的动态变化和未来平衡态,与 Hybrid 模型的显著不同在于,不仅能模拟个体,而且每个个体是逐年生长的(胸径和树高逐年变化)。模型分辨率可以是 10 km×10 km 或更高,假设每个网格内森林植被一样,且土壤与成熟林、幼林无关。

FORCCHN 模型个体树木碳收支及对应的林分碳收支方程分别为:

$$\frac{\mathrm{d}x_i}{\mathrm{d}t}=\mathrm{GPP}_i-\mathrm{t\_resp}\times(RM_i+RG_i)-L_i \tag{2.3}$$

$$\frac{\mathrm{d}(\sum x_i)}{\mathrm{d}t}=\sum\mathrm{GPP}_i-\mathrm{t\_resp}\times\left(\sum RM_i+\sum RG_i\right)-\sum L_i \tag{2.4}$$

式中, x_i、GPP_i、RM_i、RG_i、L_i 分别表示个体碳增量、总光合、维持呼吸、生长呼吸、凋落量($\mathrm{kgC\cdot d^{-1}}$);$\mathrm{t\_resp}$ 表示气温对植物呼吸的影响系数(无量纲),在 0~1 变化。

2.2.3 自然植被气候生产潜力模型($\mathrm{CPP_{zhou}}$)估算

周广胜和张新时(1995)基于 Chikugo 模型相似的推导过程,根据植物的生理生态学特点,基于能量平衡和水量平衡方程的区域蒸散模型,结合国际生物学计划(IBP)期间获得的世界各地的 23 组森林、草地及荒漠等自然植被资料及相应的气候资料建立了自然植被气候生产力(NPP)估算模型。该模型以与植被光合作用密切相关的实际蒸散为基础,综合考虑了诸因子的相互作用,该模型常被用来计算区域植被气候生产潜力,公式如下:

$$\mathrm{CPP_{Zhou}}=\mathrm{RDI}\times\frac{rR_n(r^2+R_n^2+rR_n)}{(R_n+r)(r^2+R_n^2)}\exp(-\sqrt{9.87+6.25\mathrm{RDI}}) \tag{2.5}$$

$$\mathrm{RDI}=R_n/r \tag{2.6}$$

式中,$\mathrm{CPP_{Zhou}}$ 为自然植被净第一性生产力($\mathrm{t\cdot DW^①\cdot hm^{-2}\cdot a^{-1}}$),RDI 为辐射干燥度,$R_n$ 为陆地表面获得的年净辐射量(mm),r 为年降水量(mm)。采用 Allen 的方法(1998)计算月短波净辐射量、长波辐射量和净辐射量,进而累加得到年净辐射量 R_n。

2.2.4 Thornthwaite Memorial 气候生产潜力模型($\mathrm{CPP_{Th}}$)估算

Thornthwaite Memorial 模型(Lieth,1975a,1975b)是通过蒸散量这一综合气象指标来计算植物生物量,体现了植被气候生产潜力主要受气候资源变化的影响。依据植被生物量与年蒸散量、降水和年均气温之间的关系,建立起来的统计关系模型为:

$$\mathrm{CPP_{Th}}=30000\times(1-\mathrm{e}^{-0.0009695(E-20)}) \tag{2.7}$$

① Dw(drained weight):土壤单位,指土壤固形重量。

$$E=\frac{1.05r}{\sqrt{1+(1+1.05r/E_\mathrm{p})^2}} \qquad (2.8)$$

$$E_\mathrm{p}=3000+25t+0.05t^3 \qquad (2.9)$$

式中,CPP_{Th} 为蒸散量决定的植被气候生产潜力（kg·hm^{-2}·a^{-1}），E 是年平均实际蒸散量(mm)，r 为年降水量(mm)，E_p 为年平均最大蒸散量(mm)，E_p 定义为年平均温度 t（℃）的函数。

◆ 2.2.5　基于 Miami 模型的气候生产潜力(CPP_{Mi})估算

Miami 模型(Lieth ,1975a,1975b)从植物的生理生态角度出发,认为温度和水分是影响植物生长及生物量形成的主要因子,通过不同地区的年降雨量和年平均气温来计算植被气候生产潜力。其中,基于年平均气温的植被气候生产潜力计算公式为:

$$CPP_t=3000/(1+e^{1.315-0.119t}) \qquad (2.10)$$

式中,t 为年平均气温(℃),CPP_t 为由年平均气温决定的植被气候生产潜力(g·m^{-2}·a^{-1})。

Miami 模型中基于年降雨量的植被气候生产潜力计算公式为:

$$CPP_r=3000\times(1-e^{-0.000664r}) \qquad (2.11)$$

式中,r 为年降水量(mm),CPP_r 表示由年降水量决定的植被气候生产潜力(g·m^{-2}·a^{-1})。

采用 Miami 模型估算气候生产潜力时,根据 Liebig 最小因子定律取 NPP_t 和 NPP_r 中的较低值作为某地自然植被气候生产潜力(CPP_{Mi})。

2.3　植被气候生产潜力监测评估业务系统

国家气象中心建立了气象要素驱动的上述 5 种类型模型估算植被气候生产潜力的业务系统,系统界面见图 2.4—图 2.8,实现对全国植被净初级生产力的逐日到年尺度的估算,分析纯气象条件驱动下的植被气候生产潜力及其年际对比,同时评估气象条件对植被生产力的影响。

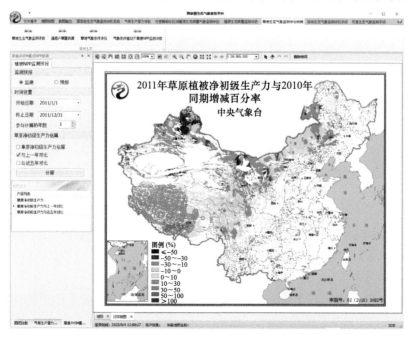

图 2.4　草原植被净初级生产力年际之间对比(AVIM-GRASS)系统功能界面

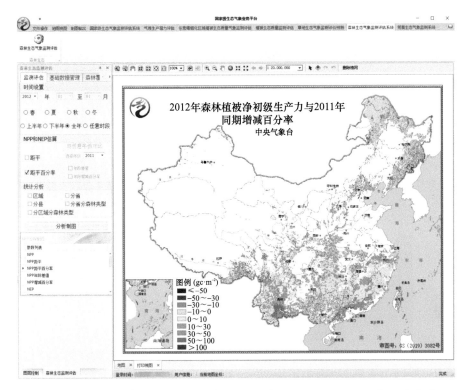

图 2.5 森林植被净初级生产力年际之间对比(FORCCHN)系统功能界面

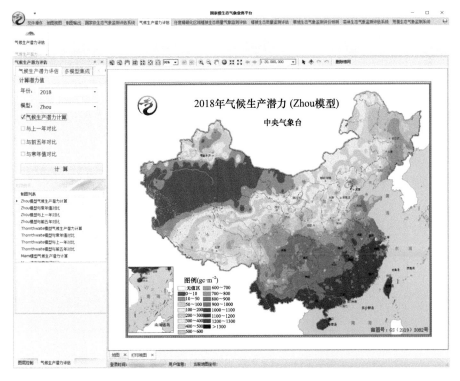

图 2.6 植被气候生产潜力评估(CPP$_{Zhou}$)系统功能界面

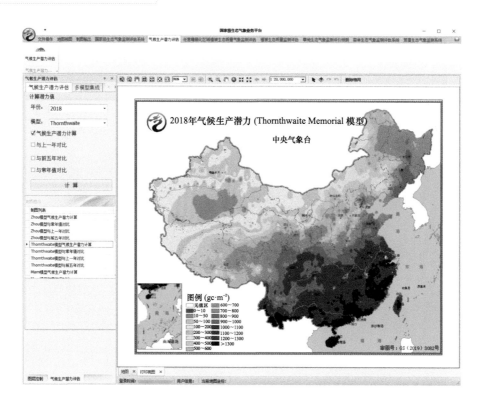

图 2.7　植被气候生产潜力估算(CPP_Th)系统功能界面

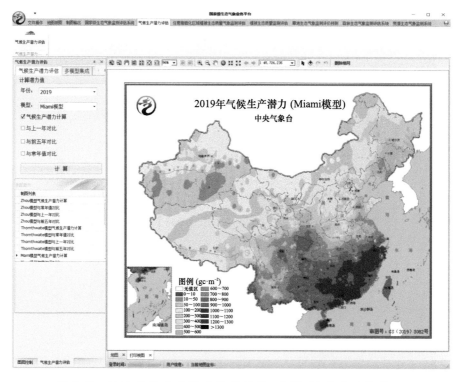

图 2.8　植被气候生产潜力估算(Miami 模型)系统功能界面

2.4 植被气候生产潜力监测评估应用案例

◆ 2.4.1 基于 AVIM-GRASS 的业务应用

草原植被在气象要素驱动下,通过光合、呼吸作用形成干物质,一方面覆盖土壤、绿化草原、保护生态环境,另一方面为牲畜提供饲草、为人类提供肉奶等食源,具有生态生产双重功能,因此研究气象要素驱动下我国草原植被生产力的估算方法及监测评估应用技术,对于政府和畜牧业生产者及时掌握草原植被生产力、做好生态保护、实现畜牧业可持续发展等具有重要意义。利用北方草原地面观测的围封草原地上生物量、产草量等观测资料,对 AVIM 经过不断的地面验证和改进,形成了 AVIM-GRASS 模型,实现从某一日到某一日的任意时段草原植被净初级生产力(NPP)的动态估测和年际之间的对比。

上述技术已应用于 2008 年以来的全国草原植被净初级生产力和产草量气象动态监测评价中,成为气象服务草原生态保护和畜牧业生产的关键技术之一。以 2016 年监测评价结果为例(图 2.9),可见 2016 年全国草原植被净初级生产力与 2015 年对比的空间分布差异较大,其中新疆北部、内蒙古中部、东北地区中东部、华北西部和北部、西南地区南部、西藏大部等地较 2015 年增加 10%~50%,新疆西北部增加 50%以上;内蒙古东部、青海南部和中西部、甘肃东南部等地降低 10%~50%。

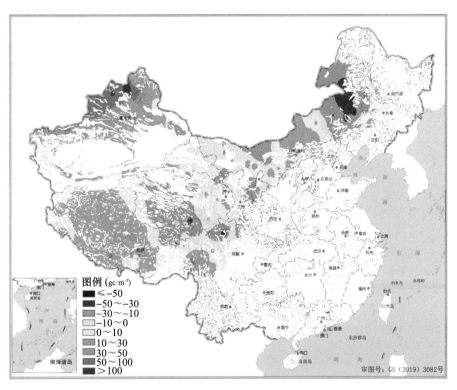

图 2.9 2016 年全国草原植被净初级生产力与 2015 年对比增减百分率
(基于 AVIM-GRASS 模型)

◆ 2.4.2 基于森林 FORCCHN 模型的应用

以 2018 年为例,气象条件驱动的 FORCCHN 模型监测结果表明:2018 年海南岛、云南南部和西部地区森林植被 NPP 在 1000 gC·m⁻² 以上,为全国森林 NPP 最高区域;福建、广东、广西、云南东部和北部、四川南部等地,其森林植被 NPP 为 600～1000 gC·m⁻²,为次高区域;东北林区大部、华北北部、四川西部和北部、陕西南部等地,其森林植被 NPP 为 400～600 gC·m⁻²,为第三高区域;大兴安岭北部、新疆北部、祁连山区、西藏东南部大部地区森林植被在 400 gC·m⁻² 以下,森林植被 NPP 全国最低(图 2.10)。

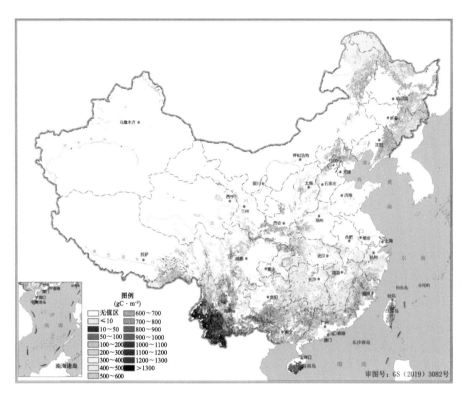

图 2.10　2018 年森林植被净初级生产力(基于森林 FORCCHN 模型)

2018 年森林植被 NPP 与 2017 年相比,东北地区北部和东部森林植被 NPP 较 2017 年增加 10%～50%,增幅最大;西南地区东部、华南大部森林植被 NPP 比 2017 年增加 10%～30%;江南大部森林植被 NPP 与 2017 年增减百分率在 −10%～+10% 之间;东北地区南部、华北北部和西部、西北地区东部、西南地区西部森林植被 NPP 较 2017 年偏低 10%～30%(图 2.11)。

◆ 2.4.3 基于 Thornthwaite Memorial 气候生产潜力模型(CPP_Th)的应用

利用 CPP_Th 模型计算年度植被气候生产潜力,从 2019 年 CPP 空间分布(图 2.12)来看,CPP_Th 的 CPP 呈现出南方高、北方低以及东部高、西部低的空间分布特征,其中江南大部、华南、西南地区东部 CPP 普遍超过 1000 gC·m⁻²,东北地区为 500～900 gC·m⁻²,内蒙古西部、甘肃西部、青海西北部、新疆大部小于 200 gC·m⁻²。

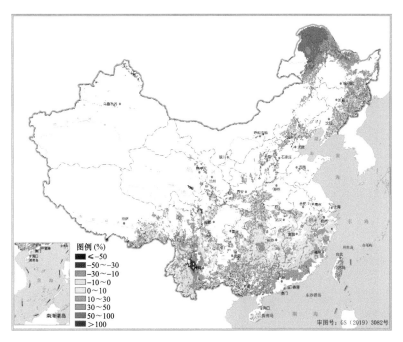

图 2.11　2018 年森林植被净初级生产力与 2017 年同期对比增减百分率
（基于森林 FORCCHN 模型）

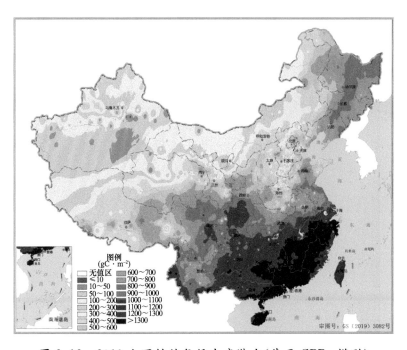

图 2.12　2019 全国植被气候生产潜力（基于 CPP_{Th} 模型）

基于 CPP_{Th} 模型的 2000 年至 2019 年气候生产潜力年际变化趋势（图 2.13）显示出：东北地区、华北北部、西北地区东部、江淮、华南南部、西南地区北部等地 CPP 呈明显增加趋势，每年增加 2.5～12.0 gC·m^{-2}，而云南大部、西藏东部、黄淮大部等地 CPP 呈明显减小趋势，每年减少－12.0～－2.5 gC·m^{-2}。

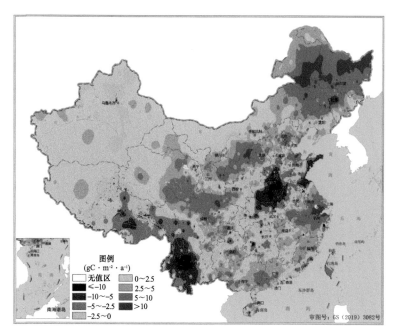

图 2.13 2000—2019 年全国植被气候生产潜力变化趋势(基于 CPP_{Th} 模型)

基于 CPP_{Th} 模型的 2000—2018 年全国气候生产潜力平均每年增加 1.9 gC·m^{-2};基于光能利用率 DTEC 模型的全国实际植被净初级生产力 NPP 持续增长,平均每年增加 3.8 gC·m^{-2}。2000 年至 2018 年全国植被气候生产潜力 CPP_{Th} 平均达 530 gC·m^{-2},实际植被净初级生产力 NPP 为 458 gC·m^{-2}(图 2.14)。

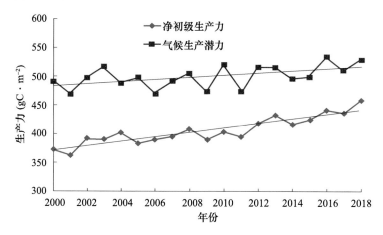

图 2.14 2000—2018 年全国气候生产潜力(基于 CPP_{Th} 模型)和实际净初级生产力变化

◆ **2.4.4 基于自然植被生产力模型(CPP_{Zhou})的应用**

利用 CPP_{Zhou} 模型计算年度植被气候生产潜力,从 2018 年 CPP 空间分布(图 2.15)来看,CPP_{Zhou} 的 CPP 也呈现出南方高、北方低以及东部高、西部低的空间分布特征,其中江南东部、华南中东部 CPP 超过 1000 gC·m^{-2},东北地区为 500~800 gC·m^{-2},内蒙古北部和西部、西北地区中西部小于 200 gC·m^{-2}。

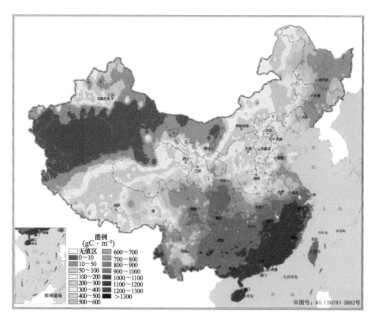

图 2.15　2019 年全国植被气候生产潜力(基于 CPP$_{Zhou}$ 模型)

　　基于自然植被生产力模型(CPP$_{Zhou}$)的 2000 至 2019 年全国植被气候生产潜力年际变化趋势(图 2.16)显示出:CPP$_{Zhou}$ 与 CPP$_{Th}$ 模型计算结果的趋势变化在空间格局上基本一致。基本表现为:东北地区大部、华北北部、西北地区东部等地 CPP 呈明显增加趋势,平均每年增加 $2.5\sim12.0\ gC\cdot m^{-2}$,而云南中西部、西藏东部、黄淮中部等地 CPP 呈明显减小趋势,每年减少 $-12.0\sim-2.5\ gC\cdot m^{-2}$。

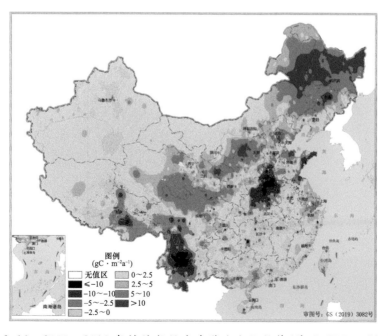

图 2.16　2000—2019 年植被气候生产潜力变化趋势(基于 CPP$_{Zhou}$ 模型)

第 3 章

植被生态质量气象监测评估

植被净初级生产力(NPP)是指单位面积植被在某一时间内通过光合作用固定的有机物质减去自养呼吸消耗后剩余的有机物质总量,反映了植被在单位面积上的生产能力和固碳能力。植被覆盖度是指植被(包括叶、茎、枝)在单位面积上的垂直投影面积占地表面积的百分比,反映了植被覆盖地表的能力。基于植被净初级生产力和覆盖度构建的植被综合生态质量指数反映了陆地生态系统植被功能和覆盖的综合质量。建立的年际对比和多年变化趋势评价模型,可以监测评价当年和多年全国或区域植被综合生态质量的时空变化,为掌握全国或区域植被生态质量动态提供支持。

根据植被 NPP、覆盖度估算方法不同,估算出的植被生态质量指数反映的情况也有所不同。植被 NPP、覆盖度的估算方法主要有两大类。一类是基于气象要素驱动的植被生态机理模型的估算方法,反映的是气象条件影响下的植被气候生产潜力、覆盖度;另一类是利用卫星遥感的植被指数和植被光能利用率原理的计算方法,可视为反映实际情况的植被 NPP、覆盖度。基于前者计算的植被生态质量指数为潜在生态质量指数,反映了在气象条件影响下可达到的植被生态质量;基于后者计算的植被生态质量指数可视为实际植被生态质量指数,反映了实际植被生态质量状况。

本书第 2 章介绍了利用气象要素、基于 AVIM 和 FORCCHN 模型等计算的植被气候生产潜力。本章着重介绍利用 EOS/MODIS 和 FY-3 卫星 NDVI 数据计算植被覆盖度,基于 TEC、DTEC 模型计算实际植被净初级生产力、综合植被覆盖度和植被生态质量指数,以及相关业务系统和应用案例。

3.1　数据及处理

◆ 3.1.1　气象数据

从国家气象信息中心全国综合气象信息共享平台数据库获取地面气象观测数据,提取每日观测的空气温度、相对湿度、降水量、风速、日照时数、水汽压等数据。然后计算月平均温度、月平均日照时数、月平均露点温度、月平均水汽压、月平均相对湿度、月平均风速、月降水量。采用反距离权重(inverse distance weight,IDW)空间插值方法,生成 1 km×1 km、250 m×250 m 的网格数据。

◆ 3.1.2　卫星遥感数据

从国家卫星气象中心获取 1 km×1 km、250 m×250 m 空间分辨率的 EOS/MODIS 和 FY-3 卫星的归一化差值植被指数(NDVI)月合成资料。

◆ 3.1.3　基础背景数据

制作 1 km×1 km、250 m×250 m 空间分辨率的土壤、海拔、土地利用等基础背景数据集。全国土壤栅格数据集包括田间持水量、萎蔫土壤湿度、粉粒比例和沙粒比例,该数据集来自中国科学院南京土壤研究所。1 km 空间分辨率数字地面高程、土地利用数据来源于资源与环境数据云平台(http://www.resdc.cn/)。根据 Landsat 8 遥感影像,将土地利用数据集划分为 6 个土地覆盖等级,包括草地、森林、农田、水域、居民点用地和未利用地。

3.2 植被 NPP、覆盖度和生态质量指数计算

◆ 3.2.1 植被净初级生产力估算

根据彭曼的植物光能利用率原理,植物通过光合作用生产的有机物质的量与植物利用的光合有效辐射呈正相关关系。植被净初级生产力等于总初级生产力(gross primary productivity,GPP)减去植物自养呼吸(R)。植物自养呼吸包括维持呼吸和生长呼吸,可以由温度和 GPP 估计。

2005—2007 年国家气象中心在拓展生态气象领域中研发了基于植被光能利用率原理的植被 NPP 估算模型,实现了基于月尺度 NOAA AVHRR 的归一化差值植被指数(NDVI)和地面气象观测资料的像元尺度全国植被 NPP 估算(毛留喜 等,2006,2007;侯英雨 等,2007;2008)。之后,经过十余年研发,全国植被 NPP 估算业务已发展到用陆地生态系统碳通量 TEC 模型(Yan et al.,2015,2019)后,发展为 DTEC 模型(张心竹 等,2021)估算。以下是采用 TEC 模型基于逐月 MODIS 和 FY-3 NDVI、地面气象观测资料,由太阳光合有效辐射 PAR、植被吸收 PAR 的比例 FPAR、实际光能利用率、降水和温度等数据计算的逐月植被 NPP,主要公式如下。

$$NPP = GPP - R_g - R_m \tag{3.1}$$
$$GPP = \varepsilon^* \times T_\varepsilon \times W \times FPAR \times PAR \tag{3.2}$$
$$R_g = 0.2 \times (GPP - R_m) \tag{3.3}$$
$$R_m = GPP \times (7.825 + 1.145 \times T_a)/100 \tag{3.4}$$

式中,NPP、GPP、R_g 和 R_m 分别表示植被净初级生产力、总初级生产力、生长呼吸消耗量(Zhao et al.,2010)和维持呼吸消耗量(Goward et al.,1987)(单位:gC·m^{-2}·月$^{-1}$,month 为月),ε^* 为最大光能利用率,T_ε 为温度胁迫系数,W 为水分胁迫系数,FPAR 表示植被吸收光合有效辐射的比例,PAR 为入射光合有效辐射(单位:MJ·m^{-2}·月$^{-1}$),T_a 为月平均气温(单位:℃)。

3.2.1.1 实际光能利用率估算

根据植被类型、温度胁迫系数、水分胁迫系数等数据,计算植被实际光能利用率。
$$\varepsilon = \varepsilon^* \times T_\varepsilon \times W \tag{3.5}$$
式中,ε 为实际光能利用率,ε^* 为最大光能利用率,C3 植物 ε^* 取值为 1.8 gC·MJ^{-1},C4 植物 ε^* 取值为 2.76 gC·MJ^{-1},T_ε 为温度胁迫系数,W 为水分胁迫系数。C4 植物(如玉米)和 C3 植物(如小麦)的光合作用途径不同,其最大光能利用率 ε^* 也有较大差异(Goetz et al,1999)。

3.2.1.2 水分胁迫系数

利用月实际蒸散和潜在蒸散的比值,估算水分胁迫系数 W。计算公式如式(3.6)。
$$W = E/PET \tag{3.6}$$
式中,E 是实际蒸散(Yan et al.,2015);PET 是 Priestly-Taylor 潜在蒸散,计算公式如式(3.7)。
$$PET = 1.35 \frac{\Delta R_n}{\Delta + \gamma} \tag{3.7}$$
式中,R_n 是月净辐射,Δ 是饱和水汽压梯度,γ 湿度计算常数。其中 R_n 的计算公式如式(3.8)。
$$R_n = (1-\alpha)R_s - R_{nl} \tag{3.8}$$
式中,α 是地表反照率,R_s 是太阳总辐射,R_{nl} 是净长波辐射。

3.2.1.3　温度胁迫系数

根据环境温度和植物三基点温度,温度胁迫系数计算公式如式(3.9)。

$$T_\varepsilon = \left[(T_a - T_{\min})(T_a - T_{\max})\right] / \left[(T_a - T_{\min})(T_a - T_{\max}) - (T_a - T_{opt})^2\right] \tag{3.9}$$

式中,T_ε 为温度胁迫系数,T_a 为月平均气温,$T_{\min}$、$T_{\max}$ 和 T_{opt} 分别为植物进行光合作用的最低、最高和最优温度(Melillo et al.,1993)。

3.2.1.4　FPAR 估算

利用归一化差值植被指数(NDVI),估算植被有效光合辐射吸收比例 FPAR。计算公式如式(3.10)(Sims et al.,2006):

$$FPAR = 1.24 \times NDVI - 0.168 \tag{3.10}$$

3.2.1.5　太阳总辐射和光合有效辐射

根据日照时数,估算地表太阳总辐射和光合有效辐射。采用 Allen(1998)的方法由月平均日照时数计算太阳总辐射 R_s,计算公式如下:

$$R_s = \left(a + b\,\frac{n}{N}\right)R_a \tag{3.11}$$

式中,R_s 是太阳总辐射,n 是实际日照时数,N 是可照时数,R_a 是大气层外太阳辐射,a 和 b 为拟合系数。

根据光合有效辐射(PAR)占太阳总辐射(R_s)的比例为 0.48 计算 PAR。

◆ 3.2.2　植被覆盖度估算

植被覆盖度是指植被(包括叶、茎、枝)在单位面积上的垂直投影面积所占百分比。它既是植物群落覆盖地表状况的一个综合量化指标,又是描述植物群落及生态系统的重要参数。植被覆盖度及其变化是区域生态系统环境变化的重要指示,对水文、生态、全球变化等都具有重要的意义。

利用月 NDVI 合成数据,计算月植被覆盖度,计算公式如下:

$$C = \frac{NDVI - NDVI_s}{NDVI_v - NDVI_s} \times 100\% \tag{3.12}$$

式中,C 为月植被覆盖度(%);NDVI 为月合成归一化差值植被指数;$NDVI_s$ 为像元纯土壤时的 NDVI,根据我国陆地特点推荐 $NDVI_s = 0.05$;$NDVI_v$ 为像元全植被覆盖下的 NDVI,根据我国陆地特点推荐 $NDVI_v = 0.95$。年平均植被覆盖度为该年 1—12 月植被覆盖度的平均。

◆ 3.2.3　植被综合生态质量指数计算

植被 NPP 和覆盖度是反映陆地生态系统服务功能的两个最基本特征量,也是反映植被生态质量的两个关键特征量。基于植被 NPP 和覆盖度,构建的植被综合生态质量指数可反映植被在单位面积上生产能力和覆盖能力的综合能力,可解决空间上存在的单位面积上植被 NPP 相同但对地表的覆盖程度不同或植被覆盖度相同但植被 NPP 不同的问题。根据植被 NPP 和覆盖度对一地植被生态质量的重要性,采用权重加权的方法把二者有机地构成一个综合模型(钱拴 等,2020),当年基于植被 NPP 和覆盖度的植被综合生态质量指数计算公式如式(3.13)。

$$Q_i = 100 \times \left(f_1 \times FVC_i + f_2 \times \frac{NPP_i}{NPP_{\max}}\right) \tag{3.13}$$

式中,Q_i 为第 i 年全年植被综合生态质量指数,其值在 0~100 之间;$Q_i = 0$,说明植被覆盖度为 0,植被 NPP 也为 0；$Q_i=100$，说明植被覆盖度为 100%，植被 NPP 达最高值。f_1 为全年平均植被覆盖度的权重系数（根据区域及其植被类型进行调整，全国取 0.5）；FVC_i 为第 i 年全年各月植被覆盖度的平均值，反映年植被覆盖度的平均状况。f_2 为年植被 NPP 的权重系数（根据区域及其植被类型进行调整，全国取 0.5）；NPP_i 为第 i 年全年植被 NPP；NPP_{max} 为全年植被 NPP 的历史最高值，即当地历史上最好气候条件下的年实际植被 NPP。进行植被综合生态质量空间对比时，NPP_{max} 为该空间区域范围内相应时段最好气候条件下的实际植被 NPP。此处，f_1 和 f_2 之和为 1。

3.3　植被综合生态质量时空变化监测评价模型

◆ 3.3.1　年际对比监测评价模型

植被综合生态质量年际之间的对比，以当年植被综合生态质量指数相对于多年平均值的增减百分率来表示，以反映当年相对于多年平均状况的差异，其计算方法见式（3.14）。

$$\Delta Q_i=(Q_i-\overline{Q})/\overline{Q}\times100\% \tag{3.14}$$

式中，ΔQ_i 为第 i 年植被综合生态质量指数相对于多年均值的增减百分率（%）；Q_i 为第 i 年植被综合生态质量指数；$\overline{Q}$ 为多年植被综合生态质量指数的平均值，根据实际情况，在只有第 1 年至第 $i-1$ 年的逐年植被综合生态质量指数的情况下，以第 1 年至第 $i-1$ 年的平均值反映多年的平均状况。

当年植被综合生态质量相对多年均值优劣的监测评价以 ΔQ_i 为判断依据，$\Delta Q_i<0$ 说明当年植被生态质量不如多年平均状况，$\Delta Q_i=0$ 说明当年植被生态质量接近多年平均状况，$\Delta Q_i>0$ 说明当年植被生态质量好于多年平均状况，ΔQ_i 的绝对值反映了当年植被生态质量相对于多年均值的偏好偏差程度。

当开展当年植被综合生态质量与上一年对比时，式（3.14）中的 $\overline{Q}$ 为上一年的植被综合生态质量指数 Q_{i-1}，计算出的 ΔQ_i 为当年与上一年植被综合生态质量指数的增减百分率（%）。

同样，可参考式（3.14），分别计算当年植被 NPP、覆盖度与多年平均值、上一年值的相对变化，给出年际对比结果。其中，植被覆盖度年际对比常用当年植被覆盖度与多年平均值、上一年值的增减值表示，反映的是植被覆盖度增减的百分点。

◆ 3.3.2　变化趋势监测评价模型

以植被综合生态质量指数为因变量、年为自变量，建立一元线性方程，其中斜率反映植被综合生态质量指数多年变化的趋势和快慢程度，一元线性方程如式（3.15）：

$$Q_i=a+b\times t_i \tag{3.15}$$

式中，Q_i 为关注年限内的第 i 年植被综合生态质量指数，同式（3.13 和 3.14）。t_i 为相应年限内的第 i 年序号，b 为该年限内的植被综合生态质量指数 Q_i 随 t_i 的倾向率（变化趋势率），计算公式如下：

$$b=\frac{n\times\sum_{i=1}^{n}(t_i\times Q_i)-\sum_{i=1}^{n}t_i\sum_{i=1}^{n}Q_i}{n\times\sum_{i=1}^{n}t_i^2-\left(\sum_{i=1}^{n}t_i\right)^2} \tag{3.16}$$

式中，Q_i 为第 i 年植被综合生态质量指数，同式（3.13）和式（3.15）；n 为需要评价的年限数。

$b>0$ 说明植被综合生态质量指数在此年限内呈提高趋势;反之,说明植被综合生态质量指数呈下降趋势;$b\approx0$,说明植被生态质量变化趋势不明显。植被综合生态质量变化的快慢程度以 b 的绝对值表示,绝对值越大说明上升或下降的速度越快。

同样,植被 NPP、覆盖度可参考式(3.15)、式(3.16),计算其在关注年限内的变化趋势率,分析其 b 值的正负和大小,给出变化趋势、快慢程度。

3.4 植被生态质量气象监测评价系统

基于 CIMISS 数据、气象卫星遥感数据、基础地理和土地利用数据,在 CAgMSS 框架下,开发了空间分辨率 1 km 和 250 m 的全国植被生态质量监测评估系统,实现全国植被 NPP、植被覆盖度和植被生态质量指数的逐月以及 1 月至当月的累计和平均值计算,并对关注的时段统计,与上一年和近 5 a 同期对比,计算多年变化趋势率,对全国及其任意区域进行图形制作、数据分析。系统包括生态气象大数据支撑、核心算法实现、业务产品制作、产品下发等功能见图 3.1。

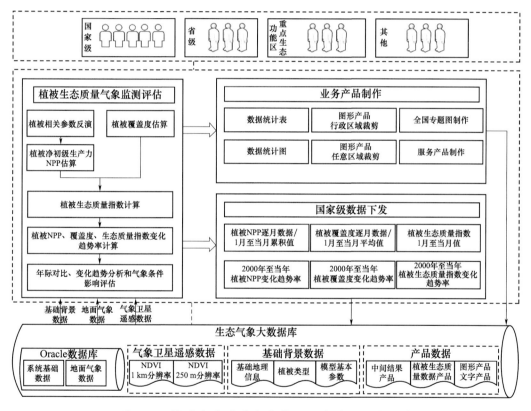

图 3.1 植被生态质量气象监测评价系统功能设计

生态气象大数据支撑主要包括 Oracle 数据库、气象卫星遥感数据、基础背景数据以及产品数据。其中,Oracle 数据库以数据表等结构化数据进行存储,包含支撑系统所需的用户信息、站点信息、日志信息等系统基础数据以及进行植被生态质量气象监测评估计算所需的地面气象日资料数据;气象卫星遥感数据主要是存储 1 km 和 250 m 两种空间分辨率的归一化差值植被指数(NDVI)数据;基础背景数据包括制作空间分布图所需的省级、市级、县级等地理信息边界数据、植被类型数据以及计算植被 NPP、覆盖度和生态质量指数等模型所需的模型基本参数数据;产品数据主要存储模型计算过程中产生的中间结果产品以及植被生态质量数据产品,同时经过业务产品制作的图形产品和文字产品也存储在产品数据中。

核心算法实现部分主要是进行植被生态质量气象监测评估中植被 NPP、覆盖度、生态质量指数等核心模型的计算。首先,从生态气象大数据库中读取模型计算所需的地面气象日资料数据、气象卫星遥感数据和基础背景数据,通过植被相关参数反演,进行植被 NPP 计算;再结合计算出来的植被覆盖度结果,进行植被生态质量指数计算;最后在上述结果的基础上,进行植被 NPP、覆盖度、生态质量指数的年际对比、多年变化趋势率计算及气象条件影响评估分析。

业务产品制作是在植被生态质量气象监测评估核心算法实现后,在植被 NPP、覆盖度、生态质量指数及其变化趋势率等数据结果的基础上,进行数据统计、统计图制作,同时进行全国专题图制作,最后进行服务产品材料的制作。该部分制作的业务产品可以满足国家级用户的需要,同时为了满足省级、重点生态功能区以及其他用户的需要,本部分功能还提供在全国图形产品结果的基础上,进行行政区域和任意区域的裁剪,制作省、市、县等任意区域级的专题图和服务产品。

为了满足全国和地方气象部门对植被生态气象监测评估结果的需求,国家气象中心每月把制作的 8 类数据指导产品,通过气象大数据云平台,共享给国家级、省级、重点生态功能区以及其他相关用户。8 类数据指导产品包括当月植被 NPP、1 月至本月累积植被 NPP、2000 年至当年植被 NPP 变化趋势率、当月植被覆盖度、1 月至本月平均植被覆盖度、2000 年至当年植被覆盖度变化趋势率、1 月至本月植被生态质量指数以及 2000 年至当年植被生态质量指数变化趋势率。

利用式(3.1)—式(3.11)计算逐月植被净初级生产力,建立了植被 NPP 估算子系统,计算年内任意时段(季度、半年、生长季、年度等)植被 NPP,实现植被 NPP 的逐年计算,子系统界面见图 3.2。植被 NPP 空间分布图的展现根据其大小和空间分布的特点分级赋色,以体现不同气候条件和生态类型的植被净初级生产力大小。从图 3.2 可见,植被 NPP 小于 100 gC·m^{-2}·a^{-1} 的区域主要为荒漠化草原、草原化荒漠、荒漠、戈壁等区域;淮河流域、秦岭山脉及其以南的南方地区植被 NPP 一般都在 700 gC·m^{-2}·a^{-1} 以上,甚至在 1000 gC·m^{-2}·a^{-1}。

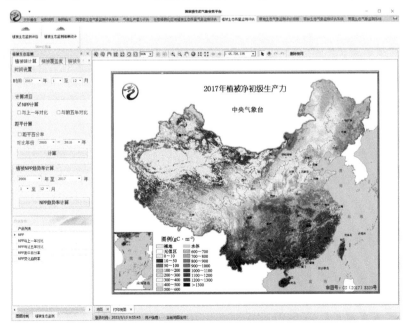

图 3.2　全国植被净初级生产力估算子系统界面

利用式(3.12)计算逐月植被覆盖度,累计计算年内任意时段(季度、半年、生长季、年度)平均植被覆盖度,实现植被覆盖度的逐年计算,计算界面见图3.3。植被覆盖度空间分布图的展现根据其大小和空间分布的特点分级赋色,以体现不同气候条件和生态类型的植被覆盖度大小。从图可见,南方大部地区全年平均植被覆盖度在50%以上,我国西部和北方偏西地区大部在20%以下,荒漠、戈壁区域甚至在10%以下。

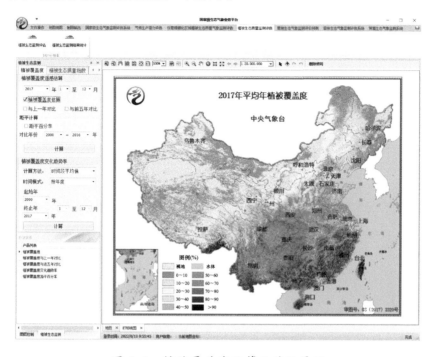

图 3.3　植被覆盖度估算子系统界面

利用式(3.13),根据关注的时段和想反映的植被生态质量,计算植被生态质量指数。计算分为三种类型:一是反映某一时段植被生态质量的指数计算,该类计算是以本时段的平均植被覆盖度和累积植被 NPP 为基础;二是反映相对固定时段,如年内植被生长到某一个月月末的植被生态质量的指数计算,该类计算以植被生长到该月月末的平均植被覆盖度和累积植被 NPP 为基础;三是反映北方地区年内植被生长到最好时段(一般为夏季)的植被生态质量的指数计算,该类计算以年内植被生长达到最盛时期的植被覆盖度和生长季累积植被 NPP 为基础,目的是反映该地区一年内植被生长到最好状态时的植被生态质量指数。计算界面图 3.4 为第一种类型,反映的是 2017 年全年植被生态质量指数的估算结果。由图 3.4 可见,南方大部地区全年植被生态质量指数在 50 以上,我国西部和北方偏西部地区大部在 20 以下,荒漠、戈壁区域在 10 以下。

利用式(3.14)计算当年植被生态质量指数与常年值的距平百分率,以反映当年植被生态质量相对于常年的好坏或高低。图 3.5 给出的是 2017 年全国植被生态质量指数(这里以 2000—2016 年多年均值代替常年值)距平百分率。距平百分率为"正",赋以绿色,表明偏好;距平百分率为"负",赋以红色,表明偏差。数值大小反映偏好、偏差的程度。从图可见,2017 年全国大部地区植被生态质量指数高于常年(图 3.5)。

利用式(3.14)计算当年植被生态质量指数与上一年值的增减百分率,以反映当年植被生态质量相对于上一年的好坏或高低。图 3.6 给出的是 2017 年全国植被生态质量指数与 2016 年增减百分率。增减百分率为"正",赋以绿色,表明偏好;增减百分率为"负",赋以红色,表明偏差。数值大小反映偏好、偏差的程度。从图 3.6 可见,2017 年全国大部地区植被生态质量指数高于 2016 年。

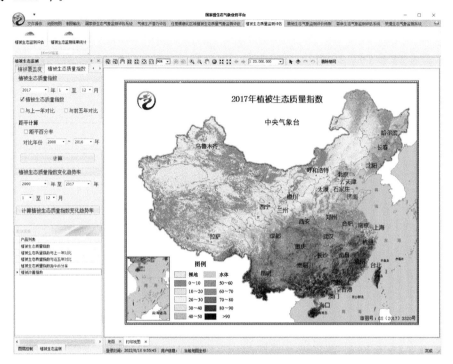

图 3.4　植被生态质量指数估算子系统界面

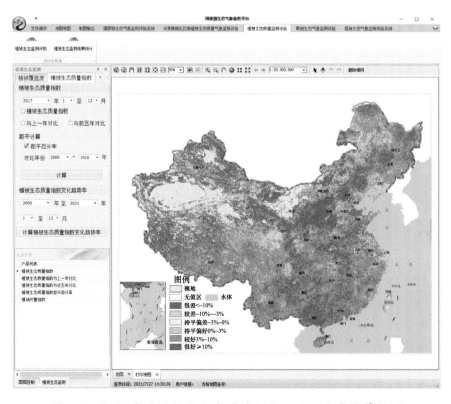

图 3.5　2017 年全国植被生态质量指数距平百分率计算结果

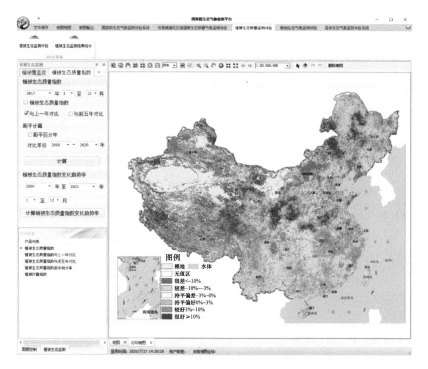

图 3.6 2017 年植被生态质量指数与 2016 年对比增减百分率计算结果

利用式(3.15)和式(3.16)，计算所关注的植被 NPP 倾向率，以反映变化趋势。图 3.7 给出的是植被 NPP 变化趋势率。趋势率为"正"，赋以绿色，表明上升；趋势率为"负"，赋以红色，表明下降。数值大小反映上升、下降的程度和快慢。由图 3.7 可见，我国大部地区 2000—2017 年植被 NPP 呈上升趋势。

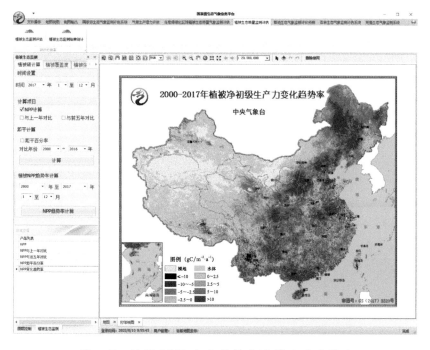

图 3.7 植被 NPP 变化趋势率计算子系统界面

利用式(3.15)和式(3.16),计算所关注的植被覆盖度倾向率,以反映变化趋势。图3.8给出的是植被覆盖度变化趋势率。趋势率为"正",赋以绿色,表明覆盖度上升;趋势率为"负",赋以红色,表明覆盖度下降。数值大小反映上升、下降的程度和快慢。从图3.8可见,我国大部地区2000—2017年植被覆盖度呈上升趋势。

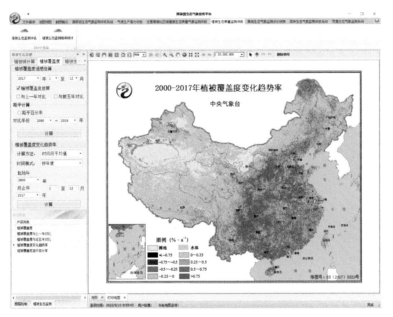

图3.8　植被覆盖度变化趋势率计算子系统界面

利用式(3.15)和式(3.16),计算所关注的植被生态质量指数倾向率,以反映变化趋势。图3.9给出的是植被生态质量指数变化趋势率。趋势率为"正",赋以绿色,表明上升;趋势率为"负",赋以红色,表明下降。数值大小反映上升、下降的程度和快慢。从图3.9可见,我国大部地区2000—2017年植被生态质量指数呈上升趋势、植被生态质量向好变化。

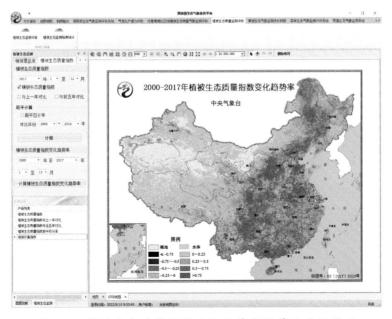

图3.9　植被生态质量指数变化趋势率计算子系统界面

3.5 植被生态质量时空变化气象监测评价应用

植被生产力和覆盖度是衡量植被生态质量的关键指标,国家气象中心2005年以来一直开展植被NPP的业务化研究和估算能力建设,发展了植被NPP光能利用率估算模型(毛留喜 等,2006,2007;侯英雨 等,2007,2008),实现了像元尺度的全国植被NPP估算,2006年提出了基于NPP评价生态环境优劣的生态气象评价指数(毛留喜 等,2006,2007;钱拴 等,2008),初步建立了全国植被生态气象监测评价业务。之后,国家气象中心一直致力于植被NPP的算法改进,发展形成了生态系统碳循环模型TEC、DTEC(Yan et al. ,2015,2019;张心竹 等,2021)。

2015—2016年国家气象中心研究出基于植被NPP和覆盖度的植被生态质量指数及其生态改善指数(钱拴 等,2020),该指数把植被NPP和覆盖度有机地结合在一起,综合定量地反映了植被生态质量的高低和生态是否改善以及改善的程度等,实现了全国植被生态质量的定量化时空对比;监测评价的空间分辨率由最初的全国8 km提升到全国1 km、250 m。通过边研究、边完善、边向省级推广,同时探索市、县级应用,形成了《陆地植被生态质量气象监测评价业务规范(暂行)》(气减函〔2019〕50号)和《陆地植被气象与生态质量监测评价等级》(QX/T 494—2019)(全国农业气象标准化技术委员会,2019),应用于国家级、省级、市县级植被生态质量和绿色美丽度定量化监测评估中。

◆ 3.5.1 全国气象监测评价应用

3.5.1.1 多年平均植被生态质量指数空间分布分析

一地多年平均植被生态质量指数可以反映该地植被生态质量的常年生态状况。图3.10显示了2000—2020年全国各地多年全年平均植被生态质量指数。可见,我国植被生态质量指数呈"北低南高、西低东高"的空间分布格局。南方大部地区年植被生态质量指数在50以上,是我国植被生态质量相对较高的区域。其中,福建、广东、广西和浙江南部等地部分地区以及云南南部、海南年植被生态质量指数达80以上,植被生态质量最好。北方除东北地区中东部、黄淮南部、陕西南部等地年植被生态质量指数为50~70、植被生态质量为北方的最好地区外;其余大部地区年植被生态质量指数为0~50,年植被生态质量相对较差,其中东北地区西部、华北大部、黄淮北部和东部、陕西中北部、青藏高原东部为20~50,为北方植被生态质量相对较好的区域;内蒙古北部和西部、宁夏中北部、甘肃中西部、新疆大部、青藏高原中西部平均年植被生态质量指数在20以下,植被生态质量最差。由此可见,多年平均年植被生态质量指数空间分布图较好地反映了我国年植被生态质量优劣的空间分布格局,也反映了与气候带的对应关系。

3.5.1.2 当年全国植被生态质量指数与多年平均值对比

当年植被生态质量指数与多年平均值的对比结果可以给出植被生态质量相对于多年平均值的高低或优劣,说明植被生态质量好于或差于多年平均状况以及偏差偏好的程度。以2020年为例,全国年植被生态质量指数与2000—2019年平均值的对比结果表明,2020年全国植被生态质量指数平均达68.4,较多年平均值提高了7.3%。从空间分布(图3.11)来看,2020年全国大部地区植被生态质量高于2000—2019年的平均状况,生态质量处于较好和很好等级的面积比例达68%,仅新疆北部和东部、西藏东南部和西部等少部分地区植被生态质量指数偏低,生态质量偏差。

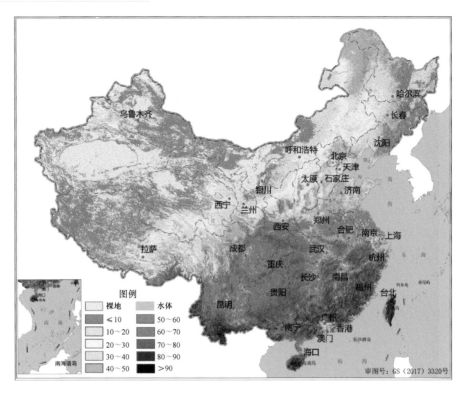

图 3.10　2000—2020 年全国年平均植被生态质量指数空间分布

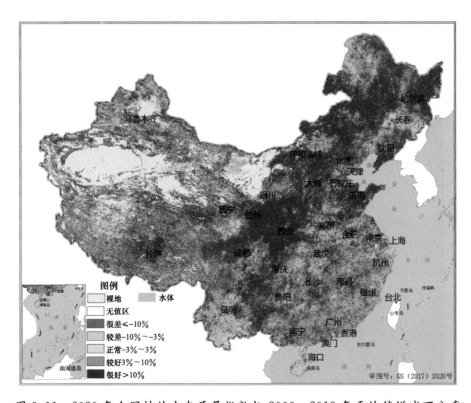

图 3.11　2020 年全国植被生态质量指数与 2000—2019 年平均值增减百分率

3.5.1.3 当年植被生态质量指数与上一年的对比

2020 年全国植被生态质量指数与 2019 年的对比结果表明,2020 年全国植被生态质量指数增加 1.2%,大部地区植被生态质量指数高于 2019 年,生态质量持平偏好或明显偏好;新疆北部、西藏西部、内蒙古西部、甘肃中西部、宁夏中部、陕西北部、吉林大部等地植被生态质量指数下降 3.0%~15.0%(图 3.12),阶段性高温干旱、低温以及局地暴雨洪涝、台风等灾害是上述地区导致植被生态质量降低的主要原因。

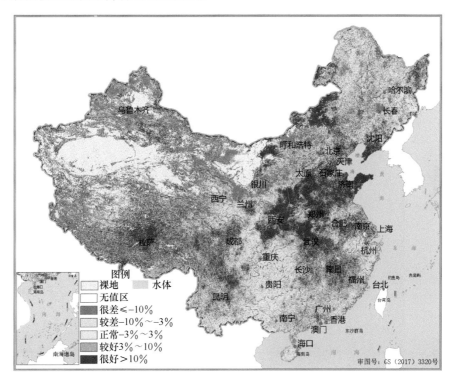

图 3.12　2020 年全国植被生态质量指数与 2019 年增减百分率

3.5.1.4 多年植被生态质量指数变化趋势评价

2000—2020 年全国植被生态质量指数呈提高趋势(图 3.13),全国植被生态质量指数实现了"三级跳",其中 2012—2020 年植被生态质量指数较 2000—2001 年、2002—2011 年两个阶段明显提高,2020 年为 2000 年以来最高值。从变化趋势率空间分布(图 3.14)来看,2000—2020 年全国有 92.6% 的区域植被生态质量指数呈提高趋势,特别是我国中东部大部地区年平均提高速率在 0.25 以上,其中东北地区西部和北部、内蒙古东部和南部、华北北部和西部、西北地区东部、西南地区中东部、华南西部在 0.50 以上,人居"绿色"生态环境变好比较明显。我国西部大部地区植被生态质量指数也在提高,平均提高的速率主要为 0.01~0.25,植被质量也有所好转;但云南北部、西藏中部等地少部分地区植被生态质量指数呈下降趋势,植被生态质量变差。从 2000—2020 年全国植被 NPP 变化趋势率空间分布(图 3.15)来看,2000—2020 年全国有 90.4% 的区域植被 NPP 呈提高趋势,中东部大部地区植被净初级生产力平均每年分别增加 2.5~12.0 gC·m^{-2},增加最为明显的区域主要位于东北地区大部、内蒙古东部和南部、华北西部、西北地区东部、西南地区中东部、华南西部等地;我国西部大部地区植被 NPP 也在提高,但提升的速率平均每年在 2.5 gC·m^{-2} 以下;西藏中部、云南北部、河南北部等少部分地区植被 NPP 还在呈下降趋势。从 2000—2020 年全国植被覆盖度变化趋势率空间分布(图 3.16)来看,全国有 92.7% 的区域植被覆盖度呈提高趋势,中东部大部地区植被覆盖度平均每年分别提升 0.25～0.90 个百分点,提升最为明显的区域主要位于华北大部、西北地区东部、黄淮大部、江汉西部、江淮西部、江南和华南地区大部、西南地区中东部等地;我国西部大部地区植被覆盖度也在提高,但提高的速率平均每年在 0.25 个百分点以下;长三角、华北、黄淮、江汉、云南北部等地的局部地区植被覆盖度呈下降趋势。

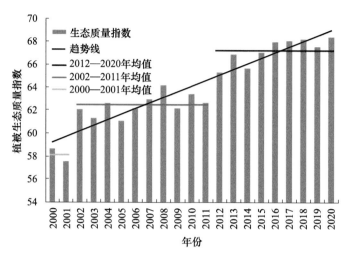

图 3.13 2000—2020 年全国植被生态质量指数变化

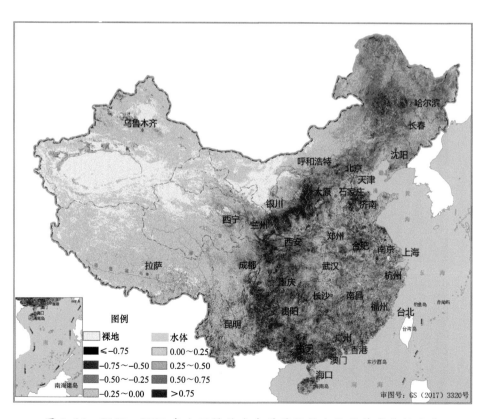

图 3.14 2000—2020 年全国植被生态质量指数变化趋势率空间分布

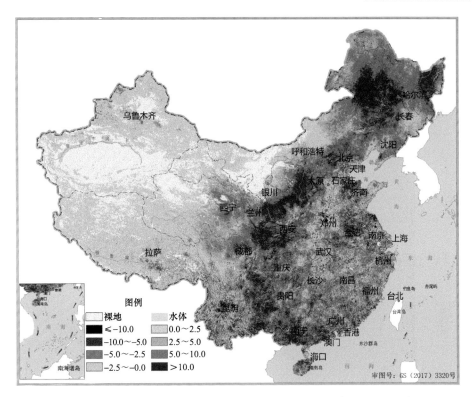

图 3.15 2000—2020 年全国植被 NPP 变化趋势率空间分布

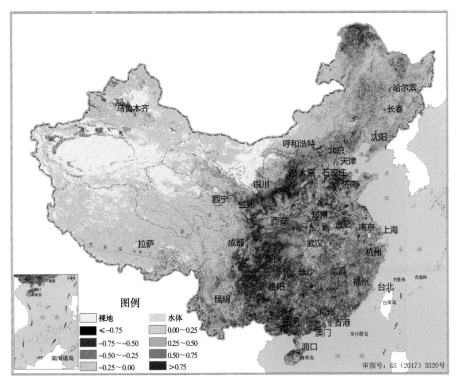

图 3.16 2000—2020 年全国植被覆盖度变化趋势率空间分布

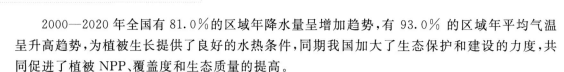

2000—2020 年全国有 81.0% 的区域年降水量呈增加趋势,有 93.0% 的区域年平均气温呈升高趋势,为植被生长提供了良好的水热条件,同期我国加大了生态保护和建设的力度,共同促进了植被 NPP、覆盖度和生态质量的提高。

3.5.1.5　全国主要生态类型植被生态质量监测评价——以 2020 年为例

（1）森林

2020 年全国大部林区气温正常偏高、降水略偏多,森林植被生态质量好于常年(图3.17a),全国森林植被生态质量指数整体较常年偏高 7.3%,其中植被净初级生产力整体偏高7.6%。与 2019 年相比,2020 年全国森林植被生态质量指数偏高 3.8%,其中江西、辽宁森林植被长势较好,净初级生产力较 2019 年分别上升 13.8%、12.7%。但 2020 年内蒙古东北部、吉林东部等森林气温较 2019 年偏低,热量略有不足,且夏季大部森林出现不同程度旱情,不利于森林植被生长,生态质量有所下降;西南地区东部受冬、春干旱的影响,林区植被长势偏差,大部森林植被生态质量指数较 2019 年偏低 3.0%～10.0%(图 3.17b)。2000 年以来全国林区降水量增加、气温上升,促进了林木生长发育和生态服务功能提高,森林植被生态质量指数总体呈增加趋势,平均每年增加 0.45;2020 年全国森林植被生态质量指数达 2000 年以来最高值(图 3.18)。2000—2020 年全国森林植被净初级生产力平均每年增加 5.4 gC·m^{-2},东北地区大部、华北北部和西部、西北地区东部、西南地区中东部、江南和华南大部森林植被净初级生产力增加明显,平均每年增加 5.0～12.0 gC·m^{-2}(图 3.19)。

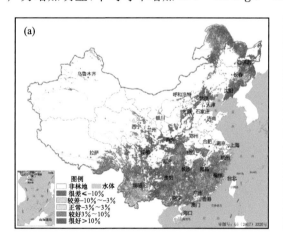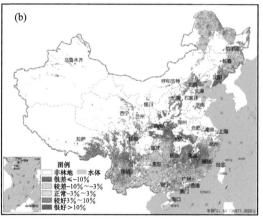

图 3.17　2020 年全国森林植被生态质量指数与常年(a)和与 2019 年(b)对比增减百分率

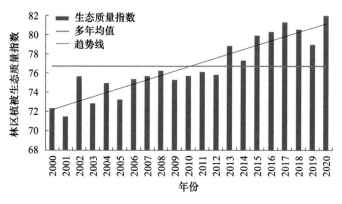

图 3.18　2000—2020 年全国森林植被生态质量指数变化

52

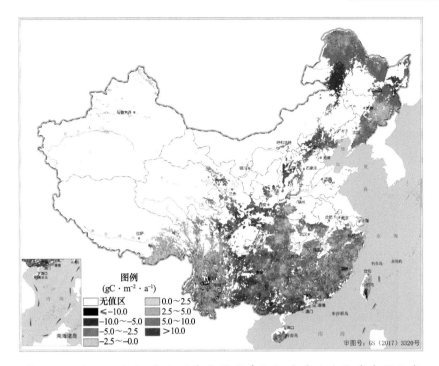

图 3.19 2000—2020 年全国森林植被净初级生产力变化率空间分布

（2）草原

2020 年全国大部草原区主要生长季（4—9 月）降水量较常年和 2019 年同期偏多，其中内蒙古中部和东部、青藏高原大部等草原区偏多 3～5 成（图 3.20），有利于牧草生长；全国大部草原区热量条件好于常年和 2019 年同期，特别是 2020 年春季和秋季气温偏高，牧草返青早、黄枯推迟，有利于牧草产量提高。甘肃西部、内蒙古西部、西藏西部以及新疆北部等部分草原区 2020 年降水偏少 3～5 成，出现了阶段性干旱，牧草生长受到一定影响。2020 年全国大部分草原产草量较 2019 年偏高（图 3.21），全国产草量较 2019 年增加 1.8％，达 2000 以来最高。2020 年全国草原区平均植被净初级生产力达 468.9 gC·m^{-2}，较常年偏高 10.7％，也达 2000 年以来最高（图 3.22），其中 2012 年以来全国草原区植被净初级生产力较 2000—2001 年、2002—2011 年平均水平分别提高 19.2％、10.1％，草原区植被净初级生产力明显增加的区域主要位于内蒙古东部、东北地区西部、华北西部、西北地区东部等地（图 3.23）。

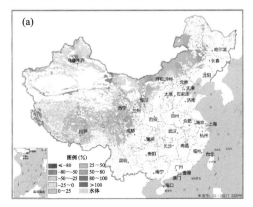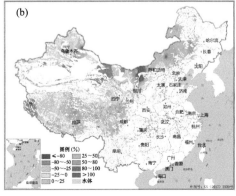

图 3.20 2020 年 4—9 月全国草原降水与常年对比（a）和与 2019 年同期（b）对比

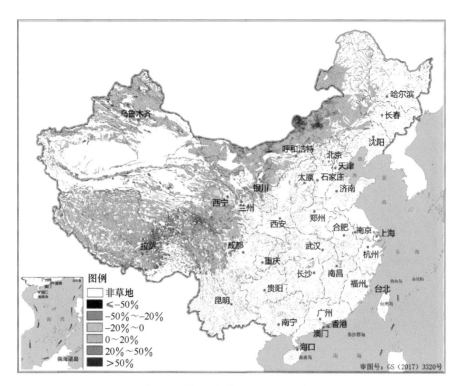

图 3.21　2020 年全国草原产草量与 2019 年对比增减百分率

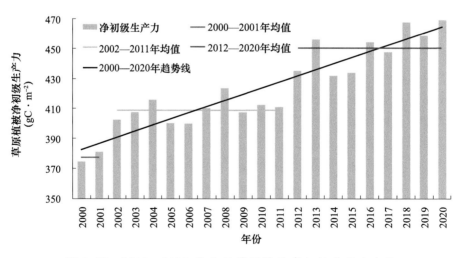

图 3.22　2000—2020 年全国草原植被净初级生产力变化

（3）农田

农田生态系统对人类的主要功能主要在两个方面：一是农作物产量，反映农田的生产能力、供给人类食物能力；二是农作物对地表的覆盖、美化程度，农区植被覆盖度的增加对提升农田生态系统生产力、绿化地表、增强农田生态系统稳定性等起重要作用。为此，对农区植被生态质量评价主要在此两个方面。气象监测评估结果表明，2020 年我国农区主要生长季(3—10月)≥0 ℃积温较常年同期增加 207.2 ℃·d，降水量较常年偏多 109.2 mm，日照时数接近常年，灾害影响总体较轻，有利于农作物生长发育和产量形成。特别是东北地区、华北、黄淮等主要产粮区热量充足,大部降水偏多,加上农业防灾减灾、增产增收等措施的实施,保障了 2020 年全国粮食平均单产再创新高(图 3.24)。长江中下游汛期严重洪涝导致部分地区油菜和早稻产量及品质下降;东北地区夏末秋初受三个台风影响,造成部分地区玉米和水稻等作物倒伏甚至出现霉变;江南中南部、华南大部夏季高温干旱使作物、经济林果生长发育受到一定影响;江南中西部、华南西北部 9 月中下旬寒露风导致部分处于抽穗开花阶段的晚稻授粉不良。从农区植被覆盖度来看,2000—2020 年全国农区平均植被覆盖度呈上升趋势(图 3.25),平均每年增加 0.46 个百分点,2020 年全国农区平均植被覆盖度达 52.8%,创 2000 年以来最高,较 2000—2009 年平均水平增长 6.90 个百分点,较 2010—2019 年平均水平增长 2.70 个百分点。

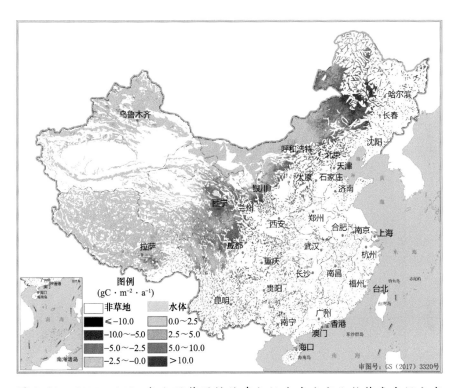

图 3.23 2000—2020 年全国草原植被净初级生产力变化趋势率空间分布

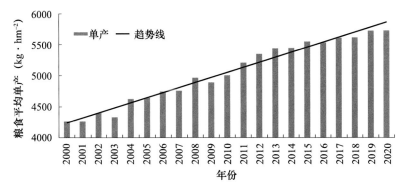

图 3.24 2000—2020 年全国粮食平均单产变化

(图中数据来自国家统计局)

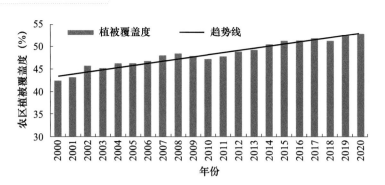

图 3.25　2000—2020 年全国农区平均植被覆盖度变化

◆ **3.5.2　重点区域植被生态质量时空变化气象监测评估**

利用植被生态质量时空监测评价模型,对全国 31 个省(区、市)以及三江源、祁连山、黄土高原、西南石漠化区、武夷山区、雄安新区等重点区域植被生态质量时空变化进行了精细化监测评价,结果应用于《全国生态气象公报》和省级、市级、县级植被生态质量气象监测评价服务中。

3.5.2.1　重点生态功能区植被生态质量气象监测评价示例

(1)三江源地区

三江源地区是长江、黄河、澜沧江的发源地,被誉为"中华水塔",关系着当地与下游地区生态环境和人民生产、生活以及经济社会的高质量发展。对 2000—2020 年三江源地区植被生态质量监测评价结果表明,全区域有 92.8% 的区域植被生态质量指数呈增加趋势(图 3.26)。其中,三江源东北部增幅最为明显,海南州和黄南州大部平均每年增加 0.25~0.75;中西部大部地区持平略增,局部地区仍呈分散性轻微下降趋势;呈下降趋势的面积约占三江源地区的 7.2%。

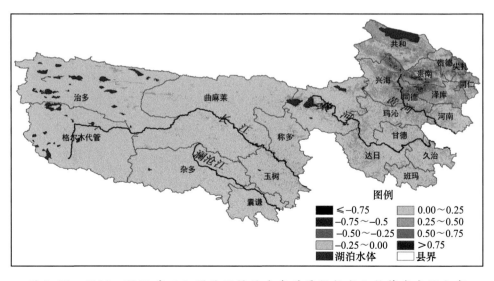

图 3.26　2000—2020 年三江源地区植被生态质量指数变化趋势率空间分布

(2)祁连山区

祁连山区位于青藏高原北部,是我国西北地区重要的生态安全屏障,在保障区域生态安全和人民生产、生活等方面起着重要作用。对祁连山区 2000—2020 年生长季(4—9 月)植被生态质量监测结果表明,植被覆盖度平均每年提高 0.3 个百分点,植被 NPP 平均每年增加 3.0 gC·m⁻²(图 3.27)。2020 年祁连山区植被覆盖度和净初级生产力较最高值的 2019 年有所回落,主要是降水偏少所致;但与多年均值相比,其值分别偏高 3.3 个百分点和 8.1%,植被生态质量仍属偏好年份。从空间分布图来看,2000—2020 年祁连山区有 97.9% 的区域植被生态质量指数呈上升趋势,平均每年提高 0.3,其中东南部地区增加趋势最为明显,增幅达 1.6(图 3.28)。

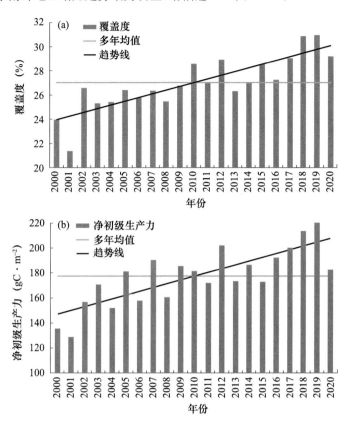

图 3.27　2000—2020 年生长季(4—9 月)祁连山区植被覆盖度(a)和净初级生产力(b)变化

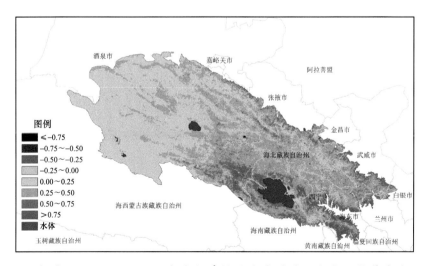

图 3.28　祁连山区 2000—2020 年生长季植被生态质量指数变化趋势率空间分布

（3）塞罕坝机械林场

塞罕坝林场位于河北省承德市围场满族蒙古族自治县北部坝上地区，属内蒙古浑善达克沙地南缘，系内蒙古高原与大兴安岭余脉、阴山余脉交接处，清朝著名的皇家猎苑"木兰围场"的重要组成部分。北部隔河与内蒙古自治区多伦县、克什克腾旗接壤，南、东分别与承德市御道口牧场和围场县的五乡一镇相邻，海拔 1010.0～1939.9 m。境内是滦河、辽河的发源地之一。塞罕坝机械林场 1962 年由原林业部建立，建场以来，塞罕坝机械林场几代人听从党的召唤，响应国家号召，在荒漠沙地上艰苦奋斗、甘于奉献，将荒原变成林海。塞罕坝机械林场良好的生态环境有效地阻滞了浑善达克沙地南移，成为"为首都阻沙源、为京津保水源、为国家增资源、为地方拓财源"的绿色生态屏障。基于 1975—2020 年 6 期 Landsat 系列和高分一号卫星数据，对塞罕坝机械林场植被覆盖度、净初级生产力和生态质量进行分析评估。

分析得到 1975—2020 年林场植被覆盖度时空变化（图 3.29、图 3.30）。从图 3.29、图 3.30可见，植被覆盖度总体呈增加趋势，尤其是林场西部和北部区域由最初的裸地、低覆盖为主，逐渐转变为中覆盖、并向高覆盖转变；而中部和东部区域逐渐由中覆盖转变为高覆盖；南部区域高覆盖范围逐年密集。

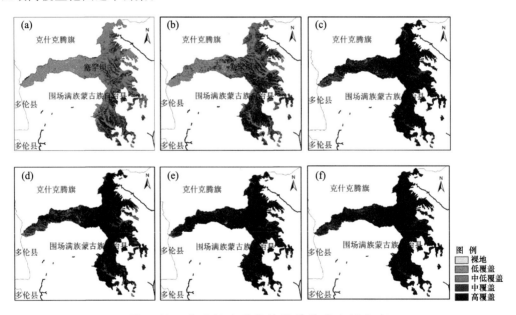

图 3.29　塞罕坝典型年植被覆盖度空间分布

(a)1975 年；(b)1988 年；(c)1993 年；(d)2000 年；(e)2010 年；(f)2020 年

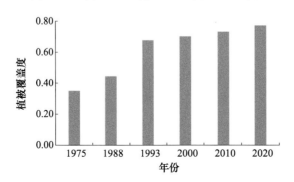

图 3.30　塞罕坝林场典型年植被覆盖度变化

塞罕坝林场年植被净初级生产力(NPP)空间分布如图 3.31 所示。从空间分布看,塞罕坝林场西部和北部植被 NPP 增长明显,由最初 100 gC·m^{-2} 以下增长到 400 gC·m^{-2} 以上,但西部林区植被 NPP 平均值仍然低于东部林区。从典型年林场区域平均值来看(图 3.32),林场植被净初级生产力总体呈增加趋势,由 1975 年的 169 gC·m^{-2} 到 2020 年的 458 gC·m^{-2},增长幅度将近 1.7 倍。

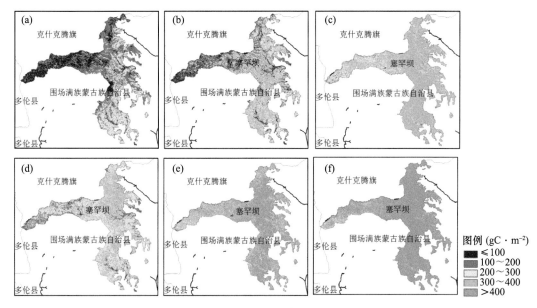

图 3.31　塞罕坝典型年植被净初级生产力空间分布
(a)1975 年;(b)1988 年;(c)1993 年;(d)2000 年;(e)2010 年;(f)2020 年

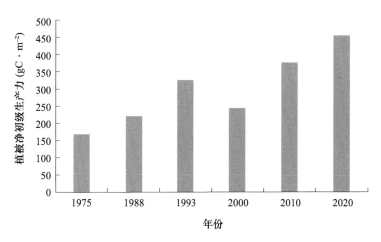

图 3.32　塞罕坝典型年植被净初级生产力变化

分析得到林场植被生态质量指数空间分布图(图 3.33)。从空间分布上看,塞罕坝林场森林植被生态质量指数从西到东呈阶梯状递增,西部、中部、北部的植被生态质量改善最为明显,但西部植被生态质量仍为全区最低,南部为全区最高;从典型年时间变化上看,塞罕坝林场森林生态质量指数升高,平均值由 1975 年的 57.6 增加到 2020 年的 87.6(图 3.34)。

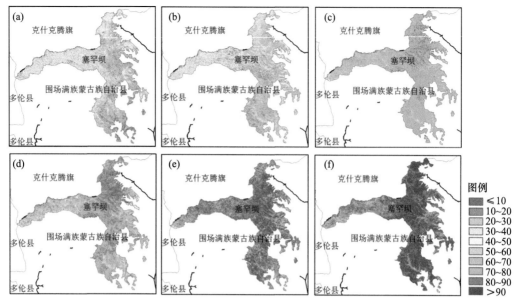

图 3.33 塞罕坝典型年植被生态质量指数空间分布

(a)1975 年；(b)1988 年；(c)1993 年；(d)2000 年；(e)2010 年；(f)2020 年

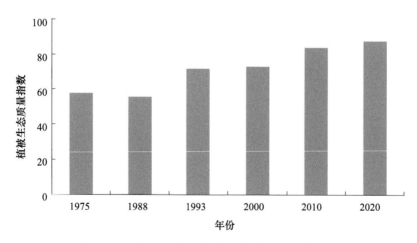

图 3.34 塞罕坝典型年植被生态质量指数变化

（4）石漠化地区

石漠化是西南地区突出的生态环境问题之一，西南地区石漠化具有影响大、危害重、恢复治理难等特点，贵州、云南和广西石漠化面积位居前三。对西南地区主要石漠化区2000—2020 年植被生态质量时空变化监测评价结果显示，西南地区石漠化区植被生态质量指数总体呈上升趋势，2020 年石漠化区植被生态质量指数居 2000 年以来第四高位，略低于 2016 年、2017 年和 2019 年（图 3.35）。其中，贵州、广西石漠化区分别有98.5%、99.2% 的植被生态质量变好；云南石漠化区有 89.2% 的植被生态质量变好，其东部石漠化区植被生态改善较明显，西北部和中部石漠化区植被生态质量上升较慢，局部仍在下降（图 3.36）。

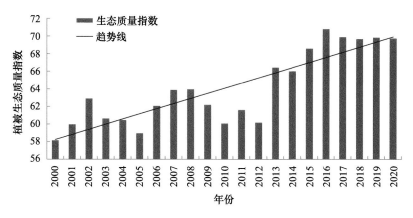

图 3.35　2000—2020 年西南地区石漠化区植被生态质量指数变化

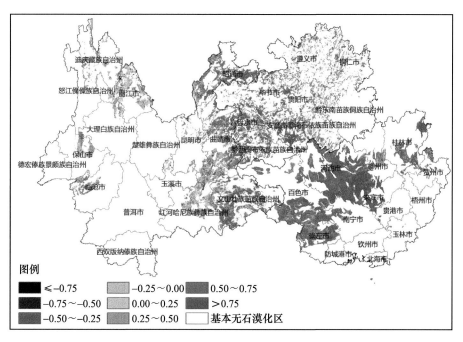

图 3.36　2000—2020 年西南地区石漠化区植被生态质量指数变化趋势率空间分布

3.5.2.2　省级植被生态质量时空变化气象监测评价应用示例

2017 年以来,广西、江西、福建、贵州等 20 多个省级引进了国家级植被生态质量气象监测评价系统,实现了空间分辨率为 1 km 和 250 m 的省级植被生态质量气象监测评价。2019 年按照《陆地植被生态质量气象监测评价业务规范(暂行)》(气减函〔2019〕50 号文),逐月全国植被生态质量指数、NPP、覆盖度和 2000 年以来变化趋势率等数据指导产品在气象大数据云平台"天擎"实现共享,全国 31 个省(区、市)下载数据,开展省级植被生态质量气象监测评价服务。

(1)省级本地化植被生态质量气象监测评价系统

①广西壮族自治区

广西 2017 年本地化植被生态质量气象监测评价系统(图 3.37),系统基于全区气象地面逐日观测资料、月尺度 EOS/MODIS 资料,实现全区植被 NPP、覆盖度逐月估算和任意时段植被 NPP、覆盖度、生态质量指数及其多年变化趋势率的计算,实现了对全区及其市县级植被生态质量的月、季、年尺度动态监测评价。例如,广西 2017 年植被生态质量监测评价结果表明,全区植被生态质量正常偏好的区域面积比例达 96.8%,略高于 2016 年(96.6%)。其中,桂东大桂山、大瑶山、大容山、六万大山等区域植被生态质量最好,桂北、桂西南等部分区域相对偏差(图 3.38)。防城港市、百色市、河池市植被生态质量位列全区前三(图 3.39)。

图 3.37　广西植被生态质量监测评价系统界面

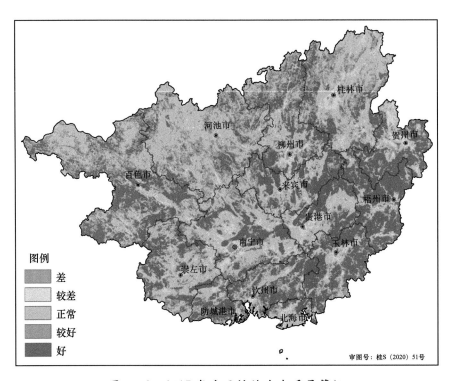

图 3.38　2017 年广西植被生态质量等级

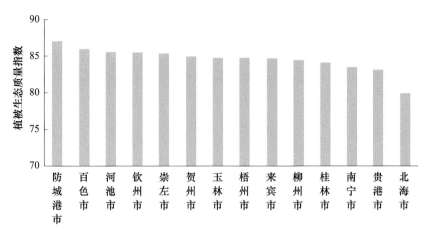

图 3.39　2017 年广西 14 个地市植被生态质量指数

从 2000—2017 年 18 a 的变化趋势来看,广西植被生态质量指数呈上升趋势,2017 年全区植被生态质量指数高于 2016 年,为近 18 a 最好(图 3.40)。

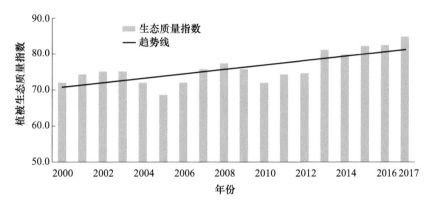

图 3.40　2000—2017 年广西植被生态质量指数变化趋势

②福建省

福建省 2018 年本地化了植被生态质量监测评价系统(图 3.41),对全省植被实现了动态监测,满足省级和市级植被生态质量气象监测评估的服务要求,主要功能如下。

(a)建立了全省生态气象数据库

建立全省生态气象数据库,包括植被生态质量监测评价系统正常运行所需要的站点基本信息、地面气象观测数据、各个功能模块图形模板、系统配置管理信息等数据。系统对接全国气象信息共享平台(CIMISS),每天定时读取福建省 CIMISS 平台的地面气象观测日数据,按照生态气象数据库的标准规范,对数据进行加工处理,保存到生态气象数据库地面气象日数据表中。

(b)建立了植被生态质量气象监测评估子系统

利用福建范围内 1 km 分辨率的 MODIS 月 NDVI 数据,结合地面气象观测数据,逐月计算植被总初级生产力(GPP)和植被净初级生产力(NPP),根据用户所选起止月份,对植被 NPP 进行累计计算,并以图形方式进行展示。同时,基于福建省范围内 1 km 分辨率的 MO-DIS 月 NDVI 数据,进行月尺度的植被覆盖度估算。基于植被净初级生产力 NPP 和植被覆盖度构建植被生态质量指数,综合监测评估植被生态质量的优劣。系统还利用植被净初级生产力、植被覆盖度和生态质量指数变化趋势率,对植被生态改善指数进行估算。依托系统每年制作全省植被生态质量监测评估报告。系统界面见图3.41。

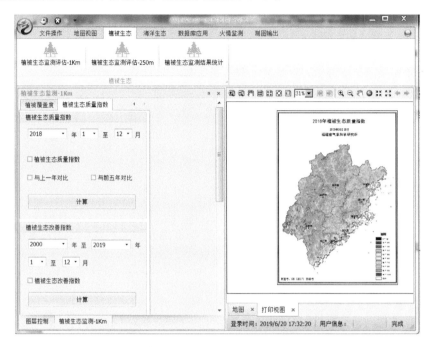

图3.41 福建省植被生态质量监测评估系统界面

(c)2020年森林植被生态质量监测评价

2020年福建省主要生长季(4—9月)森林植被生态质量指数大部在70以上,较2019年增加(图3.42a),与近5 a平均值基本持平(图3.42 b)。2000—2020年全省大部分森林植被生态质量指数呈提高趋势(图3.43);福建省森林植被生态质量指数平均每年提高0.3,总体趋好(图3.44)。

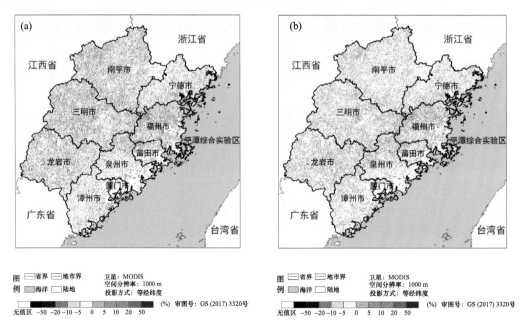

图3.42 2020年福建省4—9月森林植被生态质量指数与2019年(a)、与近5 a平均值(b)对比

审图号：GS (2017) 3320号

图 3.43　2000—2020 年福建省主要生长季森林植被生态质量指数变化趋势率空间分布

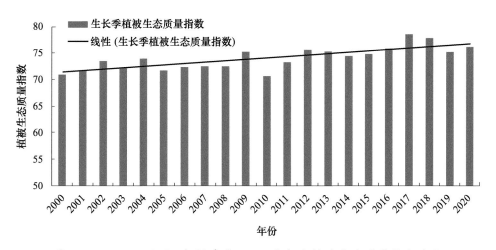

图 3.44　2000—2020 年福建省 4—9 月森林植被生态质量指数变化

（2）省级从气象大数据云平台下载指导产品，开展应用服务

山东省从气象大数据云平台"天擎"下载指导产品（图 3.45），实现了对全省植被生态质量的动态监测评估。2021 年植被生态质量监测评价结果表明，山东省大部地区气象条件较好，有利于植被生长；全省平均植被生态质量指数为 47，优于上一年（2020 年为 46），全省有 79% 的区域植被生态质量等级为好、较好以上等级（图 3.46）。

图 3.45　从气象大数据云平台"天擎"下载山东省植被生态质量监测指导产品界面

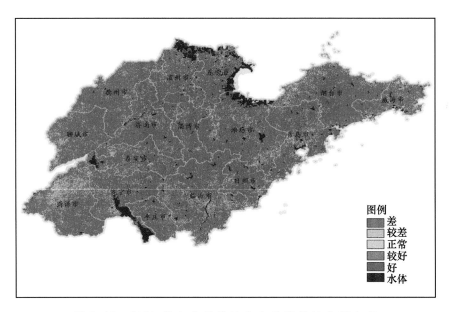

图 3.46　2020 年山东省植被生态质量等级空间分布

2000—2020 年山东省大部地区植被生态质量呈提高趋势。其中鲁西北、鲁西南和胶莱平原等主要大田作物区域及鲁中、鲁南和半岛山地丘陵等主要林草区域植被生态质量改善显著(图 3.47)。

3.5.2.3　市县级植被生态质量气象监测评价应用示例

2017 年以来,根据市县级生态文明建设对气象服务的需求,开展了市县级陆地植被和森林、草原、农田等主要生态系统植被的生态质量监测评估应用。广西、浙江、贵州、黑龙江、福建等省(区)监测评估了市县级植被生态质量及其生态影响,获得了当地认可。2018—2020 年国家气象中心联合内蒙古自治区兴安盟和突泉县,对本地陆地植被以及森林、农田、草原植被生态质量进行了气象监测评估,制作发布了市县级年度植被生态质量气象监测评估报告。

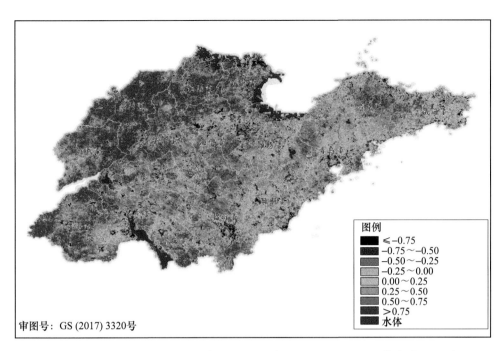

图 3.47 2000—2020 年山东省植被生态质量指数变化趋势率空间分布

(1)内蒙古自治区兴安盟植被生态质量监测评估

对兴安盟全盟植被生态质量监测评估结果表明,2019 年兴安盟有 92% 的区域植被生态质量正常偏好(图 3.48),扎赉特旗东南部、科尔沁右翼中旗南部等地局部地区植被生态质量相对偏差。阿尔山市、扎赉特旗、乌兰浩特市植被生态质量位列全盟前三(图 3.49)。

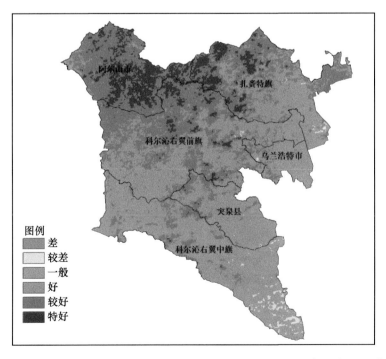

图 3.48 2019 年内蒙古自治区兴安盟植被生态质量等级空间分布

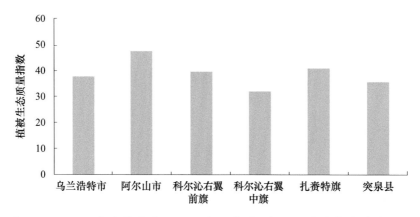

图 3.49 2019 年内蒙古自治区兴安盟各旗(市、县)植被生态质量指数

2000—2019 年兴安盟植被生态质量总体呈改善趋势(图 3.50),植被生态质量指数平均每年提高 1.3。全盟 6 个旗(县、市)中,有 5 个旗县植被生态质量改善的区域面积比例达 99% 以上,乌兰浩特市为 96.5%(图 3.51),阿尔山市、科尔沁右翼中旗、突泉县植被生态质量变好的面积比例位列前三位。

图 3.50 2000—2019 年兴安盟植被生态质量指数变化

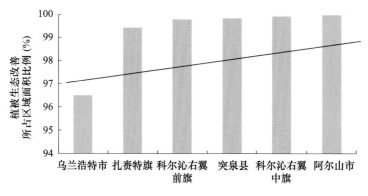

图 3.51 2000—2019 年兴安盟各旗(县、市)植被生态改善所占区域面积比例

从全盟空间分布来看,2000—2019 年全盟有 99% 的区域植被生态质量呈改善趋势,其中东部地区植被生态质量指数平均每年增长在 0.75 以上,呈现较快的增长,改善十分明显(图 3.52)。

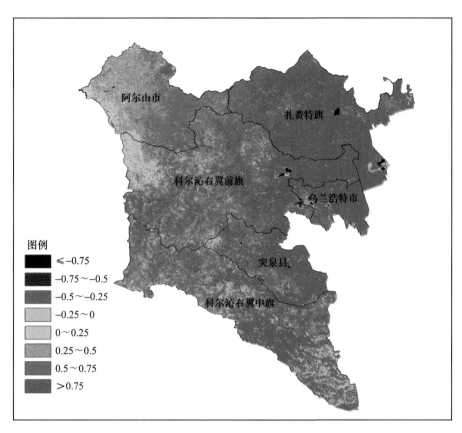

图 3.52 2000—2019 年兴安盟植被生态质量指数变化趋势率空间分布

从对森林监测评估结果表明,兴安盟 2000—2019 年通过实施三北防护林工程、退耕还林还草工程、全民义务植树和非公有制造林,全盟森林植被年净初级生产力呈上升趋势,平均每年升高 10.8 gC·m⁻²(图 3.53)。2019 年全盟森林植被净初级生产力为 2000 年以来第四高;空间分布基本为 379～643 gC·m⁻²(图 3.54)。

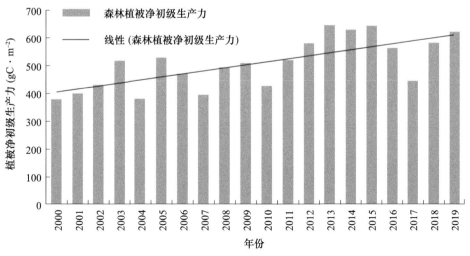

图 3.53 2000—2019 年兴安盟森林植被净初级生产力变化

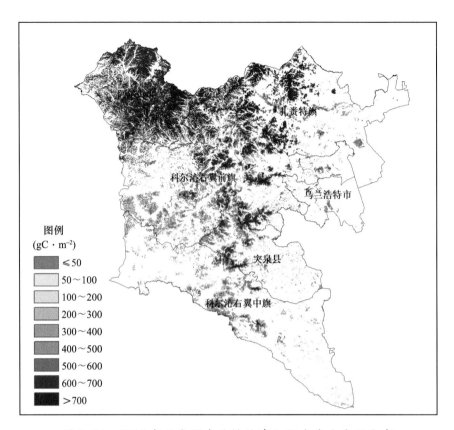

图 3.54　2019 年兴安盟森林植被净初级生产力空间分布

　　农田作物净初级生产力是指作物在单位面积、单位时间内所累积的有机物数量,包括根、茎、叶、花、果实,反映的是农田作物扣除自身呼吸消耗后的生产能力。从兴安盟农田生态气象监测评估结果看,2000—2019 年兴安盟粮食产量呈增长趋势,2019 年全盟粮食产量达新高(图3.55),其中东部农田作物净初级生产力提高快于其他地区(图 3.56)。

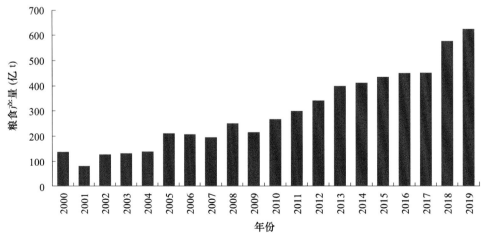

图 3.55　2000—2019 年兴安盟粮食产量

(数据来自内蒙古自治区兴安盟统计局)

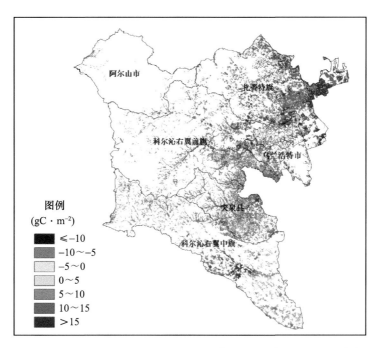

图 3.56 2000—2019 年兴安盟农田作物净初级生产力变化趋势空间分布

从草原生态气象监测评估结果来看,兴安盟 2019 年春季气温偏高、降水总体偏多、土壤解冻期提前,牧草于 5 月 5 日前后陆续返青,与常年相比提前 3～5 d。夏季水热条件匹配较好,促使牧草快速生长,2019 年全盟大部地区草原年最高植被覆盖度为 40%～70%(图 3.57a),草原年植被净初级生产力达 300.0～700.0 gC·m^{-2}(图 3.57b),长势明显好于常年。

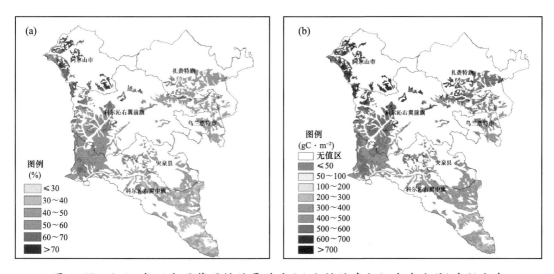

图 3.57 2019 年兴安盟草原植被覆盖度(a)和植被净初级生产力(b)空间分布

2000—2019 年兴安盟实施退耕还林还草工程,草原植被净初级生产力平均每年增加 12.4 gC·m^{-2},2019 年草原植被净初级生产力为 2000 年以来第三高(图 3.58),大部地区草原植被生态质量好于常年(图 3.59)。

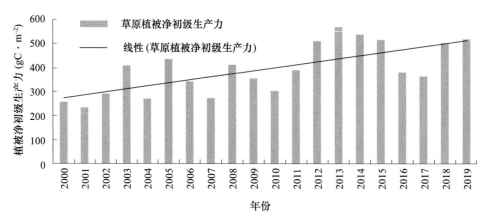

图 3.58　2000—2019 年兴安盟草原植被净初级生产力变化

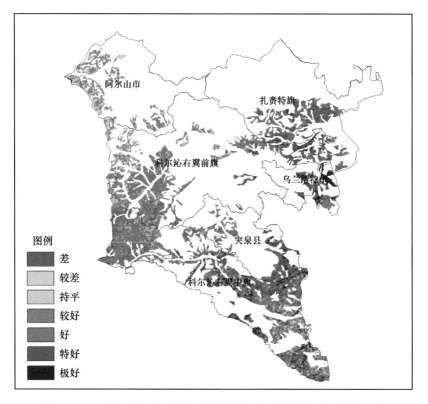

图 3.59　兴安盟 2019 年草原植被生态质量指数与常年对比

(2)突泉县植被生态质量监测评估

监测评估结果表明,2019 年生长季突泉县大部地区植被生态质量较好。其中,西北部分地区生态质量指数为 60~80,达良好等级;太平乡、水泉镇和突泉镇的南部地区植被生态质量处于一般水平,局地较差(图 3.60)。

水分和热量是影响植被成活和生长的主要限制性因子。2000—2019 年突泉县降水量呈增加趋势,平均年增幅为 5.4 mm(图 3.61a)。2000 年以来平均气温也呈现微弱幅度上升,平均年增幅约为 0.04 ℃(图 3.61b)。

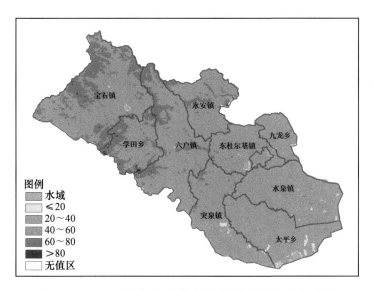

图 3.60   2019 年突泉县植被生态质量指数空间分布

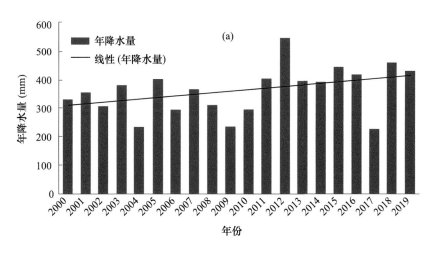

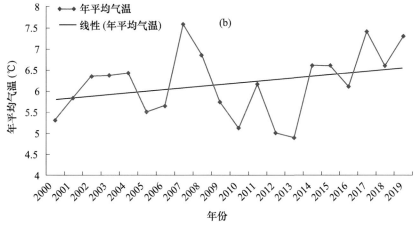

图 3.61   2000—2019 年突泉县年降水量(a)、年平均气温(b)变化

暖湿化的气候提高了植树造林成活率和草地植被恢复能力。2000—2019年突泉县植被生态质量总体呈升高趋势,植被生态质量指数年均增长为1.3。2019年突泉县生长季植被生态质量指数为66.2,达2000年以来第二高(图3.62)。

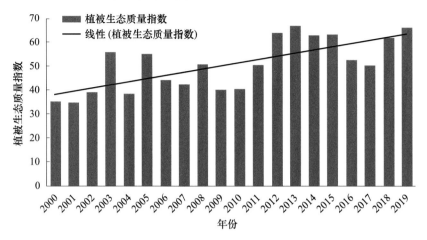

图3.62　2000—2019年突泉县植被生态质量指数

2000—2019年突泉县森林植被净初级生产力呈增加趋势,平均每年增加13.4 gC·m^{-2},2019年森林植被净初级生产力为613.6 gC·m^{-2},比常年增加120.7 gC·m^{-2}(图3.63),达2000年以来第五高值。从空间分布(图3.64)上看,2000年以来突泉县大部地区森林植被净初级生产力平均年增加幅度在10.0 gC·m^{-2}以上,向好发展势头明显。

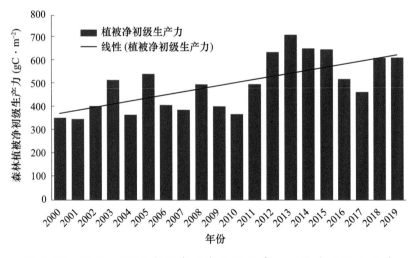

图3.63　2000—2019年突泉县森林植被净初级生产力变化趋势

2019年突泉县春季热量充足,前期降水异常偏少,5月中旬大范围降水开始,土壤墒情明显改善。6月、7月雨水充沛,热量充足,有利于大田作物生长。8月由于光温不足,对作物灌浆乳熟较为不利,同时突泉县受强对流天气影响,多次出现局地性暴雨洪涝、冰雹灾害。9月份气温偏高,日照偏多,对农作物灌浆成熟和提高品质有利。总体来看,2019年气象条件对突泉县作物生长发育利大于弊,2019年粮食获得丰收,产量达2000年来最高(图3.65)。

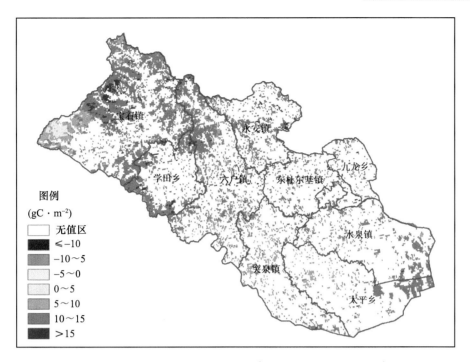

图 3.64 2000—2019 年突泉县森林植被净初级生产力变化趋势率空间分布

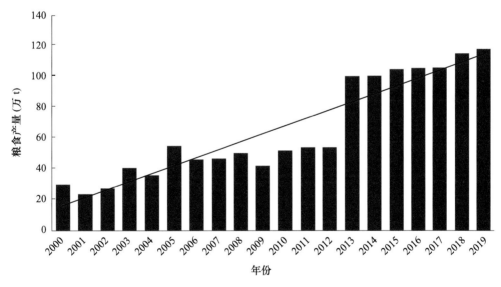

图 3.65 2000—2019 年突泉县粮食产量变化趋势
（图中数据来源于突泉县农物业科学技术局）

从空间分布看,2000—2019 年突泉县作物净初级生产力均呈现上升趋势,尤其东部和北部农区提高快于其他地区(图 3.66)。

2019 年春季突泉县热量充足,土壤解冻期提前;5 月上旬干旱,不利于牧草返青;5 月中旬雨水增多,大部草原无干土层,对牧草生长非常有利。夏季水热条件匹配较好,促使牧草快速生长。2019 年突泉县草原植被净初级生产力为 496.3 gC·m^{-2}(图 3.67),牧草长势好于常年。

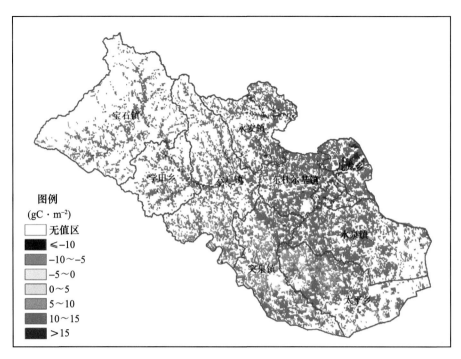

图 3.66　2000—2019 年农田作物净初级生产力变化趋势率空间分布

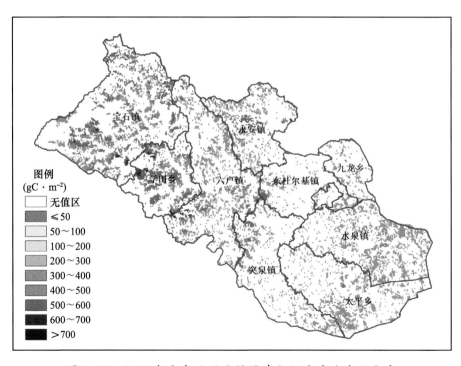

图 3.67　2019 年突泉县原地植被净初级生产力空间分布

　　突泉县自 2002 年实行退耕还林还草工程以来,草原植被净初级生产力呈上升趋势,年均增加 11.5 gC·m^{-2},其中宝石镇、学田乡、水泉镇平均增幅最为明显(图 3.68)。2019 年草原植被净初级生产力达 2000 年以来第三高(图 3.69)。

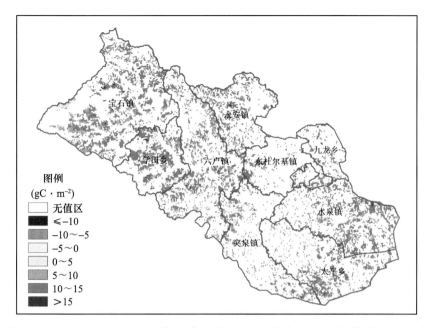

图 3.68 2000—2019 年突泉县草原植被初级生产力变化趋势率空间分布

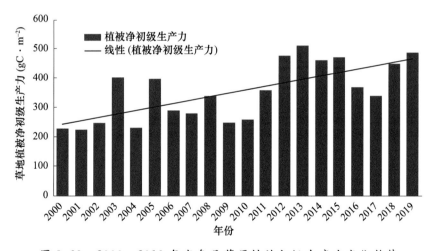

图 3.69 2000—2019 年突泉县草原植被初级生产力变化趋势

综合监测评估结果表明:2019 年气象条件有利于突泉县植被生长,全县植被生态质量总体处于较高水平,其中森林和草原植被生态质量好于 2018 年和常年,分别为 2000—2019 年的第五高、第三高;农作物产量达最高。2000—2019 年突泉县植被生态质量持续改善,植被固碳能力增强,农作物产量不断提高,呈现绿色发展势头,生态保护成效显著,生态向好发展。

第 4 章

水体遥感监测及气象
影响评估

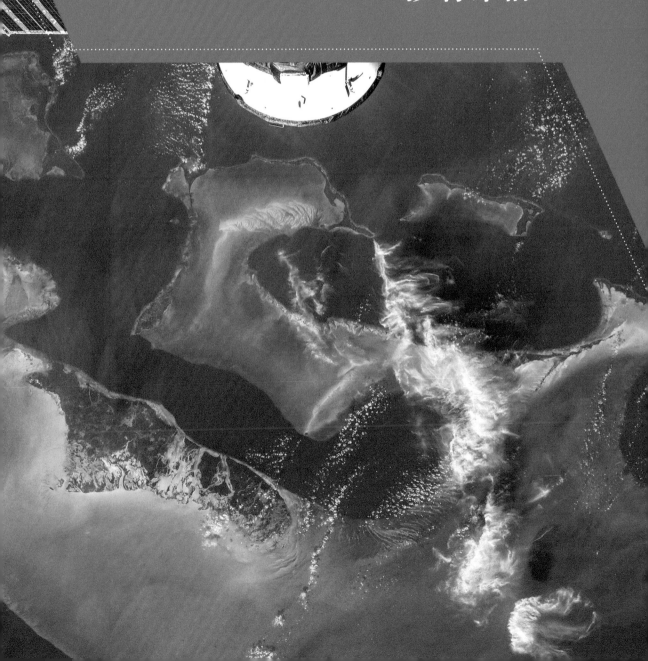

卫星遥感监测具有频次高、成像范围广等特点,在湖泊、水库等水体空间分布、面积变化以及水环境监测评估中可发挥重要作用。可用于水体监测的卫星遥感资料比较多,常见的包括FY-3/MERSI、EOS/MODIS、GF-1、GF-2、HJ/CCD、Landsat/TM、Sentinal-2等光学卫星遥感资料;也包括GF-3、Sentinal-1等雷达卫星遥感资料,雷达卫星资料在有云雨天气影响下的洪涝灾害监测中可发挥重要作用。在常规水体监测业务工作中,目前以光学卫星遥感资料为主。国家卫星气象中心建立了重点水体面积、水环境遥感监测评估系统,省级气象局建立了本省(区、市)湿地、湖泊生态气象和遥感监测评估系统。

全国水体遥感监测业务主要在国家卫星气象中心开展,省级气象局根据生态文明建设的具体需求开展省(区、市)域湿地、湖泊、水库、江河、海洋等遥感监测和气象影响评估业务。国家气象中心、国家卫星气象中心和省级气象局形成合力,综合分析评估气象条件对湿地和湖泊等水体面积、水质和流域生态质量的综合影响,开展气象服务。

4.1　水体监测主要使用的卫星遥感数据

风云三号极轨气象卫星(FY-3)是我国现阶段气象卫星观测水平的代表,它搭载了包括最高空间分辨率达到250 m的中分辨率成像仪(Medium Resolution Spectral Imager,MERSI),1 km分辨率的可见光红外扫描辐射计(Visible Infrared Radiometer,VIRR)等观测仪器。自2008年以来,已经发射了5颗风云三号卫星,包括FY-3A,FY-3B,FY-3C,FY-3D和FY-3E,其中3A和3C属于上午星,3 B和3 D属于下午星,实现了对地球上午和下午组网观测,一天可以对同一地区进行多次监测。FY-3D星对中分辨率光谱成像仪进行了大幅升级改进,性能显著提升,具体通道参数见表4.1。风云三号卫星的这些特点,大大地提高了卫星遥感资料对水体的监测能力。在近实时、大范围的水体监测评估工作中发挥着越来越重要的作用。

表 4.1　FY-3D/MERSI-Ⅱ(风云三号卫星/中分辨率光谱成像仪)通道参数表

通道	中心波长(μm)	光谱宽带(μm)	星下点分辨率(m)
1	0.470	0.05	250
2	0.550	0.05	250
3	0.650	0.05	250
4	0.865	0.05	250
5	1.380	0.03	1000
6	1.640	0.05	1000
7	2.130	0.05	1000
8	0.412	0.02	1000
9	0.443	0.02	1000
10	0.490	0.02	1000
11	0.555	0.02	1000
12	0.670	0.02	1000
13	0.709	0.02	1000
14	0.746	0.02	1000
15	0.865	0.02	1000

通道	中心波长（μm）	光谱宽带（μm）	星下点分辨率（m）
16	0.905	0.02	1000
17	0.936	0.02	1000
18	0.940	0.05	1000
19	1.030	0.02	1000
20	3.800	0.18	1000
21	4.050	0.16	1000
22	7.200	0.50	1000
23	8.550	0.30	1000
24	10.800	1.00	250
25	12.000	1.00	250

EOS/MODIS卫星资料在水体监测中应用非常广泛。自1999年地球观测系统（EOS）Terra上午星的发射和2002年Aqua下午星的升空，每天提供地球表面观测数据。星上搭载的MODIS具有36个通道，覆盖从可见光到红外波段。其长时间序列卫星遥感数据和产品为水体监测评价分析提供了很好的数据源。

高空间分辨率卫星资料，可以提供更加精细化的水体监测信息，特别是对于面积较小的湖泊水库水体、河道水体，高空间分辨率卫星具有明显的监测优势。高分一号卫星（GF-1）是我国高分辨率对地观测系统国家科技重大专项的首发星，于2013年发射升空，搭载了2台2m分辨率全色/8m分辨率多光谱相机，4台16m分辨率多光谱相机，具体参数见表4.2。

表4.2　GF-1通道参数表

相机	谱段号	谱段范围（μm）	空间分辨率（m）	幅宽（km）
全色/多光谱相机 PMS1/PMS2	1	0.45～0.90	2	60 （2台相机组合）
	2	0.45～0.52	8	
	3	0.52～0.59		
	4	0.63～0.69		
	5	0.77～0.89		
多光谱相机 WFV1/WFV2/WFV3/WFV4	1	0.45～0.52	16	800 （4台相机组合）
	2	0.52～0.59		
	3	0.63～0.69		
	4	0.77～0.89		

环境减灾卫星HJ、高分2号和高分6号卫星等国产卫星，以及Landsat/TM、Sentinal-2等国外卫星资料都可以比较方便地获取到，用来对水体进行监测，具体通道参数可参考相关文献。

4.2　卫星遥感监测水体方法

水体监测评估主要包括卫星遥感水体空间分布信息的识别、水体面积计算、水体变化监测,水体环境(蓝藻水华)监测等。

◆ 4.2.1 卫星遥感水体判识

4.2.1.1 卫星遥感水体判识方法

利用光学卫星资料在白天进行水体监测主要有 3 种情况:晴空条件、薄云覆盖条件、水面覆盖雾条件。夜间水体判识主要根据水面和周围地表温度差异,利用红外通道提取水体信息。

(1)单通道阈值法

单通道阈值法适合白天晴空下水体信息提取,见式(4.1):

$$R_{NIR} \leqslant R_{NIRth},且 R_{NIR} - R_{RED} \leqslant R_{N-Rth} \tag{4.1}$$

式中,R_{RED} 为红光波段反射率;R_{NIR} 为近红外波段的反射率;R_{NIRth} 为对应的阈值;R_{N-Rth} 为 R_{NIR} 与 R_{RED} 差值对应的阈值。R_{NIRth} 参考阈值为 10%。R_{N-Rth} 参考阈值为 0。由于各地地理、天气条件和卫星过境时间的差异,阈值在不同情况下有一定的差异。

(2)比值法

比值法适合白天晴空或薄云下水体信息提取,见式(4.2):

$$\frac{R_{NIR}}{R_{RED}} \leqslant R_{N/Rth} \tag{4.2}$$

式中,$R_{N/Rth}$ 为 R_{NIR} 与 R_{RED} 比值对应的阈值,参考阈值为 0.7。由于各地地理、天气条件和卫星过境时间的差异,阈值在不同情况下有一定的差异。

(3)归一化差值水体指数法

归一化差值水体指数法(normalized difference water index,NDWI)适合白天晴空或薄云下水体信息提取,见式(4.3):

$$\frac{R_{GRE} - R_{NIR}}{R_{GRE} + R_{NIR}} \geqslant R_{G\_Nth} \tag{4.3}$$

式中,R_{GRE}、R_{NIR} 同式(4.1)和式(4.2)绿光波段的反射率;R_{G_Nth} 为水体指数对应的阈值,参考值 0。由于各地地理、天气条件和卫星过境时间的差异,阈值在不同情况下有一定的差异。

(4)红外差值法

红外差值法适合水面覆盖有雾条件下的水体信息提取,见式(4.4):

$$T_{MIR} - T_{TIR} \geqslant T_{M-Tth} \tag{4.4}$$

式中,T_{MIR} 为中波红外波段的等效黑体辐射亮温;T_{TIR} 为热红外波段的等效黑体辐射亮温;T_{M-Tth} 为 T_{MIR} 与 T_{TIR} 差值的水体判识阈值,参考值为 10 K。由于各地地理条件和卫星过境时间的差异,阈值在不同情况下有一定的差异。

(5)热红外阈值法

热红外阈值法适合夜间水体的信息提取,见式(4.5):

$$T_{TIR} \geqslant T_{TIRth} \tag{4.5}$$

式中,T_{TIR} 为热红外波段的等效黑体辐射亮温,T_{TIRth} 为 T_{TIR} 的水体判识阈值。判识阈值根据不同季节、不同地区的地面温度变化加以确定,该阈值宜利用人机交互方式选取。

4.2.1.2 水体判识结果验证与修正

将水体信息提取结果在水情监测多通道合成图上叠加,人工检查水体信息提取效果。若水体信息提取结果有误判或漏判情况,通过修改判识阈值,修正判识错误,直至符合人工判识效果。

◆ 4.2.2 水体面积计算

利用水体判识验证结果,生成水体判识二值图,图像中水体像元为"255",非水体像元为"0"。

利用水体判识二值图计算水体面积,具体见式(4.6):

$$S = \sum_{i=1}^{N} s_i \tag{4.6}$$

式中,S 为水体面积,S_i 为第 i 个水体像元面积,N 为水体像元数。

◆ 4.2.3 水体变化监测及气象影响评估

基于水体卫星遥感判识结果,结合基础地理信息数据、气温和降水等气象数据,对一定范围和时期内两个或多个时相水体信息的变化与气象要素开展综合分析,获得水体变化时空特征,分析其与降水、温度等气象要素的关系,开展旱涝灾害、生态环境等气象影响评估。水体变化监测及气象影响评估可包括如下内容:

(1)两时相水体变化分析

基于两个时相的水体判识结果进行水体变化分析。如比较两个时相水体面积、空间分布变化情况等。如汛期与非汛期时段对比、一次降水过程前后对比、与去年同期对比、与历史最大值对比等,可生成水体变化专题图。

(2)多时相水体变化分析

比较分析多个时相水体面积、空间分布变化情况。如汛期前期、中期和后期对比,一次降水过程前期、中期和后期对比,可生成不同的水体变化监测专题图。

(3)水体变化与气象要素综合分析

降水和温度等气象要素的变化对湖泊、水库等水体面积及空间分布具有明显的影响。基于两个时期或者多时期的水体统计分析结果,与相应时间段(如:汛期前期、中期和后期比较,一次降水过程前期、中期和后期比较)的降水、温度等要素的统计结果进行相关性分析,可以研究某一区域内(流域、子流域或水体空间分布范围等)的降水、温度等气象要素变化对该区域的湖泊、水库的水体面积和时空分布变化信息的影响。

◆ 4.2.4 卫星遥感监测湖泊水体环境

4.2.4.1 湖泊蓝藻水华监测方法

湖泊蓝藻水华是内陆湖泊水体生态的主要问题之一。蓝藻水华是蓝藻大量繁殖后,聚集上浮到水面形成的绿色油漆样漂浮物,呈片状或带状分布,是蓝藻暴发的重要特征。内陆湖泊富营养化导致的蓝藻水华暴发已经成为我国面临的一个重要的环境问题。蓝藻水华过程具有暴发面积大、时空变化剧烈的特点,传统的逐点监测方式在时效性与空间覆盖度方面都无法满足需求。卫星遥感具备了高空间覆盖度、高时间分辨率的特点,是监测蓝藻水华信息的有效技术手段。

(1)蓝藻水华光谱特征

蓝藻暴发时会引起水体一系列物理性质发生变化,进而导致水体反射波谱特性也发生变化。根据图 4.1 蓝藻水华光谱曲线可知,对于不同蓝藻密度的蓝藻水华在近红外波段都有很强的反射,其反射率明显高于水体,是反映蓝藻水华主要波段;在可见光红光波段有较强的吸收,其反射率甚至低于水体。因此利用近红外波段和红光波段的比值可以突出蓝藻水华的信息。NDVI 是近红外波段和红光波段的比值的非线性归一化处理。NDVI 经过了归一化处理,其相对于两个波段的直接比值具有一定的优越性,避免了可能出现的比值方法无界增长的问题。因此选用 NDVI 方法来提取蓝藻水华信息。

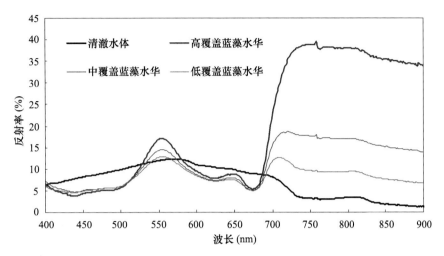

图 4.1　太湖蓝藻不同覆盖程度水体光谱曲线

(2)卫星遥感像元内蓝藻水华覆盖度计算

目前,蓝藻的遥感监测主要针对的是蓝藻覆盖范围。对一定空间分辨率的卫星遥感像元而言,仅能通过监测判断像元内是否有蓝藻,无法确定每个像元内的蓝藻覆盖面积。然而实际上相关部门最关注的是蓝藻的实际覆盖面积,在这种情况下,计算每个像元内的蓝藻覆盖面积成为必要。

覆盖度图像反映了单位像元内蓝藻水华的覆盖度,即在单位像元内蓝藻水华覆盖面积占像元面积的百分比。目前,国家卫星气象中心业务服务中用于监测蓝藻水华的资料主要是 FY-3/MERSI 资料,分辨率为 250 m。在蓝藻水华分布的实际情况中,其覆盖密度有较大差异。由于卫星资料对蓝藻水华信息具有敏感性,对于覆盖范围未占满像元的蓝藻水华仍可以识别出,且有一定差异,因此蓝藻覆盖度图像反映了蓝藻覆盖密度的空间分布。

蓝藻覆盖度分级图像主要用于反映蓝藻水华覆盖的严重程度。分级方法是根据蓝藻覆盖度图像内容将不同蓝藻覆盖度像元分为轻、中、重三级,轻度为覆盖度小于 30%,即单位像元内蓝藻水华覆盖面积占像元面积不到 30%,中度为 30%～60%,重度为大于 60%。建立蓝藻水华的分级可为评估蓝藻程度提供依据。

由于下垫面单一,因此我们可以把每个湖面用两种端元来表达:纯水端元以及纯蓝藻水华端元。利用线性混合像元理论,湖面像元的 NDVI 可表示为:

$$NDVI = NDVI_b \times f_b + NDVI_w \times (1 - f_b) \tag{4.7}$$

式中,NDVI 为像元 NDVI 值,$NDVI_w$ 为纯水像元 NDVI 值,$NDVI_b$ 为纯蓝藻水华像元 NDVI 值,f_b 为蓝藻水华在该像元中所占百分比。获取到 $NDVI_w$ 和 $NDVI_b$,即可通过卫星观测得到的混合像元 NDVI 值计算得到该像元的蓝藻覆盖比例 f_b。

(3)水草影响的去除

利用 NDVI 方法提取太湖蓝藻水华信息时,通常会把太湖东部地区的水草信息识别为蓝

85

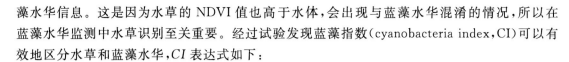

藻水华信息。这是因为水草的 NDVI 值也高于水体,会出现与蓝藻水华混淆的情况,所以在蓝藻水华监测中水草识别至关重要。经过试验发现蓝藻指数(cyanobacteria index,CI)可以有效地区分水草和蓝藻水华,CI 表达式如下:

$$CI = \frac{\rho_B - \rho_R}{\rho_G - \rho_R} \tag{4.8}$$

其中,ρ_B、ρ_G 和 ρ_R 分别为采用藻类叶绿素的特征波段蓝、绿和红通道的反射率值。比值波段组合可以增强光谱信号,由于辐射亮度值直接敏感于吸收系数和后向散射系数。对于一定的藻类浓度而言,这些量的变化可达到 2 倍以上,而光谱比值法实际上可以消除它的影响,还可以大大减少水体反射率二向反射问题。在湖泊中悬浮物对光学性质也有较大影响,由于太湖区域相对不大,气溶胶变化不大,因此为了消除气溶胶散射影响和削弱悬浮物影响,这里分别减去 ρ_R。通过这种组合可以在一定程度上削弱定标、大气和太阳高度角影响,减小黄色物质和悬浮物的干扰,排除水草的影响。

4.2.4.2 湖泊蓝藻水华气象影响评估

气温、降水、风速等气象条件是湖泊蓝藻水华爆发的影响因素之一。通过分析一段时间内蓝藻水华的发生频次、面积变化、程度和空间分布变化等信息与气温、降水、风速等关系,可为内陆湖泊蓝藻水华的防御和治理提供重要的信息参考。开展湖泊蓝藻水华气象影响评估主要包括如下内容。

(1)蓝藻水华出现频次评估

蓝藻水华频次为在某一时间段内卫星遥感监测到的蓝藻水华出现次数。由于卫星遥感仅可以在晴空条件下进行,因此考虑了蓝藻水华出现概率,即:蓝藻水华天数/晴空总天数。

(2)蓝藻水华面积变化评估

蓝藻水华面积反映其影响范围的大小,累计面积为在当年或当月中各次蓝藻水华面积的累加。

(3)蓝藻水华程度评估

蓝藻水华程度信息来自日常监测数据。蓝藻程度分为轻、中、重三级。一般来说,相同等级像元聚集度较高,也有从重-中-轻-水体过渡的一般现象。

(4)空间分布评估

根据湖泊水域的空间分布进行区域划分(例如太湖可分为:梅梁湾、贡湖、竺山湖、湖心区、西部沿岸区、南部沿岸区、东部沿岸区等),按照以上的内容对有关区域开展评估。

(5)蓝藻水华爆发气象条件分析

选择对湖泊蓝藻水华有主要影响的温度、降水、风速、日照等要素,利用卫星遥感蓝藻水华出现的频次、面积变化、程度和空间分布信息,与常规气象观测资料进行统计分析,用来研究气象条件对湖泊蓝藻水华爆发的影响。

4.2.4.3 湖泊湖冰物候监测评估

(1)湖冰监测原理

水和冰在近红外波段反射率表现出明显的差异,冰在近红外波段的反射率一般为 30%～60%,水的反射率要比冰的反射率低得多,因此利用近红外波段反射率,通过直方图阈值分割的方法,可以分辨出水和冰,假设 a 为近红外波段区分冰和水的阈值,即当近红外波段反射率大于 a 时,判断此类地物为湖冰。

通过对水、冰多光谱遥感监测机制分析发现,水和冰在红外的反射率均大于水和冰在近红外波段的反射率,利用近红外和红外两个波段的差值可以很好地对湖冰进行监测。

归一化差值冰雪指数方法是冰雪监测标准化方法,能够有效地减少植被、阴影等对湖冰监测的影响,用于湖冰监测中。

(2)湖冰监测方法

在湖冰物候期计算时,需要区分水体和湖冰,根据比例判识封冻和解冻物候状态,进而确定物候期。

①单波段阈值法

$$B_{nir} > a \tag{4.9}$$

其中,B_{nir}为近红外波段的反射率,a为区分水体和湖冰的阈值。

②波段差值阈值法

$$B_{nir} - B_{red} > b \tag{4.10}$$

其中,B_{nir}为近红外波段反射率,B_{red}为红外波段反射率,b为根据目视解译或者直方图方法获得的湖冰监测的阈值,即差值大于b的像元为湖冰。

③归一化差值雪冰指数法

$$NDSI = (B_{green} - B_{swir})/(B_{green} - B_{swir}) > c$$
$$B_{nir} > d \tag{4.11}$$
$$B_{green} > e$$

其中,B_{green}为绿光波段反射率,B_{swir}为短波红外反射率(short-wave infrared,swir),B_{nir}为近红外反射率,c、d、e为阈值,该阈值根据不同的传感器和时段进行调整。

在区分未结冰水体和冰面的基础上,根据水面和冰面的占比关系确定湖冰物候期。

④湖冰物候期计算方法

湖冰物候期主要包括湖冰的4个时间点:开始冻结时间FO(freeze-onset),即湖泊表面湖冰开始出现的时间点;完全冻结时间FU(freeze-up),即湖泊表面首次出现全部冻结的时间点;开始融化时间BO(break-onset),即完全封冻的湖泊,湖冰开始融化的第一天;完全融化时间BU(break-up),即湖冰完全融化,湖泊表面不再有湖冰出现的第一天;以及两个时间段:湖冰冰期ID(ice duration)——开始冻结时间和完全融化时间中间的时间;湖冰完全封冻期CID(complete ice duration)——开始融化时间和完全冻结时间中间的时期。

对于湖冰物候的定义,我们采用较为权威、使用较为广泛的湖冰物候定义:假设时间为t时水的面积占湖泊总面积的比例为$K(t)$,当$K(t)$最小值为90%且开始减小时,定义t为湖冰的开始冻结时间(FO);当$K(t)$最小值为10%且开始减小时,定义t为湖冰的完全冻结时间(FU);当$K(t)$最大值为10%且开始增大时,定义t为湖冰的开始融化时间(BO);当$K(t)$最大值为90%时且开始增加时,定义t为湖冰的完全融化时间(BU);湖冰完全封冻时间定义为$CID = BO - FU$;湖冰存在时间定义为$ID = BU - FO$。

4.3 水体遥感监测及气象影响评估系统

为开展水体监测评估气象保障服务工作,在中国气象局2018年气象小型基建项目"保障生态文明气象监测与评估能力示范项目建设"的支持下,国家卫星气象中心研发了水体遥感监测及气象影响评估系统(简称水体监测评估系统)。

◆ 4.3.1 系统技术架构

水体监测评估系统共分为三层,分别是:数据层、应用层以及用户层。

(1)数据层

数据层主要实现对原始资料库、产品库、业务管理库的统一存储管理。通过对元数据的访问来映射访问数据中的内容,实现各类数据的快速检索功能。水体监测评估用到的数据包括MODIS 的 NDVI/EVI 产品,FY-3 的 NDVI 产品,GF-1 和 HJ 等卫星资料,还包括降水、温度等气象要素数据集。

(2)应用层

应用层包括六个部分:操作层、引擎层、接口层、应用支撑、服务产品。采用 SOA 的软件构架来完成业务处理中对应的系统内的基础功能服务集成,从而进一步实现流程的统一集成。

(3)用户层

用户层是本平台统一信息服务的窗口,业务服务人员和系统维护人员通过用户层实现对数据和卫星遥感水体监测评估服务的统一访问。

◆ 4.3.2 系统主要功能

水体监测评估系统实现了基于长时间序列卫星遥感资料对水体信息的识别,基于高空间分辨率卫星资料的水体信息识别和面积统计计算,降水、温度气象格点数据的归一化处理和统计分析,基于长序列气象卫星水体专题信息的面积统计、空间分布特征分析,以及温度和降水等气象要素与水体时空变化分析等功能。

◆ 4.3.3 系统关键业务流程

水体监测评估系统最大的特点之一就是实现了对长时间序列卫星遥感资料的自动化收集、管理,数据处理与合成处理,以及水体专题信息的生产。

(1)数据收集和管理

数据自动收集、管理主要实现对 MODIS 植被指数、地表反射率数据,FY-3B 植被指数原始数据下载,经过数据处理构建后的时间序列数据集的数据自动收集、管理。实现流程见图 4.2。

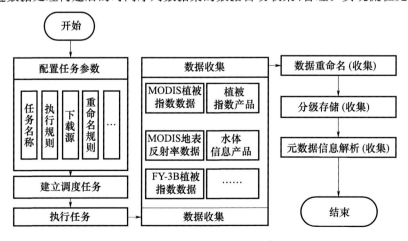

图 4.2　水体监测评估数据收集和管理实现流程

数据自动收集、管理实现流程的说明如下：

①用户根据需要选择收集的数据，配置任务名称、执行规则、时间范围、空间范围、下载来源、存储位置、重命名规则等参数；

②系统建立调度任务，根据执行规则确定执行时间；

③开始执行任务，即根据任务参数收集下载数据；

④根据数据重命名规则对下载的数据进行重命名；

⑤按照数据产品类型，进行分类存储；

⑥解析下载成功存储的数据的元数据信息，即存储数据的数据名称、数据来源、所属卫星、所属传感器、所属产品、数据级别、数据规格、数据生成时间、数据空间范围、数据投影方式、数据状态等信息。

（2）数据处理与合成流程

数据处理与合成处理以自动作业的方式运行，主要包括数据预处理和长时间序列数据集生成两部分，其中数据预处理主要包括数据拼接、投影转换、多时次合成、数据订正，长序列产品数据生产的产品主要包括植被指数旬数据集、植被指数月数据集、增强植被指数旬数据集、增强植被指数月数据集以及地表反射率候数据集等。数据处理的流程见图 4.3。

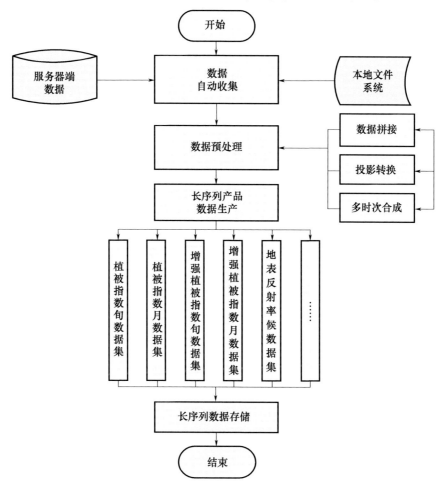

图 4.3　水体监测评估数据预处理流程

数据处理与合成流程的说明如下：

①数据自动收集。作业从本地文件系统中获取后续执行所需要的数据和参数信息；

②数据预处理。结合作业中的任务定义，运用原子算法库中提供的原子算法对数据进行数据拼接、投影转化、多时次合成及数据订正等处理；

③长序列产品数据生产。调用原子算法库中的相应产品生产算法，生成中国区域 MODIS 的 NDVI 和 EVI 时间序列数据集；中国区域 2002—2016 年 MODIS 地表反射率时间数据集；中国区域 FY-3B/MERSI 的 NDVI，FY-3B/VIRR 的 NDVI 时间序列数据集。

（3）水体专题信息业务产品制作流程

水体专题信息业务产品制作实现对长序列数据集做进一步的监测分析，提取水体信息，制作生成专题监测产品。业务产品制作的流程见图 4.4。

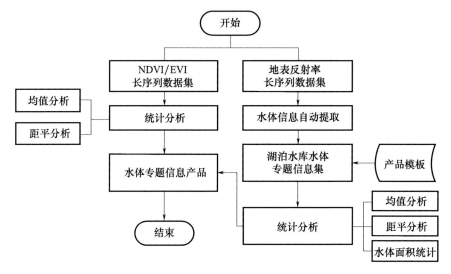

图 4.4　水体监测评估业务产品制作流程

水体专题信息业务产品流程的说明如下：

①数据加载。从本地加载 NDVI/EVI 长序列数据集、地表反射率长序列数据集，用于专题产品的生产；

②水体信息自动提取处理。调用原子算法库中的相应产品生产算法提取水体信息；

③湖泊水库水体专题图制作。运用定制后的专题图模板对产品数据进行最终处理，形成符合标准的监测分析专题图像产品；

④统计分析。对水体信息进行出现频率、平均值和距平等特征值计算，进行时间变化分析和空间分布特征分析，形成定量信息。

4.4　典型湖泊水体监测评估

◆ 4.4.1　鄱阳湖和洞庭湖水体监测评估

鄱阳湖和洞庭湖分别是我国第一和第二大淡水湖，保持着与长江的自然连通状态，对长江中下游江湖复合生态系统完整性的维持具有重要意义，作为调蓄长江洪水的主要湖泊，对中下游平原防洪起到十分重要的作用。同时,两大湖泊作为全国重要的湿地,具有调节气候和生态环境、净化污水、沉积泥沙、保护土壤等作用。鄱阳湖、洞庭湖区域水生态环境对长江中下游的生态环境有一定的指示作用。通过对两湖水体开展监测评估,可为长江流域水生态环境监测提供卫星遥感信息。以 2018 年对两湖水体开展的监测评估工作为例,介绍卫星遥感湖泊水体监测评估应用情况。

(1)洞庭湖 2018 年最大水体面积较 2017 年减小 18%

气象卫星遥感监测结果(图 4.5、图 4.6)显示,2018 年洞庭湖丰水期(5—9 月)水体面积达 1829 km²,较 2017 年减小 18%,水体范围减小区域主要在洞庭湖西部和南部。

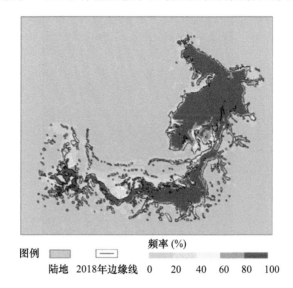

图 4.5　气象卫星遥感监测洞庭湖 2018 年最大水体边缘线及
1998—2017 年水体出现频率

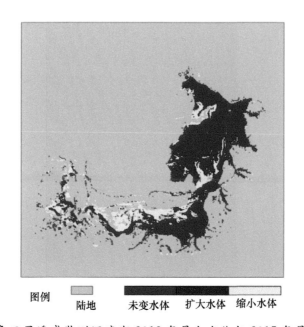

图 4.6　气象卫星遥感监测洞庭湖 2018 年最大水体与 2017 年最大水体对比

（2）鄱阳湖 2018 年最大水体范围较 2017 年减少 15%

气象卫星遥感监测结果（图 4.7、图 4.8）显示，2018 年鄱阳湖丰水期（5—9 月）水体面积达到 3041 km²，较 2017 年最大水体面积减小 15%（图 4.7）。

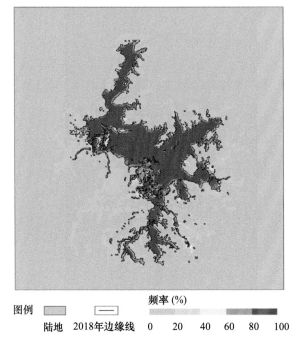

图 4.7 气象卫星遥感监测鄱阳湖 2018 年最大水体边缘线及
1998—2017 年水体出现频率

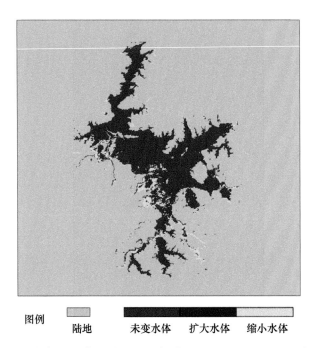

图 4.8 气象卫星遥感监测鄱阳湖 2018 年最大水体面积与 2017 年最大水体对比

◆ 4.4.2　巢湖水体监测评估应用

（1）2018 年巢湖蓝藻发生天数创 2011—2020 年新高

2018 年巢湖蓝藻发生天数为 2011—2020 年中的最高,全年有 90 d 监测到蓝藻水华的发生,超出 10 a 平均值(40 d)一倍多(图 4.9)。分月来看,2018 年 1—4 月没有监测到水华的发生,5 月发生天数略低于前 5 a(2013—2017 年)平均,6—12 月发生天数则远高于前 5 a 平均。年内水华高发时段为 6—11 月,每月均有 10 d 以上监测到蓝藻水华的发生,其中 7 月、10 月最高,达 16 d(图 4.10)。2018 年蓝藻初现日期为 5 月 23 日,为 2014—2020 年中的最晚(图 4.11)。

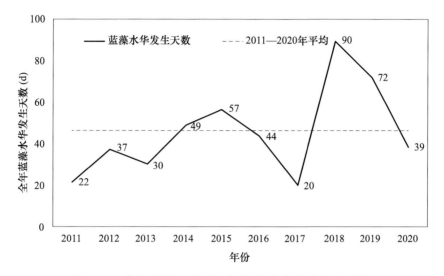

图 4.9　巢湖 2011—2020 年逐年蓝藻水华发生天数

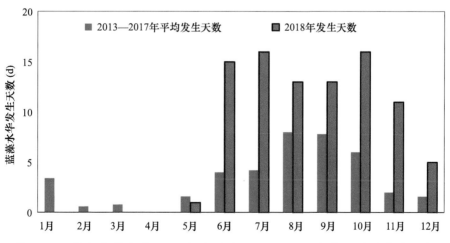

图 4.10　巢湖蓝藻水华 2018 年各月和 2013—2017 年各月平均发生天数

2018 年巢湖蓝藻水华平均发生面积 61.89 km²,明显高于 2017 年,接近 2011—2020 年的平均值(图 4.12)。最大一次(9 月 19 日)发生面积为 330.28 km²,占湖面面积四成以上。2020 年巢湖蓝藻水华平均发生面积 74.76 km²,为 2011 年以来第三大。

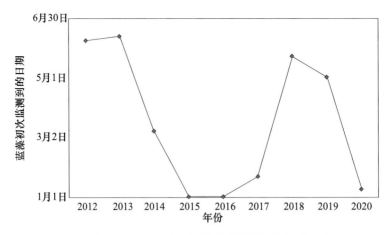

图 4.11　2012—2020 年巢湖蓝藻水华初现日期

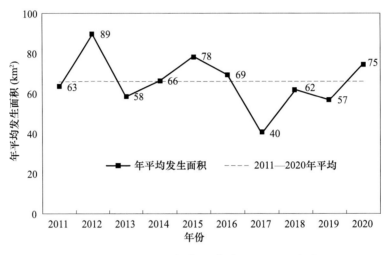

图 4.12　2011—2020 年巢湖蓝藻水华平均发生面积

　　2018 年蓝藻水华发生面积不到湖面总面积的 10％的次数占全年发生总次数 7 成,发生面积占湖面面积 10％～20％的次数占全年发生总次数的 2 成,不同面积水华发生次数占比与近5 a 情况相当(图 4.13、图 4.14),表明巢湖蓝藻水华仍以中小面积发生为主。

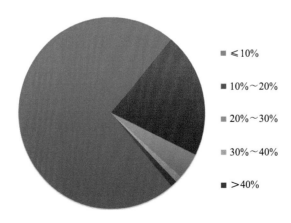

图 4.13　2018 年不同面积比例藻类发生频次占比

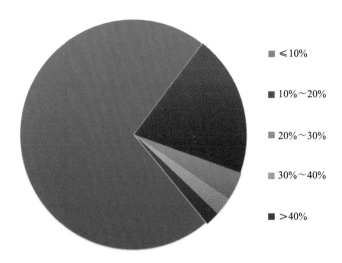

　　图 4.14　2013—2017 年不同面积比例藻类发生频次占比

（2）巢湖西半湖是蓝藻高发区域

　　从 2018 年巢湖蓝藻水华发生的区域来看,全湖均有蓝藻水华发生,以西半湖居多,尤其是在流经合肥的南淝河的入湖口处,发生次数最多。总频次（图 4.15）和各等级频次均是由西向东、由北向南减少。全湖各处均有轻、中度蓝藻发生,而重度水华则主要集中发生在巢湖的西部。轻、中、重频次见图 4.16—图 4.18。

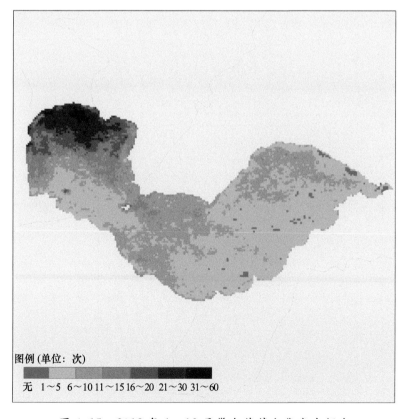

　　图 4.15　2018 年 1—12 月巢湖蓝藻水华发生频次

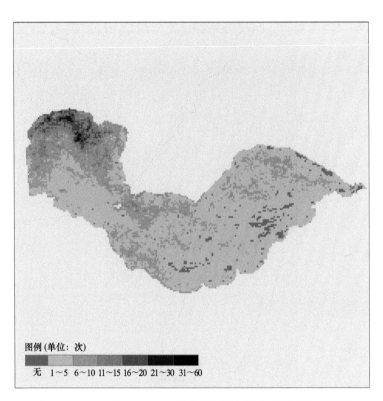

图 4.16　2018 年 1—12 月巢湖蓝藻轻度水华发生频次

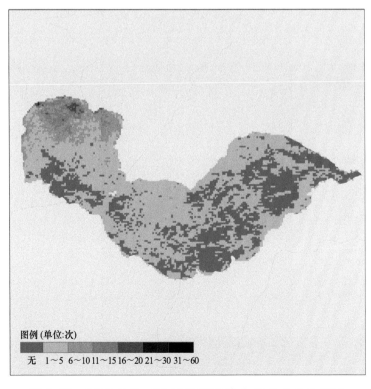

图 4.17　2018 年 1—12 月巢湖蓝藻中度水华发生频次

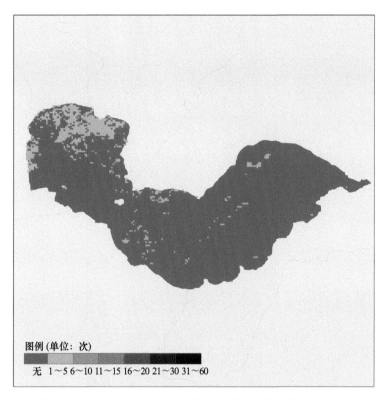

图例(单位：次)

无　1～5 6～10 11～15 16～20 21～30 31～60

图 4.18　2018 年 1—12 月巢湖蓝藻重度水华发生频次

2018 年安徽 6—12 月与常年相比,降水强度普遍偏弱,月平均气温偏高,日照时数偏多。巢湖地区持续晴热少雨天气为藻类生长提供有利的气象条件,加之藻类发生的基础物质在湖里经过前期生长和积累,2018 年巢湖蓝藻发生频次创历史新高。

◆ 4.4.3　白洋淀湿地监测评估应用

白洋淀是华北地区最大的淡水湖,是中国北方最典型和最具有代表性的湖泊和草本沼泽型湿地,汇集了南、西、北的 9 条河流,然后从淀泊东面大清河经独流减河流入渤海。白洋淀对华北地区的生态环境有重大影响,被誉为"华北之肾",具有调节气候、涵养水源、净化污染物、维护生物多样性等多种自然生态服务功能。特别是 2017 年随着国家设立国家级新区—雄安新区的战略规划的实施,白洋淀作为雄安新区的核心水域,承载了更为特殊的生态、生产、生活服务功能。利用遥感影像,对白洋淀水体面积及水生植物等进行快速监测,可为白洋淀的生态保护、修复和科学补水工作提供技术支撑。

(1)白洋淀湿地水体面积随季节变化明显

2019 年遥感监测白洋淀水体表明:1—2 月白洋淀水面结冰,水体面积达到最大,夏季水生植物生长旺盛,大片芦苇、荷花等植被覆盖水面,可监测到的水体面积达到低值(图 4.19、图 4.20)。

(2)白洋淀湿地信息提取分析

水生植物一直是白洋淀湿地的主导植被类型,白洋淀湿地芦苇沼泽面积远高于明水面。最近几十年,由于保护不当和区域内水资源不合理的利用,导致区域内水体面积减少,湿地内水生植物占比逐渐增大。利用高分辨率遥感影像对白洋淀主要植被不同生长期的变化特点进行快速监测,对各类地物信息进行有效识别。

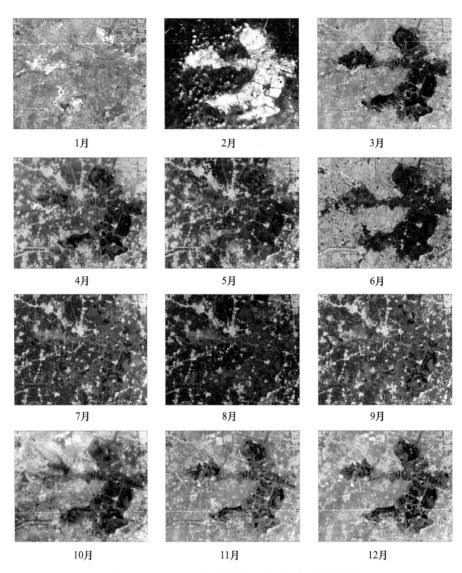

图 4.19 2019 年白洋淀湿地各月遥感影像

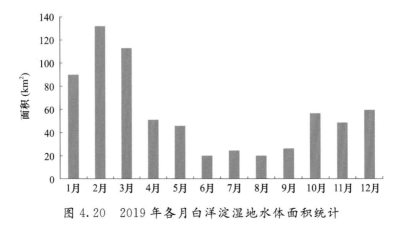

图 4.20 2019 年各月白洋淀湿地水体面积统计

利用 2018 年高分二号卫星数据,基于湿地信息提取模型,得到研究区的湿地信息分类结果(图 4.21)。由图 4.21 可以看出,白洋淀湿地主要组成地物包括开阔水域和水生植物区,部分地物分布较为破碎。3 月份,白洋淀湿地开阔水体较多,部分水田裸露,可以准确识别水体,但由于白洋淀湿地主要水生植物(芦苇、荷花)还未进入生长期,植物光谱特征不明显,在芦苇和荷花的识别方面存在一定误差。10 月,白洋淀湿地主要水生植物处于生长末期,植被分布广泛,超过半数水域均被芦苇和荷花所覆盖,水生植物的识别效果较好。

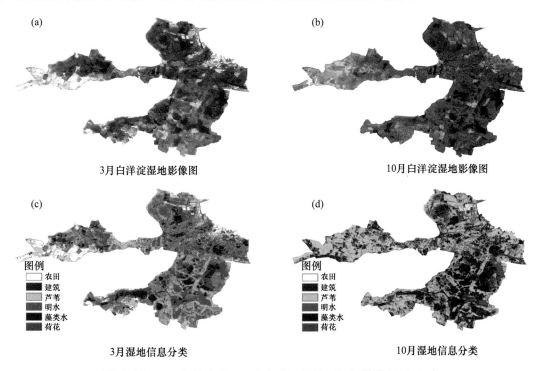

图 4.21　2018 年 3 月(a,c)和 10 月(b,d)白洋淀湿地信息

对白洋淀主要湿地信息(裸露水域和水生植物)提取结果进行统计(表 4.3),3 月裸露水域和水生植物所占面积分别为 102.31 km² 和 122.57 km²,至 10 月白洋淀水生植物覆盖面积增至 154.50 km²,裸露水域降至 74.04 km²,可以看出白洋淀湿地信息随水生植物长势所变化,湿地总面积也因为降雨量或补水等原因而有所变化。

表 4.3　白洋淀湿地信息分类面积统计

主要湿地信息	3 月 22 日影像提取面积(km²)	10 月 10 日影像提取面积(km²)
裸露水域	102.31	74.04
水生植物(芦苇、荷花等)	122.57	154.50
湿地总面积	224.88	228.54

◆ 4.4.4　青海湖水体监测评估应用

青海湖位于青藏高原东北部,是我国最大的内陆高原咸水湖,地处东亚季风、印度季风和西风急流三者的汇聚带,为半湿润半干旱、干旱区过渡带,是维系青藏高原东北部生态安全的重要水体,是高原复合侵蚀生态脆弱区,也是阻遏西部荒漠化向东部蔓延的天然屏障,对局地甚至全球气候变化响应敏感。青海湖面积变化和湖冰物候特征是气候变化的灵敏指示器。

（1）青海湖水体面积监测评估应用

自 2003 年以来,青海湖年最大面积总体呈现扩张趋势,扩张幅度为 177.3 km² · (10 a)⁻¹,17 a间扩张了 7.0%;其中,2003—2009 年湖泊面积平稳扩张,2009—2012 年快速扩张,2013—2015 年面积基本维持稳定,2016—2019 年快速扩张(图 4.22)。青海湖水体扩张区域主要位于西部鸟岛和石乃亥镇附近、北部沙柳河附近以及东部沙岛附近(图 4.23)。

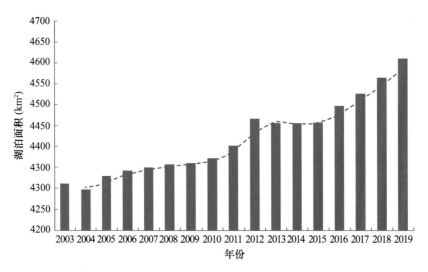

图 4.22　2003—2019 年青海湖年最大面积变化

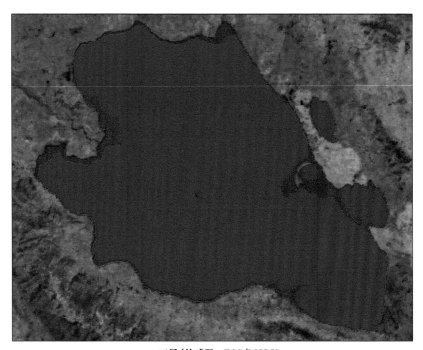

图	■ 2003年最大水体范围
例	■ 2019年最大水体范围

卫星/传感器：EOS/MODIS
空间分辨率：250 m
投影方式：Albers等面积投影
合成通道：1、2、1

图 4.23　青海湖水体扩张卫星遥感监测

（2）青海湖湖冰物候期监测评估应用

2004—2019 年,青海湖于每年的 12 月中旬开始结冰,平均开始结冰日期为 12 月 13 日,最早开始结冰日期和最晚开始结冰日期分别为 2013 年 11 月 25 日和 2004 年 12 月 27 日;于次年 1 月中下旬完全封冻,平均完全封冻日期为 1 月 16 日;于 3 月中下旬开始解冻,平均解冻日期为 3 月 19 日;于 4 月中下旬完全解冻,平均完全解冻日期为 4 月 13 日,最早完全解冻日期和最晚完全解冻日期分别为 2016 年 4 月 4 日,2011 年 4 月 23 日。

对于 2018—2019 年湖冰物候期而言,2018 年 12 月 16 日开始结冰,与历年(2004—2017 年)平均相比,开始结冰日期推迟 3 d;于 2019 年 1 月 22 日完全封冻,整个封冻历时 37 d,较历年(2005—2018 年)推迟了 5 d;于 2019 年 4 月 8 日开始解冻,较历年平均推迟了 20 d;于 2019 年 4 月 23 日完全解冻,解冻历时 15 d(图 4.24、图 4.25)。

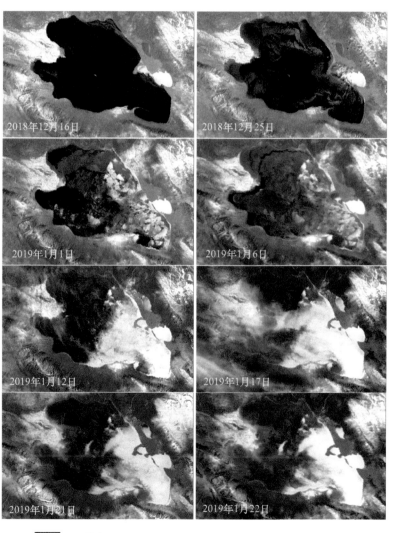

图例
已结冰
未结冰
积雪或云

卫星/传感器: EOS/MODIS
空间分辨率: 250 m
投影方式: Albers等面积投影
合成通道: 1、2、1

图 4.24　2018—2019 年青海湖封冻过程遥感监测

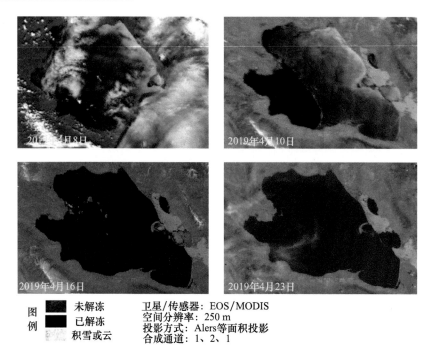

图 4.25　2019 年青海湖解冻过程遥感监测

　　分析青海湖周边气象站资料,气温是青海湖结冰的主要影响因子,而冰面积雪覆盖情况、气温和风速是青海湖解冻的主要影响因子。

◆ 4.4.5　内蒙古居延海水体监测评估应用

　　内蒙古额济纳绿洲位于巴丹吉林沙漠腹地,是世界上仅存的三大原始胡杨林分布区之一,绿洲水系主要为居延海和其发源于祁连山冰川的补给河——黑河。受黑河径流量减少的影响,内蒙古西居延海曾出现干涸,东居延海水域面积曾发生严重萎缩,成为间歇性湖泊。随着 2000 年以来黑河调水工程的实施和区域降水量的增加,东、西居延海水域面积均有所恢复。

　　2000—2020 年额济纳河流域降水量总体呈增加趋势,区域水分得到补充(图 4.26)。2007—2020 年有 9 a 降水量高于常年值,利于植被生长和水体面积增加。但 2020 年流域降水量较水分丰沛的 2018 年和 2019 年偏少约 70%,且低于多年均值,居延海蓄水和额济纳绿洲植被生长受到了一定影响。

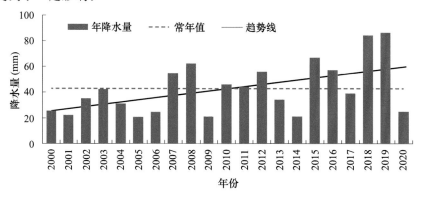

图 4.26　2000—2020 年内蒙古额济纳河流域年降水量变化

监测结果显示,2000 年以来东居延海水体面积逐渐增加,2018 年扩大至最高值 68.9 km²;西居延海干涸后一直处于无水状态,2018 年才首次出现 3.5 km² 水域。2020 年受降水偏少的影响(图 4.27),东、西居延海水体面积在 2019 年有所下降之后继续出现小幅萎缩,水体面积分别为 62.6 km²、1.5 km²,为 2000 年以来第三高值年份(图 4.27)。遥感监测也显示,居延海 2000—2020 年随着蓄水的增加,水环境也得到了明显改善(图 4.28)。

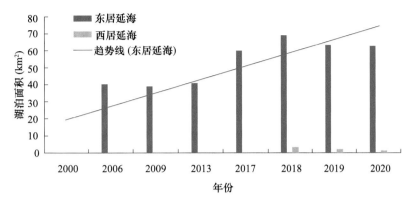

图 4.27　2000—2020 年典型年内蒙古东西居延海水体面积变化

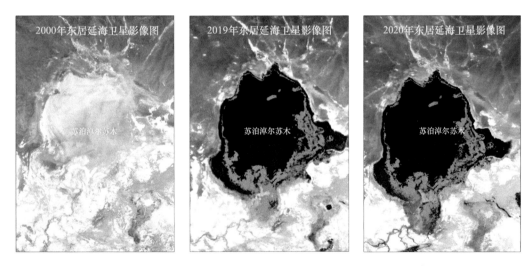

图 4.28　2000—2020 年典型年内蒙古东居延海水环境遥感监测

第 5 章

大气环境气象监测
评估预警

沙尘暴是全球范围内较为严重的灾害性天气,亚洲、中东和北美地区每年向大气中释放约20亿~50亿 t 沙尘气溶胶,其中亚洲地区释放的约 8 亿 t。我国北方干旱、半干旱地区是中亚地区主要沙源地之一,西北地区处于欧亚大陆腹地,气候干燥,地表植被稀疏,土壤疏松,风蚀作用明显,为沙尘暴提供了丰富的物质源。春季冷、暖空气均较活跃,强大的蒙古气旋及蒙古气旋后部的强冷空气经常给北方地区带来强风,将沙尘粒子带离地面并在高空气流作用下向下游地区输送,在合适的气象条件下,沙尘天气的传输尺度可达几百千米至上千千米,从而对远离沙源地的人口稠密地区产生影响。传输过程中,沙尘气溶胶粒子可在一定程度上影响区域辐射收支及降水。此外,沙尘粒子与人为排放的污染物混合后会改变其化学组分,从而对人体健康造成负面影响。

21 世纪以来,随着我国社会经济及城镇化的快速发展,大气污染物排放的增加造成空气质量急剧恶化,我国雾、霾天气持续增多,以 $PM_{2.5}$ 为主要特征的细颗粒物质量浓度急剧上升,造成大气环境明显恶化,能见度明显降低,严重霾天气不仅仅对交通安全造成重大影响,而且威胁到人民群众的健康。因此,2013 年 9 月,国务院印发了《大气污染防治行动计划》(国发〔2013〕37号),明确提出了"经过五年努力,全国空气质量总体改善"的总体目标,同时还提出了具体的防治指标和措施。为满足人民日益增长的美好生活需要,加快改善环境空气质量,2018 年 6 月国务院又印发了《打赢蓝天保卫战三年行动计划》(国发〔2018〕22 号),进一步明确了三年行动重点区域、行动目标、调整能源结构,根本上做好大气污染的治理工作。"两个计划"实施以来,中国大气污染治理取得明显成效,空气质量有了明显改善,"十四五"是中国重要社会经济发展阶段,"十四五"期间大气污染治理的核心工作是做好两个方面的协同工作,即 $PM_{2.5}$ 与臭氧的协同控制以及碳和霾的协同控制,早日实现美丽中国建设。

5.1　基础数据

环境气象业务的基础数据主要包括常规观测及非常观测两类数据。

(1)常规观测数据

主要包括常规气象数据与大气成分数据。

常规气象观测数据:气象观测数据均来源于中国气象局高空及地面观测,其中气象观测数据主要包括逐小时和日值资料库。逐小时资料主要包括降水、风向、风速、能见度、相对湿度等;日值资料包括 20—20 时降水量,吹雪、雪暴、扬沙、沙尘暴、浮尘、烟幕等天气现象记录。

空气质量数据:空气质量数据来自生态环境部的全国城市空气质量监测数据,主要包括每日逐时 AQI(空气质量指数)空气质量等级指数、$PM_{2.5}$ 质量浓度、PM_{10} 质量浓度、二氧化硫质量浓度、二氧化氮质量浓度、臭氧质量浓度、一氧化碳质量浓度。

(2)非常规观测数据

主要包括卫星、雷达、铁塔、系留汽艇等观测数据。

卫星观测:卫星遥感主要包括极轨卫星遥感与静止卫星遥感。卫星可对沙尘、雾、霾、臭氧进行监测。

雷达观测:主要包括风廓线雷达与气溶胶激光雷达。其中,风廓线雷达主要利用大气湍流对电磁波的散射作用对大气进行探测,进而获取风廓线产品。气溶胶雷达主要是利用大气气溶胶、云等对激光的散射特性,以激光为光源,将产生的后向散射信号经反演确定气溶胶的特性及分布特征,目前广泛使用的激光雷达主要包括脉冲激光雷达、双波长激光雷达和多波长激光雷达。

除了卫星、雷达等观测以外,科研及业务人员还利用铁塔、系留汽艇等多种观测手段对大

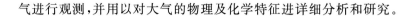

气进行观测,并用以对大气的物理及化学特征进详细分析和研究。

5.2 大气环境气象监测、预报预警和评估业务

◆ 5.2.1 大气环境监测

20世纪80年代以来,中国气象局逐步建设形成了一定规模的大气成分观测网,包含1个全球大气本底站、6个国家级大气本底站以及237个具有颗粒物观测能力的雾和霾观测站、338个酸雨观测站、29个沙尘暴观测站以及28个大气成分观测站的观测网络,开展温室气体、气溶胶、反应性气体、臭氧柱总量、酸雨及降水化学等要素的观测,建立了"国家—省—台站"的三级业务布局。在边界层气象观测方面,中国气象局建有120个L波段雷达探空观测站,可提供每日00时和12时的秒级探空数据。此外,由81部风廓线雷达组成的业务试验网,可实现垂直风场的分钟级全天候、连续观测。中国气象局在环境气象的卫星遥感监测方面也开展了大量的研究工作,并形成了一定的业务能力。基于风云极轨和静止气象卫星,开展了霾(光学影像监测)、霾污染指数、霾光学厚度、雾、沙尘(光学影像、沙尘指数、沙尘光学厚度定量监测)等的实时监测,利用全球卫星的环境气象相关产品(二氧化氮、二氧化硫、二氧化碳、甲烷)定期开展中国区域大气空气质量、温室气体等时空分布和长期变化趋势的评估。此外,生态环境部在全国布设的覆盖县级以上的空气质量监测点位数为2985个,地级以上的国控站数为1436个。

环境气象室是中国气象局国家级环境气象业务部门,基于中国气象局环境综合观测系统的监测数据及生态环境部的国家空气质量自动监测点空气质量资料(包括PM_{10}、$PM_{2.5}$、PM_1、SO_2、NO_2、CO、O_3逐小时浓度和AQI指数),结合常规气象要素观测,实现全国雾和霾实况、大气成分实况及超标日、重点区域及重点城市空气质量状况等实时监测。在综合地面常规观测资料应用的同时,加强非常规资料的应用。例如,用L波段秒探空资料诊断分析大气边界层结构特征;用整层逆温强度判断能见度变化情况,进而用于雾、霾天气预报。初步开展铁塔和风廓线观测资料应用研究,从更高的时间及垂直分辨率上分析城市边界层特征演变情况。此外,卫星遥感资料在包括大气气溶胶(霾、沙尘暴等)、温室气体、污染气体等大气成分的监测及评估中也发挥了重要的作用,同时还可对火山灰云、秸秆燃烧等大气环境事件进行监测和评估。

◆ 5.2.2 环境气象预报预警

目前,国家级环境气象预报预警主要是基于数值天气预报和空气质量数值预报结果,通过综合分析天气形势、概念模型以及检验等分析方法,并进行一定的偏差订正,制作并发布相应的环境气象预报预警产品,主要包括全国雾、霾、沙尘、空气污染气象条件以及地级以上城市空气质量预报等产品。国家气象中心(中央气象台)还与中国环境监测总站联合开展京津冀及周边地区重污染天气预报预警。

◆ 5.2.3 环境气象条件评估

大气污染评估及预评估是政府部门科学应对大气污染的依据。目前,国家级环境气象业务部门从气象部门的特色和优势出发,已初步开展了大气污染气象条件的评估工作。主要利用大气成分及相关气象观测数据,对大气污染实况、污染天气、气象条件的特征及变化趋势进

行客观分析,利用历史比对及数值模拟的方法,对大气污染防治措施效果进行评估。

大气污染气象条件的评估重点是科学定量地描述气象条件在大气污染中所起的作用,目前主要有两个途径,一是利用气象观测,分析与大气污染相关的气象要素或综合指数;二是通过数值模拟的方法,利用同一大气化学模式,在不改变排放源的情况下,针对不同气象条件进行情景模拟,比如模拟预报大气污染防治措施实施期间及历史同时段大气污染状况,通过模拟的结果综合分析不同气象条件对大气污染的影响。

5.3 环境气象业务技术方法

◆ 5.3.1 数值预报和客观化预报方法

(1)空气质量数值模式

空气质量模型是基于大气物理和化学过程,运用气象学原理及数学方法,对空气质量进行的仿真模拟,用于重现或预报污染物在大气中的反应、输送、清除等过程的工具和技术手段,也是环境气象业务的主要支撑。目前常用的空气质量模型一般考虑排放(人为或自然源排放)、输送(水平或垂直)、扩散(水平或垂直)、化学转化(气、液、固相化学反应)、清除机制(干、湿清除)等。目前比较通用的模型包括:CUACE/haze、NAQPMS、CAMx、WRF-CHEM、CMAQ等综合型区域尺度模型和 GEOS-CHEM 等全球尺度空气质量模型。

当前,中国气象局国家级环境气象业务单位主要运行由中国气象科学研究院研发的CUACE/haze、CUACE/dust 模型用于霾及沙尘的预报,部分省(区、市)及区域中心在引进WRF-CHEM、CMAQ 等空气模型基础上,进行本地化改造,建立了适合于本地区的区域空气质量预报模型。CUACE/Haze 数值预报系统包含污染物的大气传输和化学转化过程和污染物与气象的双向反馈,对大气污染物的预报以及污染物对气象条件的影响有很好的模拟效果。尤其是 CUACE/haze 中对污染物与天气的双向反馈作用的处理,可以很好模拟气溶胶对辐射和云水的作用以及气溶胶对辐射的作用,模式的方案对气溶胶的天气气候作用的处理处于国际领先地位。CUACE/dust 是沙尘预报系统,它引入了中国地区最新的土地沙漠化资料、中国沙漠沙尘气溶胶的光学特性资料、逐日变化的土壤湿度和雪盖资料。模式能够比较准确地预报中国以及东亚地区沙尘天气发生、发展、输送以及消亡过程,能够对起沙量、干沉降和湿沉降量、沙尘质量浓度以及沙尘光学厚度等一系列要素进行实时定量预报。

(2)数值模式订正预报

由于空气质量模式预报在污染源、气象场和大气物理和化学过程中均存在较大的不确定性,因此利用数值模式对空气质量进行预报存在一定的误差。多种方法都应用于对数值模式的误差订正。随着基于人工智能技术发展和应用,BP 神经网络、LSTM 神经网络等方法均被应用于数值模式的订正。

当前,国家气象中心采用的空气质量模式订正方法主要为:基于 4 套国家级以及区域环境气象业务中心发展和维护的空气质量数值预报模式,针对每个站点以及每个预报时次单独建模,先利用预报时刻前 50 d 观测资料和各模式预报资料分别使用均值集成、权重集成、多元线性回归集成和 BP-ANNs 集成建立集成预报;再基于预报时刻前 50 d 各单一模式和各集成方法实时预报效果评估,将综合评分最高的方法作为该预报时刻最终输出的最优集成预报(图 5.1)。

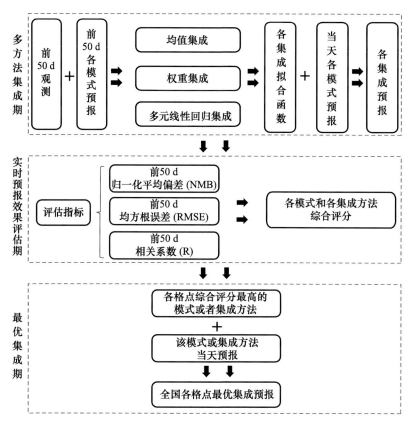

图 5.1　多模式集成空气质量订正预报技术流程

中国自 2013 年发布《大气污染防治行动计划》以来,经过各级政府努力,全国空气质量大幅改善,每年大气污染排放源有较大变化,因此,基于实况变化基础上的污染源排放清单同化技术应用尤为重要。目前,国家气象中心形成了基于变分同化技术的污染源同化技术,可以利用实时监测的污染物浓度对污染源进行快速调整。

◆5.3.2　大气污染气象条件分析与预报

21 世纪随着经济快速发展,人类活动污染排放量巨大,当出现不利气象条件时,容易导致污染物累积,出现明显空气污染,因此如何科学定量分析大气污染气象条件,对于大气污染预报预警及治理至关重要。目前,国家级环境气象业务中常用以下物理量来对大气污染气象条件进行诊断分析。

(1)混合层高度

混合层高度是地面上空某一给定区域污染物可能发生混合的垂直距离,是湍流特征不连续界面的高度,即空气污染物可以上升的最大高度。它表征了污染物在垂直方向被热力对流和动力湍流输送所能达到的高度,是影响污染物扩散的重要参数。利用罗氏法计算混合层高度,它是 Nozaki 于 1973 年提出的一种利用地面气象资料估算混合层高度的方法(Nozaki,1973)。计算公式如下:

$$h=\frac{121}{6}(6-P)(T-T_d)+\frac{0.169P(U_z+0.257)}{12f\times\ln(Z/Z_0)} \tag{5.1}$$

式中,h 为混合层高度;$(T-T_d)$ 为温度露点差;U_z 为高度 Z 处的平均风速;Z_0 为地表粗糙度;

f 为地转参数；P 为 Pasquill 稳定度级别，根据地面观测资料，综合考虑热力和动力因子，把太阳高度角、云量和风速分级定量化，把大气稳定度分为强不稳定、不稳定、弱不稳定、中性、较稳定和稳定六个级别，分别以 A、B、C、D、E、F 表示，P 值依次为 1～6。

（2）通风系数

混合层高度乘以混合层内平均风速，反映混合层内通风情况，值越小越不利于污染物扩散，由于混合层内资料垂直分辨率较低，一般可用距地面 10 m 高度风速代替混合层内平均风速，计算公式如下：

$$V = H \times V_{10} \tag{5.2}$$

其中，V 混合层内通风系数（$m^2 \cdot s^{-1}$），H 为混合层高度（m），V_{10} 为距地面 10 m 高度风速（$m \cdot s^{-1}$）。

（3）滞留系数

滞留系数是指一定范围、一段时间内近地层风矢量和，清晰地了解一段时间内某地区近地层空气流动的总和效果，从而更为直观地分析近地层风对污染物输送或扩散的影响。

（4）静稳天气指数

定量反映大气静稳程度的指标，表征大气对污染物的水平与垂直稀释、扩散能力，考虑了湿度、风、逆温、混合层高度等反映大气温湿条件、动力状况及稳定度的物理要素，具体方法如下。

分段统计不同站点各气象要素值落在不同区间的条件下霾天气出现概率相比于气候态概率的倍数作为各要素值区间对应的分指数，该值越大表明霾天气出现概率越高，按照各要素分指数最大值和最小值的比值进行排序，该分指数比值越大表明要素对静稳天气和非静稳天气区分度越大。取前 10 个要素的分指数求和得到最终的静稳天气指数。分指数具体计算公式如下：

$$K_{in} = \frac{\dfrac{a_{in}}{a_{in} + b_{in}}}{\dfrac{a}{a + b}} \tag{5.3}$$

式中，K_{in} 为变量 i 在区间 n 的分指数，a_{in} 和 b_{in} 分别为变量 i 在区间 n 的条件下雾-霾天气和晴好天气出现次数，a 和 b 分别为雾-霾天气和晴好天气出现总次数。

（5）臭氧气象指数

为定量预报与评估气象条件对近地面臭氧浓度影响，开发了臭氧气象条件指数，该指数主要基于统计方法，结合臭氧光化学生成机制及区域传输等特征建立。主要考虑了影响臭氧生成的气象要素：24 h 最高气温、夜间相对湿度、白天相对湿度、上午地面风速、下午地面风速、上午风向、下午风向、降水、海平面气压、日照时数和辐射。基于不同要素的不同区间在臭氧污染和平均状态的分布比例建立分指数，分指数之和建立总的臭氧气象条件指数；然后再通过建立指数与臭氧浓度的线性相关方程，得到表征臭氧气象条件的臭氧气象条件指数。

◆ 5.3.3　环境气象业务系统平台

为了更好地为环境气象业务工作提供便利及科技支撑，2014 年以来，国家气象中心陆续建立并完善集观测、预报预警、检验一体的环境气象业务系统平台。平台主要包括观测、预报预警服务、检验等功能模块（图 5.2）。其中，观测模块主要包括常规气象要素、大气成分、卫星、雷达、铁塔等各种环境气象观测；预报预警模块主要包括边界层预报、基于数值模型和统计分析方法的空气质量、沙尘暴预报;检验模块主要包括雾、霾、沙尘、空气污染气象条件等预报要素的天气学与统计学检验,检验结果可为预报员更科学有效应用各种预报产品提供参考。另外,还研发了基于大数据与统计学方法的大气污染气象条件物理量诊断分析、污染气象条件评估及预警产品。系统采用后台服务器与前端显示分离的 B-S 架构,易于大量数据存储和管理,后台服务器端修改、管理方便,对客户端机器性能要求低。图 5.3—图 5.6 为环境气象业务系统平台输出的产品。

图 5.2　国家级环境气象业务服务系统主界面

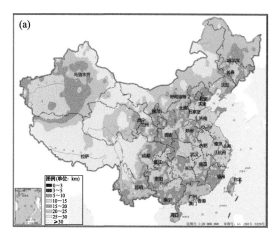 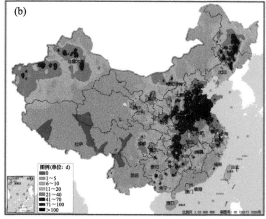

图 5.3　2020 年全国能见度(a)与霾日数(b)分布

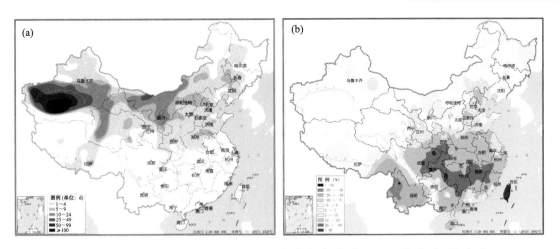

图 5.4 2020 年沙尘天气日数(a)和臭氧气象条件评估指数变率(b)分布

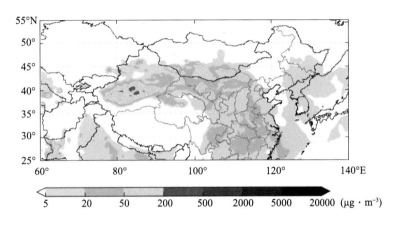

图 5.5 2022 年 1 月 11 日地表沙尘浓度集成预报

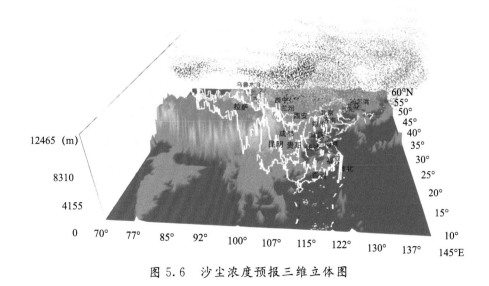

图 5.6 沙尘浓度预报三维立体图

5.4 大气环境气象预警和应急案例

◆ 5.4.1 雾霾天气预警

2016 年 12 月 16—21 日期间,京津冀地区及山东、河南等地出现持续多日雾、霾。气象条件极不利于大气污染物的稀释扩散,北京地区亦出现持续多日静稳天气,导致北京地区出现一次严重雾、霾天气过程,雾、霾过程期间(12 月 16 日 08:00—22 日 02:00)PM$_{2.5}$的小时平均浓度为256 $\mu g \cdot m^{-3}$,空气质量达严重污染,其中大于 150 $\mu g \cdot m^{-3}$ 的重度污染时间占总污染时段的82.7%(图 5.7)。我国中东部地区上空为纬向环流,北京位于槽后脊前,高空以弱西北气流为主,天气形势稳定,地面位于高压后部弱气压场中,气压梯度小,近地层以偏南风为主,有利于水汽及污染物向北京地区积聚,且这一稳定的天气形势一直持续至 21 日夜间,其中,19 日夜间至 20 日上午时段,地面相对湿度超过 90.0%,部分地区超过 95.0%,接近饱和,在高湿和高污染的共同影响下,近地面空气质量经历了"轻度—中度—重度—严重污染"的污染天气(表5.1),重污染天气维持至 22 日凌晨,受东移加深的高空槽影响,强冷空气侵入北京,大气扩散条件迅速好转,空气质量迅速由严重污染转为优,污染过程随之结束。此次污染天气时间长、范围大、污染程度重,由于空气湿度大,污染物的吸湿增长以及消光效应,使得华北地区出现大范围低能见度天气,北京能见度低至 100 m 左右,为此生态环境部与中国气象局分别发布多期相应的重污染空气质量红色预警及雾、霾橙色预警。

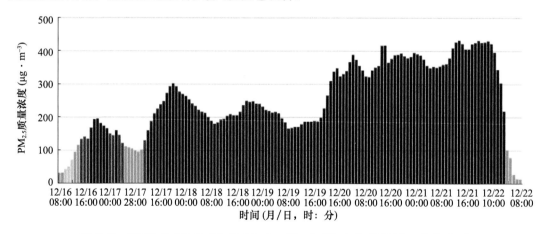

图 5.7 2016 年 12 月 16 日 08 时—22 日 08 时北京 PM$_{2.5}$质量浓度

表 5.1 北京重污染期间全市平均主要污染物浓度及空气质量级别

日期 (年-月-日)	污染级别	AQI	PM$_{2.5}$ ($\mu g \cdot m^{-3}$)	PM$_{10}$ ($\mu g \cdot m^{-3}$)	CO ($mg \cdot m^{-3}$)	NO$_2$ ($\mu g \cdot m^{-3}$)	SO$_2$ ($\mu g \cdot m^{-3}$)
2016-12-16	轻度	136	103.56	138.24	2.07	87.53	20.83
2016-12-17	重度	235	184.75	212.39	3.14	102.54	30.95
2016-12-18	重度	270	219.51	245.32	3.42	101.22	24.95
2016-12-19	重度	265	214.70	246.54	3.88	107.71	22.86
2016-12-20	严重	410	365.73	422.19	7.67	133.45	9.26
2016-12-21	严重	430	394.18	424.29	8.00	152.18	11.35
2016-12-22	轻度	108	73.17	166.71	1.54	38.03	6.55

◆ 5.4.2　重大环境气象服务评估案例——2014 年 APEC 会议期间空气质量评估

2014 年 11 月上旬,亚太经合组织高级别的会议(以下简称 APEC 会议)在北京成功举办,为做好 APEC 会议期间空气质量保障工作,北京、天津、河北、山西、内蒙古和山东等地先后实施重污染企业停产、机动车单双号行驶、建筑工地停工等大气污染物减排措施。会议期间,北京收获了持续多日的蓝天。

(1)APEC 期间北京及周边区域大气成分实况

APEC 会议期间(11 月 3—12 日),北京地区 $PM_{2.5}$ 平均浓度为 49.7 $\mu g \cdot m^{-3}$,比 APEC 会议前期 $PM_{2.5}$ 平均浓度(130.0 $\mu g \cdot m^{-3}$)明显降低,仅在 11 月 4 日和 11 月 10 日分别出现短暂的重度和中度污染(图 5.8)。与北京邻近的河北廊坊也体现了类似的减排的效果,但是 APEC 期间的浓度略高于北京。

河北石家庄的减排效果最为明显,$PM_{2.5}$ 平均浓度从会前的 138.0 $\mu g \cdot m^{-3}$ 下降到会议期间的 62.0 $\mu g \cdot m^{-3}$。8 日开始空气污染气象条件逐渐转为不利于污染物扩散,在排放源不变的条件下,模式预报天津 8 日、9 日和 10 日 $PM_{2.5}$ 日平均质量浓度分别为 95.0 $\mu g \cdot m^{-3}$、145.0 $\mu g \cdot m^{-3}$ 和 189.0 $\mu g \cdot m^{-3}$,而实际观测值仅为 53.0 $\mu g \cdot m^{-3}$、92.0 $\mu g \cdot m^{-3}$ 和 153.0 $\mu g \cdot m^{-3}$,颗粒物日平均浓度降低了 20%～40%。而天津减排前后的效果不是很显著(图 5.8)。

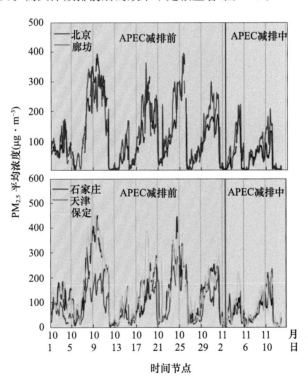

图 5.8　北京及周边地区 2014 年 10 月 1 日—11 月 12 日间 $PM_{2.5}$ 小时浓度时间序列

(2)APEC 会议期间气象条件分析

从大气环流形势来看,APEC 会议期间影响我国的高空气流以偏西气流为主,冷空气活动弱,大气扩散条件偏差,易出现"静稳天气"。从大气污染物扩散的气象条件来看,APEC 会议前期大气污染物扩散气象条件总体较好,但后期气象条件差。11 月 7—10 日北京地区维持

"静稳天气"条件,小风(风速≤1.5 m·s⁻¹)出现时段占到53%～81%,特别是9日夜间至10日,近地层出现双层逆温,风速持续减小,10日白天最大混合层高度不足400 m。

"静稳天气指数"是用于表示大气污染物扩散的综合气象条件的指标。指数越大,则发生或维持大气污染的可能性就越大,大气污染的程度就越高。分析表明,11月7—10日北京地区静稳天气指数平均为13,最高达到16;与10月17—20日和29—31日的两次大气污染事件气象条件相当(平均静稳天气指数均为14),持续时间也相近。但10月17—20日PM$_{2.5}$的小时浓度超过115.0 $\mu g\cdot m^{-3}$(中度以上污染)的持续时间为71 h,峰值浓度达299.8 $\mu g\cdot m^{-3}$。10月29—31日PM$_{2.5}$的小时浓度超过115.0 $\mu g\cdot m^{-3}$(中度以上污染)的持续时间为62 h,峰值浓度达182.1 $\mu g\cdot m^{-3}$。而11月7—10日PM$_{2.5}$的小时浓度超过115.0 $\mu g\cdot m^{-3}$的持续时间仅8 h,峰值浓度仅135.0 $\mu g\cdot m^{-3}$(图5.9)。有效的减排措施很明显缩短了中度以上污染的持续时间,也明显降低了PM$_{2.5}$的小时浓度和峰值浓度,有效地避免了重污染的发生。

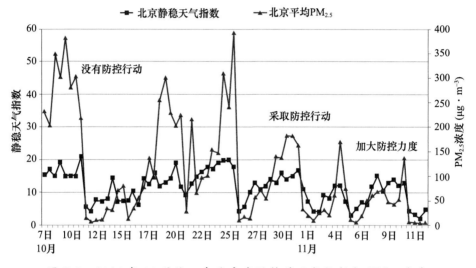

图5.9　2014年10月份以来北京城区静稳天气指数与PM$_{2.5}$浓度

对整个京津冀地区而言,11月7—10日静稳天气指数平均为12,与10月17—20日和29—31日的气象条件相当(平均静稳天气指数分别为12、13),持续时间也相近。但10月17—20日、29—31日PM$_{2.5}$小时浓度超过115.0 $\mu g\cdot m^{-3}$的持续时间分别为76 h和74 h,峰值浓度达181.0 $\mu g\cdot m^{-3}$、188.0 $\mu g\cdot m^{-3}$。而11月7—10日PM$_{2.5}$的小时浓度超过115.0 $\mu g\cdot m^{-3}$的时间累计仅19 h,峰值浓度146.0 $\mu g\cdot m^{-3}$。有效的区域减排措施很明显缩短了区域污染的维持时间,也明显降低了PM$_{2.5}$的小时浓度和峰值浓度,有效地避免了区域重污染天气的持续发生。

"区域输送"也是造成北京大气污染的重要原因,由于北京的西部和北部以山区为主,污染源相对较少,如果低层西北风持续时间长,北京出现大气污染的可能性越小。如果低层偏南风持续时间长,区域输送以及本地污染物的积累,导致北京出现和维持大气污染的可能性越大,污染程度会越高。2001—2013年11月3—12日时段内北京低层风场西北风、西风、北风分别占27%、10%、16%,西南风和南风合计占31%,而2014年11月3—12日北京低层风场西北风、西风、北风分别占45%、20%、5%,西南风仅占25%,没有出现东南风,污染物向北京总体传输条件比历史同期明显偏差,体现了"天帮忙"。此外,2014年10月西南风和南风占 52％,有利于污染物向北京输送,导致重污染天气频发。2001—2013 年 11 月 3—12 日和 2014 年 10—11 月东南风和东风出现的概率均较小,表明天津污染物向北京输送可能性较小(图 5.10)。

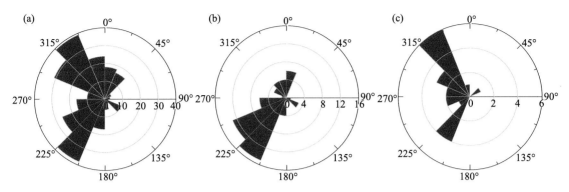

图 5.10　北京 2001—2013 年 11 月 3—12 日(a)、2014 年 10 月(b)和
2014 年 11 月 3—12 日(c)925 hPa 风向玫瑰图
(图中 8 个方位角表示风向;右侧横轴表示风向频率,单位:％)

◆5.4.3　危化品泄漏事故应急保障服务

(1)危化品泄漏事故概况

2019 年 3 月 21 日 14:48 左右,位于江苏盐城市响水县陈家港化工园区天嘉宜化工有限公司发生爆炸事故,造成数十人死亡及重伤。由于天嘉宜化工有限公司主要生产苯甲醚(闪点 52 ℃、爆炸范围:1.3％～9.0％)、氢气(4.0％～75.6％)、间苯二胺(闪点 175 ℃)、三羟甲基氨基甲烷(闪点 175 ℃)等产品,其中氢气、苯甲醚为甲乙类火灾危险性,间苯二胺(闪点 175 ℃)、三羟甲基氨基甲烷(闪点 175 ℃)为丙类火灾危险性,因此污染物分布及扩散分析对于科学施救、最大程度减少伤亡至关重要。

爆炸事故发生后,中国气象局环境气象室第一时间接到江苏省气象台协助要求,马上启动了危化品泄漏事故应急,相关预报人员及时了解泄露点地形、人口密度、居民分布、污染物泄露强度等相关信息及当地天气实况,并在接到突发事故报告后约 8 min,快速完成了第一份泄露点及附近地区天气实况及未来 6 h 泄漏物扩散高度、扩散路径及泄露物影响区域的预测分析报告,15 min 左右,预报员为相关政府部门提供了 0～12 h 预报时效的更为精细化的街区尺度的污染物扩散浓度及传输路径的分析报告,为政府决策部门的科学救援、科学疏散提供了有力的支撑。

(2)2019 年响水爆炸点污染物扩散及未来三天天气预报

①响水地区未来三天预报

预计未来三天,响水地区无雨,气温 3～14 ℃,偏北风转偏南风,风力 3～5 级。具体预报见表 5.2。

3 月 22 日上午多云,东北风 3～4 级,气温 4～9 ℃,相对湿度 30％～60％,下午到夜间阴到多云,东北风傍晚起转东南风,风力 3～4 级。

3 月 23 日多云天气为主,偏南风下午转东北风 1～3 级,气温 3～14 ℃。

3 月 24 日多云天气,偏西南风 1～3 级,气温 2～14 ℃。

表 5.2　2019 年 3 月 22—24 日江苏盐城响水天气预报

时间	天气现象	风向风力	相对湿度（%）	气温（℃）
3 月 22 日 08—11 时	晴	东北风 4 级	52	6.8～9.1
3 月 22 日 11—14 时	多云	东北风 3 级	46	9.1～10.3
3 月 22 日 14—17 时	阴天	东东北风 3 级	43	10.2～10.6
3 月 22 日 17—20 时	阴天	东东北风转东南风 2～3 级	45	8.1～10.2
3 月 22 日 20—23 时	阴天	东南风转南风 2 级	60	7.0～8.1
3 月 23 日上午	多云	西南风转西西北风 2～3 级	35～70	7.2～13.4
3 月 23 日下午	晴	东北风 2 级	35～75	11.7～13.8
3 月 24 日上午	多云	东南风 1～2 级	45～92	6.4～11.2
3 月 24 日下午	阴天	南西南风 2 级	45～73	12.0～13.0

②污染物扩散预报

3 月 22 日白天受东北风影响,爆炸点(根据国家地震台网发布,34.33°N,119.73°E)污染物主要将先向西南偏南方向扩散,傍晚前后,随着转为东南风,污染物逐渐转为向事故点西北方向扩散。

100 m 和 500 m 高度上大气扩散轨迹先向西南方向扩散,后向北顺时针向东扩散;1500 m 高度上大气扩散轨迹主要向西南方向扩散。

化工厂释放的污染物主要向西南方向扩散,浓度最大的区域位于事故地点的西南方向(图 5.11)。

图 5.11　2019 年江苏省盐城化工厂爆炸后未来 24 h 大气扩散示意图

◆5.4.4　沙尘暴预报预警和评估

2021 年 3 月 14 日,受强烈发展的蒙古气旋及其后部冷高压影响,蒙古国中南部自北向南出现大范围强沙尘暴天气,14 日夜间,沙尘暴开始进入我国内蒙古自治区,随着气旋东移南下,15—16 日,我国遭受了近 10 a 来最强的一次强沙尘暴天气过程。西北地区、华北大部、东北地区西部、黄淮、江淮等地出现大范围扬沙或浮尘,内蒙古、甘肃西部、宁夏中北部、山西北部、河北北部、北京等地部分地区出现沙尘暴或强沙尘暴(图 5.12);北方多地 PM_{10} 峰值浓度超过 $7000\ \mu g \cdot m^{-3}$,部分地区超过 $10000\ \mu g \cdot m^{-3}$(图 5.13),能见度迅速下降,部分地区能见度为零,出现了"黑风暴"。其中 3 月 15 日影响最为严重。另外,西北地区、华北、东北地区及内蒙古等地出现 6~8 级阵风,部分地区达 9~10 级,内蒙古中东部、新疆北部局地达 11~12 级。沙尘天气影响面积超过 380 万 km^2。

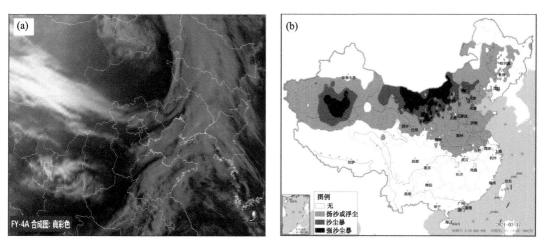

图 5.12　2021 年 3 月 15 日 08 时 FY-4A 沙尘监测(a)及沙尘过程实况(b)

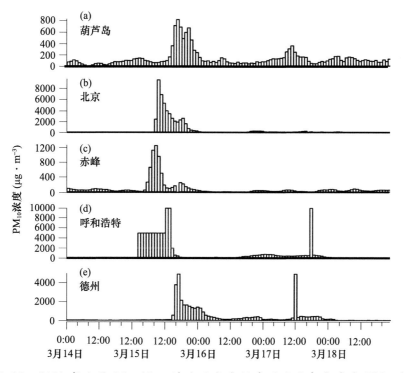

图 5.13　2021 年 3 月 14—18 日沙尘天气期间中国北方部分城市 PM_{10} 浓度

第 6 章

生态服务功能
气象影响评估

生态系统服务功能是指生态系统与生态过程所形成及所维持的人类赖以生存的自然环境条件与效用(Daily,1997;欧阳志云 等,1999a)。森林、草原等陆地生态系统,在固碳释氧、涵养水源、防风固沙、保持水土等方面发挥十分重要的生态服务功能作用,是人类生存与现代文明的基础,支撑与维持了地球的生命支持系统(欧阳志云 等,1999b;刘宪锋 等,2013)。随着人们对服务功能认识逐步加深,生态系统服务功能研究已经引起了广泛关注,国内外学者对服务功能内涵、评估方法进行深入探讨,开展了大量的案例研究,已成为生态学的前沿热点问题(Costanza,1997;赵同谦 等,2004;阳柏苏 等,2006)。在影响生态系统的重要自然要素中,气象因子是驱动生态系统服务功能变化的重要因素之一,尤其在气候变化背景下,区域气温、降水以及蒸散等要素发生明显变化,对生态系统服务功能产生了不同程度影响。因此,围绕天气气候条件变化,加强生态系统服务功能气象影响分析,为生态系统服务功能定量评估及其管理提供气象保障支撑作用。

6.1　植被固碳释氧功能气象监测评估

生态系统的固碳释氧功能指绿色植物通过光合作用将 CO_2 转化为有机物并释放 O_2 的功能,与近年来广受关注的碳循环、碳扰动等密不可分,特别是在全球气候变化背景下,生态系统固碳释氧功能监测评估显得尤为重要(刘宪锋 等,2013;王姝 等,2015)。植被净初级生产力(NPP)是植被固碳释氧的重要承载,因此本研究基于植被净初级生产力模拟,开展全国森林、草原等主要生态系统类型固碳释氧功能监测评估及其气象影响分析,以期为生态保护建设以及服务功能综合评估提供科学依据。

◆ 6.1.1　数据

以森林、草原等植被净初级生产力(NPP)估测数据为基础,来定量评价植被固碳释氧的能力。

◆ 6.1.2　监测评估方法

本研究计算的结果为植物生长过程通过光合作用所固定的二氧化碳(CO_2)量和释放的氧气(O_2)量(不包括土壤呼吸)。基于光合作用方程式,根据植被净初级生产力物质量估测结果,对植被固定 CO_2 和释放 O_2 的物质量进行估算(国家林业局,2008;刘宪锋 等,2013;刘东 等,2014),分析全国森林、草原等生态系统固碳释氧量的时空变化规律。

$$6CO_2 + 12H_2O + 光能 \xrightarrow{\text{光合作用}} C_6H_{12}O_6 + 6O_2 + 6H_2O$$

$$C_6H_{12}O_6 + 6O_2 + 6H_2O + 酶 \xrightarrow{\text{呼吸作用}} 6CO_2 + 12H_2O + 能量$$

$$C_i = f_c \times NPP_i \tag{6.1}$$

$$O_i = f_o \times NPP_i \tag{6.2}$$

式中,C_i 为第 i 年植被固定的 CO_2 量,单位为 $g \cdot m^{-2}$;f_c 为单位植被 NPP 固定的 CO_2 量,单位为 $g \cdot gC^{-1}$;O_i 为第 i 年植被释放的 O_2 量,单位为 $g \cdot m^{-2}$;f_o 为单位植被 NPP 释放的 O_2 量,单位为 $g \cdot gC^{-1}$;NPP_i 为第 i 年植被净初级生产力,单位为 $gC \cdot m^{-2}$。

◆ 6.1.3　气象监测评估系统

围绕森林、草原等不同植被生态类型,建立了全国植被固定二氧化碳、释放氧气量的估算系统模块(图 6.1),生成不同植被固碳释氧空间分布图,以及不同区域、省、市的统计分析表。

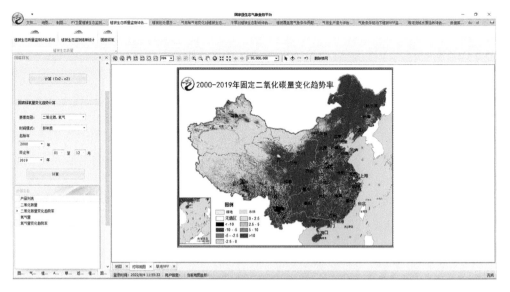

图 6.1　植被固碳释氧功能计算

◆ **6.1.4　气象监测评估案例**

(1)全国陆地植被多年平均固碳释氧能力空间变化特征

植物通过光合作用吸收二氧化碳、释放氧气,植物固碳释氧能力主要依赖于植物生长状况。从空间分布来看(图 6.2),我国植被固碳释氧能力从总体上呈现北方低、南方高,从西北向东南总体呈现增加趋势,与植被类型和植被覆盖度、NPP 具有较好的空间分布一致性。我国西部和北部地区地广人稀,气候较为干燥,主要以温带大陆性气候为主,植被稀疏,主要是一些草原和荒漠类型,西北部植被固碳释氧能力相对偏低,大部地区平均年固定二氧化碳和释放氧气量要低于 0.2 kg·m^{-2}。固碳释氧量较高的区域主要分布长江以南的大部地区,平均年固定二氧化碳和释放氧气量达到 1.0~1.5 kg·m^{-2},主要因为长江以南大部地区以亚热带季风气候为主,热量和水分相对充足,植被覆盖度、NPP 较高,特别是森林生长旺盛,发挥重要固碳释氧的功能。

从逐年变化来看,2000 年以来我国不断加强生态恢复和保护工程建设力度,加之降水和热量总体呈增加趋势,利于植被恢复生长,我国植被固碳释氧能力呈增加趋势,平均每 10 a 吸收二氧化碳量增加 58.8 g·m^{-2},释放氧气量增加 42.9 g·m^{-2}。植被固碳释氧能力 2000 年以来呈现三个阶段明显递增趋势,2012—2019 年全国植被吸收二氧化碳、释放氧气量均值分别为 728.9 g·m^{-2}、532.1 g·m^{-2},固碳释氧量较 2000—2001 年、2002—2011 年分别提高了 17.4%、8.2%。

(2)2000 年以来全国林区植被固碳释氧变化特征

2000 年以来,全国大部林区植被固定二氧化碳、释放氧气量呈增加趋势(图 6.3),平均每年分别增加 8.4 g·m^{-2}、6.1 g·m^{-2},其中内蒙古东北部、贵州和广西的南部等地林区固碳释氧量增加趋势明显高于其他林区,平均每年大约增加 10.0~20.0 g·m^{-2},部分地区达到 30.0 g·m^{-2}以上。仅西藏东南部、云南北部林区受到降水减少、气温升高的不利影响,林区植被固碳释氧量呈下降趋势。不同森林类型固碳释氧能力存在明显差异,落叶针叶林固碳释氧量偏低,常绿阔叶林最高,较前者增加了 90%以上(图 6.3c)。

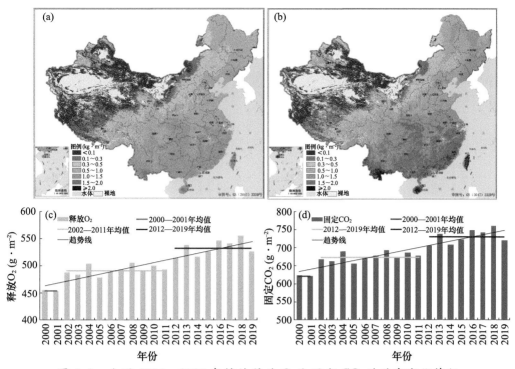

图 6.2 全国 2000—2019 年植被释放 O_2 和固定 CO_2 的时空变化特征

(a)平均年释放 O_2 量空间分布;(b)平均年固定 CO_2 量空间分布;(c)释放 O_2 量年际变化;(d)固定 CO_2 量年际变化

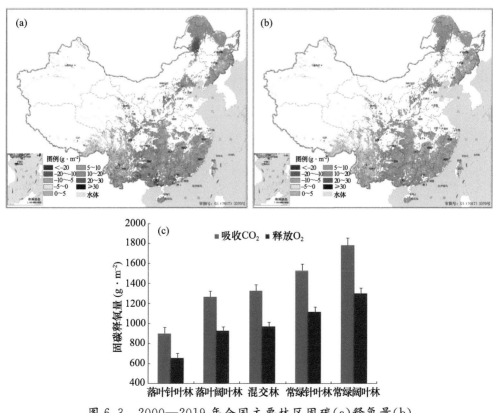

图 6.3 2000—2019 年全国主要林区固碳(a)释氧量(b)
变化趋势率以及不同类型林地年平均固碳释氧量(c)

(3)2000 年以来全国草原区植被固碳释氧变化特征

2000 年以来,全国大部草原区植被固定二氧化碳、释放氧气量呈增加趋势(图 6.4),平均每年分别增加 5.9 g·m^{-2}、4.3 g·m^{-2},要明显低于林区植被。在空间分布上,内蒙古东部、青海东部等地草原区固碳释氧量增加趋势要明显高于其他草原区,平均每年大约增加 5~10 g·m^{-2};仅西藏中部和东南部部分草原区植被固碳释氧量略呈下降趋势。

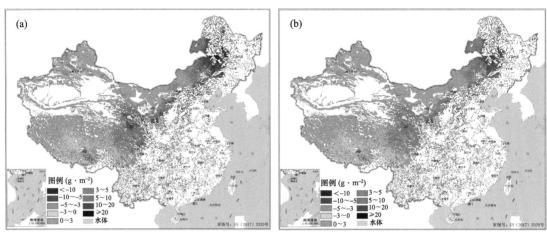

图 6.4　2000—2019 年全国主要草原区植被固碳(a)释氧量(b)变化趋势率空间分布

6.2　北方地区植被防风固沙功能气象监测评估

植被防风固沙功能是干旱与半干旱气候区自然生态系统重要的生态系统服务功能之一,主要指生态系统中的植被对风沙的抑制和固定作用。首先,植被可通过根系固定表层土壤,改善土壤结构,减少土壤裸露面积,提高土壤抗风蚀能力;另外,植被的存在增加了地表下垫面的粗糙度,从而使近地面风速减小,削弱大风携带沙子的能力,减少大风对土壤表层颗粒的吹扬。

◆6.2.1　数据

北方地区植被防风固沙生态功能监测评估所需数据主要包括逐日气象观测数据(降水量、气温、日照时数、相对湿度、风速等)、遥感植被指数、土壤质地数据、植被类型图、土地利用图、海拔高程数据、行政边界数据(矢量与栅格)等。

◆6.2.2　气象监测评估方法

6.2.2.1　评估因子选择

研究表明,不同的植被覆盖和地形条件下,土壤受到风力、降水等气候因素的侵蚀各不相同,导致不同区域的沙化程度存在较大差异(申陆 等,2016)。植被覆盖度是影响地表起沙尘难易程度的一个重要因素,一般与土壤风蚀量呈负相关关系(Liu et al.,2019)。植被覆盖度越低,植被生长越稀疏,越容易导致地表裸露,表层土壤为强风提供沙尘的可能性就越高。湿润指数常用于衡量某个区域热量和水分之间的相互作用关系,反映了降水对土壤风力侵蚀的作用。湿润指数越小,表明区域气候越干燥,受到风力侵蚀的可能性越大。大风是土壤风蚀的起因和外在动力,风力强度是影响风对土壤颗粒搬运的重要因素。大风日数越多,持续时间越长,对地表土壤的风力侵蚀作用越大。坡度体现了区域地形自身对风蚀的抗蚀性,坡度陡的区域对风速起到一定的阻滞作用。不同的土壤质地对风蚀也存在差异。相同条件下,黏质土壤易形成团粒结构,抗剪能力增强;砂质结构的土壤相对容易起沙。据此,考虑将植被覆盖度(C)、湿润指数(I)、大风日数(W)、坡度(P)和土壤表层砂粒含量(S)5 个因子作为北方地区地表起沙尘难易程度的评价指标。

(1)植被覆盖度

NDVI 是反映植被生长状况的基本参数,可较好地反映区域植被覆盖度及年际空间分布差异。将 NDVI 代入像元二分模型,即可得出基于 NDVI 的植被覆盖度。

$$C=(\mathrm{NDVI}-\mathrm{NDVI_{soil}})/(\mathrm{NDVI_{veg}}-\mathrm{NDVI_{soil}}) \tag{6.3}$$

式中,C 为植被覆盖度,$\mathrm{NDVI_{soil}}$ 为全部由裸土覆盖区域的 NDVI 值,$\mathrm{NDVI_{veg}}$ 为全部由植被覆盖区域的 NDVI 值。$\mathrm{NDVI_{max}}$ 和 $\mathrm{NDVI_{min}}$ 的值是像元二分模型的关键,通常为遥感影像中置信区间内的最大值 $\mathrm{NDVI_{max}}$ 和最小值 $\mathrm{NDVI_{min}}$。通过统计 NDVI 数据的直方图,分别在累积概率 95% 和 5% 处确定 $\mathrm{NDVI_{max}}=0.84$ 和 $\mathrm{NDVI_{min}}=0.05$。

(2)湿润指数

湿润指数是干燥度的倒数,计算方法为降水量与潜在蒸散量之比。

$$I=\frac{P}{ET_0}=\frac{P}{K\times BT}=\frac{P}{K\times(\sum t)/365} \tag{6.4}$$

式中,P 为降水量(mm);ET_0 为潜在蒸散量(mm)。潜在蒸散量的计算公式中 K 为常数,经验取值为 58.93,BT 为平均生物温度(℃),取值范围为 0~30 ℃。t 为日平均气温,当 t 大于 30 ℃时按 30 ℃计算,低于 0 ℃时按 0 ℃计算。

(3)大风日数

研究表明,砂质土壤的临界起沙风速通常为 6 m·s^{-1}(朱好 等,2010;贺晶 等,2013)。根据北方地区气象站点 2000—2018 年的大风数据,逐年统计风速大于 6 m·s^{-1} 的天数。

(4)坡度

基于北方地区 1 km 网格的 DEM 高程数据,利用 ArcGIS10.2 栅格坡度计算功能实现栅格的坡度计算。

(5)土壤表层砂粒含量

基于北方地区 1:100 万土壤表层砂粒含量栅格数据,根据栅格的经纬度信息矢量化建立图层。

6.2.2.2 气象监测评估模型

依据评价结果的可比性原则以及研究区域实际情况,按照极易起沙尘、高度易起沙尘、中等易起沙尘、轻度易起沙尘和不易起沙尘 5 个等级将植被覆盖度、湿润指数、大风日数、坡度和土壤表层砂粒含量进行级别划分,并分级进行赋值。赋值越大表明土地沙化的敏感性越高,越容易起沙尘;赋值越小表明土地沙化的敏感性越低,越不易起沙尘(表 6.1)。其中,极易起沙尘和高度易起沙尘属土地沙化高敏感等级,中等易起沙尘属中敏感等级,轻度易起沙尘和不易起沙尘属低敏感等级。

表 6.1 土地沙化敏感性评价因子分级标准及赋值

指标	植被覆盖度	湿润指数	大风日数(d)	坡度(°)	土壤表层砂粒含量(%)	分级赋值
极易起沙尘	0~0.15	≤0.4	>60	0~1	>0.6	9
高度易起沙尘	0.15~0.3	0.4~0.55	40~60	1~2	0.5~0.6	7
中等易起沙尘	0.3~0.45	0.55~0.65	20~40	2~4	0.4~0.5	5
轻度易起沙尘	0.45~0.6	0.65~0.75	10~20	4~6	0.3~0.4	3
不易起沙尘	0.6~1	>0.75	≤10	≥6	≤0.3	1

基于分级赋值后的植被覆盖度、湿润指数、大风日数、土壤砂粒含量和坡度,采用加权求和的方法,构建易起沙尘指数监测评估模型,用以定量化综合评估地表起沙尘的难易程度,各项因子的权重系数依次为:植被覆盖度(0.51)、大风日数(0.25)、湿润指数(0.15)、土壤表层砂粒含量(0.06)和坡度(0.03),上述模型及权重系数的确定方法详见相关参考文献(徐玲玲 等,2020)。地表易起沙尘指数的取值范围为1.0~9.0,值越大表明地表越容易起沙尘,植被防风固沙功能越弱;值越小表明地表越不易起沙尘,植被防风固沙功能越强;并定义易起沙尘等级的划分标准:>7.5,极易起沙尘;6.0~7.5,高度易起沙尘;4.5~6.0,中等易起沙尘;3.0~4.5,轻度易起沙尘;≤3.0,不易起沙尘,据此开展北方地区植被防风固沙功能的定量化气象监测评估。

◆ **6.2.3 气象监测评估系统**

北方地区植被防风固沙生态功能气象监测评估系统界面见图6.5,可以开展不同时间尺度、不同空间单元的植被防风固沙生态功能气象监测评估。

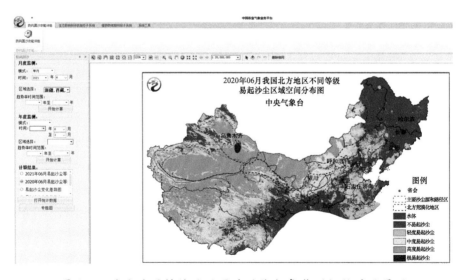

图 6.5 北方地区植被防风固沙功能气象监测评估系统界面

◆ **6.2.4 气象监测评估案例**

(1)北方地区植被防风固沙功能随时间变化趋势

如图6.6a所示,2000—2019年北方地区高度和极易起沙尘的土地面积比例从48.1%降至41.9%,平均每年下降0.4个百分点,整体呈缓慢下降趋势;轻度和不易起沙尘的面积比例从2000年的30.3%上升至2019年的39.6%,表明我国北方地区高度和极易起沙尘的土地正逐渐向中等、轻度和不易起沙尘过渡,植被防风固沙生态功能显著提升。其中,2019年北方地区水热条件匹配总体不及2018年优越,2019年高度和极易起沙尘的土地面积比例较2018年增加了1.4个百分点。

2000—2019年北方地区易起沙尘指数整体呈下降趋势(图6.6b)。其中,陕西北部和内蒙古西南部的毛乌素沙地、京津风沙源等区域近20 a地表易起沙尘指数平均每年下降0.05～0.10,生态环境向好发展;新疆北部、青海西北部的柴达木盆地东南缘、内蒙古锡林郭勒盟中部的浑善达克沙地等区域土地沙化状况也呈改善趋势,表明我国北方地区土地荒漠化初步得到遏制,生态环境整体向好,部分区域开始实现逆转。

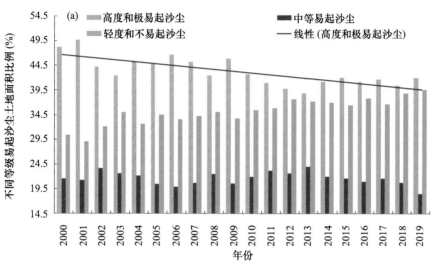

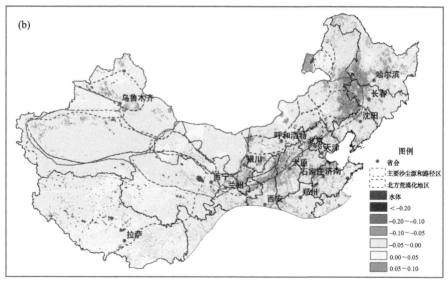

图6.6　2000—2019年北方地区不同等级易起沙尘土地面积比例变化(a)
和易起沙尘指数变化趋势率(b)

(2)北方地区典型年份植被防风固沙功能空间分布差异

以2000年和2018年为例,分析北方地区植被防风固沙功能的空间分布特征及对比差异

（图6.7）。与2000年相比,2018年新疆、西藏、青海、甘肃、内蒙古、宁夏6省(区)属土地沙化高敏感等级的面积占本省(区)土地总面积的比例分别下降了4.7、3.8、6.3、7.3、13.5和53.4个百分点,其中内蒙古和宁夏土地易起沙尘的程度明显减弱。2000年内蒙古东南部的科尔沁沙地、锡林郭勒盟中部的浑善达克沙地、内蒙古西部的毛乌素沙地、宁夏及其周边区域多为高度易起沙尘和极易起沙尘等级,至2018年处于土地沙化高敏感等级的土地面积明显减小,逐渐向中等易起沙尘和轻度易起沙尘过渡。青海柴达木盆地东南缘、甘肃河西及陇中地区高度易起沙尘等级的土地面积也呈缩减趋势,中等和轻度易起沙尘等级的土地面积比例上升。陕西省北部的黄土高原、河北省北部张北、坝上等区域也由2000年的轻度易起沙尘等级逐渐转化为2018年的不易起沙尘等级。

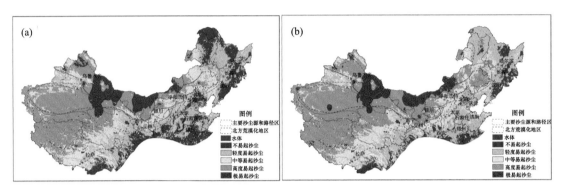

图6.7　2018年(a)和2000年(b)北方地区植被防风固沙功能气象监测评估结果对比

6.3　涵养水源功能气象监测评估——以海河流域为例

水源涵养是陆地生态系统重要生态服务功能之一,受到气象条件、植被覆盖类型以及地形地貌特征等诸多因素的影响,在空间上存在很大异质性,是区域生态系统状况的重要指示器(龚诗涵 等,2017;崔景轩 等,2019)。在影响水源涵养的众多因素中,气象条件是生态系统水源涵养变化的重要驱动因子。因此,从气象角度,客观、定量评估气象条件对水源涵养功能的影响,可为区域水资源的合理配置及其生态服务功能综合评价提供科学依据。

◆ 6.3.1　数据

涵养水源生态功能评估所需数据主要包括流域的降水量、蒸散量和地表径流量等数据。

◆ 6.3.2　气象监测评估方法

(1)水源涵养量(amount of water conservation,AWC)计算

水源涵养功能评估基于水量平衡方程进行计算。水量平衡法将生态系统视为一个"黑箱",忽略中间过程,把大气降水视为水量的输入,蒸散量及径流量视为水量的输出,根据水量平衡原理,水量的输入和输出之差即水源涵养量(肖寒 等,2000;崔景轩 等,2019),作为流域水源涵养功能评估指标,表征水源涵养功能的高低。其主要计算公式如下:

$$AWC = P - SR - AET \tag{6.5}$$

式中,AWC 为水源涵养量(mm);P 为降水量(mm);SR 为地表径流量(mm);AET 为蒸散量(mm)。

(2)水源涵养气象影响指数(meteorological impact index of ecosystem water conservation,MWC)

基于生态系统水源涵养量估算模型,参考《生态系统水源涵养功能气象影响指数》(QX/T 649—2022),通过评估时段气象条件下的水源涵养量与常年气候状态下水源涵养量的比值,构建气象影响指数,表征气象条件变化对水源涵养量的综合影响的无量纲指标。采用公式(6.6)计算:

$$MWC=\frac{AWC}{AWC_{cs}}\qquad(6.6)$$

式中,AWC 为评估时段气象条件下的水源涵养量(mm);AWC_{cs} 为评估时段常年气候平均状态下的水源涵养量(mm)。

◆ 6.3.3　气象监测评估系统

以海河流域为例,建立了水源涵养功能监测评估系统(图 6.8),可以针对不同时间段的海河流域涵养水量进行计算,生成空间分布图。同时,也可与上一年进行对比,并统计不同区域、植被类型的水源涵养量,开展对比分析。

图 6.8　海河流域水源涵养功能模块

◆ 6.3.4　气象监测评估案例

海河流域东临渤海,西倚太行,南接黄河,北接蒙古高原,地势总体呈西北高、东南低的趋势,且人口稠密、大中城市聚集,在全国经济社会发展格局中占有十分重要的战略地位(江波等,2011)。海河流域是我国七大流域中水资源最紧缺的区域,水资源供需矛盾十分突出,而且海河流域是对气候变化十分敏感、加之人类活动又非常活跃的地区(刘春蓁 等,2004;郑华等,2016),因而海河流域水资源变化更为敏感,流域水源涵养功能变化及其气象影响也成为区域生态保护和建设的关注热点。

（1）海河流域水源涵养功能空间分布特征

图6.9显示了2015—2019年海河流域水源涵养时空变化特征。从空间分布特征上看，海河流域水源涵养呈现出明显的空间异质性，其中水源涵养能力较强的区域主要分布在其西部和北部的山区以及渤海湾湿地地区，单位面积水源涵养量超过80 mm；而水源涵养能力较低的区域分布面积广泛，主要分布在海河流域下游的平原地区，单位面积水源涵养量在60 mm以下。

2015—2019年，海河流域水源涵养能力的空间分布格局没有呈现出大的变化，表现为上游西部和北部山区的水源涵养能力强于下游平原的水源涵养能力，其中北部燕山和西部太行山脉的森林灌丛等生态系统发挥着重要的涵养功能，是流域主要涵养水源功能区。不同年份间水源涵养差异如图6.9所示。

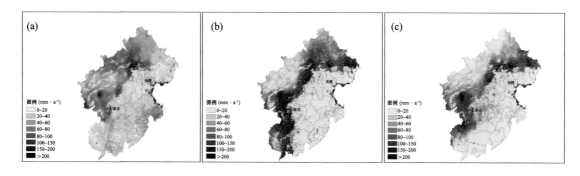

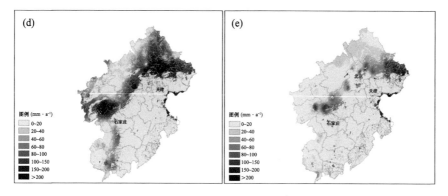

图6.9　2015—2019年海河流域涵养水源评估结果

(a)2015年；(b)2016年；(c)2017年；(d)2018年；(e)2019年

与2015年相比，2016年海河流域局部区域的水源涵养能力有所增加，单位面积水源涵养能力在80 mm以上区域面积有所增加。水源涵养能力提升的区域集中分布在北部的滦河以及潮白河流域上游山区，永定河中部和子牙河山区中部以及漳卫河山区等地区。中下游平原部分地区水源涵养能力呈减弱趋势，单位面积水源涵养能力下降到20 mm以下。与2016年相比，2017年海河流域水源涵养空间分布上没有出现大的变化，总体上维持了2016年的水源涵养空间分布格局。但局部地区的单位面积水源涵养能力却发生了变化。其中滦河和潮白河流域上游山区东部的水源涵养呈现出微弱下降趋势，而下游平原地区西部单位面积水源涵养能力呈现出增加趋势。与2017年相比，2018年海河流域水源涵养空间分布上没有出现大的变化,维持了 2017 年的水源涵养空间分布格局。但是水源涵养部分的高值区和低值区却发生了收缩或扩张。其中滦河流域上游山区西北部分地区单位面积水源涵养能力呈现出增加趋势,漳卫河流域上游山区部分区域水源涵养能力呈现出下降趋势。与 2018 年相比,2019 年海河流域水源涵养空间分布上发生了很大的变化,整体上单位面积水源涵养高值区面积大范围收缩。其中滦河流域上游山区、潮白河流域上游山区、永定河流域上游山区、子牙河流域上游山区和漳卫河流域上游山区单位面积水源涵养能力都呈现出明显的下降趋势。

(2)海河流域水源涵养功能气象影响对比分析

生态系统水源涵养功能是植被、降水等共同作用的结果。在影响水源涵养的众多因素中,气象条件是生态系统水源涵养变化的重要驱动因子,其中降水、气温等气象因子是影响生态系统水源涵养量的变化重要波动因子。水源涵养量与气象因子的相关分析显示,气温、降水等气象指标与水源涵养量间具有显著的相关性,其中降水量与水源涵养量的相关系数明显高于其他因子,是影响生态系统水源涵养功能变化的重要驱动因素。

以 2019 年和 2018 年为例,结合气象条件的对比分析来看(图 6.10),海河流域水源涵养量空间分布特征,与降水量空间分布特征具有较好的一致性。2019 年海河流域大部降水偏少,部分地区较 2018 年偏少 2~5 成,加之气温偏高,出现不同程度旱情,流域气象条件明显不如常年和 2018 年,导致 2019 年海河流域水源涵养量总体出现下降,较 2018 年减少 45.7%,尤其北部和西部主要水源涵养功能区的水源涵养量减小了 5 成以上。2019 年不利的气象条件也造成北部和西部水源涵养气象影响指数出现明显下降,从 2018 年 1.5~3.5 下降到 0.5~1.5,尤其南部地区降水较常年和 2018 年减少 2 成以上,大部区域气温高于常年,高温范围也明显大于 2018 年同期,导致 2019 年综合气象条件较 2018 年同期偏差,水源涵养气象影响指数下降到 0.3 以下(图 6.11)。因此,从气象影响指数的对比分析来看,流域生态系统水源涵养功能变化受到降水、气温等气象条件的综合影响,特别是降水影响较为明显,降水量接近常年或偏多的区域,气象影响指数基本在 0.5 以上。

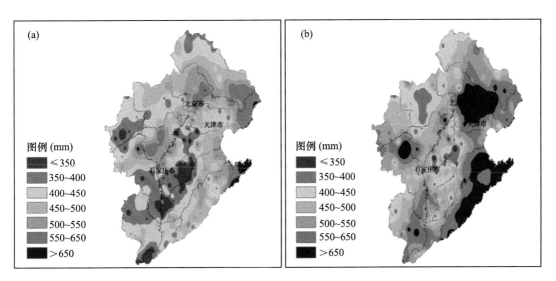

图 6.10　海河流域 2019 年(a)和 2018 年(b)降水量对比分析

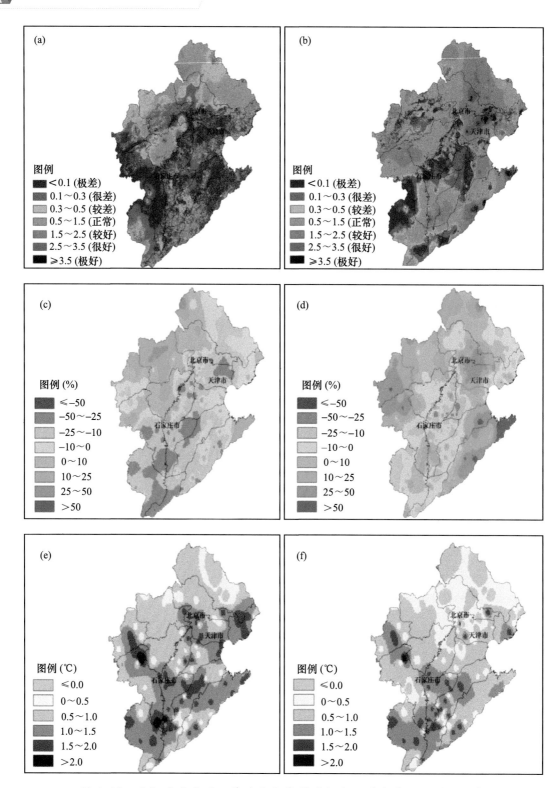

图 6.11　海河流域水源涵养功能气象影响指数及其气象因子对比分析

(a)2019 年水涵养功能气象影响指数;(b)2018 年水涵养功能气象影响指数;(c)2019 年降水量距平;
(d)2018 年降水量距平;(e)2019 年气温距平;(f)2018 年气温距平

6.4　土壤保持功能气象监测评估——以海河流域为例

土壤保持是森林、草地等生态系统通过其结构与过程,减少由于水蚀所导致的土壤侵蚀的作用,从而实现土壤资源的保护和土壤侵蚀的控制,是生态系统提供的重要调节服务之一,在维持区域生态安全与可持续发展中发挥重要作用(饶恩明 等,2013)。土壤保持服务功能无法直接测定,通常以减少的土壤保持量,即潜在土壤侵蚀量与实际土壤侵蚀量的差值(饶恩明,2015),作为生态系统土壤保持功能的评价指标,主要与气象条件、土壤、地形以及植被等因素有关,其中降雨是引起土壤侵蚀的重要驱动因子。因此需要加强降水对土壤侵蚀精细化影响分析,为维护和提升流域土壤保持服务功能提供基础数据和决策依据。

◆ 6.4.1　数据

土壤保持服务是以通用水土流失方程模型(USLE)为基础,模拟潜在土壤侵蚀量和实际土壤侵蚀,并以两者之差来表征土壤保持服务功能。土壤保持服务功能模型指标包括:土壤可蚀性因子(K)、降雨侵蚀力因子(R)、坡度坡长因子(LS)、植被覆盖和管理因子(C)。模型参数计算所需数据参数包括气象、高程、土地利用、土壤、植被覆盖度等参数。

◆ 6.4.2　监测评估方法

土壤保持功能可以用土壤保持量表示。采用广泛应用的通用土壤流失方程分别计算潜在土壤侵蚀量和实际土壤侵蚀量。潜在土壤侵蚀量是指假设无植被覆盖和水土保持措施时土壤的侵蚀量。因此在考虑地表覆盖因子的情况下的实际土壤侵蚀量,与潜在土壤侵蚀量的差,即为土壤保持量(饶恩明 等,2013;张雪峰 等,2015)。计算公式如下:

$$SR = R \times K \times LS \times (1-C) \times P \tag{6.7}$$

式中,SR 为土壤保持量(t · hm^{-2} · a^{-1});R 为降雨侵蚀力因子(MJ · mm · hm^{-2} · h^{-1} · a^{-1});K 为土壤可蚀性因子(t · hm^2 · h · hm^{-2} · MJ^{-1} · mm^{-1});LS 为坡长坡度因子(无量纲);C 为植被覆盖因子(无量纲);P 为土壤保持措施因子(无量纲)。

(1)降雨侵蚀力因子(R)

降雨侵蚀力因子反映的是由降雨引起土壤潜在侵蚀能力的大小,是导致土壤侵蚀的首要因子。通常降雨侵蚀力难以直接测定,大多用降雨参数,如雨强、雨量等来估算降雨侵蚀力。

(2)土壤可蚀性因子(K)

土壤可蚀性是评价土壤对侵蚀敏感程度的重要指标,也是进行土壤侵蚀预报的重要参数。可利用土壤颗粒组成和土壤有机碳资料来计算。

(3)坡长坡度因子(LS)

坡长坡度因子也称地形因子,可以反映坡长、坡度等地形地貌特征对土壤侵蚀的作用。可通过数字高程模型来估算。

(4)植被覆盖(C)

植被覆盖和管理因子是指有植被覆盖或田间管理状态的土壤侵蚀量与同等条件下裸地土壤侵蚀量的比值,介于 0～1,反映了生态系统对土壤侵蚀的影响,是控制土壤侵蚀的积极因素。C 值越大,说明植被覆盖越差,保土措施作用越弱;C 值越小,说明植被覆盖越好,保土措施作用越强。可通过文献资料查阅,以及通过植被覆盖度与 C 值之间良好的相关性来进行估

算 C。

（5）土壤保持措施因子（P）

土壤保持措施因子是指采取了土壤保持措施下的土壤侵蚀量与未采取保持措施下的土壤侵蚀量的比值，反映的是水土保持措施对于土壤侵蚀的抑制作用。通常的侵蚀控制措施有等高耕作、修梯田等。

上述有关参数的获取及算法详见相关文献（饶恩明 等，2013；张雪峰 等，2015；蔡崇法 等，2000）。

◆ 6.4.3　监测评估系统

保持土壤生态功能评估在 CAgMSS 系统中的应用展示如图 6.12，显示了 2019 年海河流域土壤保持功能评估、与 2018 年增减百分率以及不同土地类型的土壤保持对比等。

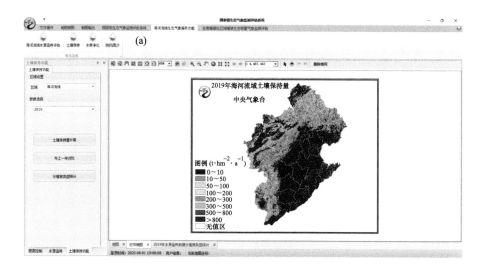

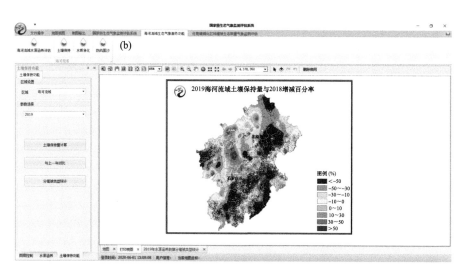

图 6.12　海河流域土壤保持功能模块

（a）年土壤保持量评估；（b）不同年份土壤保持量对比

◆ 6.4.4 气象监测评估案例

(1)海河流域 2015—2019 年土壤保持量分布特征

从 2015—2019 年海河流域土壤保持评估结果空间分布图 6.13 中可以看出,2015 年,海河流域土壤保持功能呈现出明显的西高东低、北高南低的分布格局。总体上土壤保持功能大于 100 t·hm^{-2}·a^{-1}的区域主要集中分布在海河流域上游山区,而土壤保持功能小于 10 t·hm^{-2}·a^{-1}的区域主要集中分布在海河流域下游的平原地区和上游的沟谷地区。

2015—2019 年,海河流域土壤保持功能的空间分布格局没有呈现出大的变化,总体上上游西部和北部山区的土壤保持能力强于下游平原的土壤保持能力。不同年份间土壤保持差异如下所示:与 2015 年相比,2016 年海河流域土壤保持功能整体上略有上升,单位面积土壤保持功能大于 500 t·hm^{-2}·a^{-1}的区域在上游地区明显增加,而在下游平原地区,土壤保持功能在 10~100 t·hm^{-2}·a^{-1}的区域也是明显增加,这些区域集中在北京和天津等地。与 2016 年相比,2017 年海河流域土壤保持功能的空间分布格局基本保持不变,部分地区的土壤保持功能有所减弱。其中上游地区单位面积土壤保持功能为 500 t·hm^{-2}·a^{-1},面积有所减少。而下游地区土壤保持功能 10~100 t·hm^{-2}·a^{-1}的区域的面积也是有所减少,面积减少的区域集中分布在大清河流域下游平原地区。与 2017 年相比,2018 年海河流域土壤保持功能的空间分布格局基本保持不变,部分地区的土壤保持功能有所增强。其中土壤保持功能变化较大的区域主要集中在滦河流域下游平原,东运港龙黑河和徒骇马颊河下游平原的地区。与 2018 年相比,2019 年海河流域土壤保持功能的空间分布格局基本保持不变,部分地区的土壤保持功能有所减弱。其中上游山区的土壤保持功能高值区在 500 t·hm^{-2}·a^{-1} 面积有所减少,且空间分布不均。而下游地区土壤保持功能 50 t·hm^{-2}·a^{-1}的区域的面积也是有所减少,面积减少的区域集中分布在东运港龙黑河和徒骇马颊河下游平原的地区。

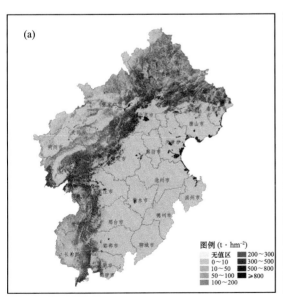

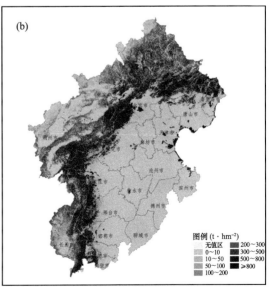

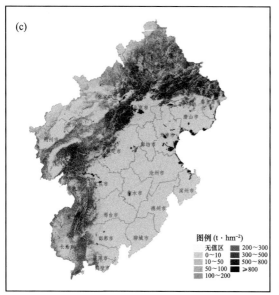

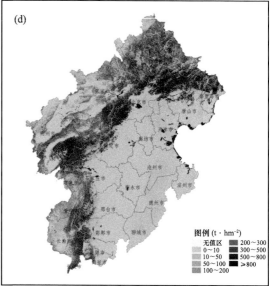

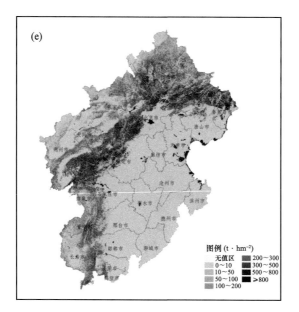

图 6.13 2015—2019 年海河流域土壤保持评估结果

(a)2015 年;(b)2016 年;(c)2017 年;(d)2018 年;(e)2019 年

（2）海河流域降水侵蚀影响

从降水侵蚀空间变化来看（图 6.14），海河流域西北部和南部部分地区降水量相对偏少，土壤受到降水侵蚀力相对偏小，而降水侵蚀高值区主要位于海河流域的东部地区。从 2018 年和 2019 年对比分析来看，2019 年大部地区受到的降水侵蚀力明显低于 2018 年，主要由于 2019 年海河流域大部地区降水较常年偏少，尤其夏季明显偏少，北部和西南部地区降水较 2018 年同期偏少 3 成以上（图 6.15）。2019 年海河流域降水偏少，总体气象条件不利于植被生长，2019 年覆盖度大于 50％区域明显减少，也不利于流域水土保持能力的提升（图 6.16）。

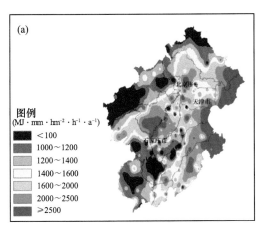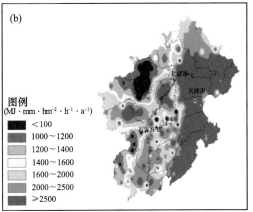

图 6.14 海河流域降水侵蚀力空间分布特征

(a)2019 年;(b)2018 年

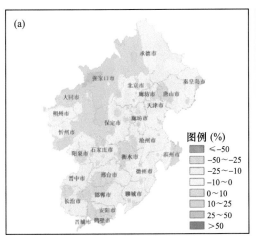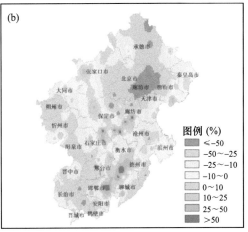

图 6.15 2019 年海河流域降水量距平(a)及夏季降水量与 2018 年(b)对比

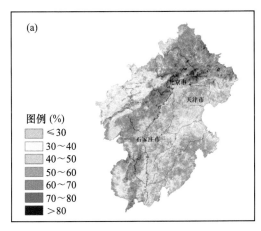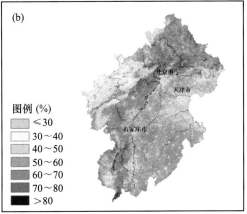

图 6.16 海河流域植被覆盖度分布特征

(a)2019 年;(b)2018 年

6.5 高寒生态系统服务价值气象评估
——以黄河源区玛多县为例

开展定量化的高寒生态系统服务价值评估,评价土地利用/覆被变化对生态环境的影响,不仅可以掌握生态系统功能状况,为人类提供的福祉,为区域可持续发展的政策制定提供科学依据,更是考核生态文明建设成效的重要措施。因此,基于遥感监测手段,借助土地利用/覆被变化数据,评价典型高寒生态功能区、重点流域的生态家底是政府职能部分"绿色 GDP"考核的重要命题。目前,在土地利用/覆被的生态系统服务价值评估中,基于货币量的生态系统服务价值(ESV)评估是生态系统价值评估业务中常用的评价指标和维度。

◆ 6.5.1 数据

基于卫星遥感手段,利用土地利用/覆被(LUCC)数据,摸底调查高寒生态系统资源"生态家底",构建生态系统服务评价(ESV)模型,核算生态系统生产总值(GEP)。通过对高寒生态系统资源资产数量、质量和价值的比较,揭示高寒生态系统生态价值时空演化趋势(表6.2);基于土地利用数据,结合生态价值评估中的市场价值法等方法建立高寒生态系统自然资产估算模型,估算高寒生态系统生产总值,为青海省"蓝天、绿地、青山、秀水"等生态资源打上"价格标签"。

◆ 6.5.2 气象监测评估方法

目前,ESV 评估方法以直接市场价值法最成熟。基于货币量的价值量评价法,以谢高地等(2015)制定的生态系统服务价值当量表为基础,参考陈春阳等(2012)的研究成果,结合玛多县实际情况构建玛多县单位面积生态系统服务价值当量(表6.2)。具体来说,林地、水域分别选用灌木、水系的生态系统服务价值当量作为基准当量值;未利用土地以湿地、裸地价值当量的平均值作为基准当量;建设用地则不考虑生态系统服务价值;高覆盖度草地则对应草原、草甸、灌草丛的平均值作为基准当量,中覆盖度草地、低覆盖度草地以高覆盖度草地作为标准当量,按比例权重适当逐渐缩小,且进一步修正低覆盖度草地的基准当量。生态系统服务价值计算引用 Costanza 等(1997)的生态系统服务价值系数法,公式表达为:

$$ESV = \sum (A_k VC_k) \tag{6.8}$$

式中:ESV 为生态系统服务总价值(单位:10^6 元);A_k 为第 k 种土地利用类型面积(km^2);VC_k 为第 k 种土地利用类型的生态价值系数。

单位当量的经济价值量等于当年全国平均粮食价格的1/7,选取当年单位当量的经济价值作为基准数据来衡量不同土地利用类型的生态系统服务价值。

表6.2 高寒湿地生态系统单位面积生态服务价值当量

生态服务功能		林地	高覆盖度草地	中覆盖度草地	低覆盖度草地	水域	建设用地	未利用土地
供给服务	食物生产	0.19	0.23	—	—	0.80	—	0.26
	原料生产	0.43	0.34	0.29	0.20	0.23	—	0.25
	水资源供给	0.22	0.19	0.16	—	8.29	—	1.30

生态服务功能		林地	高覆盖度草地	中覆盖度草地	低覆盖度草地	水域	建设用地	未利用土地
调节服务	调节气体	1.41	1.21	1.03	0.73	0.77	—	0.96
	调节气候	4.23	3.19	2.71	1.91	2.29	—	1.80
	净化环境	1.28	1.05	0.89	0.63	5.55	—	1.90
	水文调节	3.35	2.34	1.99	1.40	102.24	—	12.13
	保持水土	1.72	1.47	1.25	—	0.93	—	1.17
支持服务	养分循环	0.13	0.11	—	—	0.07	—	0.09
	生物多样性	1.57	1.34	1.14	0.80	2.55	—	3.95
文化服务	美学景观	0.69	0.59	0.50	0.35	1.89	—	2.37

◆6.5.3 气象监测评估案例

玛多县土地利用数据为 landsat-5/TM、landsat-8/OLI 遥感影像数据。由表 6.3 可知，2005—2010 年玛多县生态系统服务价值(ESV)呈增长趋势,ESV 从 2005 年的 911.24 亿元增长到 2010 年 940.97 亿元,增长了 3.26%。2010—2015 年玛多县 ESV 略有减少,减少了 2.10 亿元;11 种生态服务功能的 ESV 也表现为前期(2005—2010 年)呈增长趋势,后期(2010—2015 年)维持不变或略有回落。11 种单项生态服务功能价值中,水文调节价值贡献率最大,其次是调节气候、生物多样性、净化环境、水资源供给,上述 5 种单项生态服务功能价值构成了玛多县 ESV 主体。此外,食物生产、养分循环的价值贡献率较小。其中,2005 年、2010 年、2015 年水文调节的 ESV 分别为 503.37 亿元、505.65 亿元和 504.13 亿元,产出的 ESV 贡献率在 53.70%～55.24%之间。气候调节的 ESV 由 2005 年的 104.14 亿元增加到了 2015 年的 110.78 亿元。养分循环的 ESV 贡献率在 0.22%～0.25%之间。10 a 间(2005—2015 年)玛多县 ESV 演变由前期(2005—2010 年)显著增加到后期(2010—2015 年)趋于缓和,说明其土地利用内部结构和景观格局趋向优化,提供的生态服务功能趋于稳定。

表 6.3 2005—2015 年玛多县生态系统服务价值变化

生态服务功能		2005 年		2010 年		2015 年	
		ESV(亿元)	比例(%)	ESV(亿元)	比例(%)	ESV(亿元)	比例(%)
供给服务	食物生产	6.87	0.75	7.73	0.82	7.73	0.82
	原料生产	11.35	1.25	12.10	1.29	12.09	1.29
	水资源供给	41.07	4.51	42.00	4.46	41.87	4.46
调节服务	调节气体	40.88	4.49	43.44	4.62	43.41	4.62
	调节气候	104.14	11.43	110.86	11.78	110.78	11.80
	净化环境	59.38	6.52	61.51	6.54	61.40	6.54
	水文调节	503.37	55.24	505.65	53.74	504.13	53.70
	保持水土	36.93	4.05	45.68	4.85	45.63	4.86
支持服务	养分循环	1.96	0.21	2.38	0.25	2.38	0.25
	生物多样性	68.59	7.53	71.58	7.61	71.48	7.62
文化服务	美学景观	36.70	4.02	38.04	4.04	37.97	4.04
总计		911.24	100.00	940.97	100.00	938.87	100.00

2005—2015 年玛多县水域面积比例在 8.21%～8.31%,但 ESV 贡献最大。2005 年、2010 年、2015 年 ESV 分别为 452.19 亿元、448.21×10⁸ 元和 446.59 亿元,占生态系统服务价值比例分别是 49.62%、47.62% 和 47.57%;未利用土地和高覆盖度草地也是 ESV 的主要构成部分,ESV 贡献量分别为 16.85%～17.26% 和 13.78%～18.50%。其中 2005 年未利用土地对 ESV 贡献量排序第 2,2010 年、2015 年 ESV 贡献量排序第 3,高覆盖度草地的 ESV 贡献量则从 2005 年的排序第 3 上升到 2010 年和 2015 年的排序第 2;2005—2015 年玛多县中覆盖度草地 ESV 贡献量的排序一直保持在第 4,ESV 则呈现增长趋势,2005 年为 87.23 亿元,2015 年增长到 111.92 亿元,增加了 24.69 亿元;低覆盖度草地 ESV 呈现减少趋势,从 2005 年的 86.38 亿元减少到 2015 年的 48.12 亿元,减少了 44.29%(表 6.4)。

表 6.4 2005—2015 年玛多县不同土地利用类型生态系统服务价值及变化

土地利用类型	2005 年			2010 年			2015 年		
	ESV(亿元)	比例(%)	排序	ESV(亿元)	比例(%)	排序	ESV(亿元)	比例(%)	排序
林地	2.61	0.29	6	0.44	0.05	6	0.35	0.04	6
高覆盖度草地	125.59	13.78	3	172.98	18.38	2	173.69	18.50	2
中覆盖度草地	87.23	9.57	4	112.69	11.98	4	111.92	11.92	4
低覆盖度草地	86.38	9.48	5	48.04	5.11	5	48.12	5.12	5
水域	452.19	49.62	1	448.21	47.62	1	446.59	47.57	1
建设用地	0	0	7	0	0	7	0	0	7
未利用土地	157.24	17.26	2	158.61	16.86	3	158.21	16.85	3
总计	911.24	100.00	—	940.97	100.00	—	938.87	100.00	—

基于 3 km×3 km 网格单元定量核算 2015 年玛多县生态系统服务价值(ESV)空间信息(图 6.17),将每个网格单元 ESV 分为Ⅰ、Ⅱ、Ⅲ、Ⅳ、Ⅴ五个区间,即(0,500]万元、(500,1000]万元、(1000,5000]万元、(5000 万,1 亿]元、(1,2]亿元。结果显示:林地网格 ESV 平均值为 110 万元,最大值为 810 万元,集中分布在玛多县东南部边缘地带。高覆盖度草地 ESV 主要落在Ⅰ、Ⅱ和Ⅲ区间,网格中高覆盖度草地 ESV 平均值为 680 万元,最大值为 1920 万元,高覆盖度草地 ESV 呈北多南少分布格局。中覆盖度草地 ESV 落在Ⅰ区间的网格占总网格数的 53.7%。低覆盖度草地 ESV 落在Ⅰ和Ⅱ区间的网格分别是总网格数的 68.0% 和 8.3%,低覆盖度草地网格 ESV 平均值为 220 万元,最大值为 960 万元。水域网格 ESV 平均值为 3570 万元,最大值为 1.996 亿元,落在Ⅴ区间的大多数网格集中分布在扎陵湖和鄂陵湖。未利用土地网格 ESV 平均值为 1020 万元,最大值为 4160 万元,未利用土地 ESV 集中分布在黄河乡、玛查理镇大部地区及扎陵湖乡西南部。总体来看,基于网格的玛多县 ESV 落在Ⅲ区间的网格占总网格数的 82.9%,土地利用类型主要为草地和未利用土地。落在Ⅳ和Ⅴ区间的网格占总网格数的 10.3%,主要分布在黄河河道和扎陵湖、鄂陵湖、冬给措纳湖等区域。每个网格的 ESV 平均值为 3200 万元,最大值为 1.996 亿元,ESV 高值区的土地利用类型主要是水域。

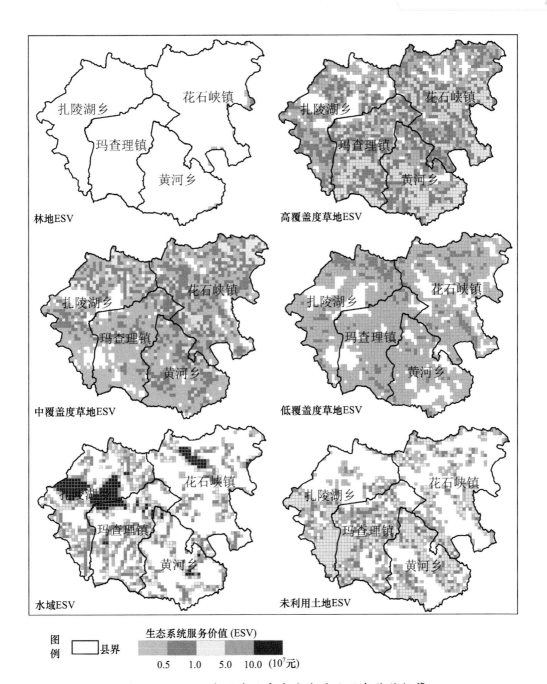

图 6.17　2015 年玛多县高寒生态系统服务价值核算

2015 年玛多县生态系统服务价值（ESV）为 938.87 亿元；其中，水域 ESV 最高，为 446.59 亿元，占玛多县总价值量的 47.6%，其次是草地，为 333.74 亿元，高、中、低覆盖度草地分别占草地总价值量的 52.0%、33.5% 和 14.4%，未利用土地的 ESV 较低，占玛多县总价值量的 16.9%，林地 ESV 最低，仅为 0.35 亿元（图 6.18）。可采取的国土空间规划与用途管制策略包括：水域、未利用土地采用强调生态溢出价值的"集中连片式"保护模式，高/中/低覆盖度草地采取主次分明、划区管理的"组团式"生态治理模式，建设用地在"廊道式"分布格局中采取小范围集约化开发利用模式。

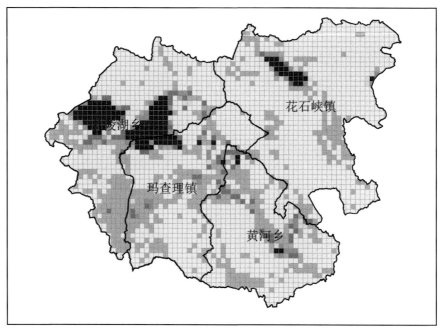

图例 □县界

生态系统服务价值（ESV）

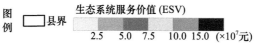
2.5　5.0　7.5　10.0　15.0　(×10⁷元)

图 6.18　2015 年玛多县总生态系统服务价值核算

第 7 章

生态气候承载力评估

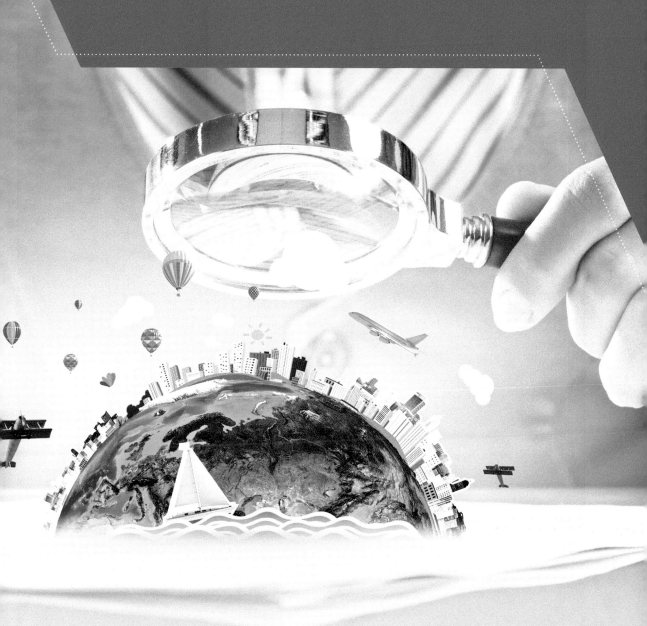

作为一种重要的自然资源,气候条件同耕地、水资源一样,特定范围内的气候所能承载人口、经济、社会等要素的能力是有限的,而不是无节制的(潘家华 等,2014)。但是,目前关于气候承载力的概念、内涵和分析方法的认识尚不完善,研究仍处于起步阶段。已有的研究大多仅是从气候生产潜力的角度分析气候资源所能承载的人口数量(王经民 等,1997;李艳春,2010),在研究的广度和深度上还有待拓展。而从本质上来看,气候承载力是一个特定地区能够承载一定的自然资源、人口和社会经济发展的气候本底条件,其不仅仅包含了直接作用于人类社会的光、温、水等气候资源,还衍生了水资源、土地、环境和生态等资源容量(潘家华 等,2014)。从某种意义上来说,气候承载力是环境、生态、人口承载力等的内在基础之一,因此,科学评估气候承载力需要以社会-生态系统为对象(Albertim,2008),借鉴已有承载力研究的理论和方法论基础,从多角度分析气候资源容量,研究气候资源"短板"和制约条件,提升气候承载力分析的系统性和综合性。此外,气候不仅具有资源属性,极端天气气候条件还会带来灾害性后果。因此,气候风险分析也是气候承载力研究中的重要组成部分。特别是在气候变化和社会经济快速发展的背景下,气象灾害致灾因子、承灾体的暴露度和脆弱性都在发生改变,这就更需要我们关注气候承载力的双重属性,从而为适应气候变化提供科学依据。

这里通过科学解析气候承载力内涵,借鉴国内外相关研究成果,遵循由问题到机理、由静态到动态、由评估到适应的综合研究思路,分析气候承载力的构成要素,建立气候承载力评估指标体系和模型,探讨气候承载力的时空变异,以皖江城市带为例,研究气候变化和城镇化双重作用下气候承载力的响应特征,并在此基础上提出适应对策建议。

7.1 生态气候承载力评估使用的主要数据

气象数据:气象台站逐日气象要素,包括降水量、气温(平均、最高及最低)、日照时数、相对湿度、平均风速等。

地形数据:SRTM (shuttle radar topography mission,航天飞机雷达地形测绘任务)4.2 版本的 90 m 分辨率的数字地面高程。

土地利用数据:美国地质勘探局发布的全球 1 km 分辨率的土地利用类型资料。

社会经济统计数据:来自于各地统计年鉴和城市统计年鉴。

数据处理方案:基础数据图层采用 1 km×1 km 栅格作为统一空间划分方案,气象站点数据以 Kriging 法插值到各个栅格,高程和土地利用等数据采用重采样方法保持分辨率的统一,社会经济数据以县(市、区)名与空间数据进行关联。最后以县级行政单元为基本研究单元对各评价因子进行统计分析和指标计算。

7.2 生态气候承载力评估模型与方法

◆ 7.2.1 概念性模型

气候承载力分析实际上是研究气候条件与人类活动的相互作用关系,考虑到气候的资源和灾害的双重属性,气候承载力应从气候资源供给、气候灾害限制和人类活动三方面进行描述。气候资源供给主要指在一定气候条件下所能承载的资源量;气候灾害限制则体现极端气候对社会经济和城镇化的破坏力,构建相应的评价指标;人类活动类指标主要用来表征社会经济发展和城镇化水平。在解析气候承载力内涵和构成体系的基础上,需要对各构成因子进行系统集成,最终形成气候承载力的综合指标以实现定量评估。考虑到本章研究的气候承载力是用于表征城镇化发展与当地气候条件是否相互协调适宜,其本质上与以"人口-资源-环境-发展"为对象的区域 PRED 系统研究具有相通之处,因此,本章沿用了封志明等(2014)提出的人口分布适宜度评价框架,将其引入气候承载力综合指标的构建,实现气候资源供给、灾害限制和城镇化等各类指标的集成耦合(图 7.1)。

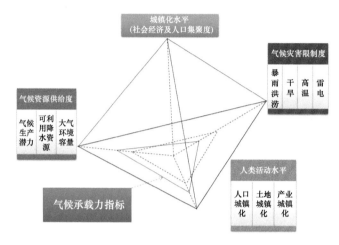

图 7.1 气候承载力的概念性模型和评估框架

◆ **7.2.2 评估指标**

(1)气候资源供给度

气候资源供给度主要指直接作用于人类社会的光、温、水等气候条件,以及在此基础上衍生的水资源、土地、环境和生态等资源容量。在城镇化发展进程中,粮食、水资源和空气质量是关系到居民生活水平、产业发展和人居环境的重要需求,同时也与气候条件密切相关。因此,本章主要从气候对粮食生产、水资源和环境的影响角度来综合评判气候资源供给度,指标计算公式如下:

$$I_R = \sum_{i=1}^{3}(wr_i \times Ir_i) \tag{7.1}$$

式中,I_R 为气候资源供给度,Ir_i 分别代表气候生产潜力、可利用降水资源量和大气环境容量因子指标。气候生产潜力(Ir_1)采用光、温、水逐级订正的方法来进行计算;可利用降水资源(Ir_2)采用年降水量与蒸散发量的差值来表征;大气环境容量(Ir_3)采用箱式模型 A 值法确定。wr_i 为各因子对应的权重值。

(2)气候灾害限制度

气候灾害限制度指气候灾害对城镇化发展的约束水平。在此,主要考虑针对城镇这一特定承灾体易遭受的气象灾害类型,同时结合皖江城市带的区域特点,选择了暴雨、干旱、高温和雷电 4 种灾害类型进行综合评价,指标计算公式如下:

$$I_D = \sum_{i=1}^{4}(wd_i \times Id_i) \tag{7.2}$$

式中,I_D 为气候灾害限制度,Id_i 分别代表暴雨、干旱、高温和雷电灾害限制度因子,wd_i 为各因子的权重。

由于灾害发生不仅与气候条件本身有关,还受地形地貌、植被类型、土地利用等下垫面环境以及社会经济条件等因素的影响。因此,对每个灾种参照自然灾害风险系统理论,从致灾因子、孕灾环境以及承灾体等方面来进行评估,同时考虑到本研究所构建的承载力评估框架中已包含了反映社会经济状况的指标,为避免重复计算这里只从气候灾害的自然因素角度进行综合评判,即致灾因子和孕灾环境。每种灾害涉及的评价因子如表 7.1 所示,评估模型如下:

$$I_{di} = V_{Ei}{}^{we_i} \times V_{Hi}{}^{wh_i} \tag{7.3}$$

式中,I_{di} 代表各灾种的灾害限制度,V_{Ei} 为该灾种的致灾因子,V_{Hi} 为孕灾环境,we_i 和 wh_i 分别为对应的权重,每种灾害的致灾因子和孕灾环境指标的具体计算方法可见文献(张继权 等,2007)。

表 7.1 不同类型气候灾害致灾因子和孕灾环境评价指标

灾种	致灾因子	孕灾环境
暴雨	暴雨强度、持续时间	高程、地形标准差、河网密度、河流缓冲区
干旱	干旱强度、持续时间	高程、河网密度、河流缓冲区
高温	极端最高气温、平均最高气温、持续时间	高程、土地利用类型、河网密度、河流缓冲区
雷电	雷电面密度、雷暴日数、雷电强度	高程、地形标准差、河网密度、河流缓冲区、土壤电导率

(3)人类活动水平

人类活动水平主要针对城镇化进行分析,包含了人口城镇化、空间城镇化、产业城镇化、社会城镇化等几个方面的内涵。其中,人口城镇化是新型城镇化的核心,产业城镇化是其动力,空间城镇化是其载体,社会城镇化是其目的。借鉴已有城镇化的评价体系,通过考虑人口、空间和产业城镇化的耦合协调关系来表征某一地区的新型城镇化水平,采用耦合协调度模型来构建相应的评价指标,计算公式如下:

$$I_U = \sqrt{C \times \sum_{i=1}^{3} (wu_i \times Iu_i)} \tag{7.4}$$

式中,I_U 为城镇化发展协调度;$Iu_i (i=1,2,3)$ 分别代表人口、空间和产业城镇化评价因子,其中人口城镇化指标(Iu_1)为城镇人口与总人口的比值,空间城镇化(Iu_2)为建成区面积与总面积的比值,产业城镇化(Iu_3)为二、三产业增加值与地区生产总值的比值;wu_i 为各因子的权重,参考已有研究分别取 0.4、0.2 和 0.4,该套指标及权重已在长江经济带等地区得到应用;C 为人口、空间和产业城镇化的耦合度指标,计算公式如下:

$$C = 3 \times \left[\frac{\prod_{i=1}^{3} Iu_i}{(\sum_{i=1}^{3} Iu_i)^3} \right]^{\frac{1}{3}} \tag{7.5}$$

(4)气候承载力综合指标

面向新型城镇化的气候承载力指标反映的是不同地区气候条件与城镇化发展之间的协调适宜程度,根据概念性模型和评估框架,采用气候资源供给度(I_R)、气候灾害限制度(I_D)和人类活动水平(I_U)三个指标构成的三角形面积与三者均为 1 时构成的正三角形面积(A)的比值(图 7.1),来表达当地气候条件承载能力。计算公式如下:

$$ICC = A_{RDU}/A \tag{7.6}$$

式中,ICC 为气候承载力综合指标,A_{RDU} 为 I_R、$(1-I_D)$ 和 I_U 为角分线构成的三角形面积,计算公式如下:

$$A_{RDU} = 0.5 \times \sin(2\pi/3) \times [I_R \times (1-I_D) + (1-I_D) \times I_U + I_U \times I_R] \tag{7.7}$$

(5)社会经济及人口集聚度

为进一步探讨气候承载力与当前社会经济集聚水平之间的关系,采用集聚度来衡量某一地区社会经济及人口的相对集疏程度,计算公式如下:

$$CL_j = (P_j/A_j) / (P_n/A_n) \tag{7.8}$$

式中,CL_j 为 j 地区的集聚度,P_j 为 j 地区的人口或经济总量,A_j 为 j 地区的土地面积,P_n 为整个地区的人口或经济总量,A_n 为整个地区的土地面积。采用式(7.8)分别计算人口和社会经济的集聚度,最后以等权相加得到综合集聚度。

◆ 7.2.3 指标权重确定

气候承载力指标中的 I_R 和 I_D 采用熵权法进行客观赋权和综合评判,熵权法主要根据各指标传递给决策者的信息量大小来定量确定其权重。首先根据评价指标的不同性质,采取极差正规化法对原始数据进行标准化、正向化处理。之后根据指标值的变异程度确定信息熵,当变异越大,则信息熵就越小,该指标提供的信息量就越大,因而该指标的权重就越大;反之,指标权重就越小。基于熵权法得到的各因子权重如表 7.2 所示。

表 7.2　气候资源供给度和气候灾害限制度的因子权重

评价指标	因子	权重值
气候资源供给度	气候生产潜力	0.22
	可利用降水资源	0.48
	大气环境容量	0.30
气候灾害限制度	暴雨	0.17
	干旱	0.27
	高温	0.16
	雷电	0.40

7.3　生态气候承载力监测评估系统

气候承载力监测评估系统基于气象数据,实现气候资源供给度、气象灾害风险限制度、人类活动水平等气候承载力因子以及气候承载力的精细化监测评估,涉及气候资源供给度、气象风险限制度、人类活动水平、气候承载力综合评估 4 个模块。

◆ 7.3.1 气候资源供给度评估模块

该模块首先基于气象数据,分别计算得到气候生产潜力、可利用降水资源和大气环境容量指标,然后综合上述三个指标,实现研究区内不同行政级别的气候资源供给度的精细化评估,且计算结果提供图像和 Excel 输出功能(图 7.2)。

图 7.2　气候资源供给度评估模块示例

♦7.3.2　气象灾害风险限制度评估模块

　　该模块针对主要气象灾害,比如暴雨洪涝、干旱、高温及雷电等,基于自然灾害风险系统理论,从致灾因子和孕灾环境两个方面,计算得到主要气象灾害的灾害风险限制度,然后综合 4 种灾害风险限制度,实现研究区内不同行政级别的气象风险限制度的精细化评估,且计算结果提供图像和 Excel 输出功能(图 7.3—图 7.5)。

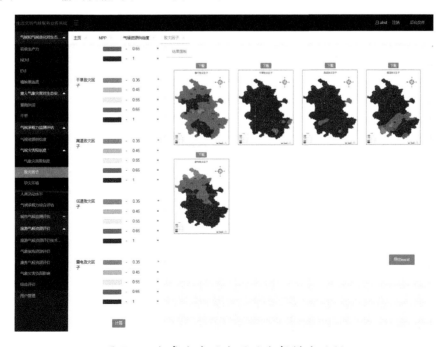

图 7.3　气象灾害致灾因子分析模块示例

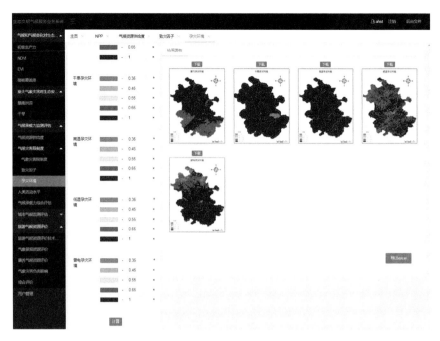

图 7.4　气象灾害孕灾环境分析模块示例

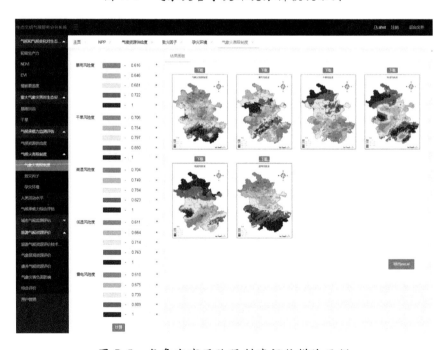

图 7.5　气象灾害风险限制度评估模块示例

◆ 7.3.3　人类活动水平评估模块

该模块首先分别计算得到人口城镇化、空间城镇化、产业城镇化协调度指数,然后综合上述三个指标,实现研究区内不同行政级别的城镇化发展协调度的精细化评估,且计算结果提供图像和 Excel 输出功能(图 7.6)。

图 7.6 人类活动水平评估模块示例

♦ **7.3.4 气候承载力综合评估模块**

该模块综合气候资源供给度、气象灾害限制度、人类活动水平等模块的计算结果设计算法，实现研究区域内不同行政级别的气候承载力综合评估，且计算结果提供图像和 Excel 输出功能（图 7.7）。

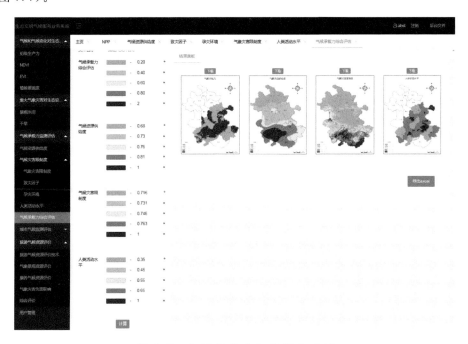

图 7.7 气候承载力评估模块示例

7.4 生态气候承载力评估案例

◆ 7.4.1 研究区概况

研究对象为皖江城市带,主要指 2010 年 1 月 12 日由国务院正式批复的《皖江城市带承接产业转移示范区规划》所提及的安徽省沿长江城市带(图 7.8),共 59 个县(市、区),土地面积 7.6 万 km²,人口 3058 万人,2015 年生产总值为 16237.40 亿元。

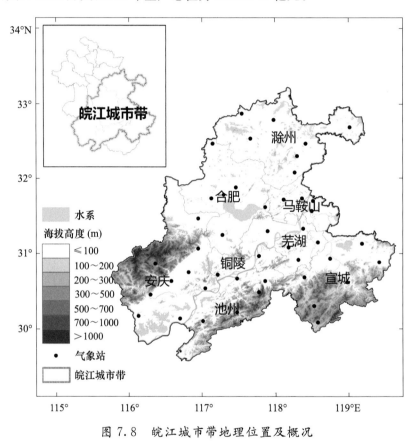

图 7.8 皖江城市带地理位置及概况

◆ 7.4.2 气候资源供给度

图 7.9 给出了皖江城市带 1981—2010 年平均气候生产潜力的标准化结果,可以看出该地区气候生产潜力基本呈北多南少的格局,主要与太阳辐射的空间分布有关,大别山区和皖南山区受地形影响,日照百分率较低,光照资源少,同时气温低于平原,也限制了气候生产潜力;皖江城市带北部和沿江地区光、热、水资源配合较好,有利于气候生产潜力的提升,同时这些地区耕地资源较丰富,也有助于充分发挥气候资源优势,为粮食生产和供给提供优异的基础条件。对于可利用降水资源而言,皖江城市带基本呈由北向南递减的趋势,其中江淮分水岭受水资源的制约较为明显,而两大山区降水资源则较为充沛。大气环境容量主要表征大气对污染物的疏散和清洗功能,可以看出由于狭管效应,两大山区之间的沿江地带风资源较丰富,对大气污

154

染物有较强的疏散作用,同时该地区降水较充沛,具有较好的湿清除能力,因而大气环境容量为皖江城市带最高。采用气候资源供给度指标综合了不同角度的气候资源,可以看出以沿江西部地区气候资源供给最为丰富,该地区拥有丰富的大气环境容量,降水资源充沛,并且气候生产潜力在全区中也较为突出。江南东部气候资源最为匮乏,这主要与这些地区较低的气候生产潜力和大气环境容量有关,而江淮分水岭地区气候资源供给度也较弱,这主要受当地可利用降水资源的制约。

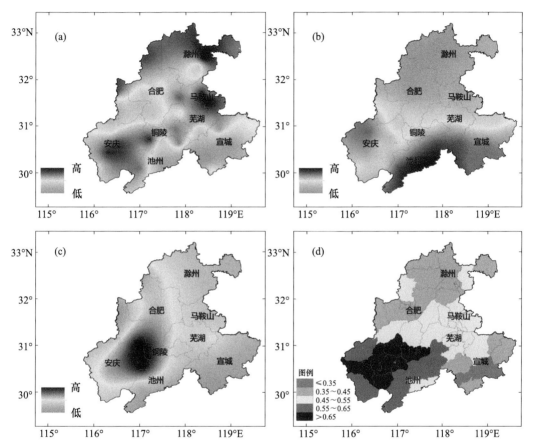

图 7.9　皖江城市带 1981—2010 年平均气候生产潜力(a)、可利用降水资源(b)、
大气环境容量(c)和气候资源供给度(d)的空间格局
(注:气候生产潜力、可利用降水资源和大气环境容量均为标准化后的结果。)

◆ 7.4.3　气象灾害限制度

就暴雨洪涝而言,皖江城市带以沿江地区灾害限制度较高,一方面这些地区暴雨频次较高,另一方面靠近大型水体,水位上涨易引发洪涝灾害(图 7.10a)。前文已述及江淮分水岭地区水资源制约较为明显,而该地区干旱灾害的限制度也是全区最高(图 7.10b)。虽然根据气温垂直递减率,山区气温一般较平原低,但沿江江南部分地区由于高温发生频次高、强度强,高温限制仍然较为突出(图 7.10c)。对于雷电灾害而言,山区的致灾因子和孕灾环境均高于平原,因此两大山区的雷电限制度均较高(图 7.10d)。综合来看皖江城市带的灾害限制度呈南高北低的特征(图 7.10e),沿江西部及江南地区暴雨洪涝、高温和雷电灾害风险均较高,气象灾害限制最为明显,合肥及周边地区相对而言灾害发生频次较低、强度较小,孕灾环境不敏感,因而气象灾害限制度最低(安徽省气象局,2009)。

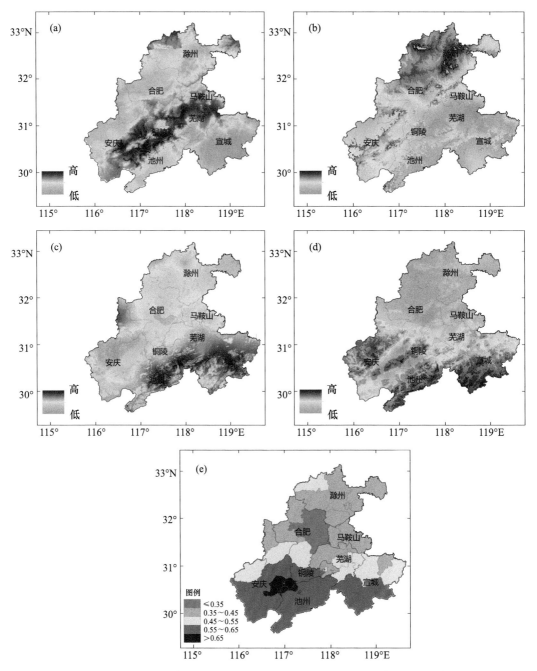

图 7.10 皖江城市带 1981—2010 年暴雨(a)、干旱(b)、高温(c)、雷电(d)
和综合气候灾害(e)限制度的空间格局

◆ 7.4.4 人类活动水平——城镇化发展协调度

人口、空间及产业城镇化的耦合协调一致是优化地区城镇化的必要前提。由图 7.11 可知,皖江城市带基本在中等协调度以上,其中两大山区城镇化协调度较低,产业结构多呈转型升级过程,人口和土地城镇化敏感性较低,"人口-土地-产业"城镇化的协同演进关系仍有待提升,产业结构需进一步转型升级,人口和土地城镇化的配置尚有待进一步优化。沿江和合肥周边地区城镇化协调性相对较高,人口、土地和产业城镇化协同配置关系较为稳定,发展势头较好,其城镇化呈现为较高水平的同步演进状态。需要指出的是,随着城镇化的推进,不同地区的发展协调度也同样会发生变化,在皖江城市带城镇化"两两"配置关系中(图略),以"土地-人口"城镇化协调度最低,这也说明了在大部分地区城镇化过程中存在低成本"圈地"现象。大规模、"翘板式"的人口流动,再加上城镇空间的快速扩张、土地资源投资开发利用低,导致了皖江城市带部分地区的城镇化协调度较低,而从另一角度来看,也反映出未来该地区在就业状况、土地配置利用等方面仍有较大的提升空间,通过改善国土开发格局和产业规划等措施能够有效优化提升皖江城市带城镇化的总体协调度水平。

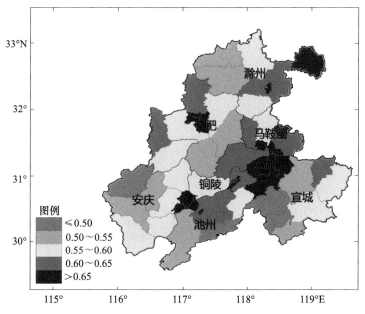

图 7.11 皖江城市带城镇化发展协调度的空间格局

◆7.4.5 气候承载力的分布特征

根据面向城镇化的气候承载力评估模型,从"资源-灾害-发展"三方面因素综合评估了皖江城市带的气候承载力分布特征。由图 7.12 可知,皖江城市带气候承载力空间差异显著,分化明显,其中合肥、芜湖、马鞍山、铜陵等城市市区由于气候灾害限制度低,城镇化发展协调度高,虽然气候资源供给不突出,但三方面因素总体配合较好,这些地区气候承载力总体较高。安庆、池州市区由于气候灾害限制度较高,对气候承载力有一定约束,因此低于上述城市。皖江城市带气候承载力较低的地区主要位于沿江江南、大别山区和江淮分水岭的部分县市,其中沿江江南地区气候资源供给虽然各不相同,但由于城镇化协调度不高、气候灾害限制较明显,气候承载力综合较低,江淮分水岭和大别山区则是由于气候资源供给较弱,加之较低城镇化协调水平,导致气候承载力受到约束。

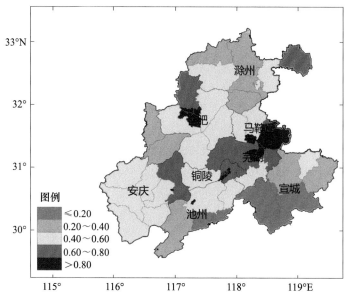

图 7.12　皖江城市带气候承载力的空间格局

♦ **7.4.6　城镇化集聚度与承载力的关系**

为探讨气候承载力与现有城镇化集聚度在空间上匹配程度,进一步分析了皖江城市带社会经济及人口的综合集聚度情况。由图 7.13 可知,随着城镇化进程的推进,人口和生产总值向中心城区集聚,除宣城和池州外,皖江城市带内大部分中心城区的集聚度均在全区平均水平的 1.2 倍以上,部分大中城市超过了 2 倍。而在部分山区县人口密度和经济发展水平相对较低,不足全区平均水平的一半。

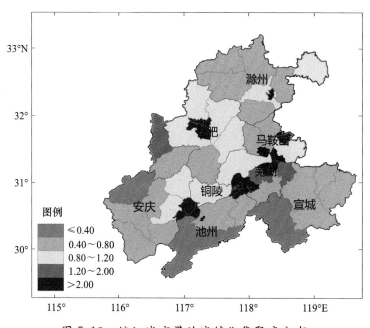

图 7.13　皖江城市带的城镇化集聚度分布

城市发展受多种因素共同决定,而气候承载力是用来表征气候条件所能支撑城市发展的最大负荷量,即气候承载力高的地区,能够承载的城市发展空间也较大。从皖江城市带气候承载力与城镇化集聚度的空间关系来看,当前城市发展格局能够较好地适应气候承载力分布特征,高气候承载力地区往往对应较高的集聚度(图 7.14),在承载力指标>0.8 的地区平均集聚度达到 10 以上,意味着这些地区的人口和产业高度集中,在全区处于较突出的地位,是城镇化主要增长点和人口集聚核心区。虽然当前城镇化集聚度与气候承载力具有较好关联性,但另一方面在城市快速发展过程中,还需要注意到高集聚度地区也将面临承载力剩余容量缩减以及过载的问题,如资源短缺、污染加剧、城市气象灾害频发等。因而在推进城镇化过程中,这些地区应进一步发挥好辐射作用,带动周边地区协同发展,优化国土开发格局和产业规划,形成与承载力相适应的城镇化发展方向。进一步从不同承载力水平下的人口和土地比例可以看出(图 7.14),当前皖江城市带大部分地区和人口还处于中等或偏低的气候承载力水平,特别是对于大部分的一般县市,其城镇化发展与气候资源、灾害限制等条件仍不相适应,气候承载力有待进一步优化提升。

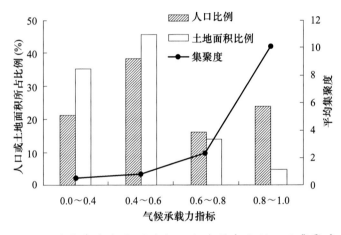

图 7.14　不同承载力水平下的人口土地所占比例以及集聚度分布

◆ 7.4.7　不同气候承载力类型分析

综合城镇化集聚度和气候承载力特点,将皖江城市带分为 4 个气候承载力等级,并根据气候承载力的限制性差别进一步细分为 12 个类型。各类型区的分布(图 7.15)和主要特点如下。

高气候承载力地区(I,指标值 0.8~1.0):以气候资源丰富、灾害限制少、城镇化发展协调度高为特点。其中按集聚度可分为两种类型,即城市集聚型(I1),这些地区以不到全区 3% 的面积,集聚了 666 万人口,占总人口的 20% 以上,城镇化集聚度平均在 10 以上,是皖江城市带发展的核心地带;中小城镇发展型(I2),该地区气候承载力较高,集聚度较低,以中小城镇协同发展为主。

较高气候承载力地区(Ⅱ,指标值 0.6~0.8):这些地区的共同特点是气候承载力总体水平较高,但存在一定的“短板”,根据限制因子不同可进一步分为三种类型,即资源供给限制型(Ⅱ1),特点是灾害限制较低、城镇化发展协调度较高,但资源供给方面存在不足,特别是可利用降水资源和大气环境容量相对较低,对气候承载力造成约束;气候灾害限制型(Ⅱ2),特点是气候资源丰富,城镇化协调发展度较好,但是由于气候灾害限制较明显,影响了气候承载力的提升;城镇化待协调型(Ⅱ3),这些地区的气候自然条件均较好,气候资源充沛,灾害限制较少,但由于城镇化进程中协调发展度不高,对气候承载力形成了限制。

中等气候承载力地区(Ⅲ,指标值0.4~0.6):气候承载力水平尚可,但由于一些限制因素的存在影响了承载力水平的进一步提升,具体可分为三种类型,即资源供给限制型(Ⅲ1),该地区气候灾害限制不高,城镇化协调度尚可,但气候资源供给欠缺,北部各县主要是水资源约束较明显,郎溪县则主要是气候生产潜力不足;气候灾害限制型(Ⅲ2),以气候灾害限制问题较为突出,特别是暴雨洪涝灾害频发,造成了气候承载力总体不高;城镇化待协调型(Ⅲ3),虽然气候资源供给和灾害限制尚可,但较低城镇化协调度水平限制了气候承载力。

低气候承载力地区(Ⅳ,指标值0.0~0.4):共同特点是气候承载力水平总体不高,同时存在一些关键性的限制条件,具体可分为四种类型,即资源供给限制型(Ⅳ1),特点是城镇化发展协调度不高,气候灾害限制一般,气候资源供给存在较明显的缺陷;气候灾害限制型(Ⅳ2),这些地区气候灾害限制相对较高,同时加上不高的气候资源供给和较弱的城镇化协调度,导致了较低的气候承载力水平;城镇化待协调型(Ⅳ3),气候条件一般,城镇化协调度在全区处于较低水平,对气候承载力形成明显约束;气候资源、气候灾害和城镇化协调限制型(Ⅳ4),这些地区气候资源供给较弱、气候资源限制明显、城镇化发展有待协调,因而气候承载力总体较低。

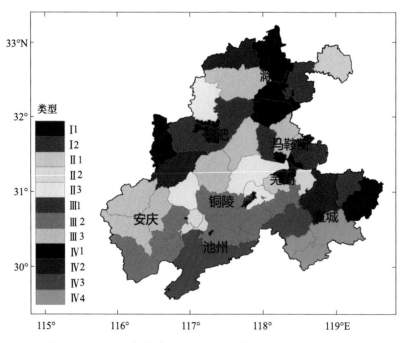

图 7.15 皖江城市带不同气候承载力类型的空间分布

♦ **7.4.8 小结与讨论**

从气候条件与人类活动的相互作用关系出发,同时考虑气候的资源和灾害双重属性,构建了包含气候资源供给、气候灾害限制和人类活动水平三方面要素的气候承载力评估框架,并以皖江城市带为例开展实证分析。主要结论如下:

(1)皖江城市带气候承载力空间差异显著,分化明显,其中合肥、芜湖、马鞍山、铜陵等城市三方面因素总体配合较好,气候承载力处于较高水平。而受气候条件或城镇化发展的制约,沿江江南、大别山区和江淮分水岭的部分县市的气候承载力还有待进一步提升。

(2)皖江城市带城镇化发展格局与气候承载力分布较为一致,城镇化集聚度与承载力匹配度较高,但就整个区域而言气候承载力水平还有待进一步优化。根据城镇化集聚度和气候承载力特点,皖江城市带可分为 4 个等级和 12 种类型。

总的来看,皖江城市带气候承载力与现有城镇化发展格局较为一致,但仍需高度关注气候承载力不足的地区所面临的问题,优化国土开发格局和产业发展方向,形成与承载力相适应的城镇化发展规划布局。如在气候资源供给不足地区需考虑资源供给上限,在未来发展中优化人口和产业布局,适度转移部分城市功能,充分考虑气候承载力跨区占用和综合利用等问题;在气候灾害限制区需严格控制高风险地区的开发,采取工程和非工程措施降低或消除现有气象灾害风险,同时适当向低限制区疏散转移人口,规避气候灾害风险;在城镇化待协调地区需培育区域经济发展增长极,改善基础建设,统筹区域协调发展,促进人口、空间和产业发展相协调,从而提升整个地区的气候承载力水平。

由于气候系统与承载对象相互作用存在复杂的时空变化模式,因而承载力的计算并非简单的数学运算,还涉及多方面的问题。本章仅从气候条件和城镇化的相互协调关系出发,探讨了气候承载力的评估框架和指标体系,但在气候容量与社会需求水平的关系、承载力的动态演变以及指标体系和综合和量化等方面还存在诸多不足之处,系统评估气候承载力仍然面临很多挑战,特别是构建完善气候承载力评估框架、拓宽应用领域和对象、融入定量化技术方法等方面还有待深入研究。

第 8 章

气候生态宜居评估

生态气候条件与人类生活居住密切相关,是影响宜居的一个重要因素。在气候变化背景下,科学准确地开展气候生态宜居评估,发现在城镇建设发展过程中的薄弱环节和关注重点,并据此提出规划改善对策是建设生态宜居环境必不可少的重要内容,也是政府决策的重要依据。本章以合肥市为例,介绍了城市气候生态宜居评估技术;以粤港澳大湾区为例,介绍了大湾区气候生态宜居评估技术;以黄山为例,介绍了典型山区气候生态康养评估技术;以珠三角城市群为例,介绍了大城市群热岛评估技术。

8.1　城市气候生态宜居评估——以合肥市为例

◆ 8.1.1　数据

通过实地调研,了解合肥市城市格局、主要水体、绿地、道路、社区、公共设施、工业区、污染企业分布等基本情况,与规划、建设、环保、气象等部门座谈,收集城市规划、土地利用、产业发展、生态环境、气象、遥感及地理信息等资料(表 8.1),建立基础数据库。

表 8.1　基础资料类别、来源及用途

数据类型	数据名称	主要用途
规划图	市区范围内绿地系统、水网河道、生态廊道等规划图	分析城市绿廊、水网、通风及改善热环境的效果
GIS 与遥感数据	市区范围内高分辨率地形数据、河流水系、道路、绿地系统以及精细到乡镇或县一级的行政区划 GIS 矢量数据	把握基本自然地理条件、基础设施、行政信息等
	市区范围内大比例尺建筑物 GIS 矢量数据,包括建筑物位置和建筑物高度(楼层数)信息	估算地表通风潜力
	覆盖市区的高分辨率卫星遥感影像	获得精细化城市热环境和地表通风环境
污染数据	市区范围内所有环境监测站点近年主要空气污染物浓度数据	分析大气环境现状及大气污染的区域输送影响,并测算大气环境容量
	合肥市历年环境质量公报、环境质量报告等	研究分析大气环境现状
气象数据	合肥全市域范围内国家基本气象站 1961 年以来整编资料	分析全市盛行风环境和热环境等气候背景,获得精细化风环境和热环境状况
	合肥全市域范围内自动气象站 2008 年以来的逐小时观测资料	

◆ 8.1.2　评估方法

(1)天空开阔度

采用 Zakšek 等(2011)提出的基于数字高程的栅格计算模型来估算天空开阔度(sky view factor,SVF),计算原理如图 8.1 所示。其中,天空为可视立体角 Ω、归一化后的天空可视立体角为天空开阔度 SVF。这里,γ_i 为第 i 个方位角时的地形高度角,R 为地形影响半径,n 为计算的方位角数目。建议 n 取值不应小于 36,R 取值不应小于 20。

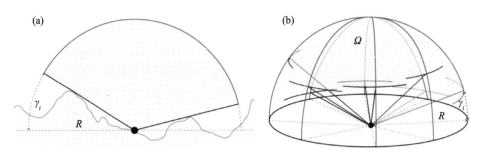

图 8.1 天空开阔度计算示意图

基于 Oke 简单几何形态 SVF 进行实际 SVF 计算。遮蔽度定义为地表某一点发射的辐射中被遮挡物拦截的部分与总辐射的比值,其数值与该点的 SVF 相加等于 1。当一点位于一个圆柱形盆地中心时,此点上的遮蔽度表达式:

$$\Psi_{\text{terrain}} = \sin^2\beta \tag{8.1}$$

式中,$\beta = \arctan(H/X)$;Ψ_{terrain} 为圆心点的遮蔽度;H 为壁面高度;X 为圆的半径(即圆心到壁面的距离)。

以上述计算方法基础为计算某点的 SVF,令该点为圆心以方位角步长 α,将搜索半径 R 的圆形面域平均分割成若干个方位,在每个方位上寻找其建筑物形成的最大建筑高度角 β,计算每个方位对应于该点的遮蔽度。

$$\Psi_{\text{direction}} = \sin^2\beta(\alpha/360) \tag{8.2}$$

则该点的天空开阔度等于 1 减去所有方位角的遮蔽度之和,即:

$$\Psi_{\text{sky}} = 1 - \sum_{i=1}^{360/\alpha} \Psi_{\text{direction}} \tag{8.3}$$

式中,Ψ_{sky} 为这一点的天空开阔度;$\Psi_{\text{direction}}$ 为单个方向上的遮蔽度;α 为方位角步长。

用栅格方法计算天空开阔度时,具体算法在上述原理的基础上适应栅格数据结构。首先把城市建筑物分布数据处理成不同分辨率等级的栅格数据,则空地处栅格的天空开阔度可以用以下方法求出:

①由栅格坐标求出与此栅格距离小于搜索半径 R 的栅格的行列号。由于栅格形状绝大多数都是矩形,所以在实际计算时,判断的是指定栅格中心与邻近栅格中心的距离是否小于搜索半径,小于搜索半径的栅格集合称作缓冲区。即:

$$L = \frac{R}{\text{Cell}_{\text{Size}}} \tag{8.4}$$

式中,$\text{Cell}_{\text{Size}}$ 是栅格像元的大小,L 是缓冲区大小。

②遍历这些栅格以判断它们是否位于方位步长 α 所确定的扇形,并找出在此扇形中的最大高度角 β。判断栅格是否在方位步长 α 内的方法有多种,这里提供一种方法:

如图 8.2a,判断缓冲区内每个像元与中心像元的关系,即 $\angle AOX$、$\angle BOX$ 和 $\angle COX$、$\angle DOX$ 的关系,从而判断该像元是否在方位角内。遍历所有方位角后,便可找到最大高度角 β。如图 8.2b,最大高度角 β 的计算方式如下:

$$\beta = \arctan(H/D) \tag{8.5}$$

式中,D 是某像元中心到中心像元中心的距离,H 是建筑物顶端的海平面高度,即城市 DEM 高程图中建筑物高度。

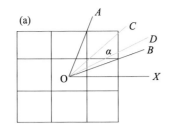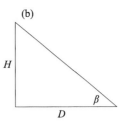

图 8.2 天空开阔度计算中栅格关系判断(a)和仰角计算(b)

③得到最大高度角 β 后,按照上文所述方法计算这一方位角上的遮蔽度 $\Psi_{\text{direction}}$。遍历这一栅格上的所有方位角,得出此栅格中心的开阔度为 Ψ_{sky}。

④遍历所有非建筑栅格,得到开阔度的空间分布。

关于方位角步长 α 的选取,通过采用 1°、5°、10°三种方位步长对同一区域同样位置 100000 个采样格点的计算,对比不同方位步长之间精度下降的幅度和耗时增加的幅度,作为选取方位步长的参考。对精度下降幅度的研究发现,方位步长为 5°时与 1°时的计算结果之差有相当一部分大于 0.01,最大值达到 0.04 左右,而方位步长 5°时,与其 1°时结果的差异基本在 0.01 以下。对耗时增加幅度的研究中,以矢量和分辨率为 1 m 的栅格计算为例对计算时间进行对比,研究表明方位步长为 1°时计算效率较低,难以适应大数据量的计算,5°时较 1°时效率提高了 5~6 倍,耗时基本可以接受,10°时效率有进一步提高。综合考虑精度和时间因素,选取方位步长 α 为 5°。

关于搜索半径 R 的选取,已有学者研究证明,$R < 200$ m 时计算出的 SVF 精度比 $R \geqslant 200$ m 时略低,但耗时较少;R 为 200 m、250 m、300 m 的精度几乎一样,但计算耗时呈倍数增加。所以本文选取推荐的最佳搜索半径 $R = 200$ m。

(2)地表粗糙度

地表粗糙度的计算分为自然表面地表粗糙度和城市地区地表粗糙度。对城市地区,采用 Grimmond(1999)建立的形态学模型进行估算,城市地区粗糙度长度的计算公式为:

$$Z_0 = Z \times (1.0 - Z_d / Z_h) \exp(-0.4 \times U/u_* + 0.193) \tag{8.6}$$

$$Z_d = Z \times \left(1.0 - 1.0 \frac{1.0 - \exp[-(7.5 \times 2 \times \lambda_F)^{0.5}]}{(7.5 \times 2 \times \lambda_F)^{0.5}}\right) \tag{8.7}$$

$$u_* / U = \min[(0.003 + 0.3 \times \lambda_F)^{0.5}, 0.3] \tag{8.8}$$

式中,Z_0 为粗糙度长度(m),Z_h 为建筑物高度(m),Z_d 为零平面位移高度(m),U 为建筑物高度处的风速(m·s^{-1}),u_* 为摩阻速度(或剪切速度)(m·s^{-1}),λ_F 为建筑物迎风面积密度,即迎风面积密度分布。

表 8.2 是利用 Grimmond(1999)建立的形态学模型计算得出的不同建筑覆盖率下不同建筑物高度下的地表粗糙度值。

表 8.2 城市地区粗糙度长度估算结果

建筑物覆盖率 λ_P	不同建筑物高度 Z_h(m)下的 Z_0(m)					
	$Z_h = 3$	$Z_h = 6$	$Z_h = 15$	$Z_h = 24$	$Z_h = 45$	$Z_h = 90$
0.05	0.0966	0.1933	0.4832	0.7731	1.4496	2.8991
0.10	0.1938	0.3876	0.9690	1.5504	2.9070	5.8140

建筑物覆盖率 λ_P	不同建筑物高度 Z_h(m)下的 Z_0(m)					
	$Z_h=3$	$Z_h=6$	$Z_h=15$	$Z_h=24$	$Z_h=45$	$Z_h=90$
0.15	0.2643	0.5285	1.3214	2.1142	3.9641	7.9281
0.20	0.3147	0.6294	1.5735	2.5176	4.7205	9.4409
0.25	0.3513	0.7027	1.7566	2.8106	5.2699	10.5398
0.30	0.3784	0.7567	1.8918	3.0268	5.6753	11.3506
0.35	0.3985	0.7971	1.9927	3.1883	5.9780	11.9561
0.40	0.3888	0.7777	1.9442	3.1107	5.8325	11.6650
0.45	0.3723	0.7447	1.8617	2.9787	5.5851	11.1701
0.50	0.3578	0.7155	1.7888	2.8621	5.3664	10.7328
0.55	0.3447	0.6895	1.7237	2.7579	5.1711	10.3423
0.60	0.3330	0.6660	1.6651	2.6642	4.9953	9.9907
0.65	0.3224	0.6448	1.6120	2.5791	4.8359	9.6718

（3）迎风面积密度

城市建筑迎风面积密度 FAD(frontal area density)表示在一定高度增距上，某一特定风向下建筑物迎风面积与建筑物所在地块面积之比。迎风面积密度公式为：

$$\lambda_{f(z,\theta)} = \frac{A(\theta)_{proj(z)}}{A_T} \tag{8.9}$$

式中，$A(\theta)_{proj(z)}$ 是垂直于某一风向的建筑迎风面积；A_T 是建筑所在地块面积；θ 是选定的某一方向；z 是高度增距。由此可见，迎风面积密度侧重于对所选取的特定高度增距上建筑形态的描述，其值大小一定程度上描述了该地块附近风绕流穿过建筑的渗透率高低。它的基本特征表现在群体性和方向性上，即首先它是一个针对群体建筑的变量，因单一建筑周边的风环境受到自身及其他建筑的朝向、长度等多因素影响，计算单一建筑的迎风面积密度来模拟空气流通状况意义不大；其次，它与风向有着直接的关系，风向不同则建筑的迎风面积不同，从而该风向下城市空间形态对城市空气流通的影响也不同。

因此，结合研究区域的风速和风向特点，利用气象数据得到研究区的风玫瑰图，计算出多个方向的迎风面积密度，并按照多个方向的风频进行加权平均，最后得到研究区的迎风面积密度。

$$\lambda_{f(z)} = \sum_{i=1}^{n} \lambda_{f(z,\theta)} \times P_{\theta,i} \tag{8.10}$$

式中：$\lambda_{f(z)}$ 是 $\lambda_{f(z,\theta)}$ 的年平均；$P_{\theta,i}$ 是年平均风速在 θ 方向上的频率；n 表示选取的风向个数，一般为 16。

栅格计算模型的地理数据库表达方法是数字高程模型（DEM），它是包含有高度信息的2.5 维图像，图像上每个像元的灰度值都与其在表面的高度成正比。建立包含建筑物高度的城市数字高程型（urban DEM），能准确地描述城市地表特征的空间起伏变化。栅格计算模型的原理如下。

利用标准图像处理算法获取 DEM 表面每个像素的单位法向量，其中法向量的确定是以该像元为中心，由米字剖分法构造三面，通过该像元周围多个三角面的法向加权平均得到当前像元中心点的法向量。

在计算三角形法向量的时候,由于每个面都有两个方向,所以计算时所有的向量的方向必须一致(顺时针或逆时针)(图 8.3),一般在计算完法向量后还要进行单位转化。

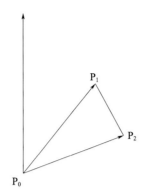

图 8.3　三角形法向量的计算

在遍历栅格图像所有像元求法向量时需要分普通点、左上角点、右上角点、左下角点、右下角点、首行、首列、末行、末列共 9 类来考虑相邻三角面。

关于法向量的求解,建议使用以下公式:

$$\boldsymbol{a} = (x_1, y_1, z_1) \tag{8.11}$$
$$\boldsymbol{b} = (x_2, y_2, z_2) \tag{8.12}$$
$$\boldsymbol{a} \times \boldsymbol{b} = (y_1 \times z_2 - y_2 \times z_1, z_1 \times x_2 - z_2 \times y_1, x_1 \times y_2 - x_2 \times y_1) \tag{8.13}$$

使用以上公式时,需要建立合理的坐标系,可以以中心像元为原点建立坐标系,也可以以 4 个定角为原点建立坐标系,本算法使用第一种建系方法。

计算该像元的法向量与给定风向上水平单位向量的点积得到该像元在给定方向上的投影。由起伏特征可知,迎风状态是这 2 个向量夹角大于 90° 的情况。因此,将给定方向上所有像元点积为负值的结果累加得到该方向下的迎风面积密度。

以风频为权数对每个风向进行加权得到迎风面积分布图。

(4)地表通风潜力

地表通风潜力由天空开阔度和粗糙度长度共同确定通风潜力等级,如表 8.3 所示。

表 8.3　通风潜力等级划分表

通风潜力等级	通风潜力含义	粗糙度长度(Z_0)	天空开阔度(SVF)
1 级	无或很低	$Z_0 > 1.0$	—
2 级	较低	$0.5 < Z_0 \leqslant 1.0$	SVF < 0.65
3 级	一般	$0.5 < Z_0 \leqslant 1.0$	SVF ≥ 0.65
4 级	较高	$Z_0 \leqslant 0.5$	SVF < 0.65
5 级	高	$Z_0 \leqslant 0.5$	SVF ≥ 0.65

(5)城市热岛评估

这里采用基于大气校正法,利用 Landsat8/TIRS 的第 10、11 通道反演地表温度。Landsat 8 的通道信息见表 8.4,算法流程见图 8.4。其基本原理:首先估计大气对地表热辐射的影响,然后从卫星观测到的热辐射总量中减去这部分影响得到地表热辐射强度,最后将这一热辐射强度转化可得相应的地表温度。

表8.4 Landsat 8 通道概况

传感器	波段	波长范围(μm)	信噪比	空间分辨率(m)	用途说明
OLI	1-COASTAL/AEROSOL	0.43~0.45	130	30	海岸带环境监测
	2-Blue	0.45~0.51	130	30	可见光三波段 真彩色用于地物识别等
	3-Green	0.53~0.59	100	30	
	4-Red	0.64~0.67	90	30	
	5-NIR	0.85~0.88	90	30	植被信息提取
	6-SWIR1	1.57~1.65	100	30	植被旱情监测、火灾监测、 部分矿物信息提取
	7-SWIR2	2.11~2.29	100	30	
	8-PAN	0.50~0.68	80	15	地物识别、数据融合
	9-Cirrus	1.36~1.38	50	30	卷云检测、数据质量评价
TIRS	10-TIF	10.60~11.19	0.4 K	100	地表温度反演、火灾监测、 土壤湿度评价、夜间成像

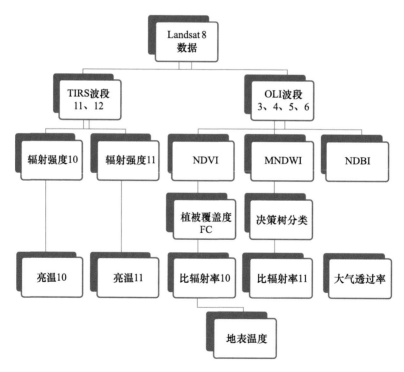

图8.4 大气校正算法的地表温度反演流程

Landsat 8 数据的地表温度遥感反演方法,公式如下:

$$T_s = A_0 + A_1 T_{10} - A_2 T_{11} \qquad (8.14)$$

式中,T_s 为地表温度(K),T_{10} 和 T_{11} 分别为是 Landsat 8 数据第 10 和第 11 通道的亮温(经过辐射定标后的数据),可以通过两个波段的辐亮度计算得到,A_0、A_1 和 A_2 分别是分裂窗算法的参数,定义如下:

$$A_0 = \frac{a_{10}D_{11}(1-C_{10}-D_{10})}{D_{11}C_{10}-D_{10}C_{11}} - \frac{a_{11}D_{10}(1-C_{11}-D_{11})}{D_{11}C_{10}-D_{10}C_{11}} \tag{8.15}$$

$$A_1 = 1 + \frac{D_{10}}{D_{11}C_{10}-D_{10}C_{11}} + \frac{b_{10}D_{11}(1-C_{10}-D_{10})}{D_{11}C_{10}-D_{10}C_{11}} \tag{8.16}$$

$$A_2 = \frac{D_{10}}{D_{11}C_{10}-D_{10}C_{11}} + \frac{b_{11}D_{11}(1-C_{11}-D_{11})}{D_{11}C_{10}-D_{10}C_{11}} \tag{8.17}$$

上述各式中，a_{10}、a_{11}、b_{10}、b_{11}是常量，根据热红外波段特征确定。在地表温度 $0\sim50$ ℃范围内，这些常量的取值分别为 $a_{10} = -64.60363$，$a_{11} = -68.72575$，$b_{10} = 0.440817$，$b_{11} = 0.473453$。C 与 D 是地表比辐射率以及大气透过率的函数，通过以下方法计算：

$$C_i = \varepsilon_i \tau_i(\theta) \tag{8.18}$$

$$D_i = [1-\tau_i(\theta)][1+(1-\varepsilon_i)\tau_i(\theta)] \tag{8.19}$$

式中，i 分别指第 10 和第 11 波段，ε_i 为地表比辐射率，$\tau_i(\theta)$ 指天顶角 θ 处的大气透过率。由上述分析可知，确定亮度温度，地表比辐射率以及大气透过率是劈窗算法反演地表温度的关键。

①亮度温度

首先将图像的 DN 值转换成相应的辐射亮度，辐射亮度由 ENVI 软件中的辐射定标模块辅助完成。采用 Planck 函数求解亮度温度，公式如下：

$$T_i = K_{i,2}/\ln\left(1+\frac{K_{i,1}}{I_i}\right) \tag{8.20}$$

式中，I_i 为第 i 波段处的辐射亮度。$K_{i,1}$ 和 $K_{i,2}$ 均为常量，可以从数据头文件中获取。对于第 10 波段，$K_{10,1} = 774.89 \text{ W} \cdot \text{m}^{-2} \cdot \text{sr}^{-1} \cdot \mu\text{m}^{-1}$，$K_{10,2} = 1321.08 \text{ K}$，对于第 11 波段，$K_{11,1} = 480.89 \text{ W} \cdot \text{m}^{-2} \cdot \text{sr}^{-1} \cdot \mu\text{m}^{-1}$，$K_{11,2} = 1201.14 \text{ K}$。

②大气剖面参数

此算法需要大气剖面参数和地表比辐射率，可以在 NASA 提供的网站（http://atmcorr. gsfc. nasa. gov）上获取，输入影像成影时间、中心经纬度可以获取该大气剖面参数（大气透过率）。

③地表比辐射率

NDVI 为归一化差值植被指数，也称为生物量指标变化，可使植被从水和土中分离出来。

表达式：$\text{NDVI} = \frac{\text{NIR}-R}{\text{NIR}+R}$，Landsat 8 中红光通道和近红外通道分别对应第 4、第 5 通道。

MNDWI 是在对 Mcfeeters(1996)提出的归一化差值水体指数（NDWI）分析的基础上，对构成该指数的波长组合进行了修改，提出了改进的归一化差值水体指数 MNDWI（modified NDWI），并分别将该指数在含不同水体类型的遥感影像进行了实验，大部分获得了比 NDWI 好的效果，特别是提取城镇范围内的水体。NDWI 指数影像往往混有城镇建筑用地信息而使得提取的水体范围和面积有所扩大。实验还发现 MNDWI 比 NDWI 更能够揭示水体微细特征，如悬浮沉积物的分布、水质的变化。另外，MNDWI 可以很容易地区分阴影和水体，解决了水体提取中难以消除阴影的难题。

其表达式为：$\text{MNDWI} = \frac{\text{GREEN}-\text{MIR}}{\text{Green}+\text{MIR}}$，Landsat8 中绿光通道和短波红外通道分别对应第 3、第 6 通道。

NDBI 为归一化差值建筑指数，用来提取城市建筑面积。$\text{NDBI} = \frac{\text{MIR}-\text{NIR}}{\text{MIR}+\text{NIR}}$，Landsat 8 中近红外通道和短波红外通道，分别对应第 5、第 6 通道。

地表分类方法:基于 NDVI、MNDWI 与 NDBI 三种遥感指数,使用分类回归决策树(classification and regression tree,CART)方法(图 8.5),结合地物光谱特征和影像光谱信息,将地表分为植被、建筑物、裸土和水体 4 类。根据 NDVI 指数、MNDWI 指数和 NDBI 指数结合人工判定阈值构建地表分类的决策树模型如图 8.5 所示。根据 10% 置信度,NDVI 阈值取 0.65,MNDWI 阈值取 0.17,NDBI 阈值取－0.05。

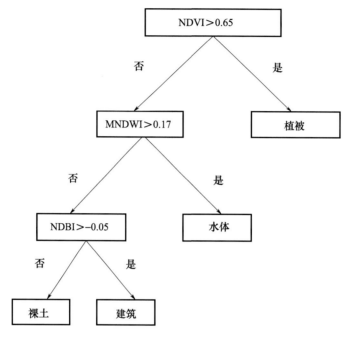

图 8.5　决策树模型分类流程图

植被覆盖度:$P_v = \dfrac{NDVI_v - NDVI_s}{NDVI_v - NDVI_s}$,其中 $NDVI_v$ 与 $NDVI_s$ 分别为全植被和裸土时的 NDVI 值,在没有明显的完全植被或裸土像元时,用 $NDVI_v = 0.95$ 和 $NDVI_s = 0.05$ 来近似估计植被覆盖度。

各类地表比辐射率:分类后,对水体、植被、裸土、建筑物分别计算其地表比辐射率。在此设定 landsat 8 的第 10 与第 11 通道比辐射率值如下:$\varepsilon_{i,w}$、$\varepsilon_{i,v}$、$\varepsilon_{i,s}$、$\varepsilon_{i,m}$ 分别是水体、植被、裸土和建筑在第 i 波段的地表比辐射率。取 $\varepsilon_{10,w} = 0.99683$,$\varepsilon_{11,w} = 0.99254$,$\varepsilon_{10,v} = 0.98672$,$\varepsilon_{11,v} = 0.98990$,$\varepsilon_{10,s} = 0.96767$,$\varepsilon_{11,s} = 0.97790$,$\varepsilon_{10,m} = 0.96489$,$\varepsilon_{11,m} = 0.97512$。

自然地表比辐射率:自然地表面像元可简单看作由植被和裸土按比例组成的混合像元。对于面积较大的 100% 植被或裸土表面,可直接用这两种类型的地表比辐射率来表示像元的比辐射率,因此,当 $P_v = 1$ 时,$\varepsilon = \varepsilon_v$;当 $P_v = 0$ 时,$\varepsilon = \varepsilon_s$($P_v$ 为植被覆盖度)。但是,通常很难有 100% 的植被覆盖或裸土表面,因此,覃志豪等人(2004)通过下式来估计混合象元的地表比辐射率。

$$\varepsilon_i = P_v \times R_v \times \varepsilon_{i,v} + (1 - P_v) R_s \times \varepsilon_{i,s} + d\varepsilon \tag{8.21}$$

式中,R_v 和 R_s 分别是植被和裸土的温度比率。

在地表相对平整的情况下,一般可取 $d\varepsilon = 0$;在地表高低相差较大的情况下,$d\varepsilon$ 可以根据植被的构成比例简单估计。由于热辐射相互作用在植被与裸土各占一半时达到最大,所以,覃志豪等(2004)提出如下经验公式来估计 $d\varepsilon$:

当 $P_v < 0.5$ 时，$d\varepsilon = 0.0038P_v$；

当 $P_v > 0.5$ 时，$d\varepsilon = 0.0038(1-P_v)$；

当 $P_v = 0.5$ 时，$d\varepsilon$ 最大，$d\varepsilon = 0.0019$。

城镇地表比辐射率：城镇像元的地表比辐射率的估计方法与自然表面比辐射率的估计方法类似。由于城镇主要由各种建筑表面和分布其中的绿化植被组成，因此：

$$\varepsilon_i = P_v \cdot R_v \cdot \varepsilon_{i,v} + (1-P_v)R_m \cdot \varepsilon_{i,m} + d\varepsilon \tag{8.22}$$

典型地物温度比率估计：利用覃志豪等（2004）提出的温度比率估算公式计算植被、裸土和建筑表面的温度比率：

$$R_v = 0.9332 + 0.0585P_v \tag{8.23}$$

$$R_s = 0.9902 + 0.1068P_v \tag{8.24}$$

$$R_m = 0.9886 + 0.1287P_v \tag{8.25}$$

这一估计虽然没有考虑温度变化的影响，但基本能满足地表温度反演对地表比辐射率估计的要求。

经过计算可以算出 ε_{10}、ε_{11}，从而可以算出 C_{10}、C_{11}、D_{10}、D_{11}，然后算出 A_0、A_1、A_2，最后算出 T_s，即地表温度。

◆ 8.1.3 系统

城市气候生态宜居评估系统基于地理信息、卫星遥感等数据，从天空开阔度、地面粗糙度、迎风面积指数、地表通风潜力、城市热岛等几方面开展城市气候宜居评估（图8.6），涉及天空开阔度（图8.7）、地面粗糙度（图8.8）、迎风面积指数（图8.9）、地表通风潜力（图8.10）、城市热岛（图8.11）计算分析等5个模块。

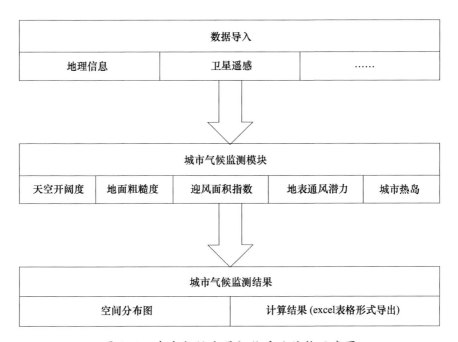

图 8.6 城市气候宜居评估系统结构示意图

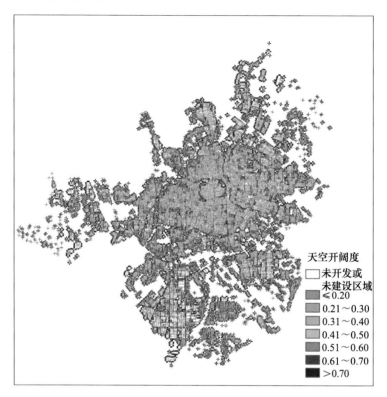

图 8.7　合肥市天空开阔度模块计算结果(10 m×10 m 网格分辨率)

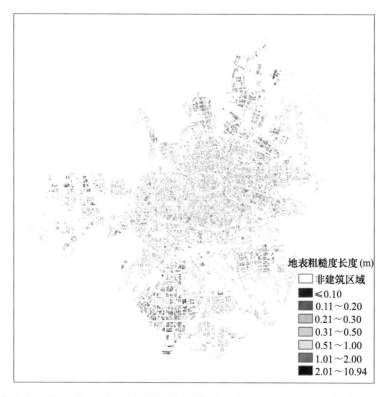

图 8.8　合肥市地面粗糙度模块计算结果(10 m×10 m 网格分辨率)

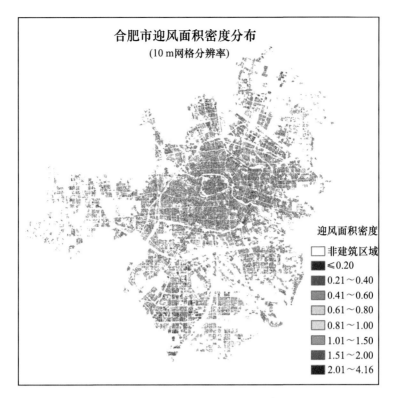

图 8.9 迎风面积指数模块计算结果

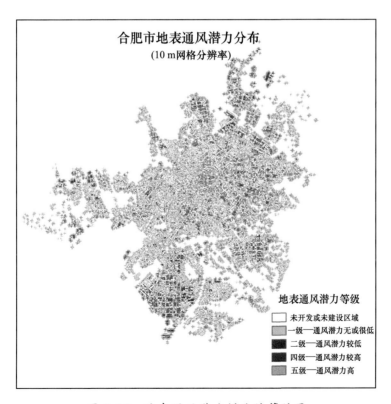

图 8.10 地表通风潜力模块计算结果

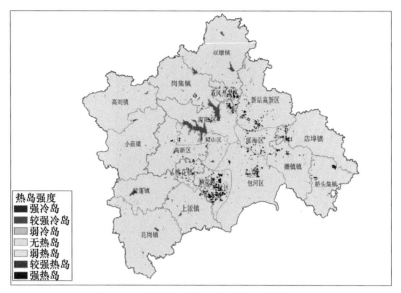

图 8.11 城市热岛强度模块计算结果

◆**8.1.4 案例**

以安徽省省会合肥市为例,分别从城市气候,比如城市热岛、雨岛以及城市地表通风潜力等方面开展气候生态宜居评估。

城市气候是人类活动影响小气候的典型表现之一。随着城市化进程的加快,合肥市城市气候特征也日益凸显。以市区平均气温与郊区平均气温之差作为衡量热岛强度的指标,1971—2017 年,合肥市平均气温为 16.2 ℃,高于郊区 0.4 ℃,热岛效应明显。20 世纪 90 年代以后,合肥市热岛效应更为显著(图 8.12a),这与 1990 年后城市化进程加快相一致,快速城市化使得合肥市气温显著升高,热岛效应越来越明显。

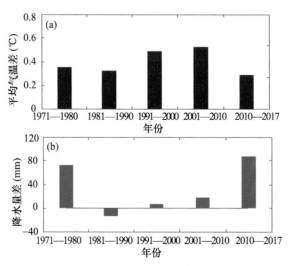

图 8.12 各年代合肥市热岛强度(a)和雨岛强度(b)变化

以市区降水量与郊区降水量之差作为衡量两岛强度的指标,1971—2017 年,合肥市雨岛强度有明显的年代际变化。20 世纪 80 年代雨岛强度不明显,70 年代和 90 年代初以来雨岛效应明显。2010 年以来尤为突出,合肥市年平均降水量比郊区(年雨岛强度)偏多 87.9 mm(图 8.12b),其中夏季雨岛强度为 55.1 mm,降水增多导致合肥市城市内涝越来越频繁。

以合肥为例,开展了城市地表通风能力评估。结果表明:合肥市二环路以内区域天空开阔度相对较低,其中环城路以内的老城区由于建筑物密集导致天空开阔度普遍偏低(图 8.13)。

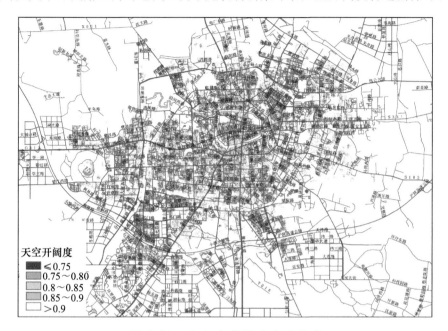

图 8.13 合肥市城区天空开阔度

合肥市老城区、北部及东北部地表粗糙度长度较高,北二环沿线及以北地区、城区东部地表粗糙度相对较低(图 8.14)。

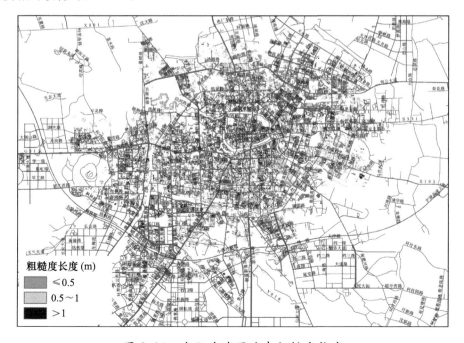

图 8.14 合肥市城区地表粗糙度长度

合肥市老城区(环城河以内)区域通风潜力很低,东部、西北、北部及高铁南站片区通风潜力较高。整体来看,合肥市城区存在一定的通风潜力较好地区可以利用(图 8.15)。

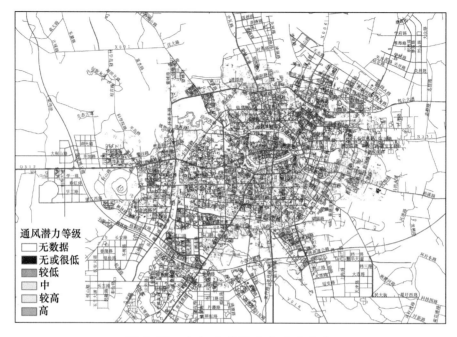

图 8.15　合肥市城区地表通风潜力

8.2　大湾区气候生态宜居评估

◆ 8.2.1　数据

(1)气象观测数据

气象观测数据主要包括日平均气温、日最高气温、日最低气温、日平均风速、日照时数、日平均相对湿度、日降雨量,小时平均风速、小时降雨量,台风蓝色以上级别预警信号生效时数,冰雹次数、龙卷次数,灰霾天数以及雷电发生次数。

(2)卫星遥感数据

卫星遥感数据主要包括地表温度、土地利用分类、植被指数。

(3)统计数据

统计数据主要来源于《广东省城市空气和水环境质量及排名情况》《广东省城市环境空气质量状况》、广东省 21 个地市统计年鉴等,主要包括空气质量指数、环境空气综合质量指数、森林覆盖率、水域面积、土地面积、水质达标率。其中,空气质量指数(air quality index,AQI)是定量描述空气质量状况的无量纲指数,取各污染物分指数最大值,表征首要污染物的污染情况(《环境空气质量指数(AQI)技术规定(试行)》(HJ 633—2012),环境保护部,2012);环境空气综合质量指数是描述城市环境空气质量综合状况的无量纲指数,它综合考虑了 SO_2、NO_2、PM_{10}、$PM_{2.5}$、CO、O_3 6 项污染物的污染情况(《环境空气质量评价技术规范(试行)》(HJ 663—2013),环境保护部,2013)。

◆ 8.2.2　方法

综合考虑气候生态宜居的影响因素,选取风、热、空气质量、植被和水环境、灾害性天气五大方面指标,参照相关的国家、行业标准以及相关技术指南,进一步细化指标分类,并建立正面性指标和负面性指标相应的评分计算公式;采用层次分析法、专家打分法,设置各指标评分依据,形成完整的大湾区气候生态宜居评价指标体系(表 8.5)。

表 8.5　城市气候生态宜居评价指标体系

	一级指标	二级指标	三级指标	分值	评分公式
城市气候生态宜居评价指数(100 分)	风环境(20 分)	微风	轻微风天数	10 分	①
		静风	年静风频率	10 分	②
	热环境(20 分)	高温	高温天数	3 分	②
			热夜天数	2 分	②
		低温	低温天数	5 分	②
		热岛强度	热岛面积百分比	4 分	②
		人体舒适度	舒适天数	2 分	①
			寒冷天数	2 分	②
			闷热天数	2 分	②
	空气质量(20 分)	空气质量指数	达标天数	6 分	①
			重度或严重污染天数	6 分	②
		污染物综合指数	环境空气综合质量指数	8 分	②
	植被和水环境(20 分)	植被	植被指数	5 分	①
			森林覆盖率	5 分	①
		水环境	水环境指数	5 分	①
			水质达标率	5 分	①
	灾害性天气(20 分)	台风	台风预警时数	5 分	②
		暴雨	暴雨天数	3 分	②
		强对流	强降水小时数	3 分	②
			冰雹天数	2 分	②
			龙卷天数	2 分	②
		低能见度事件	灰霾天数	3 分	②
		雷电	雷电次数	2 分	②

评分公式说明:

①若计算项为正面性指标,采用以下公式:

$$F_i = \frac{(X_i - X_{\min}) \times F_{\max}}{X_{\max} - X_{\min}} \tag{8.26}$$

式中,F_i 为第 i 项指标得分,X_i 为第 i 项指标原始数值,$X_{\min}$ 为第 i 项指标数据中最小值,$X_{\max}$ 为第 i 项指标数据中最大值,$F_{\max}$ 为第 i 项指标最大分值。

②若计算项为负面性指标,采用以下公式:

$$F_i = \frac{(X_{\max} - X_i) \times F_{\max}}{X_{\max} - X_{\min}} \tag{8.27}$$

由以上公式计算得出的评分及排名均为相对分值及相对排名。

◆ 8.2.3 系统

粤港澳大湾区城市气候生态宜居评价子系统部署于广东省生态气象监测评价业务系统中,重点计算并展示全省 21 个地市和香港、澳门地区的城市气候生态宜居各级指标结果、得分与排名,自动生成相关专题图,具备报文在线制作与编辑功能,为广东省及粤港澳大湾区城市气候生态宜居评估提供技术支撑。

评价模块包括风环境、热环境、空气质量、气候调节(植被和水环境)、灾害天气和宜居指数的指标排行表、指标分布色斑图、指标排行柱状图等(图 8.16)。

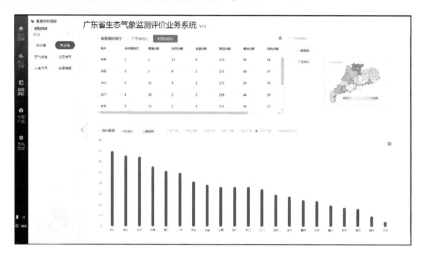

图 8.16　粤港澳大湾区城市气候生态宜居评价模块界面

◆ 8.2.4 案例

以粤港澳大湾区为例,对城市区域 2016—2018 年进行气候生态宜居评价。

(1)粤港澳大湾区 2018 年评价结果与分析

①综合指数排名分析

2018 年粤港澳大湾区 9 个地市(未含香港、澳门)气候生态宜居综合指数排名为相对排名(表 8.6、图 8.17)。气候生态宜居综合指数前三名分别是惠州市、珠海市、深圳市,而广州市、中山市、佛山市分别位居后三名。

表 8.6　2018 年粤港澳大湾区 9 城市气候生态宜居综合指数排名

排名	1	2	3	4	5	6	7	8	9
城市	惠州	珠海	深圳	肇庆	江门	东莞	广州	中山	佛山

从气候生态宜居角度来看,惠州市在风环境、热环境、植被和水环境等方面表现均较优越,灾害天气少,空气质量较优,气候生态宜居综合指数位居大湾区第一位;珠海市风环境与热环境居大湾区首位,空气质量优良,但灾害性天气较多,气候生态宜居综合指数位居第二位;深圳市在空气质量方面表现最优,灾害性天气最少,气候生态宜居综合指数位居第三位;肇庆市拥有良好的生态调节能力,气候生态宜居综合指数位居第四位;江门市风环境良好,生态调节能力优良,气候生态宜居综合指数位居第五位。

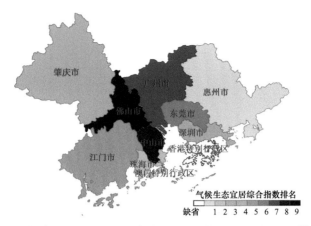

图 8.17　2018 年粤港澳大湾区 9 城市气候生态宜居综合指数排名空间分布

②一级指标排名分析

从粤港澳大湾区 9 个地市(未含香港、澳门)一级指标排名(表 8.7、图 8.18)分析得出,中山市、广州市、深圳市等风环境较差的城市,需要关注不利的扩散条件下突发污染事件的应急响应方案。佛山市、肇庆市、广州市等热环境较差的城市,需要关注夏季高温或冬季低温对人体健康的影响。江门市、佛山市、广州市等空气质量较差的城市,需要加大力度管控污染物排放,加强空气质量预报预警工作。东莞市、深圳市、中山市等植被和水环境稍差的城市,需要注重植树造林,重点治理污染河流河段。江门市、珠海市、佛山市等灾害性天气多发的城市,需要加强灾害性天气的监测,及时做好预报预警服务。

表 8.7　2018 年粤港澳大湾区 9 城市气候生态宜居一级指标排名

城市	风环境	热环境	空气质量	植被和水环境	灾害性天气
东莞市	4	5	6	9	2
佛山市	3	9	8	4	7
广州市	8	7	7	6	6
惠州市	5	6	2	3	4
江门市	2	4	9	2	9
深圳市	7	2	1	8	1
肇庆市	6	8	5	1	3
中山市	9	3	4	7	5
珠海市	1	1	3	5	8

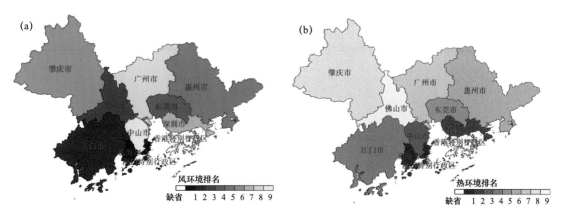

181

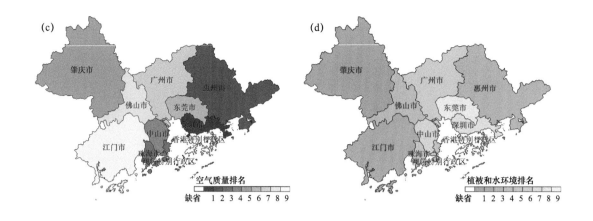

图 8.18　2018 年粤港澳大湾区 9 城市气候生态宜居一级指标排名空间分布

(a)风环境;(b)热环境;(c)空气质量;(d)植被和水环境;(e)灾害性天气

(2)粤港澳大湾区 2016—2018 年评价结果分析

①综合指数排名分析

2016—2018 年粤港澳大湾区 9 个地市(未含香港、澳门)气候生态宜居综合指数(表 8.8、图 8.19)维持最优的是惠州市和珠海市,连续三年排名均为第一、第二名。其次,气候生态宜居综合指数较好且排名较为稳定的是东莞市、江门市、肇庆市,连续三年均在第三至第六名之间。气候生态宜居综合指数较低的是广州市、佛山市,在粤港澳大湾区 9 个地市中排名靠后。另外,3 年中深圳市气候生态宜居综合指数提高明显,2018 年跻身前三名;中山市气候生态宜居综合指数下降较为明显,跌至粤港澳大湾区 9 地市的末尾。

表 8.8　2016—2018 年粤港澳大湾区 9 城市气候生态宜居综合指数排名

城市	年份		
	2016	2017	2018
东莞市	4	3	6
佛山市	8	6	9
广州市	9	8	7
惠州市	2	1	1

续表

城市	年份		
	2016	2017	2018
江门市	3	4	5
深圳市	7	7	3
肇庆市	6	5	4
中山市	5	9	8
珠海市	1	2	2

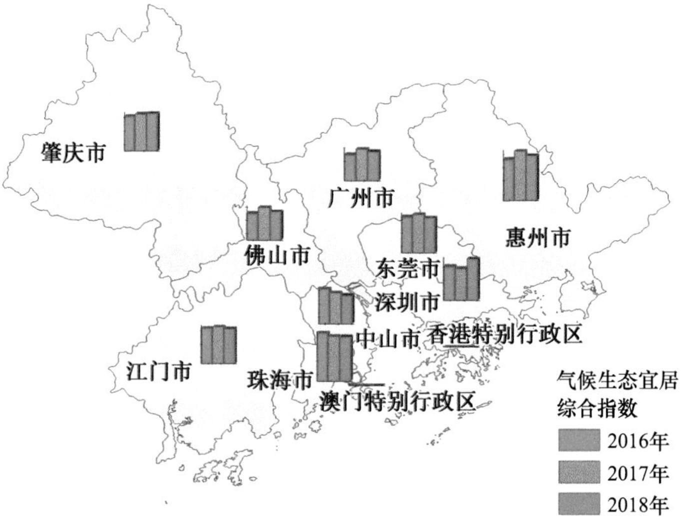

图 8.19 2016—2018 年粤港澳大湾区 9 城市气候生态宜居综合指数

②重点城市宜居排名分析

2016—2018 年深圳市气候生态宜居综合指数提高明显，主要原因有静风频率明显减小、热夜天数减少、闷热天数减少、水质达标率提升等(图 8.20)。2016—2018 年中山市气候生态宜居综合指数波动较大，主要由于闷热天数增加、空气质量污染天数增多、灰霾天数增多、水质达标率降低，2018 年受台风影响严重、出现龙卷灾害性天气所导致(图 8.21)。

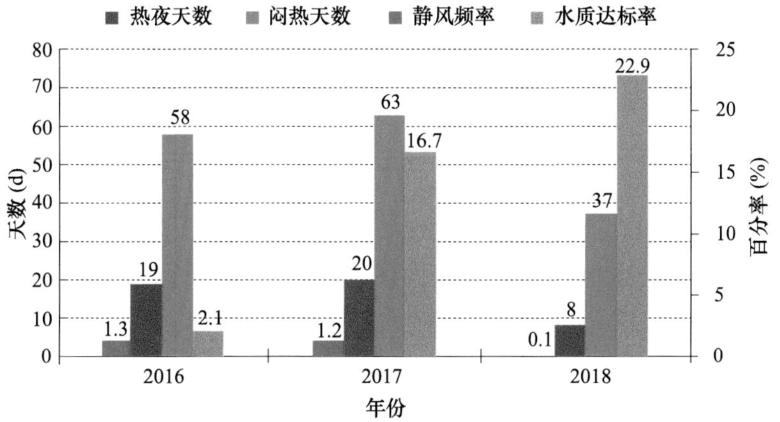

图 8.20 2016—2018 年深圳市气候生态宜居主要指标变化情况

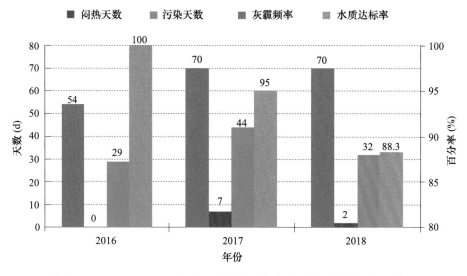

图 8.21　2016—2018 年中山市气候生态宜居主要指标变化情况

8.3　典型山区生态气候康养评估
——以黄山为例

◆8.3.1　数据

气象数据:收集山岳气象站建站以来至少最近 10 a 的逐日及定时气象要素和天气现象资料,气象要素包括日平均、最高和最低气温以及降水量、平均风速、相对湿度、云量、能见度等;天气现象包括积雪、雨凇、雾凇、雾、云海等。

对不足 10 a 气象资料的山岳,将其气象站已有的资料和临近的参证站进行分析,推算得到至少有 10 a 长度的资料序列。

负(氧)离子资料:收集至少最近 1 a 的山岳逐日或逐时空气负(氧)离子浓度资料。

森林覆盖率资料:收集最新的山岳森林覆盖率资料。

◆8.3.2　方法

康养气候资源评价主要从适合人体度假养生需求来选取气候舒适度、大气负(氧)离子、森林覆盖率及夏季避暑等指标进行评价。

(1)气候舒适度评价等级确定

通过对全国代表性山岳计算分析,择优选取了目前中国气象局业务上使用的气候舒适度指标(该指标源于 2000 年中国气象局"城市环境气象业务服务系统"技术规范及相关文献),其计算公式如下:

$$SD = 1.8T_d - 0.55(1.8T_d - 26)(1 - RH) - 3.2\sqrt{V} + 32 \qquad (8.28)$$

式中,T_d 为日平均气温(℃);RH 为日平均相对湿度(%);V 为日平均风速(m·s^{-1})。

根据气候舒适度的大小将旅游气候舒适度分 5 个等级,见表 8.9。

表 8.9　气候舒适度等级划分表

等级	舒适度指数	人体感觉
1	≤25	寒冷,不舒适
2	26～40	冷,较不舒适
3	41～69	舒适
4	70～80	热,较不舒适
5	≥81	闷热难受,不舒适

（2）负（氧）离子评价等级确定

人类生活环境中负（氧）离子的含量浓度与人体健康水平直接相关。空气负（氧）离子浓度可以反映空气质量的好坏,空气中负（氧）离子的浓度级别的划分,是评价一个地方空气清洁程度的重要指标之一。《空气负（氧）离子浓度等级》(QX/T 380—2017)中空气负（氧）离子浓度等级从高到低划分为四个等级(全国气候与气候变化标准化技术委员会,2017 a),详见表 8.10。

表 8.10　空气负（氧）离子浓度等级

等级	空气负（氧）离子浓度等级(N,个·cm^{-3})	说明
Ⅰ级	$N \geqslant 1200$	浓度高,空气清新
Ⅱ级	$500 \leqslant N < 1200$	浓度较高,空气较清新
Ⅲ级	$100 \leqslant N < 500$	浓度中,空气一般
Ⅳ级	$0 < N < 100$	浓度低,空气不够清新

已有研究表明,负（氧）离子浓度与气象要素(风速、空气湿度、空气温度、太阳辐射、天气状况等)、森林植被覆盖率关系密切。山区一般风速和空气湿度大,温度适中,太阳辐射较强,并且森林覆盖率高,因此山岳空气负（氧）离子资源优势明显,空气负（氧）离子旅游资源作为山岳一项具有发展前景的新兴生态保健旅游资源,对旅游业具有重要意义。

（3）空气洁净度

空气电离产生的自由电子大部分被氧气获得,形成负氧离子。关于空气负离子浓度的分级评价方法,国内尚无统一的评价标准,这里采用日本学者安培提出的空气洁净度分级标准(表 8.11)评价负离子分级。该评价方法的计算公式:

$$Ci = (n^{-}/1000) \times (1/q) \qquad (8.29)$$

式中,Ci 为空气洁净度评价指数,n^{-} 为负离子数,q 为单极系数,$q = n^{+}/n^{-}$。

表 8.11　空气洁净度评价标准

级别	A	B	C	D	E
清洁度	超清洁	较清洁	一般清洁	容许	临界值
Ci	≥1.0	1.0～0.7	0.7～0.5	0.5～0.3	<0.3
与人体关系	预防疾病	增强免疫力	具有保健效果	维持健康需要	诱发某些疾病

◆ **8.3.3　案例**

黄山是世界文化与自然遗产、世界地质公园、国家级风景名胜区、国家 AAAAA 级旅游景区,"中华十大名山,天下第一奇山"。其立体气候显著,垂直差异明显。夏无酷暑,为理想的避暑胜地;空气清新清洁,负氧离子浓度高,属天然氧吧,适宜气候体验和养生度假。

黄山光明顶冬半年风较大、气温较低,人体舒适度指数较小,以冷不舒适为主,人体感觉干燥较冷(图8.22)。然而冬半年气象景观丰富,是观赏日出与日落、云海和冬雪的最佳季节。4月下旬起,随着气温逐渐升高,气候舒适性天气逐渐增多。至10月底,舒适度指数维持在50~70,气候总体舒适。从4—10月舒适角度看,气候较为舒适;但该季节暴雨山洪、雷电、冰雹等气象灾害多发,开展旅游活动应及时关注天气变化。

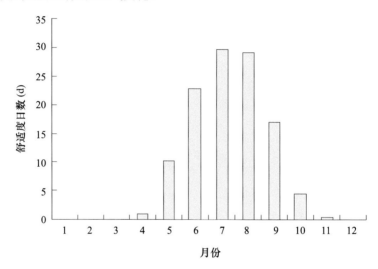

图8.22 黄山各月气候舒适日数分布

利用黄山温泉景区2016年8月—2017年7月空气负氧离子逐时观测资料,统计负氧离子浓度变化规律,可见(图8.23):负氧离子浓度具有明显的月变化特征,5—9月负氧离子浓度高,普遍为3500~6000个·cm^{-3},最高值出现在8月;2—4月负氧离子浓度全年较低,在1000~1500个·cm^{-3}。从全年来看,负氧离子浓度夏季最高,春季次之,冬季最低。夏季是黄山多雨季节,植物生长茂盛,水资源丰富,具备最充足的负氧离子生成条件。冬季植物停止生长,很多树木枯枝落叶,空气相对湿度低,水流量也较春、夏季小。因此,冬季负氧离子浓度相对低。

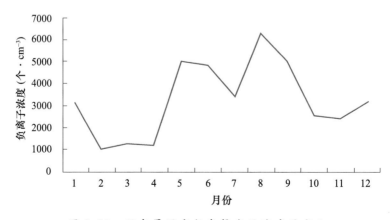

图8.23 温泉景区空气负氧离子浓度月变化

负氧离子浓度还呈现明显的日变化规律。从凌晨到正午负氧离子浓度水平不断上升，12:00 空气负氧离子浓度达到最大；正午之后负氧离子浓度逐渐下降，上半夜 17:00—23:00 负氧离子浓度为一天中最低时段(图 8.24)。

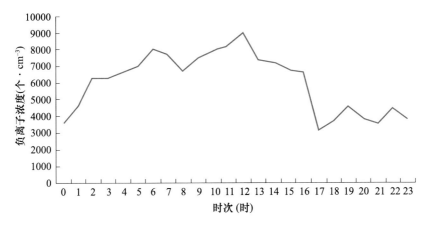

图 8.24 温泉景区空气负氧离子浓度日变化

根据 T/CMSA 0003—2017《天然氧吧评价指标》(中国气象服务协会，2017)，负氧离子浓度达到 1000 个·cm^{-3}，对人体具有疗养效果。黄山年平均负氧离子浓度近 3300 个·cm^{-3}，为高富集区，属于最优良的天然氧吧。5—9 月高峰时段，黄山负氧离子浓度一度超过 20000 个·cm^{-3}，具有一定的医疗保健效果。

根据空气洁净度评价标准，黄山各月空气洁净度评价指数均超过 1，空气达到超清洁程度，特别是 5—9 月空气洁净度评价指数均在 6 以上，其中 5 月高达 17，能够有效预防疾病(图 8.25)。

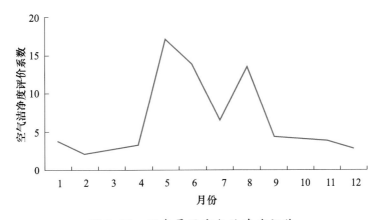

图 8.25 温泉景区空气洁净度评价

总体来看，黄山负氧离子浓度高，空气清新洁净，属氧气高富集区，为天然氧吧。负氧离子季节性变化显著，夏季最高，春季次之，冬季最低；一天之中，负氧离子在清晨至上午最高，午后开始降低；空气洁净度评价系数大于 1，远高于最佳空气清洁度标准。同时，黄山太阳辐射中富有紫外线，大气压和氧分压降低，负氧离子含量高，加上气温偏低等多重有利气象条件，可有效调节人体生理机能。据医学专家研究，在这种条件下，人体造血过程加快，对预防血管系统疾病效果显著。

8.4 典型城市群热岛效应评估——以珠江三角洲城市群为例

◆ 8.4.1 数据

MODIS 地表温度(land surface temperature,LST)数据为本研究的主要数据源。从美国国家航空航天局(NASA)戈达德航天中心 MODIS 数据归档与分发系统(https://ladsweb.nascom.nasa.gov/data/search.html)可下载 2003 年以来的 LST 日数据,数据空间分辨率为 1 km×1 km。

◆ 8.4.2 方法

城市热岛强度指数(urban heat island intensity index,UHII)的计算方法已十分成熟,如下式:

$$I_i = T_i - \frac{1}{n}\sum_{j=1}^{n} T_j \tag{8.30}$$

式中,I_i 为城市第 i 个像元的热岛强度;T_i 为城市第 i 个像元的地表温度值;n 为郊区农田内的有效像元数;T_j 为郊区农田内第 j 个像元的地表温度值。

在城市热岛强度指数的计算中,郊区像元的选择是关键。为确保郊区像元的典型性,需遵循以下原则:一是选择大面积覆盖,并与城市中心海拔高度相差很小的开阔农田;二是结构稳定,植被种类和土壤性质很少发生变化;三是远离城市中心。

为了便于统计分析,参照前人的方法将城市热岛强度划分为 7 个等级,具体划分方法见表 8.12。

表 8.12 城市热岛强度等级划分表

等级	阈值(℃)	描述
1	$(-\infty, -5.0]$	强冷岛
2	$(-5.0, -3.0]$	较强冷岛
3	$(-3.0, -1.0]$	弱冷岛
4	$(-1.0, 1.0]$	无热岛
5	$(1.0, 3.0]$	弱热岛
6	$(3.0, 5.0]$	较强热岛
7	$(5.0, \infty)$	强热岛

◆ 8.4.3 系统

"广东省生态气象监测评价业务系统"包含了城市热岛产品的处理和输出功能(图 8.26),系统可读取 MODIS LST 日产品,完成数据预处理,计算城市热岛指数,根据等级划分阈值绘制城市热岛等级图,并输出城市热岛专题图。

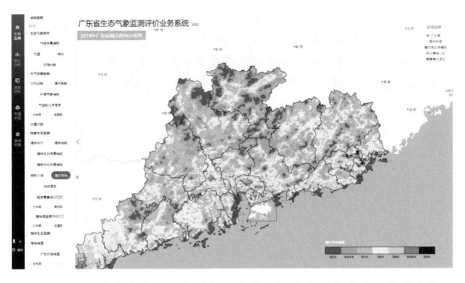

图 8.26　广东省生态气象监测评价业务系统城市群热岛产品处理功能

◆8.4.4　案例

珠三角城市群包括广州、深圳、佛山、东莞、惠州(不含龙门)、中山、珠海、江门、肇庆(市区和四会),是我国人口聚集最多、创新能力最强、综合实力最强的三大城市群之一。卫星遥感监测结果(图 8.27)显示,2003—2018 年珠三角城市群热岛区面积呈微弱增加趋势,平均每年增加 0.09%,冷岛区面积呈明显增加趋势,平均每年增加 0.31%。

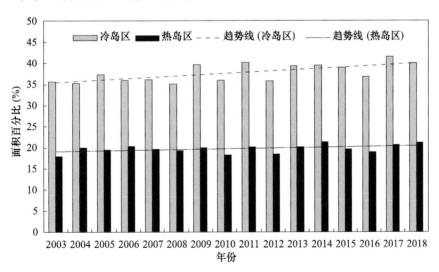

图 8.27　2003—2018 年珠三角城市群各等级热岛区面积变化

2018 年珠三角城市群热岛面积占区域总面积的 21.23%,较 2017 年增加 0.56%,其中,弱热岛区占 14.83%,增加 0.63%,较强热岛区占 5.58%,减少 0.26%,强热岛区占 0.82%,增加 0.19%。从空间分布上看(图 8.28),强热岛区零星分布于广州、深圳、佛山、东莞等市,其余城市以稀疏条带状弱热岛区为主。冷岛区面积占区域总面积的 40.06%,较 2017 年减少 1.55%,其中,弱冷岛区占 29.87%,减少 2.6%,较强冷岛区占 8.80%,增加 0.81%,强冷岛区占 1.39%,增加 0.24%。从图 8.29 可知,冷岛区呈岛状或片状,主要分布于肇庆市大部、江门市外围、惠州市北部、广州市北部等植被茂密区域。从季节分布上看(图 8.29),热岛区面积占比从大到小依次为夏季、春季、秋季、冬季,且夏季强热岛区面积明显多于其他三个季节。

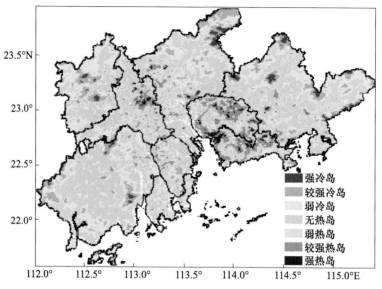

图 8.28 2018 年珠三角城市群热岛空间分布

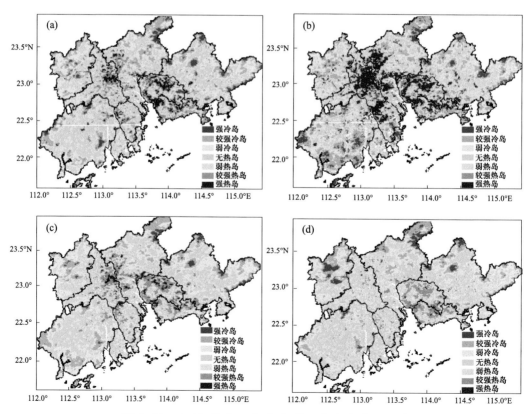

图 8.29 2018 年珠三角城市群四季热岛空间分布
(a)春季;(b)夏季;(c)秋季;(d)冬季

随着人们对美好生活的愿望不断提高,生态宜居条件越来越受到关注。气候是生态资源禀赋的重要组成,开展气候生态宜居评估是加强生态建设、创造良好人居环境、增加民生福祉的重要内容。本章从不同角度给出了城市群气候生态宜居评估指标及相关研究范式,为开展相关工作提供了参考和依据。气候生态宜居的评估涉及面广,属于典型的学科交叉领域,同时对于不同的评估对象,所采用的指标和方法也具有明显差异,当前的研究更多侧重于气候条件本身的分析,对于生态环境、人居条件等因素与气候因素的相互关系仍需要进一步厘清,在指标体系构建、精细化定量评估、多尺度分析和适应性治理等方面有待深入研究。

第 9 章

生态旅游气象预报预测

生态环境受天气气候的影响,一年四季变化很大。气象部门顺应人们对春季踏青赏花、盛夏草原观光、五彩金秋观赏等美好生态景观的向往,在构建植被生态质量指数基础上,发展了绿色美丽度指数,以表达植被生长过程中的可观赏程度。2020 年创新研制了全国植被生态质量季度监测预测产品;研究了重要植物花期、变色期与气象条件之间的关系,建立气象预报模型,开展美丽生态景观气象预报服务。省、市、县级气象部门发挥自身优势,挖掘当地气候资源和生态旅游资源,探索助力“绿水青山”变为“金山银山”的生态旅游气象预测预报方法和服务模式,以方便广大社会公众提前安排出行、休假计划,尽情欣赏和享受自然之美。本章主要介绍了气象部门开展全国范围以及省、市、县生态旅游气象服务的个例,以期进一步做好生态旅游气象服务。

9.1　全国重要生态景观气象预报

早春时节,万物复苏,春回大地,花开烂漫,正是人们户外踏青观赏游玩的最佳时间。油菜既是重要的油料作物,也是早春时节不可多得的观赏植物。每年我国油菜花自南向北陆续绽放,广受人们喜爱,其中云南罗平、江西婺源和陕西汉中等地纷纷举办以早春踏青赏花为主,集旅游、商贸、文化为一体的油菜花节,吸引着全国四面八方的游客。樱花原生于中国,我国栽种樱花至今有两千多年历史。经过长期人工培育,樱花分为早樱、中樱、晚樱三个大类,花期长约 15 d。樱花盛开时节,武汉、南京、淄博、北京、大连等城市美不胜收,游客络绎不绝。红叶是我国秋季重要生态景观。每年秋季,自北至南、自高山至平原,红叶类植物陆续变色,是人们秋季漫步游玩、陶冶情操的绝佳选择。草原占我国国土面积的 41.7%,是重要的生态屏障,同时也是人们向往的重要旅游胜地。为此,国家气象中心发挥气象作用,延长天气预报服务链,以全国油菜花、樱花、红叶最佳观赏期以及牧草返青期、生长盛期、黄枯期等重要物候期为主要预报对象,开展了预报方法研究,建立业务系统,进行最佳观赏期和重要物候期监测预报服务。

◆ 9.1.1　数据

(1)物候数据:收集常见重要植物始花期、盛花期、变色期和牧草返青、黄枯等物候观测数据,建立了全国重要植物物候数据库。

(2)气象要素数据:使用全国综合气象信息共享平台(China integrated meteorological information service system,CIMISS)实时数据库,考虑气象观测站点与物候观测点有一定的距离,根据地形、海拔等因素,对气象要素进行订正,建立物候观测所在地的气象要素数据库。

(3)卫星遥感植被指数数据:NDVI 和 EVI 数据。

◆ 9.1.2　方法

分析植物花期、变色期等重要生态景观以及牧草重要物候期与气象因子的相关关系,建立物候期预报模型和指标。结合智能网格天气气候预报,综合预报植物开花或变色的最佳观赏时间以及牧草返青期、盛草期、黄枯期等出现时间,开展气象预报服务。

9.1.2.1　红叶植物变色气象指标及预报方法

从气象意义来说,炎热过后,5 d 平均气温稳定在 22 ℃以下,就进入了秋季;低于 10 ℃时秋季结束,进入了冬季。研究表明,红叶植物变色是物候变化与环境变化的综合反映(吉奇等,2017)。红叶出现的时间与秋季降温的早晚、降温的快慢和幅度等关系密切。气温可影响红叶类植物叶片中叶绿素、叶黄素、胡萝卜素和花青素的含量,当叶绿素合成受到影响并逐渐消失,耐低温的叶黄素、花青素等色素颜色就会逐渐显现,从而使得叶片变色(侯亚红 等,2019)。深秋时节,红叶类植物叶片遭受低温(4 ℃以下),细胞内叶绿素陆续被破坏、含量迅速下降,同时低温会促使根系吸收利于叶片变色的微量元素;白天时段气温较高,叶片中胡萝卜素(橙红色)、叶黄素(黄色)维持一定含量并持续进行光合作用,细胞液液泡内积累了较多的花青素苷(紫红)等物质,叶片绿色逐渐变淡,显露出红色或黄色(姜卫兵 等,2009)。进一步研究发现,受前期叶绿素积累、植株长势、地形地貌等因素的影响,短时低温对叶绿素变色的影响并不一定都比较显著,需要根据植物特性、降温特点,综合分析和考虑。

在实际气象业务服务中,引入滑动平均气温来综合体现温度变化的影响。秋季,当 5 d 滑动日平均气温降至 14 ℃以下,日最低气温降至 4 ℃以下,红叶类植物逐步感受环境因素的改变,进入变色初期。气温日较差连续大于当地秋季月平均日较差 30% 以上时,如辽宁气温日较差达 15 ℃以上,北京为 13 ℃以上,长江流域为 12 ℃以上,红叶植物叶片细胞内两种色素对比显著,色彩艳丽。当日最低气温≤4 ℃的有效积温达 9 ℃·d 时,红叶植物进入最佳观赏期;当最低气温降至 0 ℃及其以下,出现明显霜冻后,红叶植物会迅速进入最佳观赏期。叶片变色后期,遇到降雨、大风等天气,往往造成叶片脱落离体,红叶植物观赏期就会早早结束。

9.1.2.2　樱花花期气象指标及预报方法

樱花是优良的园林观赏植物,在我国各地均有分布,被广泛应用于公园、景区、学校、街道、庭院等绿化中,成为早春主要观赏花木之一。早春时节,地温和气温逐渐回升,冬季处于休眠期的樱花逐渐苏醒,树干液体开始回流,樱花花芽萌动绽放。受樱树休眠期气温偏高、早春气温回暖早的影响,在构建樱花指标时,要综合考虑休眠、基本温度和萌动绽放三个方面。

基本温度计算方法:在不确定樱花品种的前提下,选取不同起算日、不同界限温度,计算其萌动苏醒至开花期大于等于界限温度累计积温的多年值标准差,研究发现该标准差存在若干个极小值。研究中,发现樱花基本温度存在 4.3 ℃、8 ℃两个标准差极小温度,与起算日无关;晚樱则为 4.3 ℃、10.6 ℃。一般选取 4.3 ℃为晚樱品种基本温度。受小气候差异的影响,在计算不同品种樱花基本温度时,应尽量选取距离最近的气象站点,做好误差订正。此外,冬季,樱花处于休眠期,期间寒冷程度直接影响樱花休眠的深浅,但不同品种对低温的响应尚不明确。多数学者认为,冬季低温会延迟始花期,高温导致提前开花。仲舒颖等(2017)研究表明,萌动至始花期积温与冬季气温呈自然指数关系;张艳红(2007)在对杜鹃花始花期与温度关系的试验中发现,杜鹃花开花对低温的要求因种而异,早花品种对低温要求较少,适当低温延长了休眠期;晚花品种要求低温多一些,充足低温反而有利于提前开花;中花品种对温度响应更加复杂,适当低温会提前开花,低温过多则延迟开花。成迪芳等(2021)综合前人研究,将中樱和晚樱分别分析,建立了基于休眠期温度的樱花花期预报模型。

对于中樱,萌动至开花期所需的活动积温(growing degree day,GDD),与休眠期日平均气温 T(气温低于基本温时段,主要集中在上年 12 月至当年 2 月第 5 候)呈现线性关系,且通过在显著性水平 0.05 下的 t 检验,且 GDD$_{中樱}$满足方程:

$$\mathrm{GDD}_{中樱} = -41.3 \times T + 370.9 \tag{9.1}$$

对于晚樱花,萌动至开花期所需的活动积温与休眠期日平均气温 T 同样呈现线性关系,且通过在显著性水平 0.05 下的 t 检验,其中 GDD$_{晚樱}$满足方程:

$$\mathrm{GDD}_{晚樱} = -42.3 \times T + 530.7 \tag{9.2}$$

休眠期日平均气温与樱花萌动至开花期所需的活动积温呈负相关,休眠期气温每升高

1 ℃,樱花初春绽放所需有效积温将减少约 41~43 ℃·d;晚樱与中樱相比,从花芽萌动到开花所需有效积温需 160 ℃·d。受限于观测数据样本容量,需继续增加观测,以提升 GDD 与休眠期日平均气温 T 关系的准确性。

樱花花期预报技术流程如下:

①计算冬季樱树休眠期日平均气温,并通过回归方程计算中樱、晚樱开花所需的积温 GDD_0。

②自 2 月下旬起,计算气温稳定通过基本温度 4.3 ℃的日期以及稳定通过后每日累计的有效平均气温。其中平均气温采用观测数据+未来 1~30 d 智能网格预报数据。考虑到目前天气预报中无日平均气温预报,故采用日最高、最低气温预报平均获得。结合历史同期数据获得日平均气温 T 的拟合方程为:

$$T = k \times (T_{max} + T_{min}) + b \tag{9.3}$$

式中,T_{max} 为日最高气温,T_{min} 为日最低气温;k、b 为系数。

③利用实况日平均气温,结合预报的未来日平均气温,判断积温 GDD 满足目标积温 GDD_0 的日期,即为樱花花期的始花期。实际服务时,结合最新智能网格预报,计算和预测樱花始花期日期,动态更新预报结论。考虑到当地种植樱树以晚樱为主,专业服务时以晚樱的花期预报作为服务参考。

9.1.2.3　油菜花期气象指标及预报方法

油菜在我国分为冬油菜、春油菜。作为常见的油料作物,其生长发育进程受到播种时间的限制。目前主要栽培类型有白菜型、芥菜型和甘蓝型油菜三种,其中甘蓝型和白菜型品种为冬油菜,在越冬时节需要一定的低温诱导花芽分化,且不同品种油菜,开花期早晚不同,花期持续的时间长短不同,在做花期预报时需要综合考虑各类因子的影响。同时,考虑到油菜有实时的全国农业气象观测网油菜物候观测数据,参考钱拴等(2007c)专门针对业务应用研究的全国棉花发育期业务预报方法,开展油菜花期预报。具体方法为:

(1)统计分析油菜播种、出苗、第五真叶、现蕾、抽薹、开花、绿熟等发育阶段所需的≥5 ℃活动积温,使用多年平均积温作为发育期判识目标。

(2)使用当年各发育期观测结果,计算当前已经积累的积温,结合至开花期的天气气候预报数据,计算到达目标积温的日期。

9.1.2.4　牧草返青、黄枯以及盛草期气象指标及预报方法

魏玉蓉等(2007)以锡林郭勒草原为例,利用多年牧草物候观测资料,分析了影响牧草生长发育的主要气象要素,并建立了锡林郭勒草原主要牧草物候发育模型。本节利用全国农业气象观测网观测的牧草物候资料、青海省和内蒙古自治区气象局草地生态气象观测资料等,分析整理了中国主要草原牧草物候历(表 9.1—表 9.3),统计分析了主要草原牧草返青、生长期、开花期、成熟期、黄枯期以及越冬期的有利和不利的气象条件(毛留喜 等,2015)。其中,牧草返青期间有利的气象条件是日平均气温≥5 ℃以上,且有一定的降水量,水热条件越好越有利于牧草返青生长。每种牧草开花时间不一样,不同气候条件下的牧草开花时间差异也较大,但大多数牧草开花期一般出现在 6 月上旬—8 月下旬,生物量高峰期一般出现在 7—8 月。根据牧草地面物候观测、机理模型模拟以及卫星遥感监测,结合天气气候趋势预测结果,能够对牧草盛草期进行监测预测。秋季,随着气温的下降,牧草陆续黄枯,气温下降越快、早霜冻出现越早的年份,牧草黄枯期提前越多。根据预报的早霜冻出现日期和秋季气温距平等,预测牧草黄枯时间。

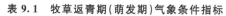

表 9.1　牧草返青期(萌发期)气象条件指标

主要草原		牧草返青期	有利气象条件	不利气象条件	气候背景
内蒙古东部 东北地区		4 月中旬— 5 月中旬	日平均气温≥5 ℃,降水量≥10 mm,水热条件越好越利于牧草返青	日平均气温≤0 ℃,返青期降水量不足 10 mm,牧草无法正常返青	日平均气温 8~15 ℃;降水量为 10~25 mm
内蒙古中部 华北地区		3 月下旬— 5 月上旬	日平均气温≥5 ℃,降水量≥6 mm,水热条件越好越利于牧草返青	日平均气温≤0 ℃,返青期降水量不足 6 mm,牧草无法正常返青	日平均气温 8~18 ℃;降水量为 6~12 mm
内蒙古西部 西北地区东部		3 月下旬— 4 月下旬	日平均气温≥5 ℃,降水量≥3 mm,水热条件越好越利于牧草返青	日平均气温≤0 ℃,返青期降水量不足 3 mm,牧草无法正常返青	日平均气温 7~13 ℃;降水量为 3~20 mm
新疆	北部	4 月中旬— 5 月上旬	日平均气温≥5 ℃,降水量≥3 mm,水热条件越好越利于牧草返青	日平均气温≤0 ℃,返青期降水量不足 5 mm,牧草无法正常返青	日平均气温 5~16 ℃;降水量为 3~12 mm
	南部	3 月上旬— 3 月下旬	日平均气温≥5 ℃,降水量≥1 mm,水热条件越好越利于牧草返青	日平均气温≤0 ℃,返青期降水量不足 1 mm,牧草无法正常返青	日平均气温 5~10 ℃;降水量为 1~5 mm
青藏高原		4 月中旬— 5 月下旬	日平均气温≥5 ℃,降水量≥3 mm,水热条件越好越利于牧草返青	日平均气温≤0 ℃,返青期降水量不足 3 mm,牧草无法正常返青	日平均气温 5~11 ℃;降水量为 3~20 mm

表 9.2　牧草开花期气象条件

主要草原		牧草返青期	有利气象条件	不利气象条件	气候背景
内蒙古东部 东北地区		6 月下旬— 8 月上旬	日平均气温≥20 ℃,降水量≥40 mm 利于牧草开花	日平均气温低于 20 ℃,日平均最高气温>30 ℃,开花期降水量不足 40 mm,牧草无法正常抽穗开花	日平均气温 20~25 ℃;降水量为 40~70 mm
内蒙古中部 华北地区		6 月中旬— 8 月上旬	日平均气温≥20 ℃,降水量≥25 mm 利于牧草开花	日平均气温低于 20 ℃,日平均最高气温>35 ℃,开花期降水量不足 25 mm,牧草无法正常抽穗开花	日平均气温 20~27 ℃;降水量为 25~55 mm
内蒙古西部 西北地区东部		6 月上旬— 8 月上旬	日平均气温≥15 ℃,降水量≥10 mm 利于牧草开花	日平均气温低于 15 ℃,日平均最高气温>35 ℃,开花期降水量不足 10 mm,牧草无法正常抽穗开花	日平均气温 15~25 ℃;降水量为 10~45 mm
新疆	北部	6 月中旬— 7 月下旬	日平均气温≥15 ℃,降水量≥8 mm 利于牧草开花	日平均气温低于 15 ℃,日平均最高气温>35 ℃,开花期降水量不足 8 mm,牧草无法正常抽穗开花	日平均气温 15~25 ℃;降水量为 8~20 mm
	南部	6 月上旬— 7 月下旬	日平均气温≥20 ℃,降水量≥3 mm 利于牧草开花	日平均气温低于 20 ℃,日平均最高气温>35 ℃,开花期降水量不足 3 mm,牧草无法正常抽穗开花	日平均气温 20~28 ℃;降水量为 3~10 mm
青藏高原东部		7 月上旬— 7 月下旬	日平均气温≥10 ℃,降水量≥15 mm 利于牧草开花	日平均气温低于 10 ℃,日平均最高气温>30 ℃,开花期降水量不足 15 mm,牧草无法正常抽穗开花	日平均气温 10~20 ℃;降水量为 15~50 mm

表 9.3　牧草成熟期气象条件

主要草原		牧草返青期	有利气象条件	不利气象条件	气候背景
内蒙古东部东北地区		8 月中旬—9 月上旬	日平均气温≥16 ℃，降水量≥20 mm 利于牧草结籽成熟	日平均气温低于 16 ℃，降水量不足 20 mm，牧草无法正常结籽或籽粒无法成熟	日平均气温 16～23 ℃；降水量为 20～50 mm
内蒙古中部华北地区		8 月中旬—9 月中旬	日平均气温≥16 ℃，降水量≥20 mm 利于牧草结籽成熟	日平均气温低于 16 ℃，降水量不足 20 mm，牧草无法正常结籽或籽粒无法成熟	日平均气温 16～24 ℃；降水量为 20～35 mm
内蒙古西部西北地区东部		8 月中旬—8 月下旬	日平均气温≥13 ℃，降水量≥10 mm 利于牧草结籽成熟	日平均气温低于 13 ℃，降水量不足 10 mm，牧草无法正常结籽或籽粒无法成熟	日平均气温 13～24 ℃；降水量为 10～55 mm
新疆	北部	8 月上旬—9 月上旬	日平均气温≥14 ℃，降水量≥5 mm 利于牧草结籽成熟	日平均气温低于 14 ℃，降水量不足 5 mm，牧草无法正常结籽或籽粒无法成熟	日平均气温 14～24 ℃；降水量为 5～20 mm
	南部	8 月上旬—9 月中旬	日平均气温≥18 ℃，降水量≥1 mm 利于牧草结籽成熟	日平均气温低于 18 ℃，降水量不足 1 mm，牧草无法正常结籽或籽粒无法成熟	日平均气温 18～24 ℃；降水量为 1～10 mm
青藏高原		8 月上旬—8 月下旬	日平均气温≥8 ℃，降水量≥20 mm 利于牧草结籽成熟	日平均气温低于 8 ℃，降水量不足 20 mm，牧草无法正常结籽或籽粒无法成熟	日平均气温 8～20 ℃；降水量为 20～50 mm

◆9.1.3　系统研发

基于 CAgMSS 框架下的国家级生态气象业务平台，研发了关键植物物候期预报子系统，可开展樱花、油菜花、枫树、牧草等植物历史观测资料查询，对接智能网格预报，开展 1～30 d 上述植物花期、变色期以及牧草返青、黄枯期预报预测，如图 9.1—图 9.5 所示。

图 9.1　物候期监测预报系统——樱花花期监测预报

图 9.2　物候期监测预报系统——油菜观赏期监测预报

图 9.3　物候期监测预报系统——红叶生态景观最佳观赏盛期监测预测

图 9.4　物候期监测预报系统——牧草返青期监测预报

图 9.5　物候期监测预报系统——牧草黄枯期监测预报

◆ 9.1.4　预报应用

9.1.4.1　红叶生态景观最佳观赏期气象监测预报

以 2020 年全国红叶生态景观气象监测预报为例,应用案例如下。

(1)气象监测

2020 年 10 月 28 日气象监测结果表明,新疆大部、内蒙古高原、大小兴安岭及长白山附近红叶植物于 9 月下旬陆续进入变色和最佳观赏期,出现时间总体接近常年同期。10 月 15 日

前,西北地区东北部、山西中北部、内蒙古东南部(图 9.6a)、东北地区大部红叶进入最佳观赏
时节;10 月 28 日前,陕西中南部、山西南部、河南西部、山东丘陵山区、华北大部处于红叶景观
最佳观赏期;北京西部和北部山区红叶植物已经进入最佳观赏期(图 9.6b);北京平原地区红
叶进入适宜观赏期的时间在 10 月末至 11 月上旬。

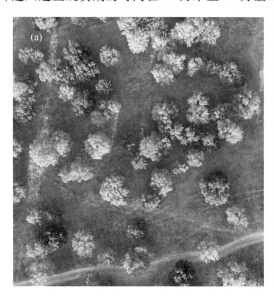 

图 9.6　2020 年内蒙古自治区兴安盟五角枫(a:10 月 8 日)
和北京颐和园枫叶(b:10 月 26 日)

(2) 2020 年全国红叶生态景观最佳观赏期预测

2020 年 10 月 28 日全国红叶气象预测结果表明,根据当年 10 月以来北方地区气温多起
伏、冷空气总体强度不强,11 月份我国中东部气温接近常年同期或略偏高,其中京津冀、山东
等地偏高 1~2 ℃的情况,综合预报 2020 年全国红叶生态景观进入最佳观赏期时间接近常年
同期,持续时间较常年略偏长;预计 11 月 15 日前,黄淮大部、长江中下游沿江地区红叶植物进
入最佳观赏期;12 月 1 日前,江南大部、四川盆地、云贵大部、华南北部进入最佳观赏期;华南
大部最佳观赏期要到 12 月份(图 9.7)。

9.1.4.2　油菜花期监测预报

每年春季我国冬油菜由南往北陆续进入开花期。以 2021 年为例,南方受 2020 年 12 月至
2021 年冬季气温偏高、初春气温回升偏早的影响,冬油菜现蕾、抽薹和开花时间均较常年提前
7~10 d。地面观测显示,1 月下旬,西南地区南部、华南大部及江西南部油菜进入始花期;2 月
下旬,西南地区大部、江南、江汉、江淮南部油菜进入始花期;3 月中旬,陕西南部、河南中南部、
安徽北部、江苏中部油菜进入始花期。结合未来 10~40 d 天气气候趋势预测,预计 3 月下旬
河南北部、山东南部等地油菜进入始花期;4 月下旬甘肃东南部、陕西中部、山西中南部、河北
中南部、山东等地油菜进入始花期(图 9.8)。

9.1.4.3　樱花花期监测预报

以 2021 年 3 月 27 日预报为例,预报结果表明,2021 年我国中东部樱花观赏期较常年普
遍偏早、观赏期偏长。4 月上旬,我国中东部大部地区樱花将进入最佳观赏期;长江中下游地
区受气温明显偏高的影响,始花期较常年偏早 3~10 d;未来 20 d 西北地区东部气温较常年同

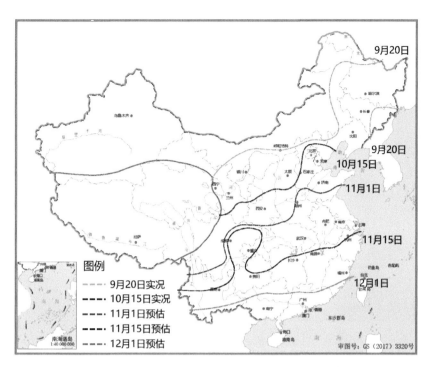

图 9.7　2020 年 10 月 28 日全国红叶生态景观最佳观赏期监测预测

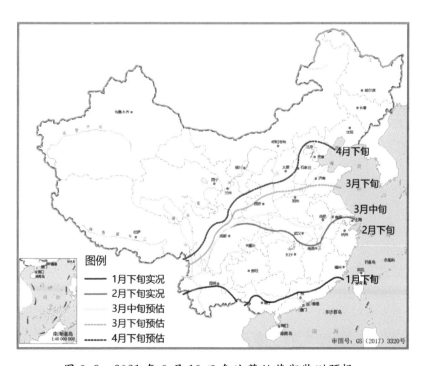

图 9.8　2021 年 3 月 19 日冬油菜始花期监测预报

期偏低 1~3 ℃，环渤海地区气温偏高 2~3 ℃，西北地区东部、华北、黄淮东部樱花将于 4 月中下旬结束；辽宁大连将于 5 月上旬结束(图 9.9)。其中，长江中下游、陕西、山西等地樱花观赏期长于往年。

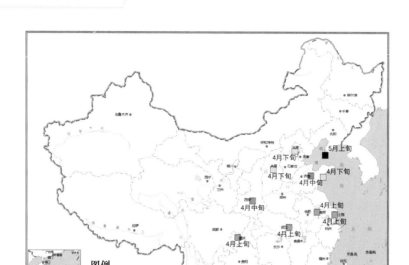

图 9.9　2021 年 3 月 27 日樱花观赏末期预报

9.2　省级生态旅游气象服务

◆ 9.2.1　广东省生态旅游气象服务

9.2.1.1　数据

（1）监测数据

生态旅游气象服务使用的数据包括自动气象站、风廓线雷达、多普勒雷达等站点的监测数据，经过再分析处理得到生态旅游景点各要素实况资料以及根据景区类型及需求观测的负氧离子浓度、紫外线强度等特种观测数据。

（2）预警数据

生态旅游景区周边不同半径关键区范围内所有自动气象站数据、天气雷达数据、大气电场仪观测的达到服务阈值的站点数据，以及景区所在地的预警信号数据。

（3）预报数据

数值天气预报产品、GIFT 网格预报产品等数据，得到的生态旅游景区未来 1～6 h 降水预报、24 h 逐小时天气状况预报、1～10 d 逐日天气预报、30 d 天气趋势及天气系统影响预报，以及在此基础上衍生得到的旅游气象服务预报产品。

（4）生态气象评估数据

生态旅游区域内历史气候数据、空气质量、植被状况、交通旅游配套设施等数据，用于生态状况气象影响评估分析。

9.2.1.2　方法

生态旅游气象保障服务，一方面，从"趋利"角度，通过挖掘景区核心资源，规划景区生态气象观测站网,建立合理的生态气象观测站,获取实况数据,指导旅游,发挥生态效益;通过设计旅游气象服务产品,为旅游经营管理、策略调整等提供技术支撑,提升经济效益。另一方面,从"避害"角度,加强对景区灾害性天气的监测、预警,保障旅游安全。

9.2.1.3　系统

广东省生态气象中心研发建设了广东生态旅游气象服务系统。系统基于地理信息系统(GIS),集气象监测、预报与预警信息发布于一体,将实时获取的数据资料集成存储于旅游气象信息数据库中,具备景点气候生态预测、特殊景点景观预测等功能,通过系统界面进行综合展示服务。系统产品分为公众预报产品、运营气象、决策气象服务三大类型,为不同的目标用户提供全省生态旅游气象服务保障,实现专业化、精细化与定量化的旅游气象服务产品发布(图 9.10)。

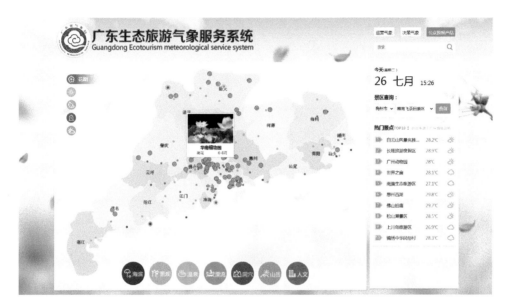

图 9.10　广东生态旅游气象服务系统界面

(1)公众预报产品

把旅游景点划分为海滨、山岳、温泉、漂流、洞穴、景观、人文旅游七大类,根据不同的景点类型展示广东省 AAAA、AAAAA 景点的气象监测、预警和预报产品,包括各景点常规气象要素监测实况、7 d 逐日天气预报、旅游气象指数预报(穿衣指数、风寒指数、中暑指数、紫外线指数、人体舒适度等)、花期预报、特色景观预报(如云海、日出、日落、雾凇、雪景等)、周边预警信号与预警站点信息,同时展示全省最佳赏花时间、全省紫外线监测、全省负氧离子监测信息等,支持各景点的气象要素、旅游气象指数等信息的搜索查询。另外,接入广东省旅游局共享的热门景点排行数据,了解旅游人数、环境实况,便于做好旅游气象服务。

(2)运营气象

为景区定制专属服务系统,支持企业行业的个性化编辑与管理。目前已定制"长隆集团旅游气象服务系统""罗浮山旅游气象服务系统""龙门县生态旅游气象服务系统""揭西县生态旅游气象服务系统""连山生态旅游气象服务系统",并投入日常使用。运营气象子系统主要提供 3 类信息。

①监测、预警信息：景区不同半径范围内常规气象要素实况、闪电定位、雷达回波、台风路径、预警信号和预警信息。

②预报信息：未来 6 h 降水、未来 24 h 逐小时天气预报、未来 10 d 逐日天气状况、未来 30 d 中长期趋势预报以及旅游气象指数预报。

③营运信息：天气影响评估、预警信号统计分析等营运气象模块，以及接入景区内高空缆车塔桩的风速、雷电监测实况等。

（3）决策气象

支持人工在线编辑、发布广东省及各景区的旅游气象服务专报，同时支持对接旅游管理部门或景区、集团企业的应急决策管理平台。

9.2.1.4 成果应用

（1）打造生态旅游气象服务全链条

广东省、市、县气象部门面向地方政府需求，充分发挥气象优势，挖掘生态旅游资源，先后助力罗浮山风景名胜区、龙门县、揭西县、连山壮族瑶族自治县获得"中国天然氧吧"荣誉称号；并针对景区加强生态保护以及可持续发展的需求，合力为地方政府、景区企业实时提供精细化生态旅游气象预报等全方位气象服务，助力地方生态文明建设和经济效益双增长，实现了广东全域旅游和地方特色旅游，建立了生态旅游全链条气象服务。

①对地方生态状况和旅游气象资源进行评估，找准生态旅游气象核心要素及服务产品的切入点。

②挖掘和打造景区核心资源，获得品牌效益增长点；同时加强对景区灾害性天气影响的监测预测，保障旅游安全。

③利用气象部门在气象监测、预警、预报信息综合展示的丰富经验，建设生态气象观测网络，搭建定制化生态旅游气象服务系统。

④围绕地方发展规划和目标，利用气象渠道加大宣传力度，打响生态旅游品牌。

通过气象服务全链条模式，广东省气象部门主动融入生态旅游、乡村旅游；并通过助力地方创建"中国天然氧吧"，助推地方氧吧文化、氧吧旅游、氧吧农产品等氧吧衍生旅游产品。

（2）气象服务促进旅游增收

2017 年以来广东省生态气象中心为长隆集团持续提供点对点、针对性、精细化的旅游气象服务，并与长隆集团建立了良好、密切的长期合作关系。长隆集团旅游气象服务为景区提供营运气象条件分析，助力旅游景区效益增收。2017 年基于天气气候的发展变化，为长隆集团提供跟踪式气象服务，为广州长隆水上乐园及时调整运营策略提供参考，使得长隆集团营业收入增加四分之一，运营决策取得实质性受益。

（3）气象监测预警保障安全生产

为长隆集团建立的气象服务系统自上线以来，获得用户长隆集团的认可与好评。他们认为在夏季台风频繁登陆期间，该系统的精准监测预警发挥了重要作用。例如：

①在 2017 年第 13 号强台风"天鸽"影响广东过程中，"长隆集团气象服务系统"提供的实况监测与预警信息使得长隆水上乐园能够及时掌握台风对景区的破坏力，争取了宝贵的应对时间，使景区工作人员得以做出相应的防御措施，长隆集团特地致信感谢。

②在 2017 年第 20 号强台风"卡努"步步逼近广东过程中，10 月 15 日 10 时，珠海市台风黄色预警信号正在生效中，长隆珠海园区工作人员通过"长隆集团气象服务系统"的实况监测与预警信息，结合气象部门的及时提醒，得知"卡努"台风路径将偏西移动，不会对景区造成更大

的影响,使得长隆海洋王国及时做好应对工作,而未采用闭园应急预案。

③在 2018 年第 22 号强台风"山竹"正面袭击广东,同时第 23 号台风"百里嘉"在近海活动的过程中,"长隆集团气象服务系统"提供台风"百里嘉"和"山竹"气象监测、预警预报、台风路径信息,帮助长隆集团提前研判台风"山竹"对景区的影响程度及台风预警信号的风险等级,使得长隆集团提前 3 d 开始部署防御措施(闭园准备),做了大量防御提升工作,实现了人员零伤亡并将损失降至最低。

◆ 9.2.2　福建省生态旅游气象服务

负氧离子浓度数据是反映空气清新度的最重要数据(全国气候与气候变化标准化技术委员会,2017a),负氧离子是空气中带负电荷的氧气离子,其浓度与植物数量和空气湿度成正比。大气环境气象条件贡献率评价指标系统自 2018 年试运行以来,已采集福建省 16 个清新指数综合监测站的气象历史观测数据,把其应用于大气负氧离子与气象要素之间的关联分析,确定各气象因素对景区负氧离子的影响关系,为构建"清新指数"指标体系、输出"清新指数"预报产品提供了数据保障。

9.2.2.1　负氧离子数据入库及分析

建立了福建负氧离子数据库系统,对数据进行监督和维护,并能够对数据进行多维度分析。

(1)负氧离子浓度时间变化规律分析

通过对武夷山 2018 年 1—12 月监测,将监测数据资料按月份进行整理,得到了武夷山在 12 个月期间的负氧离子浓度变化(图 9.11)。

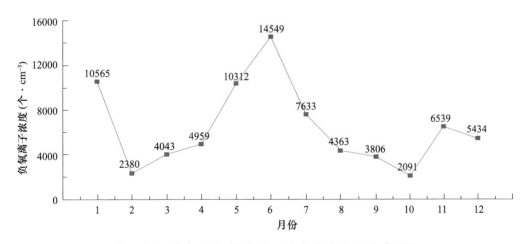

图 9.11　武夷山 2018 年 1—12 月负氧离子浓度变化

由图 9.11 可以看出,武夷山站月均负氧离子浓度为 6389 个·cm^{-3},其中月均浓度最小值出现在 10 月,为 2091 个·cm^{-3}。最大值出现在 6 月,为 14549 个·cm^{-3}。从季节尺度来看,夏季负氧离子浓度最高,春季和秋季负氧离子浓度比较低,冬季则处于中等水平。

以 5 月某一天的数据作为分析武夷山负离子浓度日变化的样本,如图 9.12 所示,清晨 7 时的负氧离子浓度最高,达到了 45553 个·cm^{-3},而在下午,负氧离子浓度水平开始呈下降趋势。因而选择在早上锻炼或散步,空气清新度高,对人体的健康也十分有益。

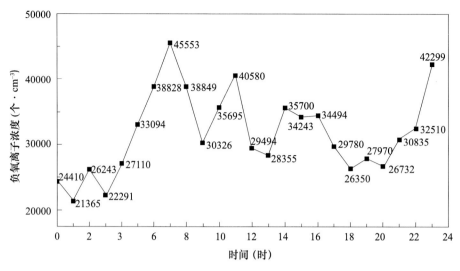

图 9.12　武夷山 2018 年 5 月某一日负氧离子浓度日变化曲线

（2）负氧离子浓度与其他环境因素的变化关系

选取 8 月某一天的观测数据，以温度为例分析其他环境因素对空气负氧离子浓度的影响。由图 9.13 可以发现，清晨和下午气温较低时，负离子浓度较高。

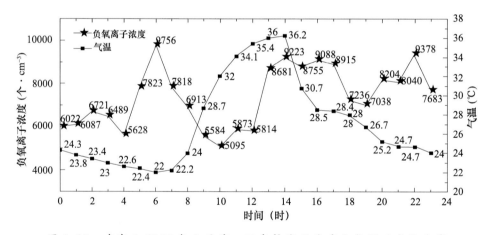

图 9.13　武夷山 2018 年 8 月某一日负氧离子浓度和气温日变化曲线

（3）评价与结论

①监测资料显示，武夷山国家公园一年中大多数时间的空气负氧离子浓度在 16107 个·cm^{-3} 以上，对照清新指数等级，可以得出，负氧离子浓度在 1500 个·cm^{-3} 以上，属于非常清新，对人体健康是有益的，所以武夷山国家公园生态环境良好，旅游资源丰富，空气清新，远远高于城市其他地区，适合游客前去旅游。

②武夷山空气负氧离子浓度表现出显著的时间和季节差异性，一年中呈现夏高、春冬低的季节变化，一日之中表现在上午较高而下午较低的特征。

③武夷山空气负氧离子浓度变化与温度、湿度的变化呈正相关，尤其是与湿度的正相关关系体现得较为明显。在湿度较大的时间或空间，负氧离子浓度也较高，例如靠近瀑布区域的负氧离子浓度很高。

9.2.2.2 清新指数业务支持系统

基于与福建省文化旅游厅的实际合作业务需求,结合气象要素与负氧离子对清新指数的影响参数、网格天气预报、空气质量预报等技术,建立清新指数预报模型,同时建立业务系统。此系统能够自动生成各景区未来 24 h 清新指数预报,实现清新指数预报客观产品的自动化制作,可自动发布"清新指数"预报产品(图 9.14),系统提供"清新指数"预报数据服务接口,进一步提升气象与旅游部门的信息共享与应用水平,解决了信息发布的实际业务需求,预报产品输出到了影视节目及部分景区 LED 显示屏(图 9.15)。

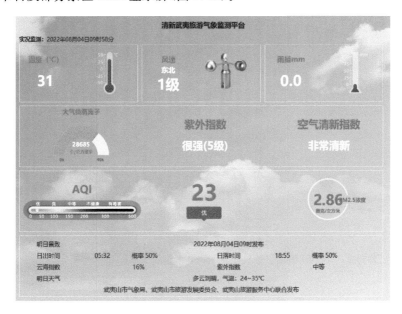

图 9.14 清新武夷生态旅游气象监测平台预报产品示例

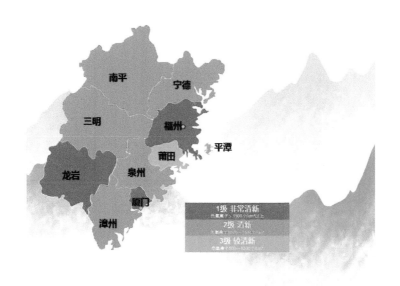

图 9.15 福建省 2022 年 8 月 4 日空气清新指数预报

9.3 县级生态旅游气象预报案例

◆ 9.3.1 数据

浙江省开化县开展生态旅游气象预报,使用数据种类多,数据量大,为了保证数据质量,各类气象数据均来自浙江省气象局网络中心,地理信息基础数据等来自浙江省测绘局等相关部门。使用的各类数据见表9.4。

表 9.4 浙江省开化县气象局开展生态旅游气象预报的数据使用总览表

序号	数据类别	数据内容	数据来源
1	地面站点基础数据	地面气象观测站点数据	浙江省气象局网络中心
2		农业气象观测站数据	
3		环保观测站数据	
4		交通气象观测站数据	
5		生态气象观测站数据	
6	旅游数据	旅游景点统计数据	用户收集

注:各类数据的范围均为开化县及其周边县。

(1)地面气象观测站点数据

地面气象观测站点数据见表9.5。

表 9.5 地面气象观测站点数据表

序号	数据种类	数据内容	数据规模	时间分辨率	更新频次	存储方式
1	逐小时观测数据	自动站小时实时数据	开化县辖区及周边县,共计380个站点	1 h	1 h	数据库:SQL Server
2	逐小时观测数据	自动站小时历史数据		1 h	1 h	

(2)省级气象监测分析数据

省级气象监测分析数据见表9.6。

表 9.6 省级地面气象监测分析数据

序号	数据种类	数据内容	数据格式	空间分辨率	时间分辨率	更新频次
1	逐小时降水观测格点数据	1 h时降水、3 h降水、6 h降水、12 h降水、24 h降水、08时起日降水、20时起日降水、48 h降水、72 h降水	Micaps4 类	0.05°	1 h	1 h
2	逐小时风观测格点数据	1 h极大风速、近24 h极大风速、20时起日极大风速、近24 h最大风速、20时起日最大风速、小时最大风速	Micaps4 类、Micaps11 类	0.05°	1 h	1 h
3	逐日降水统计格点数据	08时起日降水格点数据、20时起日降水格点数据	Micaps4 类	0.05°	1 h	1 h
4	逐日风统计格点数据	20时起日极大风速格点数据、20时起日最大风速格点数据	Micaps4 类	0.05°	1 h	1 h

◆ 9.3.2　方法

9.3.2.1　空气清新指数

负氧离子浓度是衡量空气是否清新的最重要的指标,浓度越高,空气越清新。世界卫生组织界定的"清新空气"的负氧离子标准为 1000～1500 个·cm^{-3},当负氧离子浓度达到 2000 个·cm^{-3},空气达到"特别清新"的标准,对健康有益(表 9.7)。

表 9.7　五级空气清新指数划分标准

等级	负氧离子浓度(个·cm^{-3})	空气清新度
一级	<100	不清新
二级	100～499	一般
三级	500～999	较清新
四级	1000～1999	清新
五级	≥2000	特别清新

根据负氧离子浓度将空气清新指数划分为 1～5 级五个等级,分别对应于空气清新度的不清新、一般、较清新、清新和特别清新(表 9.8)。

表 9.8　空气清新指数与空气清新度对照表

空气清新指数	1	2	3	4	5
空气清新度	不清新	一般	较清新	清新	特别清新

空气清新度的计算需要系统接入全省空气负氧离子浓度监测网开化县区域数据,根据各乡镇空气负氧离子浓度历史数据进行时间序列建模,预测第二天的负氧离子浓度并划分空气清新度等级。

9.3.2.2　人体舒适度指数

人体舒适度指数是为了从气象角度来评价在不同气候条件下人的舒适感,根据人类机体与大气环境之间的热交换而制定的生物气象指标。人体的热平衡机能、体温调节、内分泌系统、消化器官等人体的生理功能受到多种气象要素的综合影响,例如,空气温度、湿度、气压、光照、风等。实验表明:气温适中时,湿度对人体的影响并不显著。由于湿度主要影响人体的热代谢及水和盐代谢,当气温较高或较低时,其波动对人体的热平衡和温热感就变得非常重要。气温是判断气候舒适的主要指标,湿度和风速是辅助指标。人体舒适度指数就是建立在气象要素预报的基础上,能够较好地反映多数人群的身体感受的综合气象指标或参数。舒适度预报可帮助人们对大气环境有所了解,对人们及时采取措施,预防疾病发生,减少因情绪而造成的工作、生活决策失误等具有积极意义。

人体舒适度的计算过程如下:

①首先基于黄金分割率认定人体理论最佳舒适温度 $T_{s_0} = 36.75 \times 0.618 \approx 22.7$(℃)。

②根据季节和地域调整后,最佳舒适温度(T_s)为:

$$T_s = 22.7 \times [1.0 - 0.3 \times \sin(\varphi - 23.5)] - 0.3 \times \cos[15 \times (M-1)] \tag{9.4}$$

式中,φ 为纬度,M 为月份。

③计算体感温度

公式一： $T_a \geqslant T_s, RH > RH_s$ 时

$$T_g = T_a + A\{\exp[0.05(T_a-T_s)(RH-R_{Hs})]-1\} - 0.03(T_a-T_s)V$$

湿度项 $T_u = A\{\exp[0.05(T_a-T_s)(RH-RH_s)]-1\}$ (9.5)

风速项 $T_v = -0.03(T_a-T_s)V$

公式二： $T_a < T_s, RH > RH_s$ 时

$$T_g = T_a + A\{\exp[0.013(T_s-T_a)(RH-RH_s)+1]\} - 0.01(T_s-T_a)V$$

湿度项 $T_u = -A\{\exp[0.013(T_s-T_a)(RH-RH_s)]+1\}$ (9.6)

风速项 $T_v = -0.01(T_s-T_a)V$

式中， T_g 为体感温度(℃)， T_a 为平均气温(℃)， V 为平均风速(m·s^{-1})， T_s 为最适温度(℃)， RH 为空气相对湿度(%)， RH_s 为最适相对湿度(%)，有降水时， $RH_s=61.8\%$ ；无降水时， $RH_s=50.0\%$ ；当 $RH<RH_s$ 时，湿度项不起作用。

④取 $D_t=22.7-T_s$ 表示某地的调整后的最适温度与理论最适温度的偏差。根据体感温度 T_g 与 D_t 之间的关系，划分人体舒适度等级，见表9.9。

表 9.9　人体舒适度等级

等级	舒适度	划分标准	体感及应对措施
4	酷热	Tg>32−Dt	极度热不舒适，注意防暑降温
3	炎热	29−Dt<Tg≤32−Dt	强热不舒适，尽量少去户外
2	热	25−Dt<Tg≤29−Dt	中度热不舒适，适度穿着易散热夏装
1	微热	23−Dt<Tg≤25−Dt	较舒适，不影响正常生活
0	舒适	18−Dt<Tg≤23−Dt	很舒适，高效地工作、学习
−1	凉爽	13−Dt<Tg≤18−Dt	较舒适，不影响正常生活
−2	凉	6−Dt<Tg≤13−Dt	略感微凉，注意添衣
−3	冷	−2−Dt<Tg<6−Dt	中度冷不舒适，注意保暖
−4	很冷	−10−Dt<Tg≤−2−Dt	冷不舒适，注意防寒保暖
−5	寒冷	−20−Dt<Tg≤−10−Dt	强冷不舒适，防寒保暖，防止冻伤
−6	严寒	Tg≤−20−Dt	极强冷不舒适，加强防寒保暖，防止冻伤

再根据表9.10的细分等级，将人体舒适度等级归并为4级。

表 9.10　人体舒适度等级划分

人体舒适度细分等级	−6,4	−5,−4,3	−3,−2,2	−1,0,1
人体舒适度等级	四级	三级	二级	一级
描述	非常不舒适	不舒适	较舒适	舒适

人体舒适度计算公式中的气温、相对湿度和平均风速等气象因子采用省级集成指导预报产品中的1~15 d预报产品(OCF)数据，计算第2天11时、14时和17时的人体舒适度并进行平均，以综合表征全天人体舒适度。

9.3.2.3　避暑指数

避暑指数的计算需要综合考虑温度、湿度、风速等气象条件。可以将避暑指数看作为温湿

指数(表 9.11)和风效指数(表 9.12)的某种线性组合。

(1)避暑指数(C)计算公式

$$C=0.65\times X_{THI}+0.35\times X_{WEI} \tag{9.7}$$

式中,X_{THI} 为温湿指数的分级值;X_{WEI} 为风效指数的分级值。

①温湿指数(THI)计算公式

$$THI=(1.8\times T+32)-0.55\times(1-RH)\times(1.8\times T-26) \tag{9.8}$$

式中,T 为平均气温(℃);RH 为空气相对湿度(%)。

表 9.11 温湿指数的分级标准及赋值

温湿指数(THI)	等级及描述	赋值
<40	极冷,极不舒适	1
40~45	寒冷,不舒适	3
45~55	偏冷,较不舒适	5
55~60	清凉,舒适	7
60~65	凉,非常舒适	9
65~70	暖,舒适	7
70~75	偏热,较舒适	5
75~80	闷热,不舒适	3
≥80	极闷热,极不舒适	1

②风效指数(WEI)计算公式

$$WEI=-(10\sqrt{V}+10.45-V)\times(33-T)+8.55\times S \tag{9.9}$$

式中,T 为平均气温(℃);V 为风速(m·s^{-1});S 为日照时数(h)。

表 9.12 风效指数的分级标准及赋值

风效指数(WEI)	等级及描述	赋值
≤-1000	强冷风	1
-1000~-800	冷风	3
-800~-600	偏冷风	5
-600~-300	凉风	7
-300~-200	舒适风	9
-200~-50	暖风	7
-50~80	皮感不明显	5
80~160	皮感热风	3
>160	皮感不适风	1

(2)避暑指数划分

根据计算出的避暑指数 C 值,再将避暑指数划分为 5 个等级,如表 9.13 所示。

表 9.13　避暑指数等级划分

避暑指数(C)	≥7.4	5.8~7.4	4.2~5.8	2.6~4.2	<2.6
避暑指数等级	1	2	3	4	5
描述	非常适宜	适宜	基本适宜	不太适宜	非常不适宜

温度、湿度、风速采用省级集成指导预报产品中的 1~15 d 预报产品(OCF)数据,计算第 2 天 14 时和 17 时的避暑指数并进行平均,以综合表征午间和下午时段的避暑指数等级。

9.3.2.4　紫外线指数

紫外线指数用来衡量日照最强时刻的紫外线辐射对人体皮肤、眼睛等组织和器官的可能损伤程度,紫外线指数越大,对人体的损伤程度越重。紫外线指数的计算除了需要接入省级集成指导预报产品中的 1~15 d 预报产品(OCF)数据,还需要引入 ECMWF 数值预报模式中的能见度、各层云量和不同层高的湿度数据。

(1)紫外线指数计算

紫外线指数计算公式:

$$I_{UV} \approx \frac{Q_{UV} \times C_{er}}{\Delta I} \tag{9.10}$$

式中,I_{UV} 为紫外线指数预报值,无量纲值,非零整数,四舍五入取整得到;Q_{UV} 为地面紫外线辐照度预报值(W·m^{-2});C_{er} 为等效红斑订正因子,取值 0.01;ΔI 为与单位紫外线指数相当的紫外线辐照度,取值 0.025 W·m^{-2}。

I_{UV} 根据计算出的值,再将防晒划分为 5 个等级(表 9.14)。

表 9.14　紫外线指数等级划分

紫外线指数 I_{UV}	0~2	3~4	5~6	7~9	≥10
防晒指数等级	1	2	3	4	5
描述	最弱	弱	中等	强	很强

(2)地面紫外线辐照度计算

到达地面的紫外线辐照度预报值计算公式:

$$Q_{UV} = Q_A \times a \times \eta \times R \tag{9.11}$$

式中,Q_{UV} 为地面紫外线辐照度预报值(W·m^{-2});Q_A 为天文辐照度(W·m^{-2}),指由太阳对地球的天文位置而确定的到达地球大气上界的太阳辐照度;a 为大气透明系数,综合反映晴空大气对太阳总辐射的削弱作用;η 为紫外线辐照占太阳总辐射比例;R 为地面紫外线辐照度订正因子。

(3)地面紫外线辐照度订正因子

订正因子计算公式:

$$R = R_{ca} \times R_{wp} \times R_{sa} \tag{9.12}$$

式中,R 为地面紫外线辐照度订正因子;R_{ca} 为云量订正因子;R_{wp} 为天气现象订正因子;R_{sa} 为地表反照率订正因子。

(4)天文辐照度计算

计算公式:

$$Q_A = S_0 \times \sin h \times \left(\frac{a}{\gamma}\right)^2 \tag{9.13}$$

$$\sin h = \sin\varphi\sin\delta + \cos\varphi\cos\delta\cos\omega \tag{9.14}$$

$$\left(\frac{a}{\gamma}\right)^2 = 1.00011 + 0.034221\cos\left(\frac{2\pi n}{365}\right) + 0.00128\sin\left(\frac{2\pi n}{365}\right) +$$

$$0.000719\cos\left(2\times\frac{2\pi n}{365}\right) + 0.000077\sin\left(2\times\frac{2\pi n}{365}\right) \tag{9.15}$$

$$\delta = 0.006918 - 0.399912\cos\left(\frac{2\pi n}{365}\right) + 0.070257\sin\left(\frac{2\pi n}{365}\right) - 0.006758\cos\left(2\times\frac{2\pi n}{365}\right) +$$

$$0.000907\sin\left(2\times\frac{2\pi n}{365}\right) - 0.002697\cos\left(3\times\frac{2\pi n}{365}\right) + 0.00178\sin\left(3\times\frac{2\pi n}{365}\right) \tag{9.16}$$

式中，Q_A 为天文辐照度（W·m^{-2}）；S_0 为太阳常数，取值（1367±7）W·m^{-2}；h 为太阳高度角（弧度）；$\left(\frac{a}{\gamma}\right)^2$ 为日地距离订正值；n 为计算日在一年中的顺序号，以 1 月 1 日为 0 开始；φ 为地球纬度（弧度）；δ 为太阳赤纬（弧度）；ω 为太阳时角（弧度）。

（5）大气透明系数

紫外线辐射占太阳总辐射比例计算公式：

$$a = \frac{Q}{Q_A} \tag{9.17}$$

式中，a 为大气透明系数；Q 为地面太阳总辐照度（W·m^{-2}）；Q_A 为天文总辐照度（W·m^{-2}）。

利用 1993—2007 年全国 103 个国家气象站晴空（总云量小于 3 成）正午的太阳总辐照度样本，计算大气透明系数。考虑到大气透明系数全国分布具有区域特征，且与海拔高度分布相一致，因此将全国分成 4 个区域，并统计各区域的平均大气透明系数，见表 9.15。

表 9.15 全国各区域的平均大气透明系数

月份	一区	二区	三区	四区
1 月	0.78	0.70	0.73	0.61
2 月	0.82	0.72	0.71	0.63
3 月	0.82	0.75	0.68	0.66
4 月	0.82	0.75	0.68	0.67
5 月	0.78	0.76	0.69	0.69
6 月	0.78	0.75	0.67	0.67
7 月	0.80	0.73	0.66	0.66
8 月	0.78	0.73	0.66	0.66
9 月	0.77	0.73	0.66	0.66
10 月	0.79	0.72	0.65	0.65
11 月	0.79	0.69	0.71	0.62
12 月	0.80	0.68	0.71	0.61

注：一区为西藏地区、西南地区北部、西北地区中部；

二区为内蒙古地区、东北地区西部、西北地区西部和东北部；

三区为西南地区南部；

四区为我国其他地区。

（6）紫外线辐射占太阳总辐射比例

紫外线辐射占太阳总辐射比例计算公式：

$$\eta = \frac{E_{UV}}{Q} \tag{9.18}$$

式中，η 为紫外线辐射占太阳总辐射比例；E_{UV} 为地面紫外线辐照度检测值；Q 为地面太阳总辐照度。

利用 2008—2013 年全国 38 个生态站太阳总辐射和紫外线辐射月总量数据（数据来源：国家生态系统观测研究网络科技资源服务系统，CNERN），计算全国紫外线辐射占太阳总辐射比例的月度值，见表 9.16。

表 9.16 全国紫外线辐射占太阳总辐射比例的月度值

月份	全国紫外线辐射占太阳总辐射比例（%）
1	4.25
2	4.32
3	4.33
4	4.68
5	4.98
6	5.00
7	4.90
8	5.04
9	4.69
10	4.51
11	4.29
12	4.16

（7）云量订正因子

云量订正因子根据总云量确定。总云量是指天空被所有云遮蔽的总成数，一般分为 0～10 成，0 成表示天空无云，10 成表示天空完全被云遮蔽。云量订正因子取值见表 9.17。

表 9.17 云量订正因子

总云量（成）	云量订正因子
0	1.00
(0,1)	0.99
[1,3)	0.90
[3,7)	0.73
[7,10]	0.32

（8）地表反照率订正因子

地表反照率订正因子根据不同的地表下垫面确定。地表反照率订正因子取值见表 9.18。

表 9.18　地表反照率订正因子

地表下垫面	地表反照率订正因子
水面、雪面、冰面	1.4
其他下垫面	1.0

9.3.2.5　赏花指数

将观赏花种的花期分为初开期、半开期、全开期和凋谢期 4 个阶段,分别赋值为 1、2、3、2(表 9.19),花期结合气象条件综合构建赏花指数(表 9.20),再比对赏花指数等级划分标准(表9.21),判断赏花的适宜程度。

表 9.19　花期划分及赋值

花期	初开期	半开期	全开期	凋谢期
赋值	1	2	3	2

表 9.20　花期结合气象条件的综合评估赏花指数

花期	天气良好	天气一般	天气不好	天气恶劣
全开期	5	4	2	1
半开期	4	3	2	1
初开期	2	2	2	1
未开期	1	1	1	1

表 9.21　赏花指数等级划分

等级	描述	条件
一级	非常不适宜	非花期或天气情况恶劣
二级	不适宜	初开期或天气情况不好
三级	基本适宜	半开期或凋谢期,且天气情况一般
四级	适宜	全开期且天气情况一般
五级	非常适宜	全开期且天气情况良好

◆ 9.3.3　浙江省开化县生态旅游智慧气象服务平台

9.3.3.1　平台开发技术路线

软件应用系统基于 B/S 架构、XML 信息交换标准,采用面向服务架构(SOA)、全程建模、组件开发、平台开发的技术路线。

主要开发语言:ASP.NET;JavaScript(WEB 前端)。

开发工具选择:源代码管理工具 SVN;开发 IDE:MicrosoftVisualStudio2015。

数据库:SqlServer2008;数据库建模 PowerDesigner16.5。

压力测试工具:loadRunner。

UML 建模工具:EnterpriseArchitect。

原型设计工具:Axure8.0。

单元测试:NUnit。

9.3.3.2 平台组成

平台由数据中心、产品制作及评估统计等三个软件功能子系统组成,如图 9.16 和图 9.17 所示。

图 9.16 开化县生态旅游智慧气象服务平台组成和登录

(1)数据中心

①数据库

(a)数据库系统概述

本系统后台一共用了三个 SQLServer 数据库,分别为自动站数据库、地理数据库和业务数据库。其中自动站数据库每天的数据增量为 35 M 左右。

数据库逻辑结构如图 9.17 所示。

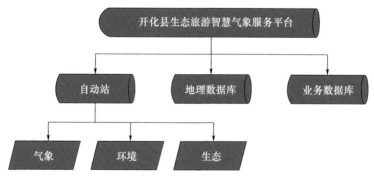

图 9.17 数据库逻辑结构图

(b)数据采集

通过浙江气象数据共享服务网收集各类气象监测预报数据。基于气象业务内网,各类数据资料通过项目开发建设的"数据运行监控系统"实时访问、传输及获取,经过相关处理后存入数据库系统中(图 9.18)。

图 9.18　浙江气象数据共享服务网页

（c）数据更新机制

按照各类气象监测、预报业务产品的加工周期，由数据运行监控系统自动获取更新，后台程序 7 d×24 h 不间断运行。对于数据延迟、错误，系统会进行自动报警提示，并进行数据补调。

（d）数据处理

使用到的地理数据为开化县及周边的各级行政边界，范围内的房屋、乡道、河流、流域、水库、库区、山洪沟、易积易涝区、地质灾害点以及 30 m 分辨率的 DEM。主要是制作开化县区的电子地图、专题矢量图以及地形图，所有数据在 ArcGIS 软件下处理完成。

②数据中心模块

主要接入气象、环境、生态、旅游、国土等各个部门数据，进行一张图式的展示，并基于 GIS 地图，对各类气象要素、地质灾害点、旅游景点、各类指数进行监测（图 9.19—图 9.22）。

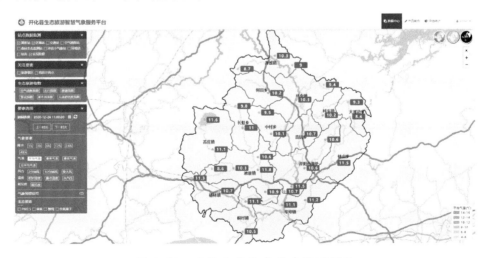

图 9.19　开化全县气象要素监测模块

图 9.20　开化县地质灾害点监测模块

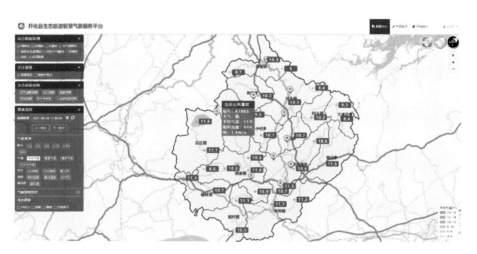

图 9.21　开化县旅游景点监测预报模块

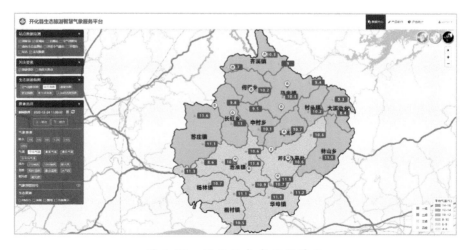

图 9.22　开化县各类指数展示

（2）产品制作

产品制作模块主要提供各类指数产品的预报制作，并和一键式发布系统对接，快速发布到"两微一端"即微博、微信和 app 端（图 9.23）。

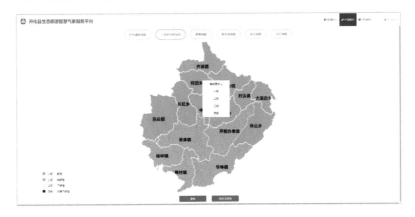

图 9.23　开化县生态旅游气象指数产品制作

（3）评估统计

评估模块提供对开化全县及各个乡镇的各类生态旅游气象指数的评估统计，并采用多种图表类型进行展示（图 9.24、图 9.25）。

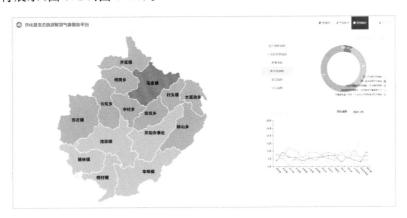

图 9.24　分乡镇各类生态旅游气象指数统计（紫外线指数）

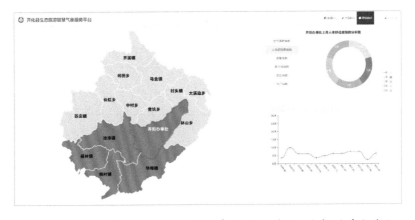

图 9.25　分乡镇各类生态旅游气象指数统计（人体舒适度指数）

9.3.3.3 平台部署

平台硬件及网络部署如图 9.26 所示。

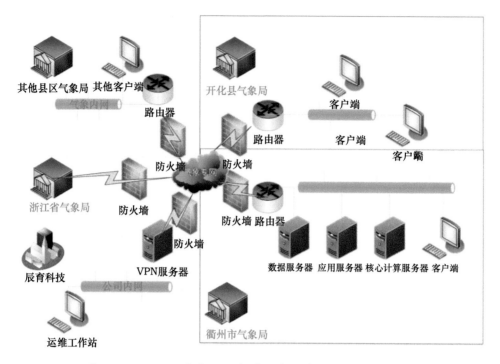

图 9.26 开化县生态旅游智慧气象服务平台部署逻辑图

◆ 9.3.4 案例

通过研发,建立开化县生态气象观测系统和生态旅游智慧气象服务平台,形成了可业务化的技术和指标及服务产品,在生态旅游气象服务中发挥了较好的作用。

9.3.4.1 生态旅游气象要素监测结果显示

生态旅游气象要素监测结果显示包括气象要素、空气清新指数、农田小气候、森林生态和环境监测等内容,对气象要素(降水、温度、风、气压、湿度)、环境要素(PM$_{2.5}$、臭氧、负氧离子)、土壤水分要素进行监测显示。同时,生成一系列统计数据,以简洁美观的界面予以展示(图 9.27、图 9.28)。

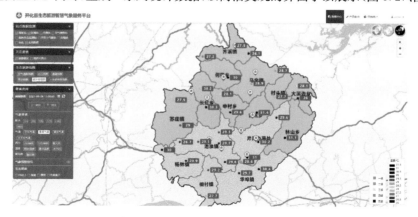

图 9.27 开化县各乡镇、景区紫外线和最高气温实况

图 9.28　开化县清新空气监测站点负氧离子实况

9.3.4.2　开展生态旅游气象指数产品制作

制作生态旅游气象服务产品,包括空气清新指数、人体舒适度指数、纳凉指数等,将生成的产品发布至对应的发布对象,实现一键式制作、一键式发布,使用便捷(图 9.29、图 9.30)。

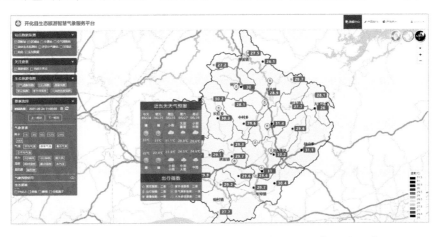

图 9.29　开化县景区天气及各项生态旅游气象指数预报

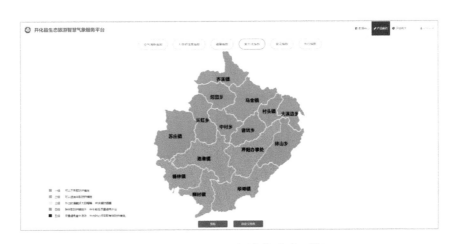

图 9.30　开化县乡镇紫外线预报

9.3.4.3 生态旅游气象评估产品发布、展示及应用

采用多种方式对生态旅游气象服务产品进行发布展示和应用,包括各类特色地图、网页展示(图9.31)等,同时系统对接现有的信息发布终端体系"两微一端"以及大屏展示(图9.32、图9.33)。

图9.31 开化县生态旅游气象网(赏花预报)

图9.32 开化县旅游景点气象预报

图9.33 开化县大屏幕生态气象要素显示(古田山自然保护区内)

◆ 9.3.5　草原关键物候期 FY-3 卫星遥感监测

为了探讨卫星遥感精细化监测提取牧草关键物候期技术,基于 NDVI 和 EVI 植被指数数据,利用动态阈值法和相对变率法提取了内蒙古锡林浩特站和青海海北站等典型站点牧草生长季的起始时间(SOS,返青期)、生长季结束时间(EOS,黄枯期)、地上生物量最高值出现时间(盛草期)等关键物候参数(Xu et al.,2021),用于开展草原生态旅游气象服务预报。

9.3.5.1　动态阈值法

原始观测的遥感植被指数时间序列曲线通常存在严重的锯齿状波动,无法直接用于季节性植被生长规律信息等物候信息的提取,必须首先对植被指数时间序列进行平滑降噪。TIMESAT 软件是 P. Jönsson 与 Eklundh (Jönsson et al.,2004)共同开发的用于植被指数时间序列数据集重建与植被生长物候信息提取的程序包,该软件平台以非对称高斯函数拟合(GS)、双逻辑曲线拟合(LG)和 Savitzky-Golay 滤波法(SG)为核心算法,能对植被指数时间序列数据进行有效处理和信息提取,经过平滑去噪之后植被指数时间序列曲线可以较好地反映出植被生长的年内动态变化特征。其中,非对称高斯函数常用来进行植被生长的模拟,可表示为如下公式:

$$g(t;a_1,a_2\cdots a_5)=\exp\left[-\left(\frac{t-a_1}{a_w}\right)^{a_3}\right] \qquad t>a_1$$

$$g(t;a_1,a_2\cdots a_5)=\exp\left[-\left(\frac{a_1-t}{a_4}\right)^{a_5}\right] \qquad t<a_1$$

(9.19)

式中,$g(t;a_1,a_2\cdots a_5)$表示高斯型拟合函数,t 为所处位置(时间);a_1 为最小值或最大值的位置(时间);a_2 和 a_3 为曲线右半段的宽度和陡峭度;a_4 和 a_5 为曲线左半段的宽度和陡峭度。

基于 TIMESAT 软件包和内蒙古锡林浩特站、青海海北站两个站点 2001—2017 年 NDVI 和 EVI 植被指数数据,采用动态阈值法提取了两个站点的生长季起始时间(SOS)和生长季结束时间(EOS)等物候信息。动态阈值设定遵循以下原则:在第 1~180 天中寻找最小 NDVI 值,作为牧草生长阶段的 NDVI 最小值(NDVI$_{min}$),将 NDVI 值首次到达 NDVI 变化振幅(NDVI$_{max}$—NDVI$_{min}$)10% 的时间作为牧草生长始期,此时对应的 NDVI 值作为生长季起始时间的 NDVI 阈值;在第 180~365 天中寻找 NDVI 最小值,作为牧草衰落阶段的 NDVI 最小值(NDVI$_{min}$),将 NDVI 值首次到达 NDVI 变化振幅(NDVI$_{max}$—NDVI$_{min}$)20% 的时间作为牧草生长末期,此时对应 NDVI 值作为生长季结束时间的 NDVI 阈值。把三种滤波方式计算的物候均值作为动态阈值法物候提取的最后结果;青海省海北站(HB)和内蒙古自治区锡林浩特站(NM)基于不同植被指数(NDVI 和 EVI)计算的物候结果见图 9.34a,c,e,g。

9.3.5.2　相对变率法

采用分段逻辑斯蒂函数法(Zhang et al.,2003)拟合重建了青海省海北站(HB)和内蒙古自治区锡林浩特站(NM)两个站点植被指数的时间序列。具体来说,单个生长或衰老周期的植被指数时间变化可使用以下公式进行模拟:

$$y(t)=\frac{c}{1+\exp(a+bt)}+d$$

(9.20)

式中,$y(t)$是 t 时的 NDVI 或者 EVI 值,a 和 b 是拟合参数,c 是 NDVI 和 EVI 年内最大值,d 是 NDVI 和 EVI 的初始值(即年内最小值)。其中,植被指数相对变化率的最大值和最小值即为物候期的开始点和结束点。青海省海北站和内蒙古自治区锡林浩特站基于不同植被指数(NDVI 和 EVI)计算的物候结果见图 9.34 b,d,f,h。

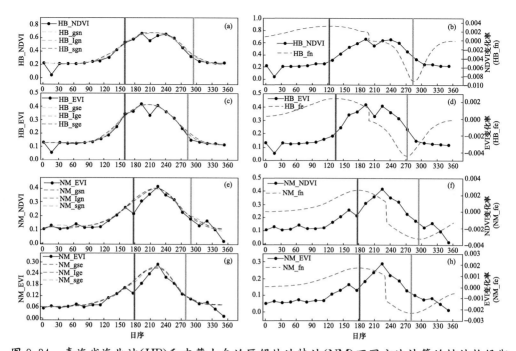

图 9.34　青海省海北站(HB)和内蒙古自治区锡林浩特站(NM)不同方法计算的植被物候期

(a)海北站 NDVI 与 3 种滤波方式计算 SOS 的物候模拟对比;(b)海北站 NDVI 和相对变率法计算 EOS 的物候模拟对比;
(c)海北站 EVI 与 3 种滤波方式计算 SOS 的物候模拟对比;(d)海北站 EVI 和相对变率法计算 EOS 的物候模拟对比;
(e)锡林浩特站 NDVI 与 3 种滤波方式计算 SOS 的物候模拟对比;(f)锡林浩特站 NDVI 和相对变率法计算 EOS 的物候模拟对比;
(g)锡林浩特站 EVI 与 3 种滤波方式计算 SOS 的物候模拟对比;(h)锡林浩特站 EVI 和相对变率法计算 EOS 的物候模拟对比

9.3.5.3　内蒙古科尔沁右翼前旗应用案例

2019 年,基于 FY-3B 卫星 2014—2018 年逐旬 NDVI 时间序列,提取了内蒙古科尔沁右翼前旗草甸草原逐年牧草返青期、黄枯期、盛草期等物候参数(图 9.35)。科尔沁右翼前旗草甸草原地上生物量通常在 7 月下旬至 8 月上旬达到峰值、进入盛草期,具体为 8 月 7 日(2014年)、8 月 2 日(2015 年)、7 月 25 日(2016 年)、7 月 27 日(2017 年)、7 月 26 日(2018 年),此时牧草茂盛,是开展旅游观赏的最佳时期。根据卫星遥感提取的物候信息,结合前期气象条件对牧草生长的影响,开展了科尔沁右翼前旗草甸草原盛草期及生态景观旅游服务预报。

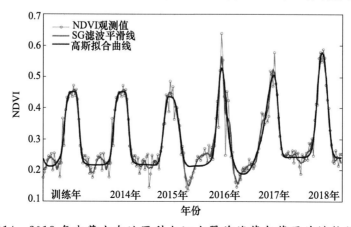

图 9.35　2014—2018 年内蒙古自治区科尔沁右翼前旗草甸草原关键物候期参数提取

第 10 章

气象灾害对生态安全影响的
监测评估预警

气象灾害不仅给生命财产造成损失,还影响人们的生产、生活和生存的生态环境质量。2018 年以来气象部门开展了干旱、暴雨、台风、山洪地质灾害等对生态影响的监测评估预警技术研究和业务服务能力建设。其中,综合全国地面气象观测、土壤水分观测、气象卫星遥感监测数据,开展了全国陆地植被干旱监测评估预警方法技术研究、业务系统开发和服务产品研制;基于暴雨和台风的相关气象观测数据、地理信息数据、精细化天气预报数据以及承灾体数据等,依据暴雨、台风灾害的致灾强度指数以及暴雨、台风灾害与生态环境影响之间的关系,构建了暴雨和台风灾害对生态安全影响的相关指标体系,建立相应的影响评估/预评估系统,形成暴雨、台风的动态评估/预评估能力以及服务产品的快速生成功能;通过建立山洪地质灾害多尺度气象致灾因子、下垫面地形地貌与山洪地质灾害灾情精细化数据集(库),依据不同气象条件下的山洪地质灾害导致自然生态环境的变化程度,构建了山洪地质灾害对生态安全影响的综合因子、指数和指标,开展了山洪地质灾害对生态安全影响的评估预警能力建设。

10.1　干旱监测评估预警技术

干旱是影响生态系统的重大气象灾害,不仅造成植被不能正常生长,还进一步影响植被的生产力和覆盖度,造成生态环境质量差、生态服务功能低下。其中,全国陆地植被干旱监测预警考虑了自然供水和植被需水,并结合土壤水分观测、农作物水分亏缺、气象卫星遥感干旱监测,开展全国陆地植被干旱监测预警。省级采用土壤水分、气象干旱综合指数(MCI 指数)、遥感干旱指数等开展植被干旱监测评估。

◆ 10.1.1　全国陆地植被干旱监测评估

陆地植被干旱包括自然植被干旱和农业干旱两部分,其中自然植被干旱监测评估结果反映了草原、森林、荒漠等生态系统的植被在无人工灌溉下的受旱情况,农业干旱监测评估结果反映了农田在自然降水、人工灌溉、田间管理等影响下的受旱情况。

10.1.1.1　基于水分盈亏的自然植被干旱监测评估

(1)干旱监测评估方法

基于全国气象站点逐日最高气温、最低气温、降水量、水汽压、日照时数、平均风速、气压等数据。以植被水分盈亏指数,监测评估植被水分的盈亏水平,计算公式如下:

$$\mathrm{VWD}_{i,j} = P_{i,j} - ET_{i,j} \tag{10.1}$$

式中,$P_{i,j}$、$ET_{i,j}$ 为植被第 i 年第 j 时段的降水量和潜在蒸散量(由 Penman-Monteith 公式计算);$\mathrm{VWD}_{i,j}$ 大于 0 表示该时段植被生长水分盈余,小于 0 表示植被水分亏缺。

根据植被生长的气候适应性原理,一地植被能够生长下来,主要是长期适应当地气候的结果,以常年植被水分盈亏指数作为植被适应当地水分的平均态。每年植被生长受旱的程度以其植被水分盈亏指数与常年同期水分盈亏指数的距平百分率来反映。植被干旱指数计算公式:

$$\mathrm{VWI}_{i,j} = \frac{\mathrm{VWD}_{i,j} - \overline{\mathrm{VWD}_j}}{\overline{\mathrm{VWD}_j}} \times 100\% \tag{10.2}$$

式中,$\mathrm{VWI}_{i,j}$ 为第 i 年第 j 时段的植被干旱指数,$\mathrm{VWD}_{i,j}$ 为第 i 年第 j 时段的植被水分盈亏指数,$\overline{\mathrm{VWD}_j}$ 为第 j 时段的植被水分盈亏指数多年平均值。

依据历史和实时气象数据,计算监测时段的植被水分盈亏指数,再计算时段植被干旱指数。

根据植被干旱指数将水分盈亏指数多年平均值>0和<0的区域植被干旱划分为特旱、重旱、中旱、轻旱和无旱5个等级(表10.1),开展自然植被干旱的监测评估。

表 10.1 基于气候适应性原理的自然植被干旱等级划分

干旱监测评价等级	$\overline{\mathrm{VWD}_j} > 0$ 的区域	$\overline{\mathrm{VWD}_j} < 0$ 的区域
无旱	$\mathrm{VWI}_{i,j} \geqslant 0$	$\mathrm{VWI}_{i,j} \leqslant 0$
轻旱	$-25\% \leqslant \mathrm{VWI}_{i,j} < 0$	$0 < \mathrm{VWI}_{i,j} \leqslant 25\%$
中旱	$-50\% \leqslant \mathrm{VWI}_{i,j} < -25\%$	$25\% < \mathrm{VWI}_{i,j} \leqslant 50\%$
重旱	$-80\% \leqslant \mathrm{VWI}_{i,j} < -50\%$	$50\% < \mathrm{VWI}_{i,j} \leqslant 80\%$
特旱	$\mathrm{VWI}_{i,j} < -80\%$	$\mathrm{VWI}_{i,j} > 80\%$

(2)干旱风险评估方法

以不同等级自然植被干旱指数的平均强度与其风险概率的乘积作为植被干旱风险指数,即:

$$R = \sum_{i=1}^{4} h_i \times f_i \tag{10.3}$$

式中,R 为植被干旱风险指数,h_i 为不同等级植被干旱的平均强度,f_i 为不同等级植被干旱的风险概率。由此可开展不同时间尺度的植被受旱风险评估。

(3)干旱监测评估系统主要功能模块

在 CAgMSS 框架下建立了自然植被干旱监测评估子系统。系统主要包括植被水分盈亏计算、植被干旱指数计算及其变化趋势率等计算,水分盈亏指数、干旱指数与植被净初级生产力、覆盖度、生态质量指数的相关分析及其对植被的影响分析,自然植被干旱监测、干旱风险评估等模块(图10.1)。

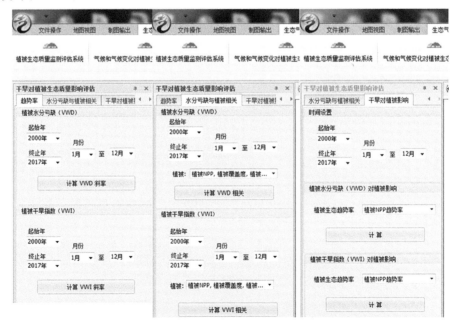

图 10.1 干旱对植被生态质量影响评估系统及主要功能模块

（4）应用案例

2018 年以来每年对全国植被干旱情况进行了监测评估，并应用于年度《全国生态气象公报》、生态气象决策服务材料中。

①全国植被干旱监测评估：以 2018 年植被主要生长季（3—10 月）为例，2018 年全国大部地区生长季降水充沛，植被水分盈亏距平为正，植被干旱偏轻；仅江淮西部、江汉、江南北部、华南北部、西南地区东北部、东北地区南部等地出现中度、重度、特级干旱（图 10.2），影响植被生长。

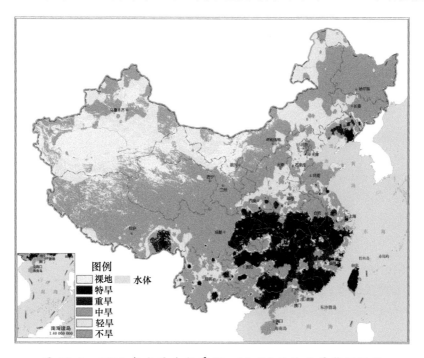

图 10.2   2018 年主要生长季（3—10 月）植被干旱监测评估

②多年植被干旱面积变化监测评估：2000—2019 年逐年全国植被无旱的面积比例如图 10.3 所示，可见 2019 年植被基本无旱区域的面积比例为 2000 年以来第三高，水分条件为第三好年份。2019 年全国特旱、重旱、中旱、轻旱和无旱的面积比例分别为 7.4%、2.8%、5.2%、14.7% 和 69.9%，全年干旱对植被生长的影响属偏轻年份。

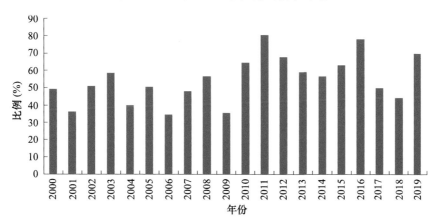

图 10.3   2000—2019 年全国植被无旱面积比例变化

③区域植被干旱监测评估：2019 年云南大部出现春夏（4—6 月）连旱，南部和西部达重旱、特旱等级，北部和东部大部地区达中旱、重旱等级；长江中下游地区出现伏秋（7 月下旬—11 月中旬）连旱，大部地区干旱对植被的影响达特旱等级（图 10.4），植被生长受到较大影响。此外，2019 年东北地区大部和内蒙古东部 3 月—5 月上旬持续干旱造成牧草不能正常返青，华北、黄淮、江淮等地阶段性春夏干旱也影响了植被生长。

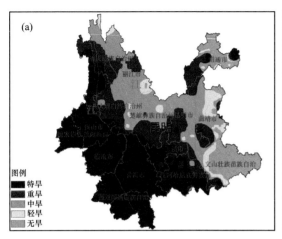
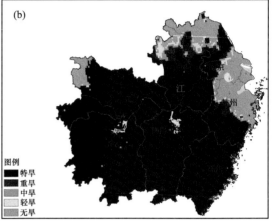

图 10.4　云南 2019 年 4—6 月植被干旱(a)
和长江中下游地区 7 月下旬至 11 月中旬植被干旱(b)评估

④植被干旱风险评估：从常年（1981—2010 年）主要生长季（3—10 月）植被干旱风险指数可以看出全国大部地区植被生长均会受到干旱的影响；且北方和西部地区植被受旱的风险等级为高、较高，黄淮中南部、西北地区东南部和南方地区大部植被受旱风险等级为中等、较低、低。其中，东北地区西部、内蒙古东南部和中西部、西北地区大部、华北中西部和北部、黄淮东部、青藏高原大部为高风险区；东北地区东北部、内蒙古东北部、华北东南部、黄淮北部、青藏高原东部为较高风险区；东北地区东南部、黄淮中南部、江淮大部、江汉北部、江南大部、华南北部、西南地区中部为中等风险区；安徽中部、江苏南部、湖北中部和东南部、浙江东北部、江西南部、湖南东南部和北部、福建东南部、广东东部和西南部、广西中东部、海南大部、四川盆地、贵州大部、云南东部和南部为较低、低风险区，其中湖北东南部、广东南部、广西东部、重庆西部和四川东北部部分地区为低风险区（图 10.5）。

从常年（1981—2010 年）夏季来看，全国植被受旱处于高风险、较高风险、中等风险、较低风险、低风险区域的面积比例分别为 30.9%、19.3%、28.5%、6.4%、14.9%（图 10.6）。较高、高风险等级的面积比例达 51.2%，说明全国区域上植被夏季遭受干旱的风险面积比例达半数以上；中等以上风险区域面积比例达 78.7%，其中东北地区西部和北部、内蒙古中西部和东南部、华北西部、西北地区大部、西南地区东南部、青藏高原地区西部和北部等地植被受旱风险为高和较高等级，夏季干旱对植被生长的威胁也较大。

10.1.1.2　基于气象卫星遥感的陆地干旱监测评估

陆地干旱遥感监测常用热惯量法和植被供水指数法。其中，热惯量法主要是应用于裸露地表或植被稀疏地表的干旱监测，植被供水指数法主要应用于植被旺盛生长、地表植被覆盖度较高季节的干旱监测。

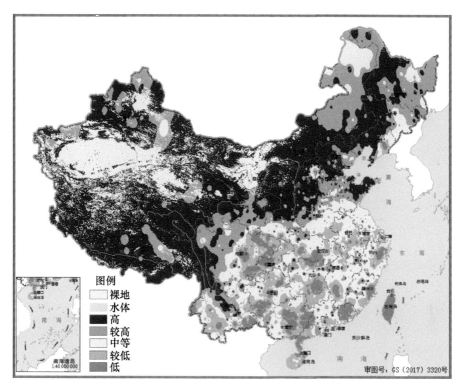

图 10.5 常年(1981—2010 年)主要生长季全国植被受旱风险

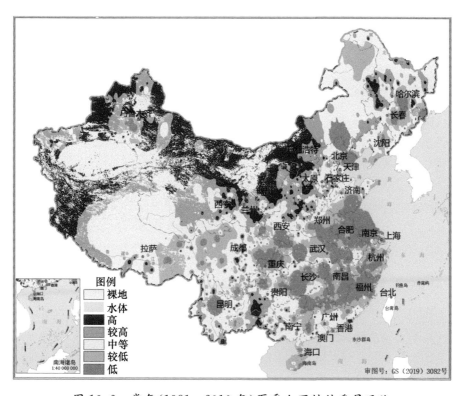

图 10.6 常年(1981—2010 年)夏季全国植被受旱风险

热惯量法主要是通过求解地表热传导方程来实现,在此基础上发展了多种热惯量模型,这些热惯量模型所需参数各不相同,表达形式多种多样。目前,热惯量法用于干旱遥感监测的主要有昼夜温度差、表观热惯量、真实热惯量三种。由于通过遥感手段获取计算地表真实热惯量所需的参数存在极大的困难,而表观热惯量可以表示真实热惯量的相对大小,其模型相对简单,所需参数可以完全由卫星遥感数据提供,因而成为干旱监测的主要手段。

$$ATI = \frac{1-A}{T_d - T_n} \tag{10.4}$$

式中,ATI 为表观热惯量;A 为反照度;T_d、T_n 为昼、夜温度,由遥感反演获取。

卫星遥感反演的 NDVI 和 LST 是反映植被覆盖地表干旱程度的两个重要指标,当植物受旱时,植物通过关闭部分气孔以减少蒸腾量,避免过多的水分散失,而蒸腾减少后,LST 就会增高;当植物受旱之后,叶绿素的色质会发生变化,特别是当出现叶片凋萎不能正常生长时,NDVI 会显著下降。因此,将 NDVI 与 LST 的比值定义为植被供水指数。其物理意义是当植物供水正常时,卫星遥感的植被指数和植物冠层的温度在确定的生长期内保持在一定范围内,如果遇到干旱,植物供水不足难以满足植物生长受到影响时,NDVI 降低,这时植物没有足够的水分供给叶子表面蒸腾,被迫关闭一部分气孔,导致植物冠层的温度升高。

$$VSWI = \frac{NDVI}{LST} \tag{10.5}$$

式中,VSWI 为植被供水指数;NDVI 为归一化差值植被指数;LST 为地表温度。

温度植被干旱指数是一种基于光学和热红外遥感通道数据反演、综合植被和地表温度信息表征自然植被覆盖区域自然植被干旱的指标,已经在草地、森林等不同生态系统中用来表征植被干旱。以月为最小监测评价时段,取对应的温度植被干旱指数为监测评价指数。

$$D_{i,j} = \frac{T_{i,j} - (a_{i,j} + b_{i,j} \times N_{i,j})}{(c_{i,j} + d_{i,j} \times N_{i,j}) - (a_{i,j} + b_{i,j} \times N_{i,j})} \tag{10.6}$$

式中,$D_{i,j}$ 为第 i 年第 j 时段的温度植被干旱指数;$T_{i,j}$ 为第 i 年第 j 时段的任意像元地表温度,单位为开尔文温度(K);$a_{i,j}$ 为第 i 年第 j 时段的地表温度和归一化差值植被指数的特征空间,最小地表温度与归一化差值植被指数序列拟合方程的截距;$b_{i,j}$ 为第 i 年第 j 时段的地表温度和归一化差值植被指数的特征空间,最小地表温度与归一化差值植被指数序列拟合方程的斜率;$N_{i,j}$ 为第 i 年第 j 时段的任意像元的归一化差值植被指数;$c_{i,j}$ 为第 i 年第 j 时段的地表温度和归一化差值植被指数的特征空间,最大地表温度与归一化差值植被指数序列拟合方程的截距;$d_{i,j}$ 为第 i 年第 j 时段的地表温度和归一化差值植被指数的特征空间,最大地表温度与归一化差值植被指数序列拟合方程的斜率。基于温度植被干旱指数可以综合植被和地表温度信息表征自然植被干旱特征,同时可以弥补气象、土壤水分观测缺乏地区植被干旱监测评估。

2022 南方典型高温干旱天气过程中,8 月中下旬干旱发展迅速,温度植被干旱指数结果显示 8 月中下旬干旱范围明显增大、强度明显增强(图 10.7)。

10.1.1.3　基于土壤水分观测的土壤干旱监测评估

植被生长所需水分主要是靠根系直接从土壤中吸取的,土壤水分不足会影响其正常发育。我国气候多样,植被空间分布不同,不同气候区的植被适应了不同气候区的土壤水分环境。一地土壤水分的变化反映了该地土壤中的水分条件,在评价年、季、月等时间尺度内的土壤缺墒对自然植被干旱的影响时,取对应的土壤缺墒日数百分率为监测评价指数。

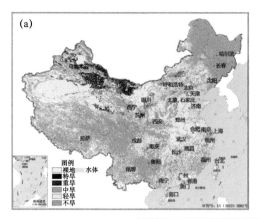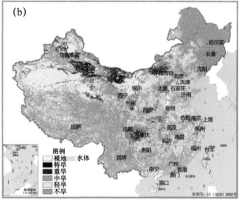

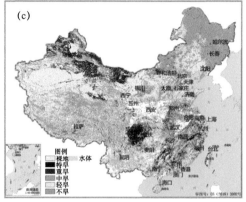

图 10.7　2022 年 8 月逐旬温度植被干旱指数变化

(a)上旬;(b)中旬;(c)下旬

$$Q_{i,j}=\frac{S_{i,j}}{L_{i,j}}\times 100\% \tag{10.7}$$

式中:$Q_{i,j}$ 为第 i 年第 j 时段的土壤缺墒日数百分率,单位为百分率(%);$S_{i,j}$ 为第 i 年第 j 时段内土壤相对湿度≤60%的日数;$L_{i,j}$ 为第 i 年第 j 时段的总日数。

在土壤缺墒日数百分率进行自然植被干旱等级划分时,以 50%、60%、70%、80%分别作为轻旱、中旱、重旱、特旱划分的阈值。2022 年夏季南方地区典型的高温干旱天气过程中,从 7月、8月的 0~50 cm 土壤缺墒日数百分率结果变化来看:8月土壤缺墒程度较 7月明显加剧,大部地区 0~50 cm 土壤出现轻度以上等级干旱,其中安徽中南部、江西大部、湖南东部和西部、四川盆地东部、湖北北部和东部出现重度以上干旱(图 10.8)。

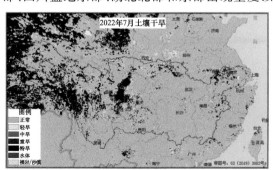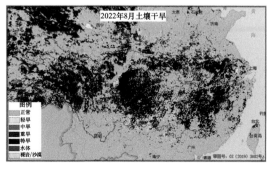

图 10.8　2022 年 7 月(a)和 8 月(b)土壤干旱监测

10.1.1.4 基于综合指数的农业干旱监测评估

农业干旱是指农作物生长季内,因水分供应不足导致农田水量供需不平衡,阻碍作物正常生长发育的现象。基于农田土壤水分、作物水分亏缺距平指数、降水距平百分率指数、遥感干旱监测指数,综合监测评估全国农业干旱。其中,土壤水分能直观地反映旱地作物土壤的水分多少,包括灌溉墒情;作物水分亏缺指数能反映作物水分的满足程度(张艳红 等,2008;苏永秀等,2008);降水距平百分率主要反映了自然降水的多少;遥感干旱监测方法比较直观,在无云影响下可以监测地表干旱。把上述 4 个单一指标,根据不同的气候、土壤和作物特点,进行了加权集成,进行农业干旱综合监测评估。农业干旱综合指数计算公式:

$$D = \mathrm{Rsm} \times \lambda_{\mathrm{Rsm}} + \mathrm{CWDI_a} \times \lambda_{\mathrm{CWDI_a}} + P_a \times \lambda_{P_a} + RS \times \lambda_{RS} \tag{10.8}$$

式中,D 为农业干旱综合指数,Rsm 为土壤相对湿度指数,$\mathrm{CWDI_a}$ 为作物水分亏缺距平指数,P_a 为降水距平百分率,RS 为遥感干旱监测指数,λ 为各指数的权重系数,且 $\lambda_{\mathrm{Rsm}} + \lambda_{\mathrm{CWDI_a}} + \lambda_{P_a} + \lambda_{RS} = 1$,不同指数间权重系数的值依据不同气候、土壤和植被背景而确定(中国气象局应急减灾与公共气象服务司,2015)。

(1)土壤相对湿度指数

农作物生长的水分主要是靠作物根系从土壤中吸取,土壤水分不足会影响其正常发育,特别是播种期、水分临界期、需水关键期缺水,对作物产量影响大。土壤水分指标包括土壤重量含水量、容积含水量、相对湿度、有效水分贮存量等,全国农业干旱监测业务中用的是土壤相对湿度。土壤质地不同,基于土壤相对湿度的干旱分级标准也有所不同(表 10.2),目前在农业干旱监测业务中采用土壤相对湿度指数:

$$\mathrm{Rsm} = a \times \mathrm{RSM} \tag{10.9}$$

式中,a 为作物发育期调节系数,苗期为 1.1,水分临界期为 0.9,其余发育期为 1.0;RSM 为土层土壤相对湿度。

表 10.2 土壤相对湿度指数干旱等级

等级	农田干旱类型	土壤相对湿度指数(Rsm,%)		
		砂土	壤土	黏土
0	无旱	Rsm≥55	Rsm≥60	Rsm≥65
1	轻旱	45≤Rsm<55	50≤Rsm<60	55≤Rsm<65
2	中旱	35≤Rsm<45	40≤Rsm<50	45≤Rsm<55
3	重旱	25≤Rsm<35	30≤Rsm<40	35≤Rsm<45
4	特旱	Rsm<25	Rsm<30	Rsm<35

(2)作物水分亏缺距平指数

作物水分亏缺距平指数是表征作物水分亏缺程度的指标,根据某时段内水分盈亏量与作物需水量的关系来判别干旱,但由于在不同季节、不同气候区域,作物种类不同,蒸散差别较大,作物水分亏缺指数难以用统一的标准表达各个区域水分亏缺程度,因此,选用作物水分亏缺距平指数以消除区域与季节的差异,即:

$$\mathrm{CWDIa} = \begin{cases} \dfrac{\mathrm{CWDI} - \overline{\mathrm{CWDI}}}{100 - \overline{\mathrm{CWDI}}} \times 100\% & \overline{\mathrm{CWDI}} > 0 \\ \mathrm{CWDI} & \overline{\mathrm{CWDI}} \leqslant 0 \end{cases} \tag{10.10}$$

式中,$\mathrm{CWDI_a}$ 为某时段作物水分亏缺距平指数,CWDI 为某时段作物水分亏缺指数,$\overline{\mathrm{CWDI}}$ 为同时段多年作物水分亏缺指数平均值。

作物水分亏缺指数 CWDI：

$$\mathrm{CWDI}=a\times\mathrm{CWDI}_j+b\times\mathrm{CWDI}_{j-1}+c\times\mathrm{CWDI}_{j-2}+d\times\mathrm{CWDI}_{j-3}+e\times\mathrm{CWDI}_{j-4} \quad (10.11)$$

式中，CWDI_j、CWDI_{j-1}、CWDI_{j-2}、CWDI_{j-3}、CWDI_{j-4} 分别为第 j、$j-1$、$j-2$、$j-3$、$j-4$ 时间单位的作物水分亏缺指数，a、b、c、d、e 分别为对应的权重系数。

$$\mathrm{CWDI}_j=\left(1-\frac{P}{ET_m}\right)\times100\% \quad (10.12)$$

式中，P 为计算时段内的累积降水量，ET_m 为相应时段的作物需水量。

作物需水量 ET_m 由当地气候条件决定的潜在蒸散量和作物本身特性决定，计算方法：

$$ET_m=K_c\times ET_0 \quad (6.13)$$

式中，K_c 为作物系数，ET_0 为参考作物蒸散量，由 FAO(1998)推荐的 Penman-Monteith 公式计算。基于作物水分亏缺距平指数的干旱判别标准采用《农业干旱等级》(GB/T 32136—2015)(全国农业气象标准化技术委员会，2015)，具体见表 10.3。

表 10.3　基于作物水分亏缺距平指数(CWDI$_a$)的农业干旱等级划分

等级	干旱类型	作物水分亏缺距平指数(CWDI$_a$，%)	
		作物需水临界期	其余发育期
0	无旱	CWDI$_a\leqslant$35	CWDI$\leqslant$40
1	轻旱	35<CWDI$_a\leqslant$50	40<CWDI$_a\leqslant$55
2	中旱	50<CWDI$_a\leqslant$65	55<CWDI$_a\leqslant$70
3	重旱	65<CWDI$_a\leqslant$80	70<CWDI$_a\leqslant$85
4	特旱	CWDI$_a$>80	CWDI$_a$>85

（3）降水距平百分率

降水是农田水分的主要来源，降水量异常偏少是导致农业干旱的直接原因，可作为农业干旱综合指标的基础指标之一，尤其是在雨养农业区和土壤水分观测资料缺乏的地区更为实用。

降水距平百分率是指某时段的降水量与常年同期降水量相比的百分率。基于降水距平百分率 Pa 的农业干旱等级判别标准采用《气象干旱等级》(GB-T 20481—2017)(全国气候与气候变化标准化技术委员会，2017 b)，具体见表 10.4。

表 10.4　基于单站降水量距平百分率的农业干旱等级划分

等级	干旱类型	降水量距平百分率(P_a，%)		
		月尺度	季尺度	年尺度
0	无旱	$-40<P_a$	$-25<P_a$	$-15<P$
1	轻旱	$-60<P_a\leqslant-40$	$-50<P_a\leqslant-25$	$-30<P_a\leqslant-15$
2	中旱	$-80<P_a\leqslant-60$	$-70<P_a\leqslant-50$	$-40<P_a\leqslant-30$
3	重旱	$-95<P_a\leqslant-80$	$-80<P_a\leqslant-70$	$-45<P_a\leqslant-40$
4	特旱	$P_a\leqslant-95$	$P_a\leqslant-80$	$P_a\leqslant-45$

（4）应用案例

利用土壤相对湿度指数、作物水分亏缺距平指数、降水距平百分率指数、遥感干旱监测指数 4 个指数构建农业干旱综合指数，可进行逐日农业干旱综合监测评估。以 2020 年 8 月 1 日为例，监测结果表明，全国农业干旱发生范围小、程度轻，仅在辽宁中部和西部部分地区、吉林东部、内蒙古中部部分地区、陕西北部等地出现轻旱，局部地区出现中旱(图 10.9)。

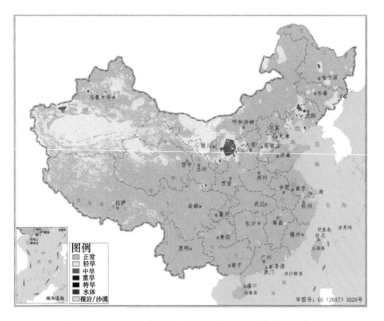

图 10.9 2020 年 8 月 1 日农业干旱综合监测

10.1.1.5 全国陆地植被干旱综合监测评估

利用基于水分盈亏的自然植被干旱监测评估结果、基于气象卫星遥感的陆地干旱监测评估结果、基于土壤水分观测的土壤干旱监测评估结果、基于综合指数的农业干旱监测评估结果,多结果融合叠加,开展全国逐日陆地植被干旱综合监测评估。以 2020 年 8 月 1 日为例(图10.10),监测评估结果表明:在东北地区西北部和南部、内蒙古东北部、华北东部和西部、西北地区东北部和东南部、华南南部、西南地区东北部和西南部出现轻度以上干旱,其中辽宁东部、吉林东南部、福建南部、广东东部和西南部、广西东南部、四川盆地西部和北部、云南中南部等地陆地植被出现重度以上干旱。

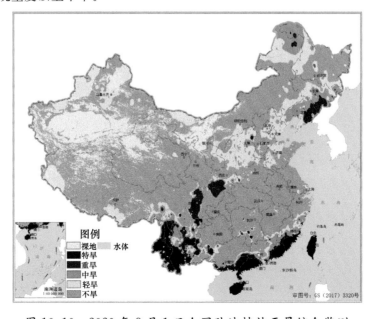

图 10.10 2020 年 8 月 1 日全国陆地植被干旱综合监测

10.1.1.6 全国陆地植被干旱预警

（1）干旱预警方法

基于历史、实时天气条件，结合未来天气气候趋势预报结果，驱动气象条件影响下的植被干旱指数模型，开展未来植被干旱预警。以中央气象台的未来 30 d 逐日天气预报数据，包括最高气温、最低气温、降水量、水汽压、云量、平均风速、气压等作为模型输入，计算未来 30 d 逐日降水量、蒸散量，结合计算的历史逐日降水量、蒸散量，计算截止到未来 30 d 时的植被干旱指数，依据干旱等级划分标准（表 10.1），开展未来 30 d 植被干旱预警。

（2）应用案例

2020 年 8 月 31 日，依据未来 30 d 天气预报，结合制作 8 月 31 日的全国植被干旱监测结果，预报 2020 年 9 月的全国植被干旱：辽宁西南部、河北东北部、湖南东南部、福建大部、广东东部和西部、广西东部和南部、海南北部、云南东部和西北部等地植被将遭受中度以上干旱，内蒙古东南部、云南南部、西藏西部和南部等地部分地区将出现轻度干旱，全国其余大部地区无明显干旱（图 10.11）。

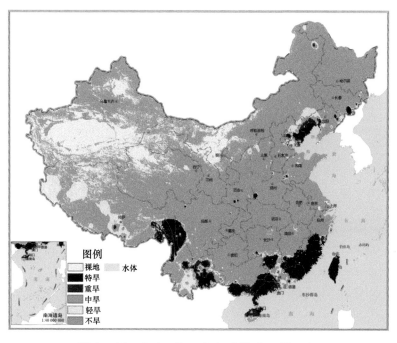

图 10.11 2020 年 9 月全国植被干旱预报

◆ 10.1.2 省级植被干旱监测评估预警技术

10.1.2.1 内蒙古植被干旱监测评估

（1）土壤干旱监测指标和评估方法

土壤相对湿度是表征土壤干旱的一项重要指标，可以综合反映土壤水分状况和地表水文过程的大部分信息。内蒙古土壤干旱监测使用地面人工观测数据、自动土壤水分观测数据、CLDAS（中国气象局陆面数据同化系统）反演的土壤相对湿度数据，土层深度选择 0～20 cm 土壤相对湿度的平均值，依据不同下垫面类型的干旱监测指标，划分干旱等级（表 10.5—表 10.7），开展内蒙古干旱监测评估。

生态文明建设气象服务保障关键技术

表 10.5 基于土壤相对湿度的内蒙古农区干旱等级划分表

干旱等级	干旱程度	土壤相对湿度(Rsm,%)		
		砂土	壤土	黏土
0	无旱	50≤Rsm	55≤Rsm	60≤Rsm
1	轻旱	40≤Rsm<50	45≤Rsm<55	50≤Rsm<60
2	中旱	30≤Rsm<40	35≤Rsm<45	40≤Rsm<50
3	重旱	20≤Rsm<30	25≤Rsm<35	30≤Rsm<40
4	特旱	Rsm<20	Rsm<25	Rsm<30

表 10.6 基于土壤相对湿度的内蒙古牧区干旱等级划分表

干旱等级	干旱程度	土壤相对湿度(Rsm,%)		
		砂土	壤土	黏土
0	无旱	45≤Rsm	50≤Rsm	50≤Rsm
1	轻旱	35≤Rsm<45	40≤Rsm<50	40≤Rsm<50
2	中旱	25≤Rsm<35	30≤Rsm<40	30≤Rsm<40
3	重旱	15≤Rsm<25	20≤Rsm<30	25≤Rsm<30
4	特旱	Rsm<15	Rsm<20	Rsm<25

表 10.7 基于土壤相对湿度的内蒙古林区干旱等级划分表

干旱等级	干旱程度	土壤相对湿度(Rsm,%)		
		砂土	壤土	黏土
0	无旱	45≤Rsm	50≤Rsm	50≤Rsm
1	轻旱	35≤Rsm<45	40≤Rsm<50	40≤Rsm<50
2	中旱	25≤Rsm<35	30≤Rsm<40	30≤Rsm<40
3	重旱	15≤Rsm<25	20≤Rsm<30	25≤Rsm<30
4	特旱	Rsm<15	Rsm<20	Rsm<25

(2)植被干旱监测评估系统

内蒙古植被干旱监测评估系统主要功能包括基于土壤相对湿度的干旱监测和基于温度植被干旱指数(TVDI)的干旱监测、年际对比等。植被干旱产品输出包括农区、林区、牧区以及整体土壤相对湿度等级统计等(图 10.12)。

图 10.12 内蒙古自治区植被干旱监测评估系统

（3）应用案例

内蒙古自治区生态与农业气象中心每年发布干旱监测评估专题。2019 年 6 月 24 日监测评估结果表明，内蒙古干旱面积接近 7 成，干旱面积达 69.51 万 km²，全区干旱以中旱为主。其中，全区特旱面积 7.92 万 km²，重旱面积 14.38 万 km²，中旱面积 25.98 万 km²，轻旱面积 21.23 万 km²，分别占全区的 8.0%、14.6%、26.3%、21.5%（表 10.8）。中旱和重旱主要分布在呼伦贝尔市西北部、通辽市大部、锡林郭勒盟大部、乌兰察布市中部、呼和浩特市南部、包头市中部、巴彦淖尔市东北部、鄂尔多斯市南部地区（图 10.13）。重旱以上级别旗县干旱发生面积从大到小排序：额尔古纳市、新巴尔虎右旗、东乌珠穆沁旗、陈巴尔虎旗、苏尼特左旗、阿巴嘎旗、新巴尔虎左旗、鄂托克前旗、鄂温克族自治旗。农区发生干旱面积 4.53 万 km²，占农区总面积的 49.4%，以中旱为主。其中，特旱面积 0.10 万 km²，重旱面积 0.62 万 km²，中旱面积 2.20 万 km²，轻旱面积 1.61 万 km²，分别占农区总面积的 1.0%、6.8%、24.0%、17.6%（表 10.9）。牧区发生干旱面积 50.74 万 km²，占牧区总面积的 69.5%，以中旱为主。其中，特旱面积 7.75 万 km²，重旱面积 10.43 万 km²，中旱面积 19.80 万 km²，轻旱面积 12.76 万 km²，分别占牧区总面积的 10.6%、14.3%、27.1%、17.5%（表 10.10）。林区发生干旱面积 14.24 万 km²，占林区总面积的 86.4%，以轻旱为主。其中，特旱面积 0.07 万 km²，重旱面积 3.33 万 km²，中旱面积 3.98 万 km²，轻旱面积 6.86 万 km²，分别占林区总面积的 0.4%、20.2%、24.2%、41.6%（表 10.11）。与 2019 年 6 月 19 日相比，全区干旱面积增加 3.01 万 km²；干旱持续或加重区域主要分布在呼伦贝尔市西部、通辽市北部、赤峰市西北部、锡林郭勒盟北部、乌兰察布市中部、呼和浩特市南部、巴彦淖尔市东部及鄂尔多斯市南部地区；干旱缓解或解除的区域主要分布阿拉善盟大部、巴彦淖尔市北部、鄂尔多斯市北部、包头市北部地区。

表 10.8　2019 年 6 月 24 日内蒙古农牧林干旱面积统计

盟（市）名称	轻旱		中旱		重旱		特旱	
	面积（万 km²）	百分比（%）	面积（万 km²）	百分比（%）	面积（万 km²）	百分比（%）	面积（万 km²）	百分比（%）
阿拉善盟	3.64	27.0	1.34	10.0	0.47	3.5	0.00	0.0
巴彦淖尔市	1.09	17.7	2.00	32.4	0.17	2.8	0.00	0.0
包头市	0.21	7.9	0.50	18.9	0.37	13.9	0.00	0.0
赤峰市	1.49	17.8	1.70	20.3	0.62	7.4	0.00	0.0
鄂尔多斯市	0.77	10.6	1.63	22.4	0.62	8.6	1.09	15.1
呼和浩特市	0.26	15.6	0.35	20.8	0.03	2.0	0.00	0.0
呼伦贝尔市	6.20	27.1	5.00	21.9	8.83	38.6	1.49	6.5
通辽市	0.89	15.6	2.72	47.7	0.75	13.2	0.00	0.0
乌海市	0.04	27.2	0.07	40.2	0.05	30.4	0.00	0.0
乌兰察布市	1.65	31.4	0.78	14.7	0.80	15.3	0.23	4.4
锡林郭勒盟	2.30	11.6	8.94	45.0	1.33	6.7	5.10	25.6
兴安盟	2.68	51.9	0.96	18.5	0.32	6.2	0.00	0.0
总计	21.22	21.5	25.99	26.3	14.36	14.6	7.91	8.0

注：百分比指不同干旱等级面积占盟（市）总面积的百分比，下同。

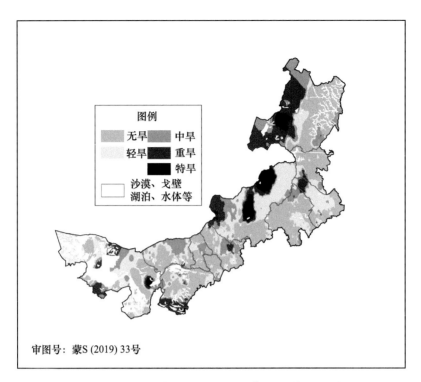

审图号：蒙S (2019) 33号

图 10.13　2019 年 6 月 24 日内蒙古干旱综合监测

表 10.9　2019 年 6 月 24 日内蒙古农区干旱面积统计

盟（市）名称	轻旱		中旱		重旱		特旱	
	面积 （万 km²）	百分比 （%）	面积 （万 km²）	百分比 （%）	面积 （万 km²）	百分比 （%）	面积 （万 km²）	百分比 （%）
阿拉善盟	0.00	9.8	0.00	7.6	0.01	24.6	0.00	0.0
巴彦淖尔市	0.04	4.8	0.05	6.2	0.00	0.0	0.00	0.0
包头市	0.04	6.9	0.03	6.4	0.04	6.7	0.00	0.0
赤峰市	0.34	18.6	0.44	24.2	0.08	4.6	0.00	0.0
鄂尔多斯市	0.06	12.3	0.11	24.7	0.03	5.8	0.02	4.4
呼和浩特市	0.09	14.7	0.10	15.1	0.01	1.4	0.00	0.0
呼伦贝尔市	0.05	5.7	0.46	53.7	0.09	10.5	0.02	2.3
通辽市	0.19	14.0	0.63	47.0	0.04	3.0	0.00	0.0
乌海市	0.01	43.4	0.01	31.6	0.01	24.2	0.00	0.0
乌兰察布市	0.43	30.5	0.22	15.3	0.29	20.6	0.06	4.0
锡林郭勒盟	0.04	14.4	0.04	14.4	0.01	1.9	0.00	0.0
兴安盟	0.32	37.4	0.09	10.6	0.02	2.9	0.00	0.0
总计	1.61	17.6	2.18	24.0	0.63	6.8	0.10	1.0

表 10.10　2019 年 6 月 24 日内蒙古牧区干旱面积统计

盟(市)名称	轻旱		中旱		重旱		特旱	
	面积 (万 km²)	百分比 (%)	面积 (万 km²)	百分比 (%)	面积 (万 km²)	百分比 (%)	面积 (万 km²)	百分比 (%)
阿拉善盟	3.39	26.4	1.33	10.4	0.45	3.5	0.00	0.0
巴彦淖尔市	1.05	19.9	1.94	36.9	0.17	3.3	0.00	0.0
包头市	0.18	8.3	0.47	22.3	0.33	15.7	0.00	0.0
赤峰市	1.11	18.6	1.19	20.1	0.41	7.0	0.00	0.0
鄂尔多斯市	0.69	10.7	1.47	22.8	0.59	9.2	1.00	15.6
呼和浩特市	0.14	15.7	0.23	25.6	0.02	2.5	0.00	0.0
呼伦贝尔市	0.63	6.9	1.07	11.8	5.76	63.3	1.47	16.2
通辽市	0.66	17.1	1.88	48.7	0.54	13.9	0.00	0.0
乌海市	0.03	23.3	0.06	42.3	0.04	31.9	0.00	0.0
乌兰察布市	1.22	31.8	0.55	14.5	0.51	13.3	0.17	4.5
锡林郭勒盟	2.23	11.5	8.77	45.5	1.31	6.8	5.10	26.4
兴安盟	1.44	43.5	0.84	25.2	0.29	8.8	0.00	0.0
总计	12.77	17.5	19.80	27.1	10.42	14.3	7.75	10.6

表 10.11　2019 年 6 月 24 日内蒙古林区干旱面积统计

盟(市)名称	轻旱		中旱		重旱		特旱	
	面积 (万 km²)	百分比 (%)	面积 (万 km²)	百分比 (%)	面积 (万 km²)	百分比 (%)	面积 (万 km²)	百分比 (%)
阿拉善盟	0.25	38.9	0.02	2.6	0.02	2.7	0.00	0.0
巴彦淖尔市	0.00	7.9	0.01	25.8	0.00	0.0	0.00	0.0
包头市	0.00	0.0	0.00	2.4	0.01	12.2	0.00	0.0
赤峰市	0.04	7.9	0.06	10.6	0.12	20.6	0.00	0.0
鄂尔多斯市	0.02	6.1	0.05	13.2	0.00	1.1	0.07	18.9
呼和浩特市	0.02	19.0	0.02	14.3	0.00	1.6	0.00	0.0
呼伦贝尔市	5.52	42.8	3.46	26.8	2.98	23.1	0.00	0.0
通辽市	0.04	7.6	0.21	41.6	0.17	35.4	0.00	0.0
乌海市	0.00	0.0	0.00	0.0	0.00	0.0	0.00	0.0
乌兰察布市	0.00	26.2	0.00	29.3	0.00	9.1	0.00	0.0
锡林郭勒盟	0.03	10.6	0.13	43.8	0.02	7.3	0.00	0.0
兴安盟	0.92	92.2	0.03	2.9	0.00	0.4	0.00	0.0
总计	6.84	41.6	3.99	24.2	3.32	20.2	0.07	0.4

10.1.2.2　贵州植被干旱遥感监测评估

(1)干旱遥感监测指数

贵州干旱遥感监测指数主要包括基于遥感数据计算的温度植被干旱指数(temperature

vegetation dryness index，TVDI)、修正的垂直干旱指数(modified perpendicular drought index，MPDI)以及植被供水指数(VSWI)。

温度植被干旱指数是一种基于光学与热红外遥感通道数据进行植被覆盖区域表层土壤水分反演的方法，同时作为与归一化差值植被指数(NDVI)和地表温度(LST)相关的温度植被干旱指数(TVDI)可用于干旱监测，尤其是可监测某一时期整个区域的相对干旱程度。TVDI计算公式如下：

$$\text{TVDI}=\frac{T_s-T_{smin}}{T_{smax}-T_{smin}}\tag{10.14}$$

式中，T_s是研究区域像元温度，$T_{smin}=a+b\times\text{NDVI}$为湿边方程；$T_{smin}$为NDVI对应的最小温度值，$a$、$b$为拟合系数；$T_{smax}=c+d\times\text{NDVI}$为干边方程；$T_{smax}$为NDVI对应的最大温度值，$c$、$d$为拟合系数。TVDI越大，土壤湿度越低，TVDI越小，土壤湿度越高(表10.12)。

表 10.12　温度植被干旱指数(TVDI)分级标准

监测评价等级	干旱指数(TVDI)
无旱	TVDI < 0.2
轻旱	0.2 ≤ TVDI < 0.4
中旱	0.4 ≤ TVDI < 0.6
重旱	0.6 ≤ TVDI < 0.8
特旱	TVDI ≥ 0.8

考虑到垂直干旱指数(PDI)在针对从裸地到茂密植被农田的干旱监测中有一定局限性，为此还采用了修正垂直干旱指数(MPDI)监测干旱。PDI和MPDI均为无量纲指数。与PDI的区别是，MPDI的大小由植被覆盖和土壤水分两种因素确定，在裸露的土壤表面，土壤水分对MPDI影响大，而在植被覆盖的地表或农田，植被覆盖状况决定了MPDI，土壤水分和植被覆盖度的增加都会使MPDI下降，分级标准见表10.13。MPDI计算公式如下：

$$\text{MPDI}=\frac{\rho_{red}+M\rho_{nir}-f_v(\rho_{v,red}+M\rho_{v,nir})}{(1-f_v)\sqrt{M^2+1}}\tag{10.15}$$

式中，ρ_{red}和ρ_{nir}分别为经过大气校正的红光、近红外波段反射率，$\rho_{v,red}$和$\rho_{v,nir}$分别为植被在红光和近红外波段的反射率，取经验值分别为0.05和0.50；f_v是植被覆盖度；M为土壤基线斜率，根据NDVI值进行计算，取NDVI小于0.15的值进行多次线性拟合得到。

表 10.13　修正垂直干旱指数(MPDI)分级标准

监测评价等级	干旱指数(MPDI)
无旱	MPDI < 0.1
轻旱	0.1 ≤ MPDI < 0.2
中旱	0.2 ≤ MPDI < 0.35
重旱	0.35 ≤ MPDI < 0.45
特旱	MPDI ≥ 0.45

植被供水指数(VSWI)方法适用于地面作物覆盖干旱状况的遥感监测。其物理意义

是当作物供水正常时,卫星遥感的植被指数和作物冠层的温度在确定的生长期内保持在一定范围内,如果遇到干旱,作物供水不足生长受到影响时,卫星遥感植被指数降低,这时作物没有足够的水分子供给叶子表面蒸发,被迫关闭一部分气孔,导致作物冠层的温度升高。

VSWI 值越大表明作物冠层温度较低,而植被指数较高,说明植被的蒸腾越旺盛,土壤水分含量越高;VSWI 值越小表明作物冠层温度较高,进而表明植被指数较低,说明植被供水不足,土壤含水量较低,分级标准见表 10.14。植被供水指数(VSWI)计算公式如下:

$$VSWI = \frac{NDVI}{T_s} \tag{10.16}$$

式中,NDVI 为归一化差值植被指数,T_s 为地表温度。

表 10.14 植被供水指数(VSWI)分级标准

监测评价等级	干旱指数(VSWI)
无旱	$VSWI \geqslant 0.25$
轻旱	$0.20 \leqslant VSWI < 0.25$
中旱	$0.15 \leqslant VSWI < 0.20$
重旱	$0.10 \leqslant VSWI < 0.15$
特旱	$VSWI < 0.10$

(2)干旱监测评估系统

贵州省建立基于卫星遥感资料的遥感干旱指数(MPDI、TVDI、VSWI)实现对全省植被干旱状况的动态监测评估,生成相应的业务产品(图 10.14)。

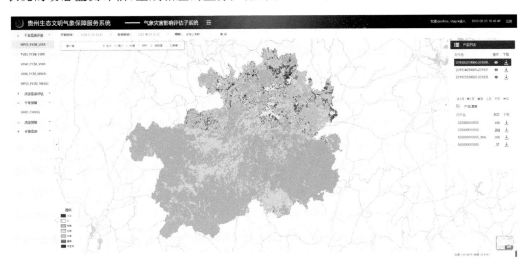

图 10.14 贵州植被干旱监测(MPDI)产品界面

(3)应用案例

应用修正的垂直干旱指数、温度植被干旱指数和植被供水指数以及干旱监测评估指标,定期制作贵州省、市、县三级干旱(无旱、轻旱、中旱、重旱)监测评估产品,2019 年 3 月 29 日监测评估结果见图 10.15—图 10.17。

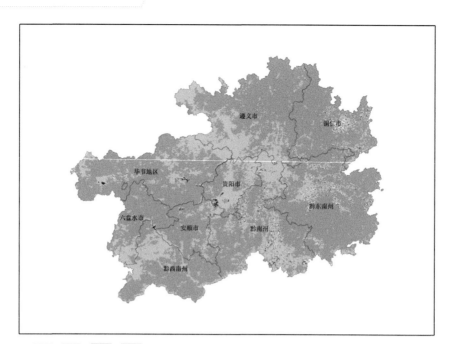

图例 云 水 无旱 轻旱　卫星/传感器：FY-3B/VIRR
　　 中旱 重旱 特重旱　空间分辨率：1000 m
　　　　　　　　　　　投影方式：WGS-84等经纬度投影

图 10.15　基于 MPDI 方法的贵州省干旱监测（2019 年 3 月 29 日）

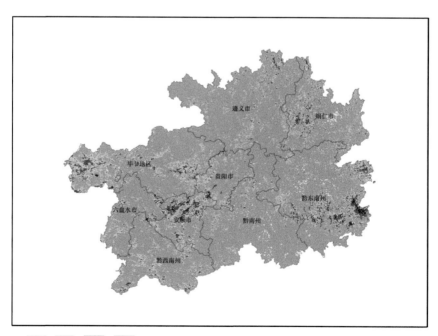

图例 云 水 无旱 轻旱　卫星/传感器：FY-3B/VIRR
　　 中旱 重旱 特重旱　空间分辨率：1000 m
　　　　　　　　　　　投影方式：WGS-84等经纬度投影

图 10.16　基于 TVDI 方法的贵州省干旱监测（2019 年 3 月 29 日）

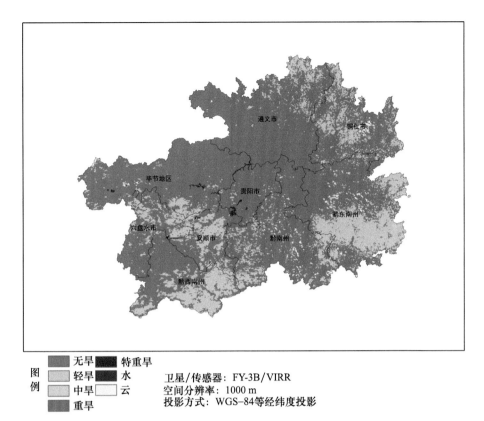

图例　无旱　特重旱　轻旱　水　中旱　云　重旱
卫星/传感器：FY-3B/VIRR
空间分辨率：1000 m
投影方式：WGS-84等经纬度投影

图 10.17　基于 VSWI 方法的贵州省干旱监测（2019 年 3 月 29 日）

10.1.2.3　青海省高寒草地干旱遥感监测

（1）使用的数据

①遥感数据：来自携带有可见光波段和热红外波段探测仪器的卫星，如 FY-3A/B/C/D-VIRR/MERSI、NPP/VIIRS、EOS/MODIS、NOAA/AVHRR 等，为经过辐射校正、几何校正等处理的 2 级数据或数据产品。青海省一般选择第六版 MOD09A1 和 MYD11A2 数据、第一版 VNP09A1 和 VNP21A2 数据，这些数据在高原上地理定位精度较高，无须进行辐射定标、地理定位等数据预处理工作。

②地面数据：采用青海省气象局建立的经过审核后的生态气象站每旬观测的 0～20 cm 土壤重量含水率。该数据由气象工作人员按照生态气象观测规范人工取土烘干得到，人工核对后形成了 2003—2018 年土壤 0～10 cm 完全解冻后至封冻前的牧业区各生态气象站土壤水分数据。

（2）干旱指数和等级划分

利用遥感手段获得的关于植被生理生态、蒸散和地表热状况等的各种指数，用于直接或间接反映地表水分（或植被冠层水分）的盈亏情况，常用的指数有垂直干旱指数、植被状况指数、温度植被干旱指数等。

垂直干旱指数 PDI 的计算公式为：

$$PDI = \frac{1}{\sqrt{M^2+1}}(B_1 + M \times B_2) \tag{10.17}$$

247

式中,PDI 为某时期的垂直干旱指数;B_1 为红色(0.620～0.670 μm)波段的反射率;B_2 为近红外(0.840～0.875 μm)波段的反射率。M 为土壤基线斜率,其计算方法采用最小近红外法,具体为:先取红光反射率在 0.1 以上的红光和近红外反射率构建 Nir-Red 光谱特征空间,以红光反射率步长 0.001 为分组间距将光谱特征空间分成若干组;再将各组光谱特征空间中横坐标所对应的纵坐标值最小的点(R,NIR_{min})挑选出来,作为初始土壤点集;剔除与平均值偏差超过两倍标准差的点,构成裸土像元点集;最后进行最小二乘拟合,得到土壤线方程,斜率 M 即为所求土壤线斜率 M 值。

植被状况指数 VCI 的计算公式为:

$$\text{VCI} = 100 \times \frac{\text{NDVI} - \text{NDVI}_{min}}{\text{NDVI}_{max} - \text{NDVI}_{min}} \tag{10.18}$$

式中,VCI 为某时期的植被状况指数;NDVI 为某时期的归一化差值植被指数 NDVI 值;NDVI_{max} 为同期多年的 NDVI 最大值;NDVI_{min} 为同期多年的 NDVI 最小值。

温度植被干旱指数 TVDI 与贵州省相同,计算公式见式(10.14)。

归一化水分指数 NDWI 的计算公式为:

$$\text{NDWI} = \frac{B_1 - B_2}{B_1 + B_2} \tag{10.19}$$

式中,NDWI 为某时期的归一化植被水分指数;B_1 为某时期的近红外(0.840～0.875 μm)波段反射率值;B_2 为某时期的中红外(1.100 μm～2.600 μm)波段反射率值。

用上述遥感干旱指数与各地 0～20 cm 土壤重量含水率的线性关系模型,计算各区的土壤重量含水率:

$$y = a \times x + b \tag{10.20}$$

式中,y 为 0～20 cm 土壤重量含水率(%);x 为各区的遥感干旱指数;a、b 为模型常数。采用百分位法评价各地理分区的土壤墒情状况,分别以 2%、5%、15%、30% 和 65% 作为特旱、重旱、中旱、轻旱、无旱和偏湿 6 个土壤墒情等级出现的概率阈值,见表 10.15。

表 10.15　土壤墒情等级的概率阈值

百分位(P,%)	等级
$P \leqslant 2$	特旱
$2 < P \leqslant 5$	重旱
$5 < P \leqslant 15$	中旱
$15 < P \leqslant 30$	轻旱
$30 < P \leqslant 65$	无旱
$P > 65$	偏湿

(3)高寒草地土壤水分监测模型

把各种遥感干旱指数与实测的土壤水分数据相对应起来,构建了青海高寒草地土壤水分监测模型。用 2012—2016 年数据进行建模,2017—2018 年数据用于应用检验。各区土壤水分监测模型见表 10.16。

表 10.16   青海省高寒草地生长季土壤水分监测模型

区域（代表站点）	土壤墒情遥感监测模型	模型拟合效果	模型应用效果
1. 共和盆地区（兴海）	NDWI 线性模型：$WS=17.616 \times NDWI+18.213$，$R^2=0.2571,N=101,a=0.001$	MAE$=2.3\%$，RMSE$=2.9\%$	MAE$=2.1\%$，RMSE$=2.5\%$
2. 可可西里地区（沱沱河）	PDI 对数模型：$WS=-10.49 \times \ln(PDI)+0.3663$，$R^2=0.3124,N=76,a=0.001$	MAE$=2.7\%$，RMSE$=3.3\%$	MAE$=2.5\%$，RMSE$=3.5\%$
3. 环青海湖地区（海晏、刚察和天峻）	TVDI 指数模型：$WS=32.903 \times EXP(-0.889 \times TVDI)$，$R^2=0.2552,N=231,a=0.001$	MAE$=4.4\%$，RMSE$=5.5\%$	MAE$=6.2\%$，RMSE$=7.4\%$
4. 哈拉湖地区	同分区 3	同分区 3	—
5. 青南①的中部地区（曲麻莱）	VCI 线性模型：$WS=0.0732 * VCI+13.389$，$R^2=0.2537,N=90,a=0.001$	MAE$=3.7\%$，RMSE$=4.7\%$	MAE$=3.5\%$，RMSE$=4.2\%$
6. 祁连山地区（祁连和野牛沟）	5—6 月 VCI 指数模型：$WS=23.738 \times EXP(0.0035 \times VCI)$，$R^2=0.2806,N=78,a=0.001$；7—9 月 TVDI 指数模型：$WS=57.502 \times EXP(-0.703 \times TVDI)$，$R^2=0.2545,N=48,a=0.001$；	MAE$=4.6\%$，RMSE$=5.5\%$；	MAE$=4.1\%$，RMSE$=4.9\%$
7. 青南的东南部地区（甘德）	VCI 指数模型：$WS=22.999 \times EXP(0.0031 \times VCI)$，$R^2=0.2696,N=20,a=0.001$	MAE$=4.0\%$，RMSE$=7.0\%$	MAE$=6.5\%$，RMSE$=7.8\%$
8. 青南的东北部地区（河南和泽库）	VCI 指数模型：$WS=26.128 \times EXP(0.0032 \times VCI)$，$R^2=0.2576,N=160,a=0.001$	MAE$=4.9\%$，RMSE$=6.0\%$	MAE$=9.3\%$，RMSE$=6.6\%$

注：NDWI、PDI、TVDI、VCI 缩放因子均为 1。WS 为 0~20 cm 土壤重量含水率，R^2 为方程决定系数，N 为方程的拟合点数，a 为置信度水平。MAE 为平均绝对误差（mean absolute error），RMSE 为均方根误差（root mean square error）。

（4）典型案例

2015 年夏季玉树州各地降水较常年偏少 2~5 成，其中 7 月降水特少并发生大面积干旱。其中，曲麻莱出现中度干旱，囊谦、治多、杂多出现轻度干旱。干旱导致牧草提前黄枯、减产，黑毛虫泛滥成灾。

从图 10.18 可见，遥感监测结果与地面一致：从第 177 天（6 月下旬）后，土壤失墒加剧，至第 201 天（7 月中旬）达到本年度最低值，第 201—249 天（7 月中旬—9 月上旬）土壤墒情一直维持在较低水平，第 249 天（9 月上旬）后，土壤墒情逐步好转。

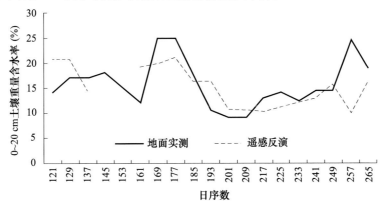

图 10.18   2015 年曲麻莱土壤墒情遥感监测结果与地面实测对比

———————————

① 青南是青海省综合自然区划的 1 个一级区，位于青海南部，包括昆仑山脉和唐古拉山脉间整个地区。

图 10.19 为 2015 年 7—9 月曲麻莱县土壤干旱等级和牧草长势遥感监测结果。可以看出,7 月上旬曲麻莱县各地土壤墒情较好,牧草长势好于或持平于历年;7 月中下旬曲麻莱县中部的秋智乡和东部的麻多乡南部等部分地区出现轻旱至中旱,这些地区牧草长势差于历年;8 月旱情持续发展,受旱地区范围扩大、旱情加重,研究区除西部的曲麻河乡西部、南部的约改镇和巴干乡中南部地区未发生干旱外,其余大部分地区均发生干旱,牧草长势差于历年;9 月上中旬,各地旱情逐步缓解,东北部地区旱情解除、牧草长势有所恢复。可见,监测的干旱分布区域与牧草长势较差的分布区域基本一致,空间演变趋势相同。2015 年曲麻莱由于牧草生长旺盛期 7—8 月受持续干旱的影响,至 8 月底牧草产量仅为 270 kg·hm^{-2},较 2003—2014 年平均产量减产 81.6%。

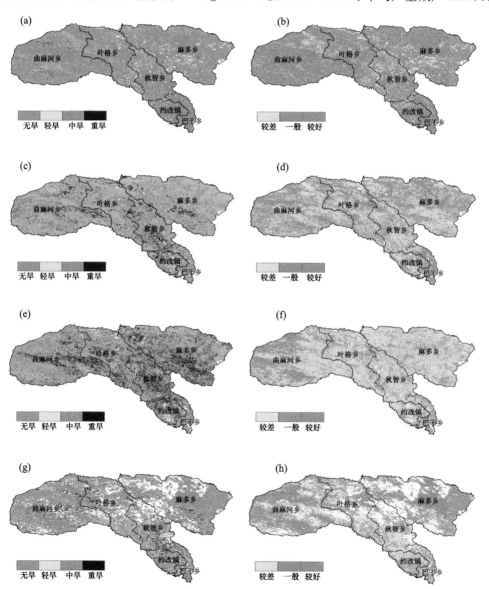

图 10.19 2015 年 7—9 月青海省曲麻莱县土壤干旱等级(左列)和牧草长势(右列)遥感监测
(a)、(b):7 月 4—11 日;(c)、(d):7 月 20—27 日;(e)、(f):8 月 5—12 日;(g)、(h):9 月 6—13 日

10.2 生态安全暴雨台风影响评估预警

◆ 10.2.1 数据

这里采用的数据主要有三类:一类是气象监测数据,主要包括降水与大风数据,来源于 CIMISS,包括逐小时和逐日的降水量、逐小时和逐日的风速与瞬时最大风速;第二类为承灾体与孕灾环境数据,包括地表生态类型数据,主要有较高精度的城镇、农村、水田、旱地、林地等土地利用数据,人口与社会经济数据,还有河网密度、土壤类型等格点化数据等;第三类为高分卫星遥感数据,包括高分 1 号(GF-1)、高分 2 号(GF-2)、MODIS 等遥感影像数据。

◆ 10.2.2 监测评估方法

(1)暴雨、台风灾害影响评估模型

根据历史观测资料,整理近 30 a 来的区域性暴雨和台风过程以及相关的灾害数据,并针对这些过程,研发暴雨和台风大风灾害的致灾气象条件强度指数;同时,应用 GIS 技术开展承灾体脆弱性研究,利用数理统计等方法对暴雨洪涝、台风大风灾害与生态环境之间的关系进行研究,研发暴雨和台风对生态安全影响的综合评价因子指标体系。在此基础上,建立暴雨、台风大风对生态环境安全影响评估模型,同时结合高分辨率降水、大风等格点预报产品以及台风路径预报产品,建立相应的影响预评估系统。主要有以下三个模型。

①暴雨灾害影响预评估模型

根据区域灾害理论,考虑了致灾因子的危险性、孕灾环境的不稳定性与承灾体的脆弱性来构建模型。致灾因子的构建主要基于降雨过程的强度,即选取降雨强度、持续时间和覆盖范围 3 个因子,同时考虑了小时雨强与前期降水量的影响,建立了较为精细化的致灾因子评价指标体系;孕灾环境方面,主要考虑了与暴雨灾害密切相关的高程、高程标准差、河网密度、土壤类型等影响要素;在承灾体研究方面,利用遥感技术,提取土地利用信息,主要提取城镇、农村、水田、旱地、林地等数据。综合致灾因子和孕灾环境等要素,运用加权求和方法建立了暴雨灾害综合风险评估模型。即:

$$F = \text{RSI} \times W_1 + \sum_{i=2}^{5} A_i \times W_i \tag{10.21}$$

式中,F 为暴雨灾害综合危险性指数。RSI 为降雨强度综合指数,A_i 为四个孕灾环境因子;$W_1 \sim W_5$ 分别为各指标权重系数,由基于加速遗传算法的层次分析法得出。基于自然断点分级法,并结合业务试验,最终确定暴雨灾害综合风险指数 F 的极高风险、高风险、较高风险和低风险的 4 个等级阈值,结合 GIS(地理信息系统)技术,最终分析得出不同暴雨灾害风险等级影响下人口(城镇、农村)、土地利用(水田、旱地、林地、草地)等的影响预评估。

②台风大风破坏力评估模型

主要分析了历史台风案例,根据台风风场结构、大风持续时间,基于 Grapes-TYM 和 Tc-wind 的逐小时预报,叠加孕灾环境因子,采用能量法建立了台风大风破坏力模型。通过模型,可以计算出台风影响区域的不同影响等级,然后根据影响等级定性地确定该地区的简易设施、树木、电力设施等受影响的情况(表 10.17)。

表 10.17　台风大风破坏力评估等级

等级	影响程度	可能破坏力及影响
Ⅰ级	极严重破坏	树木普遍被吹倒,甚至被连根拔起或拦腰切断;部分框架结构房屋受损或被摧毁;部分电力设施、通信铁塔、港口吊机受损;海上渔排网箱被破坏,部分船只翻沉。
Ⅱ级	严重破坏	大量树木被吹倒;非框架砖混结构(无圈梁)房屋受损;大量户外广告牌受损;部分电力设施、港口吊机受损;海上渔排网箱部分被破坏;部分小型船只翻沉。
Ⅲ级	重度破坏	树木被吹倒;小建筑物如农房、简易厂房等部分被摧毁;部分户外广告牌或霓虹灯受损;部分海上渔排网箱受损,部分小型船只被破坏。
Ⅳ级	中度破坏	小的树杆被吹落;简易房屋和夹板房受到破坏;不牢固的广告牌被吹倒;汽船航行危险。
Ⅴ级	轻度破坏	小的枯枝被吹落;不牢固的广告牌被吹落。

③台风大风对低矮房屋影响的评估模型

主要利用国家地面站逐小时 10 min 风数据,根据Ⅰ型极值概率分布估算 50 a 一遇最大风速,计算基本风压;利用 30 s 分辨率全球 DMSP/OLS 夜间灯光数据,采用影像自校正法和辐射定标法对灯光数据进行影像校正,对孕灾环境进行分析;同时,根据低矮房屋结构的不同区域,利用蒙特卡洛方法,模拟不同房屋结构的易损性。基于精细化智能网格预报产品或 Tc-wind 的逐小时风场预报,利用房屋的荷载能力建立大风对低矮房屋的倒损指数(RI),建立沿海地区网格化的低矮房屋倒损风险等级。

$$RI = \int_0^\tau (W_p - |\bar{\omega}|)\mathrm{d}t \qquad (10.22)$$

式中,W_p 为低矮房屋的风荷载(kN·m^{-2}),t 为大风持续时间。

(2)台风风雨对生态影响的灾情评估方法

基于台风过境前后的高分、MODIS 等遥感影像数据以及地形地貌数据,利用遥感技术提取台风发生前后下垫面的变化信息,实现对台风所引起的植被(包括森林、农田和绿地)、水体、城市等变化和损毁状况进行全面评估。如,针对台风大风对森林、绿植、农作物倒伏灾情,利用高分 2 号(16 m 分辨率)对台风前后归一化差值植被指数(NDVI)或植被覆盖度(VFC)的变化进行分析,判断森林损失的大小。NDVI 或 VFC 减少得越多,则说明受损的程度越重,台风对森林的损失等级划分见表 10.18。

表 10.18　基于 NDVI(VFC)的台风对森林造成损失的等级划分

损失等级	指标范围	影响程度
1	< -0.2	严重
2	$-0.1 \sim -0.2$	中
3	$0.0 \sim -0.1$	低

◆ 10.2.3　监测评估预警系统

建立的暴雨台风灾害生态安全影响评估决策服务支持系统主要包括以下三个功能模块:①可以实现暴雨、台风大风等对生态安全影响预评估,包括暴雨灾害的综合风险,暴雨对农田、林地、草地、人口影响的灾害风险,台风大风综合破坏力风险以及台风大风对低矮房屋影响风险等,针对上述风险产品能形成未来 3 d 逐日自动生成的影响预评估产品以及任意时段的影响预估产品。②可以实现暴雨、台风等灾害的各类要素的实况监测,实时监测暴雨、台风等的风雨影响情况以及针对过程进行统计分析。比如,针对台风过程,可以对逐 1 h、3 h、6 h、12 h、24 h 以及过程的降水、风等要素进行实时监测,并对相关的降水极值、影响面积、累计雨量、暴雨站点数等情况自动分析。③可以针对暴雨、台风等引发的灾害进行监测,通过监测及时获取各类灾害信息,并能对灾害周边的实况与未来一段时间的预报情况快速分析,掌握未来的发展动态,为决策服务提供支持(图 10.20)。

图 10.20 暴雨台风生态安全影响评估决策服务系统界面

◆ 10.2.4 监测评估案例

(1)研制的服务产品主要有暴雨灾害综合影响评估图、台风大风破坏力图以及台风对低矮房屋的影响评估图,在汛期台风暴雨服务中已得到了应用。例如,在 2018 年台风"玛莉亚"服务中,根据影响预评估的产品,在上报国家决策部门的第 36 期"重大气象信息专报"中提出了针对性的建议:台风"玛莉亚"登陆前后风雨强度大,可能对沿海设施、简易建筑、渔业、林木、通信电力设施等造成破坏,暴雨也易引发城乡内涝、滑坡等灾害,并将影响交通、生态环境及人员安全等,福建、浙江、江西及台湾等省需加强做好各项防台工作。在 2018 年第 55 期《重大气象信息专报》登陆我国最强的台风"山竹"服务中,直接用到了暴雨灾害综合风险预估图(图 10.21 和图 10.22),并结合大风破坏力影响预估结果(图 10.23),重点提出了"台风大风将给粤港澳大湾区及登陆点附近造成重度破坏",取得了很好的服务效果。

(2)2016 年第 14 号超强台风"莫兰蒂"重创厦门,厦门市气象局和国家气象中心通过灾情遥感与数值模拟,对强风导致树木倒伏、绿植及农作物倒伏与建筑物损毁灾情,以及对强降水导致水域分布变化、农田和绿地被淹以及地质灾害等灾情进行遥感监测评估;对风暴潮导致海水异常升降引起的近岸及离岸海洋水质及生态环境发生的显著变化进行遥感监测评估;并通过建立城市暴雨积涝仿真分析模型,模拟重现"莫兰蒂"强台风期间厦门市暴雨积涝灾情影响;向政府提供了《2016 年"莫兰蒂"台风灾情遥感与数值模拟评估报告》,为今后防御台风和灾后城市生态修复提供技术支撑(图 10.24)。通过监测评估分析,表明"莫兰蒂"台风对厦门市造成了严重影响,其中强风导致森林受损总面积为 1950 hm²(表 10.19),绿植及农作物倒伏总面积为 4217.1 hm²,台风登陆区选取的样区中城市行道树倒伏 147 棵,建筑物损毁 246 栋,强降水导致水域面积增加 323.0 hm²,农田和绿地被淹没面积为 519.6 hm²。

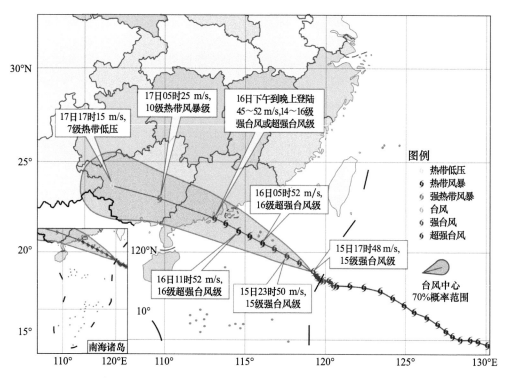

图 10.21　2018 年 9 月 15 日 18 时发布的第 22 号台风"山竹"未来 48 h 路径概率预报

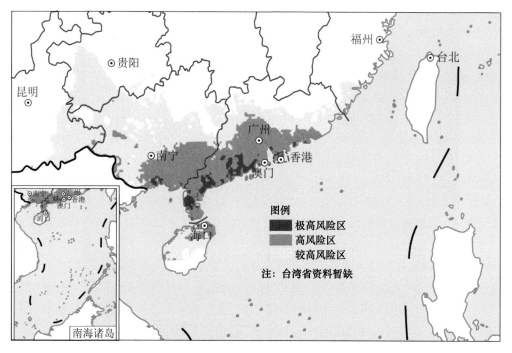

图 10.22　2018 年 9 月 15 日 18 时发布的第 22 号台风"山竹"未来 3 d 暴雨灾害综合风险预估

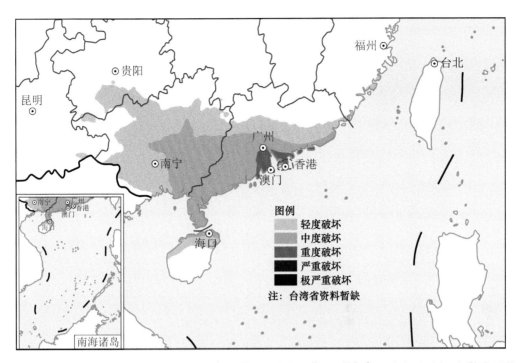

图 10.23　2018 年 9 月 15 日 18 时发布的第 22 号台风"山竹"未来 3 d 大风破坏力影响预估

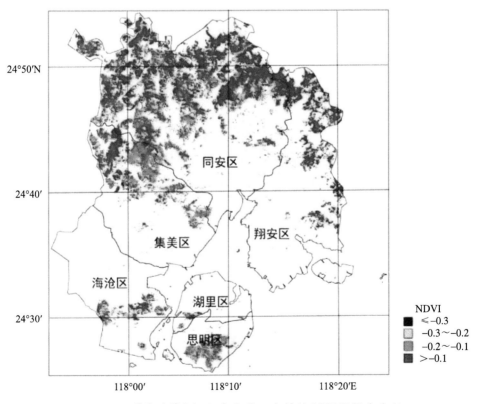

图 10.24　"莫兰蒂"台风前后厦门市植被 NDVI 损失分级

表 10.19 "莫兰蒂"台风造成的厦门市森林损失情况统计

区域	轻度面积（hm²）	中度面积（hm²）	重度面积（hm²）
同安区	794.4	221.0	7.5
集美区	216.8	26.9	7.0
海沧区	145.0	37.0	1.5
翔安区	194.0	18.3	0.0
思明区	202.4	4.2	0.0
湖里区	31.5	40.7	1.7
合计	1584.1	348.2	17.7

10.3 生态安全山洪地质灾害影响评估预警

◆ 10.3.1 数据

（1）降水数据：来自国家气象信息中心的逐小时和日降水量。

（2）土壤类型数据：来自中国科学院南京土壤科学研究所，空间分辨率为 1 km，采用砂粒、粉粒和黏粒的成分比例作为土壤信息。

（3）植被覆盖度数据：来源于中分辨率成像光谱仪（MODIS）产品的陆地植被连续场（VCF）的 L3 数据，空间分辨率为 250 m；

（4）地形数据：坡度数据来源于空间分辨率 90 m 的 SRTM 数字高程模型以及 1∶25 万高程、1∶25 万高差。

（5）土地利用类型数据：MODIS L3 全球 500 m 产品，土地利用类型含有国际地圈生物圈计划（IGBP）中定义的 17 类，包括 11 个自然植被类，三大人类活动影响类和三大非植被类。

（6）地质地理数据：来自 1∶400 万工程地质岩土、1∶50 万地质图、1∶400 万中国地震图。

◆ 10.3.2 监测评估预警方法

10.3.2.1 地质灾害生态风险易发性评价

地质灾害生态风险易发性评价图用于揭示容易发生地质灾害生态风险的区域。通常采用的方法有层次分析法（AHP）、模糊评价法、权重指数法、信息量模型、证据权法等。这里采用的是信息量模型法，信息量模型是基于地质灾害发生的区域规律，采用信息熵的概念来衡量各影响因素对预测事物不确定性的减少程度，地质灾害生态风险高低与否与预测过程中所获取的信息的数量和质量有关，可以用信息量来衡量。信息量越大，预测产生地质灾害的可能性越大。

这里考虑了高程、高差、坡度、岩石类型、断层密度、植被类型 6 个因子，采用信息量模型来进行地质灾害生态风险易发性综合评价。

信息量模型是一种统计分析预测方法，是把各个影响因子对灾害发生提供的信息量值进行叠加所得的总信息量值作为评价定量指标的一种评价方法，利用信息量模型可定量计算地质灾害各影响因子对灾害发生的信息量（贡献），将这些信息量相叠加得到的总信息量值将作为危险性评价的定量指标。各影响因子对地质灾害发生所提供的信息量值根据下式计算：

$$P(X_i) = \ln \frac{R_i/R}{S_i/S} \tag{10.23}$$

式中,$P(X_i)$ 是影响因子 X_i 的信息量值;S 是研究区面积;R 是研究区内已发生地质灾害的面积;S_i 是研究区内含有影响因子 X_i 的面积;R_i 是影响因子 X_i 分布区域内已发生地质灾害的面积。

单个评价单元内的总信息量值根据下式计算:

$$P = \sum_{\xi=i}^{n} P(X_i) = \sum_{\xi=i}^{n} \ln \frac{R_i/R}{S_i/S} \tag{10.24}$$

式中,P 为评价单元总的信息量值;n 为影响因子数;其他参数同上。将总信息量值作为单元网格内影响地质灾害形成的综合评价指标,值越大表明地质灾害发生的可能性就越大,根据计算得到每一个栅格单元内的总信息量值,在此基础上,利用统计学自然断点法、易发性信息量分布曲线等方法来确定易发区分界信息量值,从而得到全国地质灾害生态风险易发性评价图(图 10.25),等级按照由小到大分为五级(非常低、低、中等、高、非常高)。

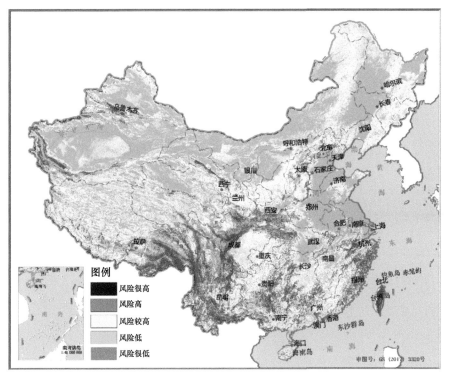

图 10.25   中国地质灾害生态风险易发性评价图

10.3.2.2   山洪灾害生态风险易发性评价

山洪生态风险易发性评价图选用地形特征、土壤特性、植被覆盖、土地利用等主要影响因子,采用因子叠加分析、加权平均方法来计算。

这里在吸取前人经验的基础上,采用线性权重组合的方式,分区进行全国山洪生态风险易发性评价指数的提取。由于各地山洪发生的原因不同,导致时空分布的不同,各类数据采用的线性权重比也不同。结合省市行政区边界以及气候分区,将全国分为 10 大区域,分别进行权重计算。

(1)单一指标山洪生态风险易发性评价值的计算

为求取单一指标的山洪生态风险易发性评价值,分析单一数据层,采用 ArcGIS 的"重分类"功能根据不同原则对数据层进行打分(1~10,1 代表发生山洪可能性最低,10 代表发生山洪可能性最高),形成单一指标山洪生态风险易发性评价层。其中,各数据层打分原则如下。

①土壤

由于在高黏粒含量的土壤中,下渗速率相对较低,因此黏粒含量越高,发生山洪的可能性越大。因此,根据表层 30 cm 土壤中的黏粒含量的大小范围,进行等间隔划分,共分为 10 类,由低到高依次赋予 1~10 的单一指标山洪生态风险易发性评价值,形成土壤的单一指标山洪生态风险易发性评价分布的图层。

②植被覆盖度

区域内植被截流的能力可以认为与植被覆盖面积成正比,因此,将植被覆盖百分比进行等间隔划分,共为 10 类,由高到低依次赋予 1~10 的单一指标山洪生态风险易发性评价值。此外,在植被覆盖百分比为 200%的区域,表征水体,故将这些区域赋值为 1,形成植被覆盖的单一指标山洪生态风险易发性评价分布的图层。

③坡度

下垫面坡度在 30°以上便极有利于山洪的发生,因此,将 30°以上的坡度视为单一指标山洪生态风险易发性评价值为 10 的区域,剩下的区域(0~30°坡度)进行等间隔划分成 9 份,由低到高赋予值为 1~9 的单一指标山洪生态风险易发性评价,形成坡度的单一指标山洪生态风险易发性评价分布的图层。

④土地利用类型

土地利用类型在很多研究滑坡的文献中有过讨论,认为可以将土地利用类型分为以下几大类:林地、灌木地、草地、牧场或农用地、开发用地或者公路五大类,其由前往后对应的山洪发生的可能性越来越大。由于山洪和滑坡通常伴随发生,形成地质灾害链,因此,在本研究中借鉴以上分类,采用表 10.20 中的具体对应值,形成基于土地利用类型的单一指标山洪生态风险易发性评价分布图层。

表 10.20　基于土地利用类型的单一指标山洪生态风险易发性评价值计算表

分类	单一指标值	原始 MODIS 分类号	分类号对应的土地利用类型
1	1	0,15	水体;永久性冰雪
2	2	1,2,11	常绿针叶林;常绿阔叶林;永久性湿地
3	3	3,4	落叶针叶林;落叶阔叶林
4	4	5	混交林
5	5	6,7	稀疏和密集的灌木丛
6	6	8,9	木本稀树草原;稀树草原
7	7	10	草地
8	8	12	农田
9	9	14	农田/自然植被交错
10	10	13	城市和建筑

(2)权重系数确定

云南省作为山洪频发省份,是全国山洪灾害的重灾区之一,同时根据验证资料获取的情况,选取云南省作为精细化易发性指数提取的示范区,采用的单一指标指数的评价方法与全国山洪易发性指数提取中的相同,但是在权重选择上采用熵权法和层次分析法结合的方式。层次分析法(analytic hierarchy process,AHP)是将与决策有关的元素分解成目标、准则、方案等层次,在此基础之上进行定性和定量分析的决策方法。该方法是美国运筹学家匹茨堡大学教授萨蒂于 20 世纪 70 年代初,在为美国国防部研究"根据各个工业部门对国家福利的贡献大小而进行电力分配"课题时,应用网络系统理论和多目标综合评价方法,提出的一种层次权重决策分析方法。所谓层次分析法,是指将一个复杂的多目标决策问题作为一个系统,将目标分解为多个目标或准则,进而分解为多指标(或准则、约束)的若干层次,通过定性指标模糊量化方法算出层次单排序(权数)和总排序,以作为目标(多指标)、多方案优化决策的系统方法。层次分析法是将决策问题按总目标、各层子目标、评价准则直至具体的备投方案的顺序分解为不同的层次结构,然后得用求解判断矩阵特征向量的办法,求得每一层次的各元素对上一层次某元素的优先权重,最后再加权和的方法递阶归并各备择方案对总目标的最终权重,此最终权重最大者即为最优方案。这里所谓"优先权重"是一种相对的量度,它表明各备择方案在某一特点的评价准则或子目标,表示优越程度的相对量度,以及各子目标对上一层目标而言重要程度的相对量度。层次分析法比较适合于具有分层交错评价指标的目标系统,而且目标值又难于定量描述的决策问题。其用法是构建矩阵,求出其最大特征值及其所对应的特征向量 $\boldsymbol{W}$,归一化后,即为某一层次的判断指标对于上一层次某相关指标的相对重要性权值。在本研究中,将 AHP 确定的权重记为 $\boldsymbol{U}$:

$$\boldsymbol{U} = (u_1, u_2, \cdots, u_i, \cdots, u_n) \tag{10.25}$$

而熵权法的原理,按照信息论基本原理的解释,信息是系统有序程度的一个度量,熵是系统无序程度的一个度量;如果指标的信息熵越小,该指标提供的信息量越大,在综合评价中所起作用理当越大,权重就应该越高。本研究中,将熵权法确定的权重记为 $\boldsymbol{V}$:

$$\boldsymbol{V} = (v_1, v_2, \cdots, v_i, \cdots, v_n) \tag{10.26}$$

具体计算步骤如下所示:

现有 m 个待评项目,n 个评价指标,形成原始数据矩阵:$\boldsymbol{R} = (r_{ij})_{m \times n}$:

$$\boldsymbol{R} = \begin{bmatrix} r_{11} & r_{12} & \cdots & r_{1n} \\ r_{21} & r_{22} & \cdots & r_{2n} \\ \cdots & \cdots & \cdots & \cdots \\ r_{m1} & r_{m2} & \cdots & r_{mn} \end{bmatrix} \tag{10.27}$$

式中,r_{ij} 为第 j 个指标下第 i 个项目的评价值。

①计算第 j 个指标下第 i 个项目的指标值的比重 p_{ij}:

$$p_{ij} = \frac{r_{ij}}{\sum\limits_{i=1}^{m} r_{ij}} \tag{10.28}$$

②计算第 j 个指标的熵值 e_j:

$$e_j = -k \sum_{i=1}^{m} p_{ij} \ln p_{ij} \tag{10.29}$$

式中,$k = 1/\ln m$。

③计算第 j 个指标的熵权 v_j：

$$v_j = \frac{(1-e_j)}{\sum\limits_{j=1}^{n}(1-e_j)} \qquad (10.30)$$

采用 AHP 与熵权法综合得到的权重记为 $\boldsymbol{W}$：

$$\boldsymbol{W} = (w_1, w_2, \cdots, w_i, \cdots, w_n) \qquad (10.31)$$

式中，$w_i = \alpha u_i + (1-\alpha) v_i$；$\alpha$ 通常由敏感性分析法得出。

(3)综合山洪生态风险易发性值的计算

图 10.26 是用于全国山洪灾害生态风险易发性指数计算的十大分区，按照以下区域划分进行山洪灾害生态风险易发性各因素权重的分析和山洪灾害生态风险易发性值的提取。

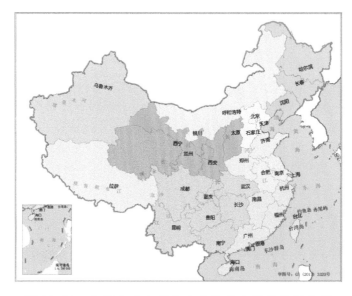

图 10.26　全国山洪灾害生态风险易发性值计算分区

通过上述权重系数的确定方式得到各区指标权重值如表 10.21 所示。

表 10.21　各区域山洪灾害生态风险易发性指标值的计算权重

编号	区域	权重比(土地利用:植被覆盖:土壤:坡度)
1	新疆	0.20∶0.05∶0.20∶0.60
2	西藏	0.10∶0.05∶0.45∶0.40
3	内蒙古	0.10∶0.05∶0.25∶0.60
4	黑龙江/吉林/辽宁	0.20∶0.05∶0.20∶0.60
5	北京/天津/河北	0.10∶0.05∶0.25∶0.60
6	甘肃/山西/宁夏/陕西	0.200∶0.100∶0.21∶0.035∶0.245∶0.210
7	青海	0.30∶0.05∶0.35∶0.30
8	山东/河南/江苏/安徽/上海	0.05∶0.05∶0.10∶0.80
9	四川/重庆/湖南/湖北/广西/贵州/云南	0.3750∶0.3750∶0.0625∶0.1875
10	广东/福建/江西/浙江/海南/港澳台	0.2∶0.2∶0.1∶0.5

最终的山洪灾害生态风险易发性指标分布图如图 10.27 所示。

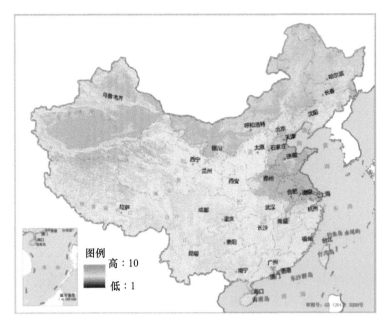

图 10.27　全国山洪灾害生态风险易发性空间分布

从上述全国山洪灾害生态风险易发性值的分布情况来看,有以下几点结论。

①山洪灾害生态风险易发性空间分布与近年来山洪灾害的空间分布趋势吻合:由图 10.27 可知,山洪灾害生态风险易发性表现为西南、东南地区(如云南、贵州以及福建等地)山洪灾害风险整体偏高,东北、新疆、西藏以及内蒙古等地局部地区风险偏高,而在江苏、上海、山东等地,由于较为平坦的地势,山洪灾害发生的风险普遍较低。

②山洪灾害生态风险易发性指标表征山洪灾害发生可能性的相对大小,而不是绝对关系。例如,山洪灾害生态风险易发性值为 2 的地方,山洪灾害发生的可能性不一定是山洪灾害生态风险易发性值为 1 处的两倍。

③新疆西北部山洪灾害主要由春汛引起,并非由强降水诱发,因此山洪灾害生态风险易发性指数从降雨作为诱发因素的角度出发,并不能很好地预测该地区的山洪灾害发生地点,需要做进一步探讨。

10.3.2.3　基于 Logistic 山洪地质灾害气象预警模型精细化预报

采用广义线性模型中的 Logistic 模型来建立山洪地质灾害的发生概率模型。传统的统计预报采用的线性回归模型为:设 $\boldsymbol{Y}=(Y_1,\cdots,Y_n)'$ 为一 $n\times 1$ 随机向量,每个分量依赖于 p 个预测因子(构成一 $n\times p$ 矩阵 $\boldsymbol{X}$,其元素 X_{ij} 对应于第 i 个随机变量 Y_i 的第 j 个预测因子)。假设 $\boldsymbol{Y}$ 遵从某种概率分布,其均值向量为 $\boldsymbol{\mu}=(\mu_1,\cdots,\mu_n)'$,则有:

$$\boldsymbol{\mu}=\boldsymbol{X}\beta \tag{10.32}$$

式中,β 为一 $p\times 1$ 的系数向量。将上式推广为

$$g(\boldsymbol{\mu})=\boldsymbol{X}\beta \tag{10.33}$$

式中,$g(\boldsymbol{\mu})=$ 为一单调函数(称为连接函数)。上式即为广义线性模型的一般形式。当 $g(\mu_i)=\mu_i$ 时,则为一般的线性模型。

对于地质灾害预测模型而言,所要回归的随机变量为灾害发生的概率 p_i,其取值范围为 $0\sim1$,而预测因子则为影响地质灾害发生的气象和地质环境要素。通过下式建立预测因子与随机变量之间的回归关系。具体公式为:

$$\ln\left(\frac{p_i}{1-p_i}\right)=\beta_0+\sum_{j=1}^{m}\beta_j x_{i,j} \quad (i=1,\cdots,n) \tag{10.34}$$

此式又称为 Logistic 模型。其中,p_i 为第 i 种因子条件下灾害的发生概率,$\beta_j(j=0,\cdots,m)$ 为需要拟合的模型参数,$x_{i,j}(j=1,\cdots,m)$ 为对应于第 i 次灾害发生概率所选用的 m 个因子,μ_i $(i=1,\cdots,n)$ 为第 i 种因子取值情况下对应的响应值。模型参数可以用极大似然(maximum likelihood)法拟合。

这里将前 14 d 有效降水、当日降水和山洪地质灾害易发度作为自变量,山洪地质灾害发灾概率为因变量。

10.3.2.4 山洪地质灾害生态安全风险预警模型

山洪地质灾害生态风险(R)可视为风险源危险性(H)、生态系统易损性(V)的函数:

$$R=H\times V \tag{10.35}$$

式中,H、V 的取值范围为 $0\sim1$。

因此,开展山洪地质灾害生态风险预警,需要进行山洪地质灾害危险性动态预警,并评估山洪地质灾害作用下的生态系统易损性。

◆ 10.3.3 监测评估预警系统

系统(图 10.28)主要包括数据处理、灾害个例库查询、地质灾害致灾极端强降水分析、地质灾害气象条件评估、地质灾害生态安全风险预警、地质灾害生态风险实时评估、产品制作与发布等主要功能模块。

(1)生态环境基础 GIS 数据处理模块:进行植被、地形地貌等下垫面数据处理和显示。

(2)山洪地质灾害个例库查询处理模块:实现山洪地质灾害多要素(种类、人数、经济损失、匹配降水等)查询。

(3)地质灾害致灾极端强降水分析模块:实现地质灾害极端性降水分析计算。

图 10.28　地质灾害生态安全风险监测评价预警系统界面

（4）地质灾害气象条件评估模块：实现地质灾害气象条件指数的计算和分析。

（5）地质灾害生态安全风险预警模块：实现未来 7 d 山洪地质灾害生态安全风险预警（图 10.28）。

（6）地质灾害生态风险实时评估模块：实现逐小时更新的地质灾害生态风险实时评估。

（7）评估产品制作与发布模块：实现山洪地质灾害生态风险预报产品的制作和分发。

◆ 10.3.4　监测评估预警案例

2010 年 8 月 8 日，甘肃省舟曲县城北部山区三眼峪、罗家峪流域突降暴雨，1 h 降水量达 96.77 mm，半小时瞬时降水量达 77.3 mm，短时超强暴雨在三眼峪、罗家峪两个流域分别汇聚成巨大山洪，沿着狭窄的山谷快速向下游冲击，沿途携带沟内堆积的大量土石冲出山口后形成特大规模山洪泥石流，造成月圆村和椿场村几乎全部被毁灭，三眼峪和罗家峪村部分被毁，死亡和失踪人数达到 1765 人，当地生态环境破坏严重。泥石流在出山口下游形成巨大的停积区，导致数千亩良田被掩埋，二十多栋楼房损毁。

从受灾后的 2011 年 7 月 27 日遥感影像（图 10.29 中右下图）可见，泥石流造成三眼峪、罗家峪的沟道无植被区域（图 10.29 中右下图中的白色区域）较受灾前（2009 年 8 月 6 日，图 10.29 中右上图中的用红色标记的沟道）显著增加，此次泥石流灾害使三眼峪、罗家峪沟的植被基本转变为裸地。

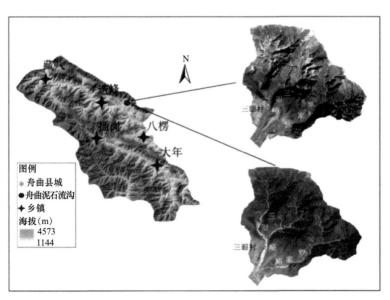

图 10.29　舟曲受灾前后遥感影像对比

（右上：2009 年 8 月 6 日，灾害前；右下：2011 年 7 月 27 日，灾害后）

舟曲县历年高分卫星遥感监测的评估结果（图 10.30）表明，2010 年 8 月 8 日泥石流冲刷过的流区和停积区成为裸地，对生态环境造成了毁灭性的破坏。2011 年以来，当地政府实施了一系列生态修复措施，上游过流区植被逐步恢复，下游停积区的植被覆盖度逐渐增加。具体监测结果显示，2019 年 7 月 11 日过流区和停积区植被覆盖度平均为 56.5%，接近灾前的均值 65.6%，恢复至灾前的 86.1%。但也看出，经过近 10 a 的努力，舟曲泥石流冲刷过的流区和停积区的植被仍没有恢复到受灾前的水平，至少还需提高 13.9%，才能恢复到灾前水平，可见舟曲泥石流对于当地生态环境的破坏有多么严重。环境一旦遭到破坏,恢复起来则需要较长时间。

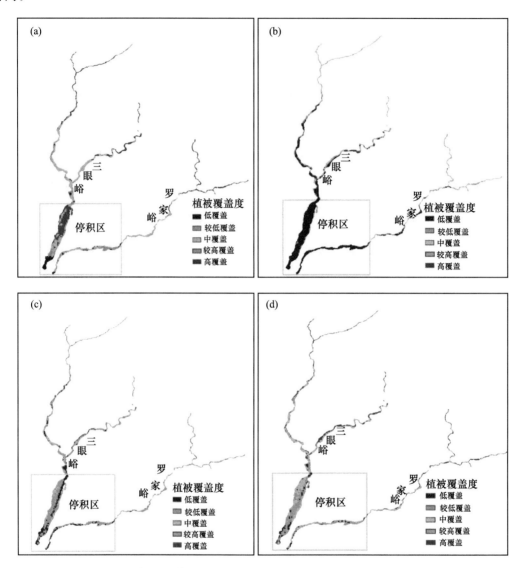

图 10.30　舟曲县舟曲三眼峪、罗家峪混石流沟泥石流灾害发生地
历年高分卫星遥感监测的评估结果

(a) 2009 年 8 月 6 日植被覆盖(灾前);(b) 2011 年 7 月 27 日植被覆盖(灾后);
(c) 2014 年 6 月 17 日植被覆盖(灾后);(d) 2019 年 7 月 11 日植被覆盖(灾后)

第 11 章

气候和气候变化对生态的
影响评估

　　气候指一个地区大气的多年平均状况,气候变化指气候平均值和气候离差值出现的统计意义上的显著变化。气候和气候变化对生态环境质量有着重要的影响,本章主要介绍气候和气候变化对植被生态质量、水生态、大气环境的影响评估技术和应用案例。

11.1　气候和气候变化对植被生态质量的影响评估

　　植被净初级生产力(NPP)和覆盖度是反映陆地生态系统服务功能的两个最基本特征量,也是反映植物群落生长茂盛程度、植被生态质量的两个关键特征量(钱拴 等,2020)。第 3 章植被生态质量气象监测评估中介绍了根据植被净初级生产力(NPP)、覆盖度构建的陆地植被生态质量指数、生态质量变化监测评估模型和技术方法。本节主要介绍多年气象条件变化与植被 NPP、覆盖度、生态质量指数之间的关系,研究给出气候和气候变化影响评估的阈值和指标,建立气候和气候变化对植被生态质量影响的评估模型、指标和系统以及开展气候和气候变化对生态影响评估的服务情况。

◆ 11.1.1　技术方法

11.1.1.1　气候要素和植被生态质量指数监测结果统计

　　(1)平均气温统计,根据全国各站点逐日平均气温,计算各站点全年、主要生长季、任意时段的平均气温。

　　(2)积温(≥0 ℃、≥10 ℃、≥15 ℃)统计,根据全国各站点逐日平均气温大于等于界限温度的数据,计算各站点全年、主要生长季、任意时段的累计值。

　　(3)降水量统计,根据全国各站点逐日降水量,计算各站点全年、主要生长季、任意时段的累计降水量。

　　(4)日照时数统计,根据全国各站点逐日日照时数,计算各站点全年、主要生长季、任意时段的累计日照时数。

　　(5)植被生态质量指数统计,利用第 3 章介绍的方法,计算全年、主要生长季、任意时段的植被 NPP 累计值、平均植被覆盖度和年最高植被覆盖度、植被生态质量指数。

11.1.1.2　气候要素、植被生态质量监测结果多年平均值的计算和指标确定

　　利用历年全年、主要生长季、任意时段的平均气温、积温(≥0 ℃、≥10 ℃、≥15 ℃)、降水量、日照时数等数据,计算各气候要素的多年平均值;根据对应年限内历年植被 NPP、植被覆盖度、植被生态质量指数,分别计算与气候要素年限一致的多年植被 NPP、覆盖度、生态质量指数的平均值。以 2000—2020 年年降水量和植被 NPP 为例,显示全国年降水量空间分布的多年平均状况(图 11.1a),与其对应地反映全国植被生态质量指数空间分布的多年平均值(图 11.1b),可见年降水量的空间分布与年植被生态质量指数的空间分布一致性较高,确定的植被生态质量监测指标见表 11.1。

11.1.1.3　气候要素与植被生态质量相关系数计算

　　利用多年气候要素与相应年限内的植被 NPP、覆盖度、生态质量指数分别进行相关性分析,

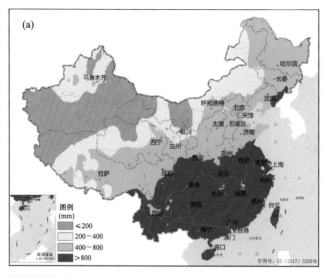

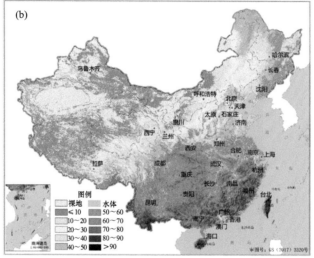

图 11.1　2000—2020 年平均年降水量（a）和平均年植被生态质量指数（b）空间分布

表 11.1　多年气候条件下的年植被生态质量评价指标

植被生态质量指数（Q）指标	植被生态质量评价等级
0≤Q<20	很差
20≤Q<40	较差
40≤Q<50	略偏差
50≤Q<60	略偏好
60≤Q<80	较好
80≤Q	很好

相关系数 r 计算公式：

$$r = \frac{\sum_{i=1}^{n}(X_i - \overline{X})(Y_i - \overline{Y})}{\sqrt{\sum_{i=1}^{n}(X_i - \overline{X})^2}\sqrt{\sum_{i=1}^{n}(Y_i - \overline{Y})^2}} \tag{11.1}$$

式中,Y_i 为关注年限内的第 i 年气候要素,X_i 为相应年限内分别对应的第 i 年植被 NPP、覆盖度、生态质量指数,r 为二者相关系数。

分别研究气候要素与植被 NPP、覆盖度、生态质量之间的相关关系。其中,气候要素包括平均气温、积温($\geqslant 0\ ^{\circ}\mathrm{C}$、$\geqslant 10\ ^{\circ}\mathrm{C}$、$\geqslant 15\ ^{\circ}\mathrm{C}$)、降水量、降水日数、日照时数、寡照日数、湿润度等,分析确定影响植被 NPP、覆盖度、生态质量的关键气候因子。结果表明,降水量、湿润度与植被 NPP、覆盖度、生态质量指数的相关最为密切。

11.1.1.4　气候要素和植被生态质量指数变化趋势率计算

根据关注的时段,计算关注年限内关注时段的逐年平均气温、积温($\geqslant 0\ ^{\circ}\mathrm{C}$、$\geqslant 10\ ^{\circ}\mathrm{C}$、$\geqslant 15\ ^{\circ}\mathrm{C}$)、降水量、日照时数、湿润度等气候要素,植被 NPP、覆盖度、生态质量指数多年变化趋势率计算参见第 3 章。计算公式如下:

$$Q_i = a \times T_i + b \tag{11.2}$$

式中,Q_i 为关注年限内的第 i 年气候要素或关注的植被 NPP、覆盖度、生态质量指数,T_i 为相应年限内的第 i 年年号,a 为该年限内的气候要素、植被 NPP、覆盖度、生态质量指数 Q_i 随时间 T_i 的倾向率(变化趋势率),b 为常数。

确定了多年植被生态质量指数变化趋势率(a,生态改善指数)评价指标:$a>0$,植被生态质量向好发展,生态改善;$a=0$,植被生态质量变化不大;$a<0$,植被生态质量向差发展,生态恶化。a 的绝对值反映了植被生态改善或恶化的快慢和程度。

11.1.1.5　气候变化对植被生态质量的影响评估方法

利用气候要素变化趋势率与植被生态质量变化趋势率,根据相关程度分别进行影响评估分析,评估公式如下:

$$Y = \frac{TR_v}{TR_c} \tag{11.3}$$

式中,Y 为影响评估结果,TR_v 为植被生态质量(植被 NPP、覆盖度、生态质量指数)变化趋势率,TR_c 为气候要素变化趋势率。

例如,评估年降水量变化对植被 NPP 变化的影响,即 TR_v 为全年植被 NPP 的多年变化趋势率,TR_c 为相应年限年内降水量的变化趋势率。评估结果为平均每年增减 1 mm 的降水量,植被 NPP 增加或每平方米减少多少克碳。

确定的年降水量变化下植被 NPP、生态质量指数变化的关系指标见表 11.2。研究结果表明,我国大部地区表现为当一地年降水量呈减少趋势时,植被生态质量向变差的方向发展;当年降水量呈增加趋势时,植被生态质量向好的方向发展。

表 11.2　多年植被 NPP、生态质量指数变化与年降水量变化的关系

类型	变化趋势为"正"			变化趋势为"负"		
	主要区域	年植被生态质量指数变化(其中 NPP 单位:$gC \cdot m^{-2} \cdot a^{-1}$)	年降水量变化($mm \cdot a^{-1}$)	主要区域	年植被生态质量指数变化(其中 NPP 单位:$gC \cdot m^{-2} \cdot a^{-1}$)	年降水量变化($mm \cdot a^{-1}$)
植被 NPP	我国中东部大部地区	2.50~20.00	1.0~20.0	山东中部、河南中部	−10.00~0.00	−20.0~0.0
	我国西部大部地区	0.00~2.50	0.0~5.0	四川南部、云南北部、西藏东部	−20.00~0.00	−30.0~0.0
				西藏中部	−5.00~0.00	−10.0~0.0

类型	变化趋势为"正"			变化趋势为"负"		
	主要区域	年植被生态质量指数变化（其中 NPP 单位：$gC \cdot m^{-2} \cdot a^{-1}$）	年降水量变化（$mm \cdot a^{-1}$）	主要区域	年植被生态质量指数变化（其中 NPP 单位：$gC \cdot m^{-2} \cdot a^{-1}$）	年降水量变化（$mm \cdot a^{-1}$）
植被生态质量指数	我国中东部大部地区	0.25～1.00	1.0～20.0	山东中部、河南中部	−0.25～0.00	−20.0～0.0
	我国西部大部地区	0.00～0.25	0.0～5.0	四川南部、云南北部、西藏东部	−1.00～0.00	−30.0～0.0
				西藏中部	−0.25～0.00	−10.0～0.0

◆ **11.1.2　建立植被生态质量气候和气候变化影响评估系统**

气候和气候变化对植被生态质量影响评估系统主要包括生态气象大数据库支撑、技术模块支持和产品制图三部分。其中,技术模块主要有多年气候要素统计、植被生态质量与气候要素相关分析、多年变化趋势分析、气候和气候变化对植被生态质量影响评估、产品制图等模块（图 11.2）。

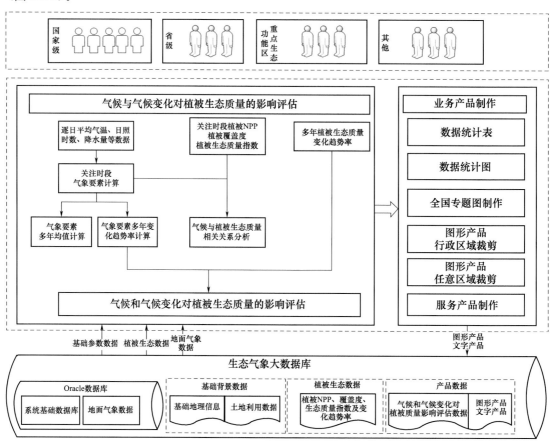

图 11.2　植被生态质量气候和气候变化影响评估系统功能

11.1.2.1 建立气候要素和植被生态质量统计计算模块

(1)根据全国长序列逐日气象资料库,统计各个气象站每年全年、主要生长季、任意时段的平均气温、积温(≥0 ℃、≥10 ℃、≥15 ℃)、降水量、日照时数、湿润度等(图 11.3、图 11.4),建立生态气候要素统计结果数据库。

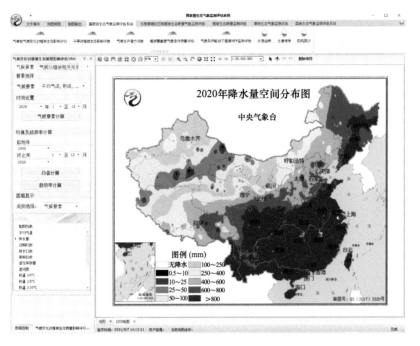

图 11.3　降水量统计界面

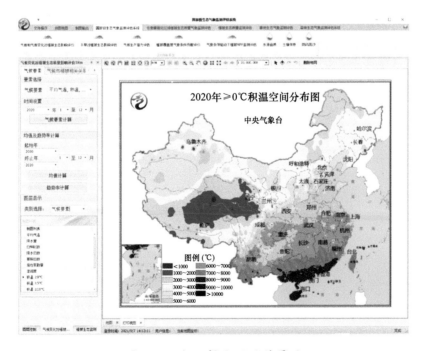

图 11.4　≥0 ℃积温统计界面

（2）气候决定植被生产力、覆盖度、生态质量。根据需要，统计关注时段的平均气温、积温（≥0 ℃、≥10 ℃、≥15 ℃）、降水量、日照时数、湿润度等生态气候要素的多年平均值（图11.5）。计算相应时段的植被 NPP、覆盖度、生态质量指数的多年平均值（图11.6）。根据逐年追加的资料，随之动态更新到最近整年度的多年平均气候要素、植被 NPP、覆盖度和生态质量指数，得到最新的多年气候要素和植被生态质量均值。

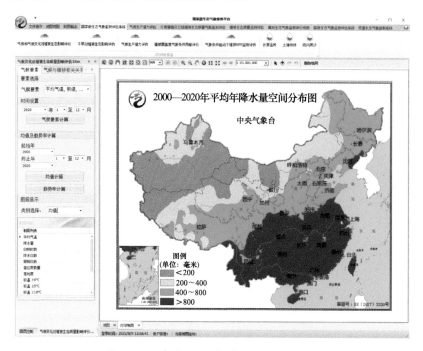

图 11.5　多年平均年降水量统计界面

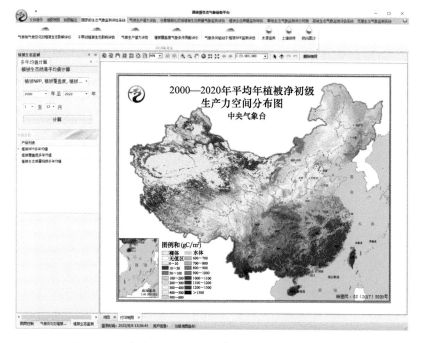

图 11.6　多年平均年植被净初级生产力统计界面

(3)计算多年全国生态气候要素和植被生态质量变化趋势率模块,包括平均气温、积温(≥0 ℃、≥10 ℃、≥15 ℃)、降水量、日照时数、湿润度等以及植被 NPP、覆盖度和生态质量指数变化趋势率,变化趋势率空间分布(图 11.7、图 11.8)。

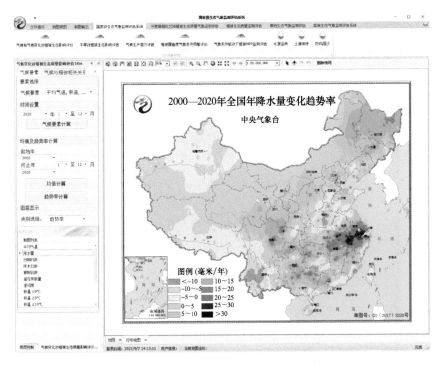

图 11.7　多年降水量变化趋势率计算界面

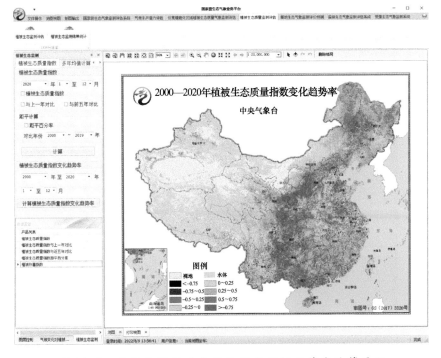

图 11.8　多年年植被生态质量指数变化趋势率计算界面

11.1.2.2 建立气候要素与植被生态质量相关分析模块

进行全国平均气温、积温(≥0 ℃、≥10 ℃、≥15 ℃)、降水量、日照时数等与植被 NPP、覆盖度、生态质量指数之间相关系数计算,制作全国相关分析图(图 11.9),为确定影响植被 NPP、覆盖度、生态质量的关键气候因子提供支撑。

图 11.9　年降水量与年植被 NPP 相关系数计算界面

11.1.2.3 气候变化对植被生态质量影响评估模块

根据需求,统计计算统一时段的多年全国植被 NPP、覆盖度、生态质量指数变化趋势率,统计分析同一年限全国年积温、平均气温、降水量、日照时数等气候要素变化趋势率,计算气候变化对植被 NPP、覆盖度、生态质量指数变化影响值,见例图 11.10。

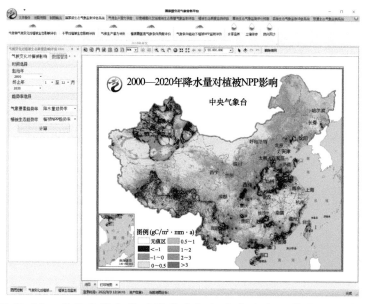

图 11.10　多年年降水量对植被净初级生产力变化影响评估界面

◆ 11.1.3　应用案例

11.1.3.1　全国植被生态质量气候和气候变化影响评估

气候决定植被分布,也决定植被生产力、覆盖度和生态质量。从 2000—2020 年的多年平均年降水量、植被覆盖度、植被净初级生产力、植被生态质量指数平均值的空间分布(图 11.5、图 11.11、图 11.12 及图 3.10)可以看出,淮河流域和秦岭山脉及其以南地区年降水量在 800 mm 以上,年植被覆盖度在 50% 以上,年植被净初级生产力在 700 gC·m^{-2} 以上,植被生态质量指数在 50 以上;东北地区和华北地区大部、黄淮中北部、西北地区东部、青藏高原东部年降水量为 400~800 mm,年植被覆盖度为 20%~50%,年植被净初级生产力为 200~700 gC·m^{-2},植被生态质量指数为 20~50;内蒙古大部、西北地区中西部、青藏高原西部年降水量在 400 mm 以下,年植被覆盖度在 20% 以下,年植被净初级生产力不足 200 gC·m^{-2},植被生态质量指数在 20 以下。

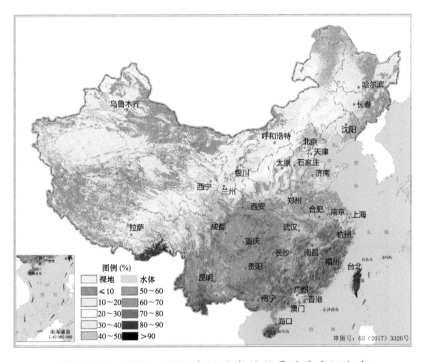

图 11.11　2000—2020 年平均年植被覆盖度空间分布

从 2000—2020 年年降水量、气温变化趋势来看,全国有 81.0% 的区域降水量呈增加趋势(图 11.13),有 93.0% 的区域年平均气温呈升高趋势,为植被生长提供了良好的水热条件。特别是北方常年处于干旱、半干旱的区域降水量增多,其中东北地区大部、华北东部和西北部、西北地区东部部分地区年降水量平均每年增加 5~15 mm,十分有利于植被生长。从同期植被干旱指数变化来看(图 11.14),2000—2020 年全国大部地区植被干旱呈减弱趋势,仅黄淮西部、西南地区南部等地植被受旱加剧。

2000—2020 年我国还加大了生态保护和建设的力度,生态保护工程加上良好的水热条件共同促进了植被 NPP、覆盖度和生态质量的提高。监测评估结果表明,2000—2020 年全国有 92.6% 的区域植被生态质量指数(有 90.4% 的区域植被 NPP,有 92.7% 的区域植被覆盖度)呈提高趋势,特别是我国中东部大部地区植被生态质量提高十分明显(图 3.14—图 3.16)。

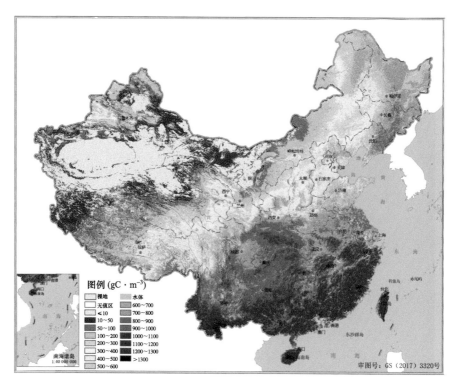

图 11.12　2000—2020 年平均年植被净初级生产力空间分布

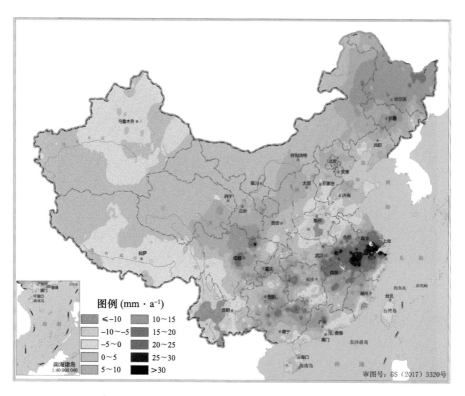

图 11.13　2000—2020 年年降水量变化趋势率

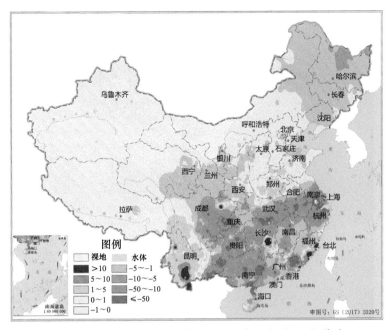

图 11.14 2000—2020 年植被干旱指数变化趋势率

11.1.3.2 重点区域植被生态质量气候变化影响评估

以三江源地区为例,2000—2020 年三江源地区年降水量呈增多趋势,平均每 10 a 增加 53.8 mm(图 11.15),年平均气温平均每 10 a 增加 0.43 ℃(图 11.16)。水热条件有利于植被生长和生态质量的提高。

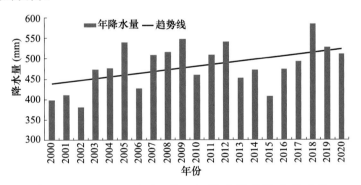

图 11.15 2000—2020 年三江源地区年降水量变化

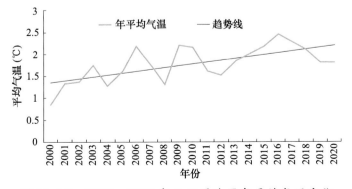

图 11.16 2000—2020 年三江源地区年平均气温变化

监测结果表明,三江源地区 2000—2020 年有 92.8% 的区域植被生态质量指数呈增长趋势,东北部增幅最为明显(图 11.17)。从年植被净初级生产力变化趋势率(图 11.18a)来看,有 92.9% 区域植被 NPP 呈增加趋势,东部平均每年增加 5 gC·m^{-2} 以上;有 87.8% 区域植被覆盖度呈增加趋势,东北部平均每年增加 0.5 个百分点(图 11.18b)。

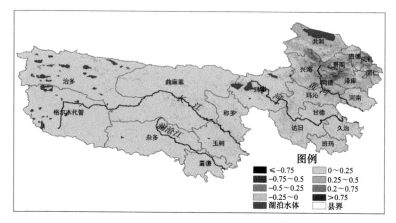

图 11.17　2000—2020 年三江源地区年植被生态质量指数
变化趋势率空间分布

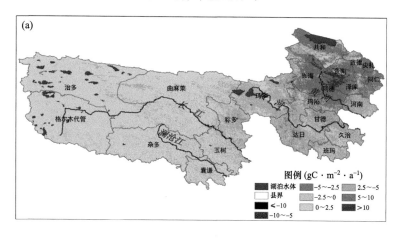

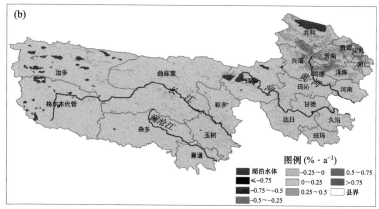

图 11.18　2000—2020 年三江源地区植被净初级生产力
(a)和植被覆盖度(b)变化趋势率空间分布

11.1.3.3　省级植被生态质量气候和气候变化影响评估

以江西为例,2000—2019 年植被覆盖度呈持续上升趋势(图 11.19),平均每年增加 0.49 个百分点。其中 2019 年全省平均植被覆盖度为 66.4%,高出历年平均值 3.2%。2013 年以来,江西省各年植被覆盖度均大于历年均值,但 2019 年江西省夏秋连旱导致部分地区植被生长缓慢,致使全省植被覆盖度低于 2015—2018 年。

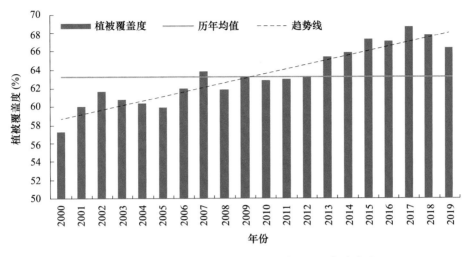

图 11.19　2000—2019 年江西省逐年植被覆盖度变化

2000—2019 年江西省植被 NPP 也呈现增长趋势(图 11.20),平均每年增加 3.4 gC·m^{-2}。但是 2019 年水热条件较差,造成本年度江西全省植被 NPP 明显偏低。

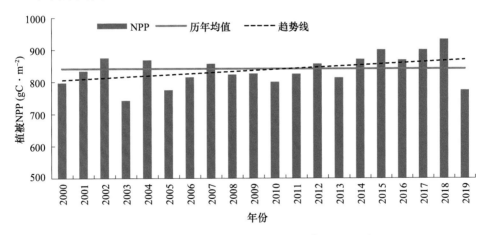

图 11.20　2000—2019 年江西省年植被净初级生产力变化

从空间分布上来看,2000—2019 年江西省有 90.0% 以上的区域植被生态质量指数呈提高趋势(图 11.21)。全省 11 个区市植被生态质量均有不同程度的改善,其中赣州、吉安、抚州植被生态改善程度位居省内前三;南昌由于城市发展较快等因素的影响,部分地区植被生态质量指数呈下降趋势,但 2019 年相对于 2000 年全市有 72.0% 的区域植被生态质量还是得到了不同程度的改善。2000—2019 年江西大部地区植被生态质量的提高主要得益于生态保护和降水增多(图 11.22)、气温升高(图 11.23)的气候变化影响,共同促进了植被生长。

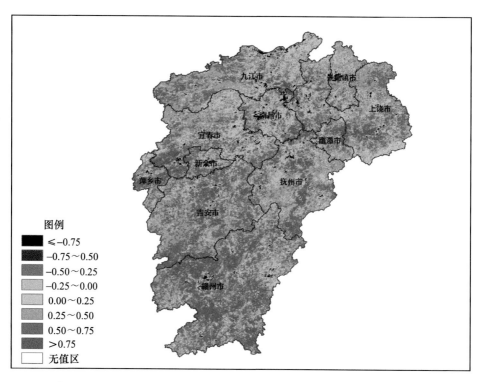

图 11.21　2000—2019 年江西省年植被生态质量指数变化趋势率

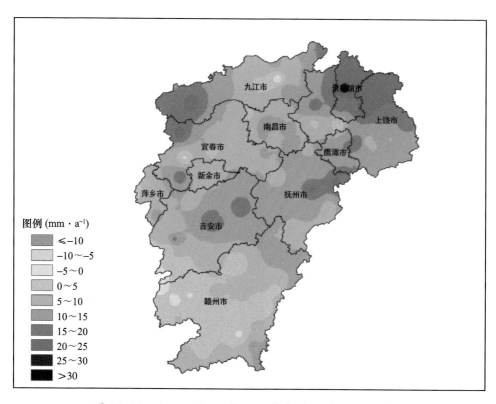

图 11.22　2000—2019 年江西省年降水量变化趋势率

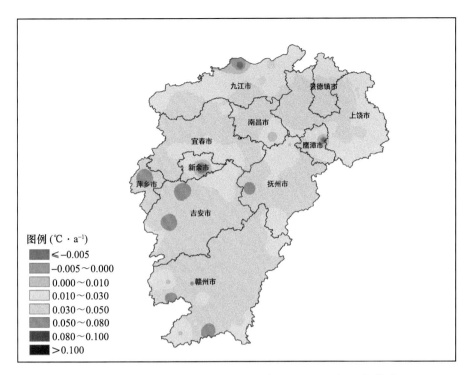

图 11.23 2000—2019 年江西省年平均气温变化趋势率

11.2 气候和气候变化对湿地湖泊的影响评估

湿地湖泊是自然生态系统的重要组成部分,在生态系统中起到重要的生态功能,湿地湖泊健康是人与自然和谐共生的重要标志。我国水资源短缺,且时空分布不均,再加上气候和气候变化的影响,随着经济发展资源开发利用的加剧,出现较为严重的旱涝、水环境污染、湿地退缩等问题。特别是污水非法排放导致水体受到污染,部分水资源开发超过水资源承载能力,湖泊、湿地生态功能退化,湖泊出现富营养化。

我国流域广、水网复杂,常规观测难以实现全面覆盖。而卫星遥感观测频次多,覆盖范围广,高分卫星空间分辨率高,可用于湿地湖泊等水体生态的监测评估(秦其明 等,2001;张文建 等,2004;杨军,2012;杨军 等,2012;郑伟 等,2014;邵佳丽 等,2015;姚建国 等,2018)。目前,气象部门利用多源卫星遥感技术对扎龙湿地、洞庭湖、鄱阳湖、丹江口水库、密云水库、官厅水库、白洋淀等湿地湖泊进行长序列的水体面积、流域植被变化监测分析,对太湖、巢湖等湖泊蓝藻水华开展连续动态监测,积累了大量的长时间序列水体面积、水体空间分布、蓝藻水华等专题信息集,开展了长序列气温、降水等气象要素变化对重点的湿地、湖泊、水库等生态的影响评估。

◆ **11.2.1 气候和气候变化对湿地湖泊等水体变化的影响评估方法**

基于长时间序列的湿地、湖泊等水体卫星遥感面积和空间分布等判识结果,结合长时间序列降水、气温数据进行综合分析,开展气候与气候变化对水体的影响评估,主要包括以下工作。

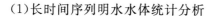

(1)长时间序列明水水体统计分析

建立长时间序列明水水体旬、月最大面积和空间分布数据集;利用长时间序列水体信息数据集,统计指定时段明水水体的旬、月面积和距平,如:一年中各月水体面积距平;利用长时间序列明水水体信息数据集,统计某一旬、某一月明水水体空间频率分布,反映湿地、湖泊、水库等水体常年和异常年份的明水体空间分布范围。

(2)长时间序列明水水体变化与气候要素影响分析

基于长序列水体统计分析结果,与相应时间段(月、季、年等)的降水、温度等要素的统计结果(最大值、最小值、平均值、距平等)进行相关性分析,评估某一区域内(流域、子流域或水体空间分布范围等)的降水、温度等气象要素变化对该区域的湿地、湖泊、水库的明水水体面积和时空分布变化的影响。

(3)湿地湖泊及其所在区域植被生态质量变化与气候要素影响分析

基于第3章介绍的植被生态质量指数计算方法,计算湿地湖泊及其所在区域的关注时段的植被 NPP、覆盖度、生态质量指数,与相应时间段(月、季、年等)的降水、温度等要素的统计结果(最大值、最小值、平均值、距平等)进行相关性分析,评估某一区域内(流域、子流域或水体空间分布范围等)的降水、温度等气象要素变化对该区域的植被 NPP、覆盖度和生态质量指数时空分布变化的影响。

◆ 11.2.2 气候和气候变化对典型湖泊水体变化影响评估示例

鄱阳湖和洞庭湖分别是我国第一和第二大淡水湖,保持着与长江的自然连通状态,对长江中下游江湖复合生态系统完整性的维持具有重要意义,作为调蓄长江洪水的主要湖泊,对中下游平原防洪起到十分重要的作用。同时两大湖泊作为全国重要的湿地,具有调节气候和生态环境、净化污水、沉积泥沙、保护土壤等作用。鄱阳湖、洞庭湖区域水生态环境对长江中下游的生态环境有一定的指示作用。通过对两湖水体开展气候变化影响评估,可为长江流域水生态环境监测提供卫星遥感信息技术支撑。

以 2018 年洞庭湖、鄱阳湖为例,介绍气候和气候变化对水体面积变化的影响情况。2018年长江上中游地区降水量比常年偏多 4%,但降水量远不及受超强厄尔尼诺事件等因素影响的 1998 年和 2016 年,也少于 2017 年(图 11.24)。洞庭湖、鄱阳湖 2018 年最大水体面积为近20 a 中等偏少年份。

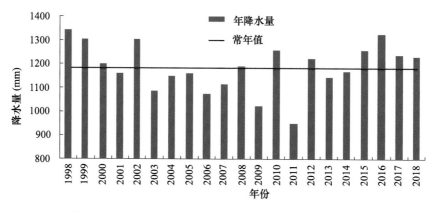

图 11.24　1998—2018 年长江上中游年降水量变化

（1）洞庭湖 2018 年最大水体面积属近 20 a 以来中等偏少年份

1998 年以来气象卫星遥感洞庭湖逐月最大水体面积监测结果显示（图 11.25），2018 年洞庭湖丰水期（5—9 月）水体面积达到 1829 km²，最大水体范围属近 20 a 中等偏少年份。

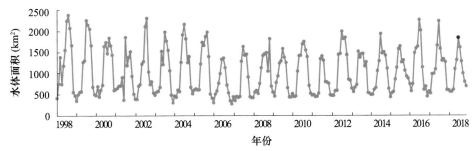

图 11.25　气象卫星遥感监测洞庭湖 1998—2018 年逐年 7 月份月最大水体面积

气象卫星遥感监测结果（图 11.26）表明，与近 20 a 同期平均值相比，2018 年洞庭湖 1—2 月水体面积偏大，其中 1 月份偏大 19%；3 月和 4 月均偏小 15%；5—6 月偏小或略偏小，其中 6 月偏小 9%；7 月水体面积有所增大，达到最大值；之后水体面积逐渐减小，且较近 20 a 同期平均值不同程度偏小；12 月偏大约 25%。2018 年洞庭湖最大水体面积较 2017 年减小 18%，水体范围减小区域主要在洞庭湖西部和南部。

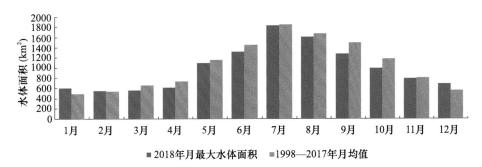

图 11.26　气象卫星监测洞庭湖 2018 年逐月最大水体面积与多年平均值比较

（2）鄱阳湖 2018 年最大水体范围属于近 20 a 次小年份

气象卫星遥感监测结果（图 11.27）显示，2018 年鄱阳湖丰水期（5—9 月）水体面积达到 3041 km²，属于近 20 a 次小年份，仅高于 2001 年。近 20 a 来，鄱阳湖丰水期水体面积接近或超过 4000 km² 的年份主要有 1998 年、2002 年、2005 年、2010 年、2016 年。

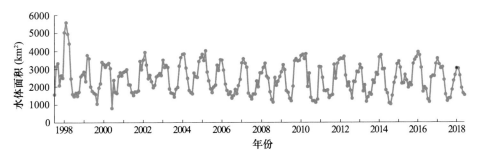

图 11.27　气象卫星遥感监测鄱阳湖 1998—2018 年逐年 7 月份月最大水体面积

气象卫星监测显示(图 11.28),与近 20 a 同期平均值相比,2018 年鄱阳湖各月水体面积都有不同程度的偏小,其中 3 月偏小 37%;7 月水体面积达到 2018 年最大值,较近 20 a 同期均值偏小 13%,之后水体面积逐渐减小。

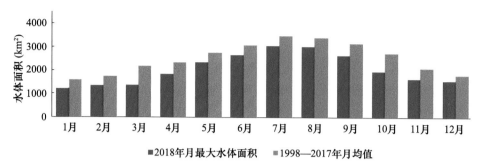

图 11.28 气象卫星监测鄱阳湖 2018 年逐月最大水体面积与多年平均值比较

◆ 11.2.3 气候和气候变化对高山湖泊溃决风险评估

气温的升高使得冰川加速融化,冰川融水补给到湖泊中使得湖泊水体面积不断增大,当增大到一定程度后可能会导致溃决,对下游带来较大的灾害隐患。通过卫星遥感监测水体变化,再结合长时间序列气温变化分析,可以解释由于气候和气候变化引起湖泊消失风险升高的原因。

以昆仑山阿克苏库勒湖为例,利用 2020 年 5 月 28 日与 2015 年 7 月 19 日高分一号 16 m分辨率卫星资料对库勒湖进行监测发现库勒湖水体明显增大。经估算,库勒湖 2020 年较2015 年新增水体面积约为 13 km²(图 11.29)。

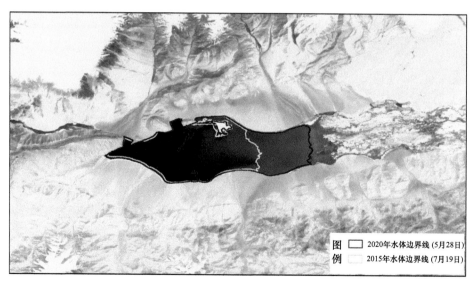

图 11.29 高分卫星新疆昆仑山阿克苏库勒湖监测图(2020 年和 2015 年对比)

通过分析 GF-1 数据叠加 DEM 数据构成的 3D 影像,库勒湖水位上涨会导致湖区西部出现溃口的风险比较高(图 11.30 标注)。溃决后水体的可能流向在图 11.30 中用红色箭头标出,其中溃口 1 和下游的落差较大,后期溃决的风险偏高。

图 11.30　高分卫星新疆昆仑山阿克苏库勒湖 3D 监测图（2020 年 5 月 28 日）

（注：红色箭头所指的方向为存在溃决风险的位置和溃决水体的可能流向）

分析距库勒湖较近的且末气象站和民丰气象站 1990—2019 年年平均气温（图 11.31、图 11.32），发现近 30 a 两个站点的年平均气温呈升高趋势。除民丰站 2018 年外，近 5 a 两个站点年平均气温均高于近 30 a 平均值。

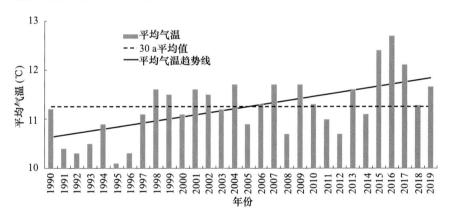

图 11.31　新疆维吾尔自治区且末站 1990—2019 年年平均气温变化

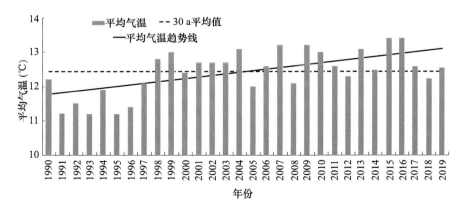

图 11.32　新疆维吾尔自治区民丰站 1990—2019 年年平均气温变化

由于库勒湖所处地区常年降水量偏低,周围冰川较多,近五年水体面积增大的主要可能原因是温度升高导致库勒湖上游有较多的冰川融化补给至湖区。冰川融化后流入库勒湖的流向如图 11.33 所示。

图 11.33　高分卫星新疆昆仑山阿克苏库勒湖 3D 监测图(2020 年 5 月 28 日)
(注:红色箭头方向为冰川融化水体的可能流向)

◆ 11.2.4　气候和气候变化对东北典型湿地影响评估

气候和气候变化对湿地的影响是多方面的,本节以世界面积最大的芦苇湿地——黑龙江扎龙湿地为例,评估气候和气候变化的影响。评估结果表明,2000—2019 年黑龙江扎龙湿地区域年降水量呈增加趋势,平均每年增加 10.1 mm;植被主要生长季(5—10 月)降水量也呈明显增加趋势,平均每年增加 11.5 mm(图 11.34),降水增多利于区域生态恢复。遥感监测结果表明,2000—2019 年扎龙湿地汛期明水体面积呈增加趋势,2019 年面积达 243 km²,较 2000 年增加 121.0%(图 11.35)。

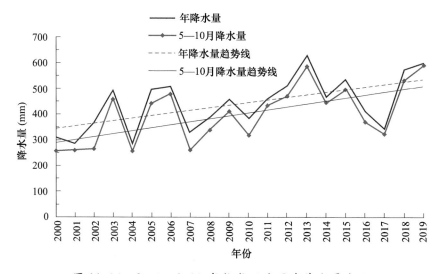

图 11.34　2000—2019 年扎龙湿地区域降水量变化

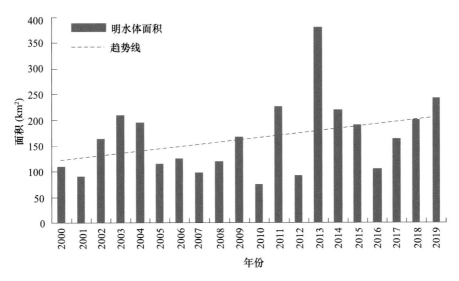

图 11.35　2000—2019 年扎龙湿地汛期明水体面积变化

　　2000—2019 年扎龙湿地及其所在的自然保护区植被生态质量指数也呈提高趋势,2019 年较 2018 年提高 3.3%,达 2000 年以来第一位(图 11.36)。生长季扎龙自然保护区植被净初级生产力、覆盖度 2000 年以来平均每年分别增加 11.2 gC·m^{-2}和 0.6 个百分点,区域生态质量改善明显(图 11.37)。

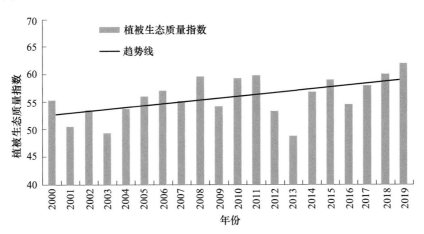

图 11.36　2000—2019 年扎龙自然保护区植被生态质量指数变化

◆11.2.5　气候和气候变化对华北典型湿地影响评估

　　利用以白洋淀湿地为中心的雄安新区各种卫星遥感资料、地面气象观测资料,估测白洋淀湿地水体面积,分析气候和气候变化对水域面积的影响。结果表明,20 世纪 50—70 年代白洋淀及周边区域降水偏多,白洋淀水体扩大,部分年份内涝严重;80 年代前中期降水偏少,白洋淀一度干涸;80 年代末至 90 年代前期,降水偏多,白洋淀水体面积增加,在 100～300 km^2 波动;90 年代后期至 2010 年降水偏少,白洋淀水体面积又下降到 100 km^2 左右或以下;2011 年以来降水偏多,白洋淀水体面积再次增加;再加上 2012 年以来从黄河、西大洋水库、王快水库等地引水补淀,白洋淀水域面积增加到 150～300 km^2(图 11.38—图 11.41)。

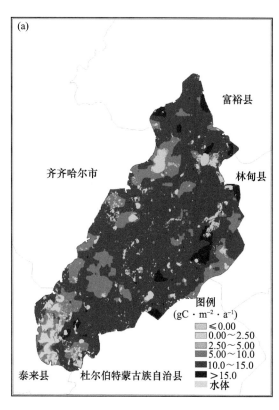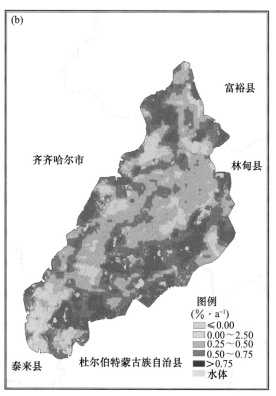

图 11.37　2000—2019 年生长季扎龙自然保护区植被净初级生产力(a)
和覆盖度(b)变化趋势率

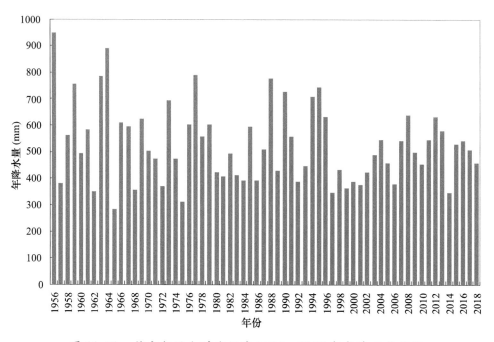

图 11.38　雄安新区白洋淀区域 1956—2018 年年降水量变化

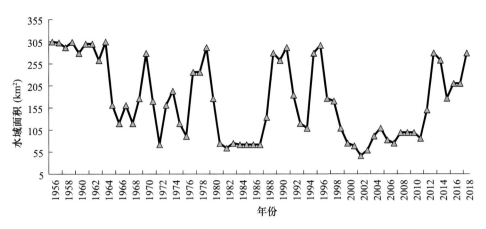

图 11.39 雄安新区白洋淀 1956—2018 年年最大水域面积变化

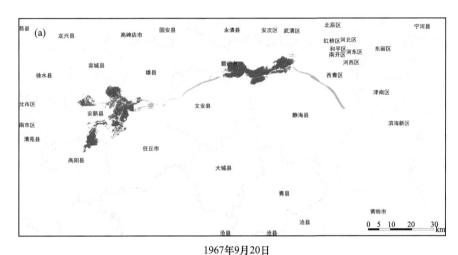

图 11.40 1967 年(a)和 2018 年(b)白洋淀及其下游区域水体分布对比

此外,研究结果表明,2000—2018 年白洋淀区域年降水量呈增多趋势,平均每年增加 10.5 mm;2018 年降水量达 550.0 mm,较 2000—2017 年平均降水量偏多 19.2%(图 11.41),

区域降水量的增加利于白洋淀蓄水,加上引水入淀,2000—2018 年白洋淀水位也呈提高趋势,2018 年白洋淀全年水位平均为 8.45 m,维持在较高水位。

对白洋淀所在的雄安新区 2000—2018 年植被生态质量变化进行评估,结果表明,2000—2018 年雄安新区降水量呈增加趋势,植被生态质量指数呈提高趋势(图 11.41 和图 11.42)。其中,新区北部、西南部生态质量指数平均每年增加 0.5~1.0,地表更"绿";生态质量指数下降的区域只在东北部、西部和南部零星分布。2018 年雄安新区植被覆盖度和净初级生产力整体较高,全区平均植被生态质量指数较 2017 年增加 6.9%。

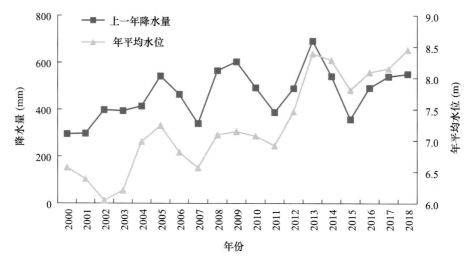

图 11.41　2000—2018 年白洋淀区域降水与水位变化

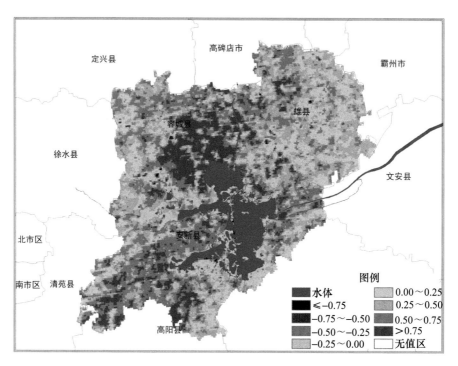

图 11.42　2000—2018 年雄安新区植被生态质量指数变化趋势率

♦ 11.2.6 气候和气候变化对湖泊蓝藻水华影响评价

气候和气候变化对内陆湖泊蓝藻水华具有十分重要且复杂的影响,也是近几十年来全球蓝藻水华频发重发的主要原因之一。研究(李亚春 等,2016;罗晓春 等,2019)表明:在湖泊水质富营养化前提下,气象条件是蓝藻水华发生发展的主要限制因素,气温、风向、风速、光照和降水等气象条件都会对蓝藻生长和水华形成产生重要影响,在高温、微风和光照充足等气象条件综合影响下,太湖较易暴发大面积蓝藻水华。暖冬有利于太湖蓝藻的越冬和复苏生长,适度高温有利于蓝藻水华的形成和大面积暴发,但高温会起到一定的抑制作用;蓝藻水华的形成需要一定风力及其产生的风浪和湖流的扰动,但较大风力不利于蓝藻的聚集和大面积蓝藻水华形成,风向主要影响蓝藻水华的输移路径和空间分布格局;蓝藻的光合作用也离不开光照,但通常情况下光照条件都能满足蓝藻的生长;持续性的或者大量的降水会对蓝藻密度产生稀释作用,不利于蓝藻水华的形成,但同时也可能将地面的营养盐带入湖水中,提高湖泊的富营养化程度。

近年来,国家卫星气象中心与江苏省气象局合作,持续开展太湖、巢湖和滇池等主要内陆湖泊蓝藻水华卫星遥感监测和气象影响评估。本节以太湖为例,利用长时间序列卫星遥感信息,从蓝藻水华的发生频次、范围、面积和强度等方面分析蓝藻水华的时空分布规律,结合长时间序列的气温、风向、风速和降水等气象数据,评估气候和气候变化对蓝藻水华发生发展的影响。

11.2.6.1 长时间序列蓝藻水华变化评估方法

(1)长时间序列蓝藻水华频次评估方法

长时间序列的蓝藻水化频次评估主要包括如下内容。

①蓝藻水华总频次年际变化:当年蓝藻水华总频次与某一历史年份蓝藻水华总频次的差异。

②蓝藻水华年总频次距平:当年蓝藻水华总频次与多年平均年蓝藻水华总频次的差异。

③蓝藻水华频次月际变化:当月蓝藻水华频次和某一历史年份同期的差异。

④蓝藻水华月频次距平:当月蓝藻水华频次和多年同期平均值的差异。

(2)长时间序列蓝藻水华面积变化评估方法

长时间序列的蓝藻水华面积变化评估主要包括如下内容。

①蓝藻水华累计面积年际变化:表示当年蓝藻水华累计面积和历史某一年份年蓝藻水华累计面积的差异。

②蓝藻水华累计面积月际变化:表示当月蓝藻水华累计面积和历史某一年份同期月蓝藻水华累计面积的差异。

③蓝藻水华年累计面积距平:当年蓝藻水华累计面积与多年蓝藻水华累计面积的年平均值的差异。

④蓝藻水华月累计面积距平:当月蓝藻水华累计面积与多年同期蓝藻水华累计面积平均值的差异。

⑤年或月蓝藻水华最大面积:近年蓝藻水华累计面积最大的年份和月份。

(3)长时间序列蓝藻水华程度评估方法

长时间序列的蓝藻水华程度评估主要包括如下内容。

①年中重度蓝藻水华累计面积距平:表示当年中重度蓝藻水华累计面积和历史某一年份年中重度蓝藻水华累计面积的差异。

②月中重度蓝藻水华累计面积距平:表示当月中重度蓝藻水华累计面积与多年同期中重度蓝藻水华累计面积平均值的差异。

③超过一定面积的年中重度蓝藻水华频次距平:表示当年中重度蓝藻水华累计面积超过一定面积的频次和多年超过一定面积平均值的差异。

④超过一定面积的月中重度蓝藻水华频次距平。

(4)蓝藻水华气象影响评估方法

①湖泊蓝藻水华影响程度指数

湖泊蓝藻水华影响程度指数综合考虑了蓝藻水华的面积和次数,可客观反映蓝藻水华的影响程度,具体方法如下:

$$I_c = w_A \times NA_{total} + w_F \times NF_{total} \tag{11.4}$$

式中,I_c 即为蓝藻水华影响程度指数,NA_{total} 和 NF_{total} 分别为各年蓝藻水华累计面积和累计次数经归一化处理后的数值,w_A 和 w_F 分别为权重系数,权重系数采用客观的信息量权数法确定,针对太湖 w_A 参考值为 0.65,w_F 参考值为 0.35。根据 I_c 值将蓝藻水华发生程度分成三个等级:$I_c \leqslant 0.175$ 为轻;$0.175 < I_c \leqslant 0.324$ 为中;$I_c > 0.324$ 为重。

②湖泊蓝藻水华气象指数

气温、风、光照、降水等气象因子都会对太湖蓝藻的生长和水华的形成产生重要的影响,不同的气象因子及其在蓝藻生长和水华形成的不同阶段所起的作用也明显不同。根据分析并参考相关文献,选取年平均气温、1—3月平均气温、年降水量、6—7月降水量和年高温日数等5个气象因子构建湖泊蓝藻水华气象指数 I_{mcb}:

$$I_{mcb} = C_1 \frac{x_1 - \min_{x_1}}{\max_{x_1)} - \min_{x_1}} + C_2 \frac{x_2 - \min_{x_2}}{\max_{x_2} - \min_{x_2}} + \cdots + C_n \frac{x_n - \min_{x_n}}{\max_{x_n} - \min_{x_n}} \tag{11.5}$$

式中,$x_1, x_2, \cdots, x_n$ 分别代表不同的气象因子,$C_1, C_2, \cdots, C_i$ 为各气象因子对湖泊蓝藻水华发生程度的影响权重,采用通径分析方法确定 I_{mcb}。根据 I_{mcb} 值将湖泊蓝藻水华气象指数分成三个等级:$I_{mcb} \leqslant 0.110$,基本适宜;$0.110 < I_{mcb} \leqslant 0.465$,比较适宜;$I_{mcb} > 0.465$,非常适宜。

11.2.6.2 太湖蓝藻水华评估应用

近年来太湖富营养化治理取得较大进展,但湖体藻类生境条件尚没有根本改变,在合适的气象因素驱动下,较大范围的蓝藻水华仍会出现。以 2018 年国家卫星气象中心联合江苏省气象局开展的太湖蓝藻水华监测评估工作为例,介绍湖泊水体监测评估应用情况。2018 年太湖蓝藻水华现象为近 10 a 略偏重年份,但较 2017 年有所偏轻。2018 年气象条件较适宜太湖蓝藻水华形成。

(1)卫星遥感太湖蓝藻水华发生情况评估

①2018 年太湖蓝藻水华年累计面积较近 10 a 平均值偏大约 18%,较 2017 年偏少约 45%,较近 16 a 平均值增大约 10%。

气象卫星遥感监测结果表明,2003—2018 年太湖蓝藻水华发生面积波动很大。其中,2007 年太湖蓝藻水华累积面积最大,2017 年次之;但 2017 年较前 9 a 明显增多。2018 年太湖蓝藻水华累积面积约 13310 km²,为 2011—2018 年的次大年份,较 2017 年偏少约 45%,较 2003—2017 年平均值增大约 10%(图 11.43)。

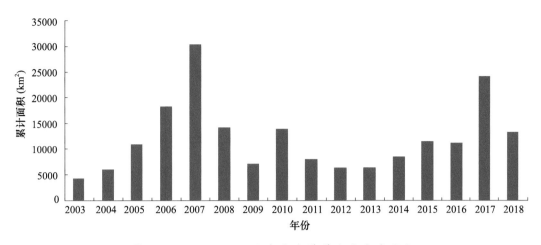

图 11.43　2003—2018 年太湖蓝藻水华发生面积

②2018 年太湖大部分水域出现过蓝藻水华,西北部水华出现频次仍较密集

2018 年太湖大部分水域出现过蓝藻水华(图 11.44),其中西北部蓝藻水华出现的频次较多,达 10 次以上,局部达 20 次以上;其次为湖心北区西部和梅梁湾西南部,为 5～10 次左右;湖区东部、中部和南部出现蓝藻水华的频次较少,一般为 5 次以下;太湖东部蓝藻水华较少。与 2003—2017 年的水华频次年平均相比(图 11.45),2018 年水华出现频次较密集的水域仍在太湖西北部和北部,西部局部水域频次较近年平均值偏多,中部部分水域频次较近年平均值偏少。

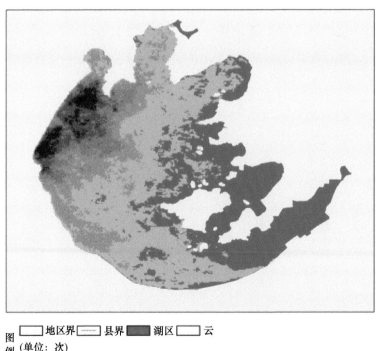

图例(单位:次)

图 11.44　2018 年太湖蓝藻水华频次分布(2018 年 1 月 1 日—12 月 26 日)

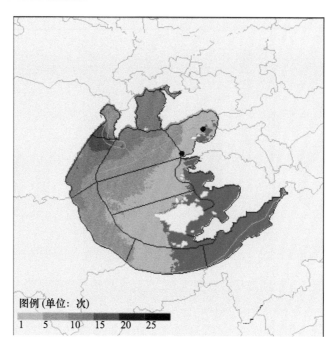

图 11.45　2003—2017 年太湖蓝藻水华年均频次分布

(2)气候对 2018 年太湖蓝藻水华影响评估

2018 年太湖区域年平均气温为 1961 年以来最高,降水正常偏多(图 11.46),风速偏小,气象条件总体适宜蓝藻水华发生。其中:春季、夏季和秋季气温均偏高,有利于蓝藻生长、复苏和水华形成;但冬季气温偏低不利于蓝藻越冬,蓝藻复苏晚;7—8 月台风影响频繁,湖面风速大,降水多,蓝藻水华受到抑制。在气象条件综合影响下,2018 年蓝藻水华累计面积为 2011 年以来次大值,仅小于 2017 年。根据太湖蓝藻水华气象影响定量评估结果,2018 年太湖蓝藻水华强度指数[①]为 0.47,小于 2017 年的 0.71,气象条件适宜度指数[②]为 0.56,为非常适宜等级,小于 2017 年的 0.68。

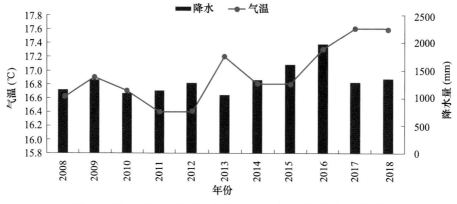

图 11.46　2008—2018 年降水量和年平均气温统计图

---

① 蓝藻水华强度指数:以蓝藻水华发生累计面积和累计次数为基础计算的反映发生程度的综合指数。

② 气象条件适宜度指数:以关键时段降水和气温等气象因子为基础计算的反映气象条件适宜蓝藻水华发生程度的气象指数。

①冬季气温偏低,不利于蓝藻越冬

冬季(1—2月)太湖地区平均气温4.1℃,比常年同期低0.3℃,比2017年同期低2.1℃;平均降水量169.6 mm,较常年和2017年同期偏多;平均日照时数214.8 h,比常年和2017年同期偏少;平均风速2.2 m·s^{-1},比常年同期偏小,较2017年同期偏大(表11.3)。冬季蓝藻水华处于休眠期,蓝藻逐渐由水体下沉到底泥表面休眠越冬。冬季(1—2月)太湖地区气温较去年同期明显偏低,气象条件不利于蓝藻越冬。

表 11.3　2018年冬季(1—2月)太湖区域气象要素

年份	气温(℃)	降水(mm)	日照(h)	风速(m·s^{-1})
2018	4.1	169.6	214.8	2.2
2017	6.2	101.5	265.0	2.1
常年平均	4.4	123.5	240.2	2.7

②春季气温高,有利于蓝藻复苏生长

春季(3—5月)太湖地区气温明显偏高,平均气温较常年同期偏高2.5℃,较上年同期偏高0.7℃,多站平均气温均为1961年以来同期最高;平均降水量294.2 mm,比常年同期多16.1 mm;平均日照时数485.3 h,比常年同期多11.3 h;平均风速2.3 m·s^{-1},比常年同期小0.7 m·s^{-1}(表11.4)。气温偏高有利于蓝藻的复苏生长,湖体藻量迅速增加,5月8日和13日分别出现大面积蓝藻水华。

表 11.4　2018年春季(3—5月)太湖区域气象要素

年份	气温(℃)	降水(mm)	日照(h)	风速(m·s^{-1})
2018	17.6	294.2	485.3	2.3
2017	16.9	265.5	554.2	2.4
常年平均	15.1	278.1	474.0	3.0

③夏季台风接连影响,蓝藻水华受抑制

夏季(6—8月)太湖区域平均气温28.2℃,比常年同期高1.3℃,但比2017年同期低0.3℃;平均降水量484.0 mm,比常年同期少20.7 mm;平均日照时数644.6 h,比常年同期多88.1 h;平均风速2.5 m·s^{-1},比常年同期小0.3 m·s^{-1}(表11.5)。其中:7—8月太湖地区先后经历了6个台风"安比""云雀""摩羯""温比亚""苏力"和"山竹",台风影响时湖面风力大,降水多,不利于蓝藻聚集。

表 11.5　2018年夏季(6—8月)太湖区域气象要素

年份	平均气温(℃)	降水量(mm)	日照时数(h)	平均风速(m·s^{-1})
2018年	28.2	484.0	644.6	2.5
与2017年比	−0.3	−65.3	100.4	0.3
与常年比	1.3	−20.7	88.1	−0.3

④秋季气温偏高,蓝藻水华出现次数多

秋季(9—11月)太湖区域平均气温19.0℃,比常年同期高1.1℃,比2017年同期高0.7℃;平均降水量265.0 mm,比常年同期多56.6 mm;平均日照时数380.0 h,比常年同期少92.3 h;平均风速 1.8 m·s⁻¹，比常年同期小 0.6 m·s⁻¹（表 11.6）。气温偏高，风速较小，气象条件适宜蓝藻水华聚集，卫星监测到蓝藻水华次数为近年来最多。

表 11.6 2018 年秋季（9—11 月）太湖区域气象要素

年份	平均气温(℃)	降水量（mm）	日照时数(h)	平均风速(m·s⁻¹)
2018 年	19.0	265.0	380.0	1.8
与 2017 年比	0.7	−98.9	23.5	−0.2
与常年比	1.1	56.6	−92.3	−0.6

11.3 气候和气候变化对大气环境的影响评估

大气环境的变化受污染源排放和气象条件共同影响。在污染源排放相对稳定的一段时间内，比如一个冬季，污染天气和晴好天气的交替出现主要受气象条件的影响。气象条件的变化既受天气系统演变的控制，也受到气候变化的影响。从气候年代际变化的时间尺度来看，反映气候年代际变暖的一个公认的结论就是大气上层的变暖要高于低层的变暖，大气热力层结更加稳定，边界层高度降低，污染物垂直扩散能力减弱。此外，在全球气候变暖的背景下，不同区域和不同高度层增暖幅度存在差异。北半球高纬度地区增暖较低纬度地区更加明显，减弱了北半球经向温度梯度，东亚冬季风总体呈年代际减弱趋势，我国地面平均风速减小，小风日数增加，污染物水平扩散能力减弱。

全球变暖的气候变化趋势导致气象条件更加不利于大气污染物的扩散。定量评估气候变化对大气环境的影响需要综合考虑相关气象条件的作用。国家气象中心研发了静稳天气指数，考虑湿度、风速、逆温强度、边界层高度等反映大气温湿条件及动力状况的气象因子（张恒德 等，2017；国家气象中心，2017b）。该指数能定量反映大气静稳程度，表征大气水平与垂直扩散能力大小。由于静稳天气指数与污染源强度及浓度初值无关，所以能客观反映气象条件对污染物的扩散能力，可用于气候变化对大气环境影响评估。

◆ 11.3.1 基础数据

气候变化对大气环境影响评估主要基于气象和环境两类实况数据。气象数据采用欧洲中期天气预报中心（ECMWF）ERA-Interim 再分析数据。空间范围为 10°—60°N，70°—140°E；空间分辨率：0.25°×0.25°，包括 1981 年以来的 1000 hPa、925 hPa、850 hPa、700 hPa、500 hPa 共 5 个高度层上的 7 个变量：相对湿度、散度、温度、风场 U 和 V 分量、垂直速度、位势高度；地面 7 个变量：风场 U 和 V 分量、温度、相对湿度、海平面气压、边界层高度、降水量。环境监测数据主要是全国 PM$_{2.5}$ 浓度实况数据，由生态环境部门提供。

◆ 11.3.2 评估方法

11.3.2.1 静稳天气指数计算

静稳天气是在高低层大气的综合作用下形成的，有利于污染物和水汽在排放源附近和近地层累积，造成重污染和低能见度天气。在环境气象预报实践中通过相关气象条件的叠加得到静稳指数，具体方法如下。

（1）根据文献调研结合预报经验挑选静稳相关气象因子；

（2）确定各气象因子阈值，如果因子落在阈值范围内则表示该因子支持静稳天气的形成；

（3）根据各因子在不同阈值范围内对静稳天气形成作用的大小分配权重，作用越大给予越高的权重；

（4）对所有落在阈值范围内的因子权重求和，得到静稳天气指数 SWI (stable weather index)：

$$SWI = \sum_{i=1}^{n} W_i \tag{11.6}$$

式中，n 为静稳天气相关气象因子个数，W_i 为各因子在不同阈值范围内给予的权重。

统计分析我国中东部大范围雾、霾天气过程中主要气象要素的分布情况结合预报经验筛选对雾、霾天气形成具有较好指示意义的因子并确定其阈值范围和权重。

水平风速较低时空气流通能力差，不利于大气污染物水平输送，是静稳天气的重要指标。统计 2013 年 1 月我国中东部气象站点出现雾霾天气时 10 m 风场 U、V 分量的频率分布，发生雾、霾天气时 U、V 风速多低于 2 m·s⁻¹（图 11.47），低于 2 m·s⁻¹ 的频率分别为 89% 和 78%。

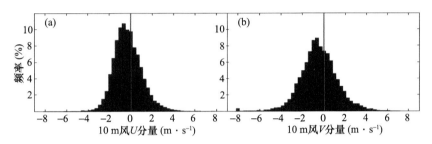

图 11.47 2013 年 1 月我国中东部出现雾、霾天气时 10 m 高度风场 U (a)，V (b) 分量分布

低层逆温有利于形成霾天气。在华北空气质量达到严重污染的 2013 年 1 月 13 日和 28 日，08 时华北、黄淮地区低层（925～1000 hPa，850～1000 hPa）都存在逆温（图 11.48）。逆温层对空气垂直交换有强烈的抑制作用，造成大量水汽和气溶胶聚集在逆温层下，形成污染天气。

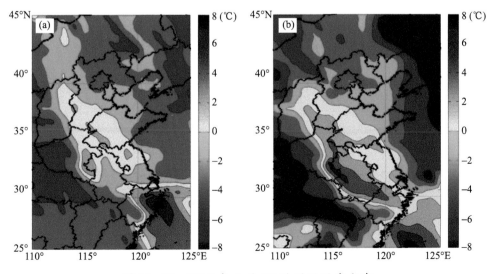

图 11.48 2013 年 1 月 08 时逆温强度分布

(a)1 月 13 日 925 hPa 和 1000 hPa 之间逆温；(b)1 月 28 日 850 hPa 和 1000 hPa 之间逆温

混合层高度是影响 $PM_{2.5}$ 浓度的敏感要素。统计发现,2013 年 1 月 7—16 日重污染过程中出现雾、霾天气时混合层高度均较低(雾:200～600 m;轻雾:400～900 m;霾:400～1200 m)。较低的混合层高度意味着水汽和污染物在垂直方向可以有效扩散的高度较低,导致低层浓度升高。其中混合层高度计算采用罗氏法,该方法通过地面气象资料估算混合层高度,所需资料容易获取,适宜在业务中应用。本节采用地面常规气象观测数据计算混合层高度。

进一步分析发现低能见度多对应弱的 24 h 变温、变压,即天气形势较为稳定,没有较强天气系统影响的背景下易形成静稳天气。

相对湿度是影响能见度和污染浓度的重要因子。分析 2013 年 1 月北京相对湿度垂直分布-时间剖面(图略)发现,重污染天气对应着上干下湿的湿度层结构,即近地层相对湿度高,850 hPa 及以上高度相对湿度低。上层相对湿度低导致天空晴朗无云有利于夜间辐射降温形成逆温;低层湿度高有利于污染物吸湿增长,形成雾霾天气。

结合上述重污染过程气象要素统计分析和预报经验,最终确定计算静稳天气指数的气象要素、阈值及权重如表 11.7 所示。静稳指数考虑了低层大气(850 hPa 以下)和污染物扩散相关的动力、热力条件。对关键要素距地面高度 2 m 相对湿度、10 m 水平风速和混合层高度在不同阈值区间赋予不同权重。

表 11.7　计算静稳指数的气象要素、阈值及权重

因子	阈值	权重
地表 24 h 变温(℃)	<3	2
海平面气压(hPa)	1010～1030	1
24 h 变压(hPa)	<3	1
2 m 相对湿度(%)	[40,60)	1
	[60,70)	2
	[70,80)	3
	[80,90)	4
	[90,100)	5
850 hPa 散度绝对值(s^{-1})	$<2×10^{-5}$	1
10 m 水平风速(m·s^{-1})	[3,4)	1
	[2,3)	3
	<2	4
850 hPa 垂直速度(hPa·s^{-1})	<0.2	2
混合层高度(m)	[800,1500)	1
	[300,800)	2
	[0,300)	4
逆温层高度	850～925 hPa、925～1000 hPa、850～1000 hPa 三层中只要存在一层逆温	3

11.3.2.2　静稳天气指数改进

上述静稳指数的要素选取、阈值和权重确定结合了统计方法和预报经验,尤其对权重的确定更加依赖主观经验。此外,不同区域形成静稳天气的关键气象要素、阈值和权重都会有所不同。因此,为提高静稳指数计算方法的客观性,构建适用于不同地区的静稳指数,需要在上述

工作的基础上对静稳指数进行改进。以北京地区为例,对静稳指数构建方法进行改进,所用方法可在其他地区推广应用。

静稳程度越高越利于形成雾霾天气,反之雾霾天气频率越高意味着对应的气象条件的静稳程度越高。因此,用各气象要素值在不同区间对应的雾、霾发生概率来衡量该要素对静稳天气的影响程度,发生概率越高则该要素在该区间内对静稳天气影响程度越大。在前期静稳指数计算因子的基础上,增加静稳相关气象要素和特征高度层建立因子库,统计筛选得到静稳指数计算因子并确定相应权重。选取气象要素包括地面要素和高空要素,地面要素有 24 h 变温、24 h 变压、2 m 相对湿度、海平面气压、10 m 风速、10 m 风向;高空要素选取 1000/925/850/700/500 hPa 高度,包括相对湿度、风速 U 和 V 分量、水平风速、垂直速度、散度、24 h 变温、高低层相对湿度差、高低层位温差、高低层风速差以及混合层高度,共计 64 个变量。

利用 2017—2018 年 ERA-Interim 再分析资料和 $PM_{2.5}$ 浓度观测数据,分段统计不同站点各气象要素值落在不同区间的条件下污染天气出现概率相比气候态概率的倍数作为各要素值区间对应的分指数,该值越大表明污染天气出现概率越高。其中要素统计区间的划分方法如下:首先剔除极端值,按照要素值排序百分位,选取 5%～95% 区间的值;将选中的值划分为十个区间,以满足落在各区间内的要素个数均占总个数的 10%,得到的区间划分用于分段统计。这种区间划分方法保证了各区间有充分的、均匀的样本分布。分指数具体计算如下:

$$K_{in} = \frac{a_{in}}{a_{in} + b_{in}} / \frac{a}{a+b} \tag{11.7}$$

式中,K_{in} 为变量 i 在区间 n 的分指数,a_{in},b_{in} 分别为变量 i 在区间 n 的条件下污染天气和晴好天气出现次数,a,b 分别为污染天气和晴好天气出现总次数。以北京 2 m 相对湿度和 10 m 水平风速为例(图 11.49),当相对湿度大于 60% 或者 10 m 风速低于 2 $m \cdot s^{-1}$ 时分指数大于 1,即污染天气出现概率高于气候态概率。随着相对湿度的升高和 10 m 风速的减弱,分指数逐步增大,意味着污染天气出现概率逐步增大。表明 2 m 相对湿度和 10 m 水平风速在北京地区可以指示静稳天气的发生。

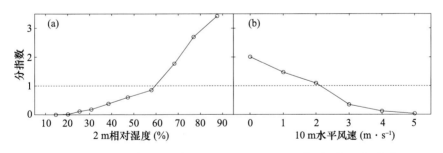

图 11.49　2 m 相对湿度(a)和 10 m 水平风速(b)分指数分布

在上述分指数计算基础上,按照各要素分指数最大值和最小值的比值进行排序,该分指数比值越大表明要素对静稳天气和非静稳天气区分度越大,北京 2 m 相对湿度和 10 m 风速的分指数比值分别为 566 和 83,表明相对湿度相比 10 m 风速对北京的静稳天气形成有更显著的指示意义。最终从大到小选取分指数比值排序前 10 的要素,对分指数求和得到静稳指数。按上述客观方法筛选得到北京静稳指数计算要素包括 2 m 相对湿度、10 m 风速、850～925 hPa 位温差、925 hPa 垂直速度、925 hPa 相对湿度、24 h 变压、24 h 850 hPa 变温、700～1000 hPa 相对湿度差、500 hPa 经向风、海平面气压。这些要素综合考虑了静稳天气形成的动力和热力条件,较全面地描述了边界层结构和环流形势的基本特征。利用上述计算方法,得到北京的分指数查算表,查算表包括 10 个具体要素、要素值的区间划分和各区间对应的分指数。根据气象要素实况或预报值查找所在区间的分指数,将 10 个要素的分指数求和得到最终的静稳指数。

用静稳指数和 $PM_{2.5}$ 浓度的相关系数评价静稳指数的优劣。以北京 2014 年和 2015 年 10 月—次年 2 月为例(图 11.50),改进后的静稳指数和 $PM_{2.5}$ 分布的离散度更小,相关系数更高(原指数 0.54,改进指数 0.64)。尤其当指数小于 10 时,改进后指数降低时 $PM_{2.5}$ 浓度下降趋势更加明显且分布更加集中,即改进后的指数可以更好地指示非静稳天气下的低 $PM_{2.5}$ 浓度。

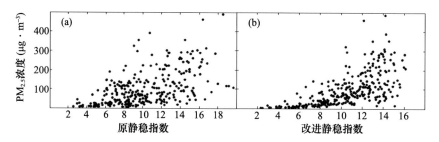

图 11.50 2014 年北京原有的(a)和改进的(b)静稳指数和 $PM_{2.5}$ 浓度分布

◆ 11.3.3 评估系统

气候和气候变化对大气环境影响评估系统纳入环境气象业务服务系统,分为处理统计和展示两个模块。处理统计模块包括基础气候数据处理、综合指标计算、气候平均计算和气候变化定量化评估。展示模块包括区域展示和单点时序展示功能,均包括静稳天气指数和分指数及其距平情况的展示(图 11.51、图 11.52)。单点时序展示功能提供静稳天气指数和分指数的不同展示形式,包括饼图(图 11.53)、叠加柱状图(图 11.54)等。饼图给出统计时段内不同气象要素对静稳天气的贡献率,可区分高湿、静风等不同类型的静稳天气。

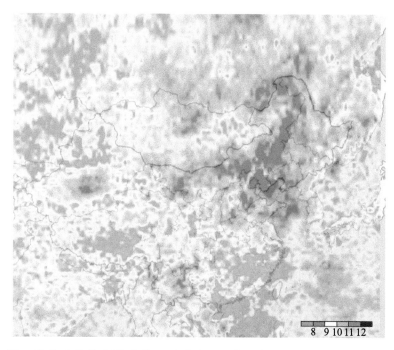

图 11.51 静稳天气指数区域展示功能(2021 年 2 月 10 日 18 时静稳指数分布)

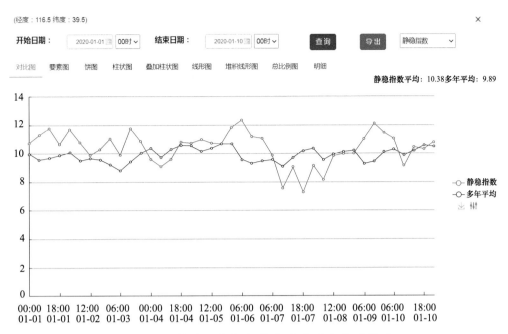

图 11.52　静稳天气指数单点时序功能展示界面

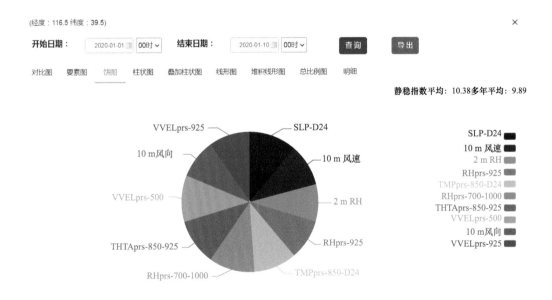

图 11.53　静稳天气指数单点时序饼图功能展示界面

统计模块纳入气象条件评估子系统，提供静稳天气指数和静稳日数（日均静稳天气指数大于 10 的天数）两个量的统计查询。可选择自定义区域或指定常用的重点行政区域，最高分辨率可到区县一级（图 11.55）。

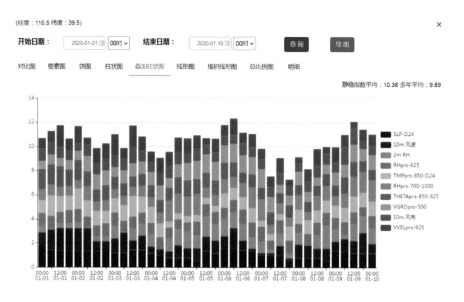

图 11.54 静稳天气指数单点时序叠加柱状图功能展示界面

图 11.55 静稳天气指数和静稳日数统计查询功能界面

◆11.3.4 评估应用案例

11.3.4.1 2018 年全国大气污染扩散气象条件评估

静稳天气指数综合考虑大气水平扩散(风速等)、垂直扩散(混合层高度、垂直稳定度)、相对湿度等气象要素可表征大气综合扩散能力。静稳天气指数越高,大气扩散能力越弱。2018年全国平均静稳指数比 2017 年略偏低,与近 5 a 平均基本持平。2018 年 1 月、2 月京津冀地区静稳指数偏低,11 月、12 月偏高。

2018 年,全国平均静稳天气指数为 11.0(图 11.56),与近 5 a 平均基本持平,比 2017 年

(11.4)偏低 3.5%,大气扩散条件偏好。珠三角地区和汾渭平原,与近 5 a 基本持平,较 2017 年分别偏低 3.1%和 2.8%。京津冀、长三角地区 2018 年平均静稳天气指数较近 5 a 平均和 2017 年均略有上升,大气扩散条件略偏差。

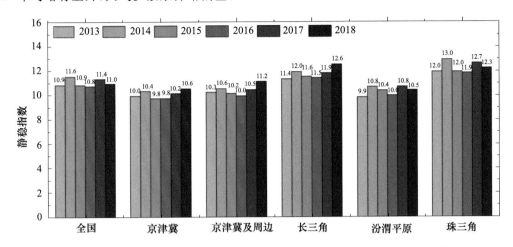

图 11.56　重点区域 2013—2018 年平均静稳天气指数与近 5 a 的对比

2018 年冬季,京津冀地区平均静稳指数为 9.5(图 11.57),比 2017 年同期(8.7)偏高 9.2%,比近 5 a(2013—2017)同期(9.6)偏低 1.0%。2018 年 1、2 月平均静稳指数为 8.6,比 2017 年同期偏低 3.2%,比近 5 a 同期偏低 9.0%;11、12 月平均静稳指数为 10.5,比 2017 年同期偏高 21.5%,比近 5 a 同期偏高 7.7%。2018 年 1 月、2 月京津冀地区大气扩散条件优于 2017 年和近 5 a 平均;11 月、12 月大气扩散条件较 2017 年和近 5 a 平均偏差,不利于污染物扩散。

汾渭平原 2018 年冬季的平均静稳指数为 10.4,比 2017 年同期(10.0)偏高 3.7%,比近 5 a 同期(10.1)偏高 2.9%。

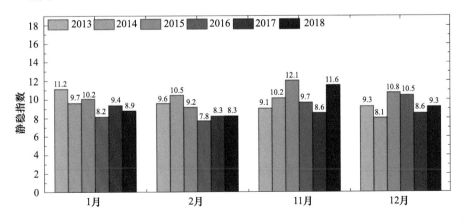

图 11.57　京津冀地区 2013—2018 年雾、霾季逐月平均静稳天气指数与近 5 a 的对比

11.3.4.2　2019 年冬季全国大气污染扩散气象条件评估

静稳天气主要出现在冬季,因此,分析冬季静稳天气指数的变化,评估大气污染扩散气象条件。2019 年冬季全国以及京津冀、长三角和汾渭平原等地区的天气形势较 2018 年同期更加静稳,不利于大气污染物扩散。

2019 年冬季全国平均静稳天气指数为 10.6(图 5.58),与近 5 a 同期平均值(10.6)基本持平,较 2018 年同期(10.3)偏高 2.5%。京津冀地区 2019 年冬季的平均静稳天气指数为 9.1,比 2018 年同期偏大 6.4%,较近 5 a 同期平均偏小 2.2%;长三角、汾渭平原地区 2019 年冬季的平均静稳天气指数分别为 11.6 和 9.6,较 2018 年同期和近 5 a 历史同期均偏大;珠三角2019 年冬季的平均静稳天气指数为 11.0,较 2018 年同期和近 5 a 历史同期均偏小。

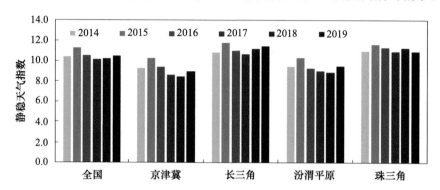

图 11.58　全国及重点区域 2014—2019 年冬季平均静稳天气指数变化

11.3.4.3　2001 年以来北京地区冬季大气污染扩散气象条件变化趋势评估

静稳天气指数分析显示,2001 年以来北京地区冬季大气污染扩散气象条件存在明显的年际变化。2004 年、2005 年、2008 年、2010 年和 2017 年扩散气象条件较好,有利于大气污染浓度的降低(图 11.59)。2019 年的扩散条件最为不利,加大了大气环境治理的难度。从长期变化趋势来看,在全球气候变暖的背景下北京地区低层大气更趋于静稳,2001—2020 年北京地区的大气扩散条件呈现转差的趋势,静稳天气指数年增长率为 2.9%。可见,促进空气质量全面改善,应对气候变化仍是推进生态文明建设的重要课题。

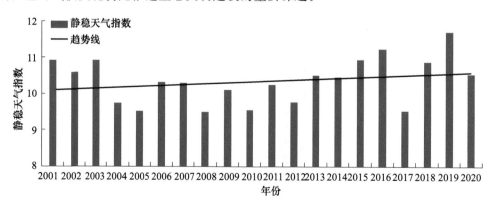

图 11.59　北京地区 2001—2020 年冬季平均静稳天气指数变化

第 12 章

生态文明建设绩效考核
气象条件贡献评价

生态环境质量受气象条件和人类活动的综合影响,生态文明建设绩效考核需要开展气象贡献评价。由于此问题提出的时间较短,目前大家对于生态文明建设绩效考核气象贡献的概念、内涵和评价的时间尺度、评价方法等的认识还有限。2017—2019 年国家气象中心围绕生态文明建设需求,从生态文明建设主要考核植被覆盖度、大气污染防治效果以及发布气象灾害预警对保障生态安全的贡献的角度,初步研究了一些业务评价技术,开展了试服务。这里给出初步研究和应用结果,供大家进行深入研究和服务实践。

12.1　植被生态保护绩效考核气象条件贡献评价

◆ 12.1.1　使用的主要数据

逐月气象数据、MODIS 和 FY-3 NDVI 数据,数字化植被类型、行政边界图。

◆ 12.1.2　评价方法

基于遥感植被指数,建立植被覆盖度反演模型,进行质量控制,形成反映实际变化的长时间序列植被覆盖度产品。

建立光照、温度、水分等气象因子驱动的植被覆盖度模拟模型,计算气象要素驱动的植被覆盖度,形成反映气象条件影响下的潜在植被覆盖度。

基于遥感植被覆盖度和气象因子模拟植被覆盖度的年际趋势变化,构建天气气候因子对植被覆盖度的贡献率模型,开展植被生态保护建设绩效考核的气象条件贡献评价。生态文明建设绩效考核主要考核森林和草原植被覆盖度,则关注年限内的林草植被生态保护绩效考核气象条件贡献率:

$$R = \frac{M}{Q} \tag{12.1}$$

式中,R 为评价年限内林草植被生态保护绩效考核气象条件贡献率;M 为评价年限内气象条件变化对植被生态质量变化的贡献量;Q 为评价年限内气象条件变化、人为生态保护和修复等综合影响下的植被生态质量实际变化量。植被生态质量包括植被 NPP、覆盖度、生态质量指数。本节以植被覆盖度为例,展示植被生态保护绩效考核气象条件贡献的评价方法。

◆ 12.1.3　评价系统

(1)森林和草原生态系统实际地理分布的提取

利用全国植被分类模型,实现森林、草原、农田和湿地生态系统分布的提取。

(2)森林和草原生态系统实际植被覆盖度估算

根据森林、草原等不同植被类型,由遥感植被指数建立森林、草原植被覆盖度反演模型;由遥感植被指数计算并生成全国月植被覆盖度数据,建立 2000 年以来逐月数据集,并进行质量控制。

(3)森林和草原生态系统潜在植被覆盖度估算

根据日照时数、温度、降雨量等气象因子建立适宜植物生长的温度模型、地表总辐射和净辐射模型,并由地表水分平衡构建地表水分因子模型;基于光照、温度、水分气象因子建立综合生态气象因子计算模型。并由 2000—2017 年逐月气象数据,计算并构建光照、温度、水分气象因子和综合生态气象因子数据集;采用遥感覆盖度数据进行标定,基于综合生态气象因子构建

月尺度的植被覆盖度模拟模型,生成月尺度的气候模拟的植被覆盖度数据集。

(4)植被生态保护绩效考核气象条件贡献评价

建立基于遥感的长时间序列植被覆盖度数据集和气象因子驱动的植被覆盖度数据集;计算 2000 年以来的遥感植被覆盖度和气候植被覆盖度的年变化趋势率,计算出气象条件驱动下的植被覆盖度变化趋势率占实际植被覆盖度变化趋势率的百分比表示,实现基于植被覆盖度的气象条件贡献评价。

◆ 12.1.4 应用案例

利用气象条件贡献率评价模型评价了 2000—2017 年全国植被覆盖度整体变化和生态保护的效果,结果应用于《2017 年全国生态气象公报》。主要结论:2000—2017 年全国年平均年降水量呈增加趋势,气象条件整体适宜植被生长,加之国家持续开展退耕还林还草、植树造林等重大生态保护和修复工程,全国植被覆盖状况整体持续改善,年平均植被覆盖平均每 10 a 提高 2.3 个百分点,气象要素驱动的植被覆盖度平均每 10 a 提高 1.9 个百分点,计算得到 2000—2017 年全国平均气象条件贡献率为 84.0%(图 12.1)。

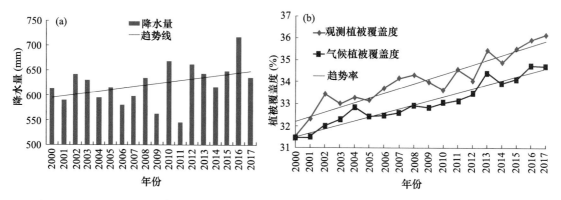

图 12.1   2000—2017 年全国平均年降水量变化(a)和植被覆盖度气象条件贡献率(b)

12.2   气象条件对大气污染防治效果影响评估及贡献

大气污染受气象条件和污染源排放共同影响,大气污染防治效果取决于气象条件变化和污染物排放量下降。各类气象因子与大气污染之间存在复杂的非线性关系,单因子分析或者多因子线性叠加都不能科学定量地描述气象条件的影响。

中国气象科学研究院联合国家气象中心,基于自主研发的大气化学模式 CUACE 开发 $PM_{2.5}$ 气象条件评估指数(EMI),该指数综合考虑各气象因子对大气污染物的非线性作用,可评估不同时段不同区域气象条件对大气环境变化的影响。

◆ 12.2.1 基础数据

气象条件对大气污染防治效果影响评估基于气象和环境两类数据。气象数据包括数值预报系统 GRAPES 的零场分析数据以及全国地面观测和探空数据。为了保证气象场的准确性,EMI 数值模式系统 CUACE-EMI 以 GRAPES 的零场分析数据作为背景场,并利用全国地面观测和探空数据进行数值同化。环境监测数据主要是全国 $PM_{2.5}$ 浓度实况数据,由生态环境部门提供。

◆ 12.2.2 评估方法

12.2.2.1 PM$_{2.5}$气象条件评估指数(EMI)定义

EMI:在排放不变的条件下,由于各种气象条件变化所导致气溶胶浓度变化的指数,EMI 可用来表征气象条件的定量贡献。

EMI 由以下各分指数构成如下。

排放沉降指数 iemd:在给定区域内,气溶胶"排放率-沉降率"。iemd 表示该地区大气与地表之间净收支,正值表示有向大气的净排放,负值表示有净沉降。本项工作中使用的气溶胶排放源各年都是相同的,但为了体现排放季节变化的固有特征,还是考虑了不同月份的差异。因此不同年份的相同月 iemd 相互比较,则可指示沉降量的年际变化特征。

传输指数 itrs:传输指数是一个地区范围内低空(地面至 1500 m)气溶胶水平净输入率。正值表示净输入,负值表示净输出。

扩散指数 idif:扩散指数表示气柱内扩散作用导致的气溶胶浓度变率。正值表示气溶胶累积,一般对应混合层较低,大气层结稳定;负值表示气溶胶稀释,表示混合层抬高,大气层结不稳定。

综合变率指数 demi:无量纲,其数值表示每小时气柱内 EMI 平均增长率,其数值等于排放沉降指数、传输指数、扩散指数之和,表示 EMI 的变率。demi 为正值时 EMI 升高,为负值时 EMI 降低。

各指数之间的关系如下:

$$EMI_t = EMI_0 + \int_{t_0}^{t} demi \cdot dt \tag{12.2}$$

$$demi = iemd + itrs + idif \tag{12.3}$$

式中,t_0 和 t 分别代表初始时间和结束时间。

12.2.2.2 PM$_{2.5}$气象条件评估指数(EMI)在评估中的应用方法

不同年度之间相同月份相互比较时,EMI 的差异就是排放不变条件下气象条件所导致的气溶胶浓度变化率。设时段 1 和时段 0 的排放量分别为 E_1、E_0,实测浓度分别为 O_1、O_0,气象指数分别为 EMI_1、EMI_0。

假设气象因素对实际浓度的贡献是正比的,排放量与实际浓度的贡献也是正比的,而且气象因素和排放因素是变量可分离的,那么:

时段 1 和时段 0 气象因素比率为:EMI_1/EMI_0;

时段 1 排放量在时段 0 气象条件下的浓度为:$O_1/(EMI_1/EMI_0)$。

根据假设条件,两时段排放比例与浓度比例相等,则可用下式表达:

$$E_1/E_0 = [O_1/(EMI_1/EMI_0)] / O_0 \tag{12.4}$$

进而可以得到:

$$\frac{O_1}{O_0} = \frac{E_1}{E_0} \times \frac{EMI_1}{EMI_0} \tag{12.5}$$

其物理意义是:某两个时段污染物浓度比率,等于排放量比率与 EMI 比率的乘积。因此,在排放没有明显变化的情况下,一次污染事件形成或者消散主要由气象条件来决定的。

定义排放变化率为:

$$RATE_E = (E_1 - E_0)/E_0 \tag{12.6}$$

因此,

$$RATE_E = \left(\frac{O_1/O_0}{EMI_1/EMI_0} - 1.0 \right) \times 100\% \tag{12.7}$$

同样,定义气象条件变率为:

$$RATE_W = (EMI_1 - EMI_0) / EMI_0 \times 100\% \tag{12.8}$$

而污染物浓度的实际变化率可写为：
$$RATE_0 = (O_1 - O_0)/O_0$$

根据 $RATE_E = \left(\dfrac{O_1/O_0}{EMI_1/EMI_1} - 1.0\right) \times 100\%$，可定量计算出排放变化对浓度变化的贡献率，负值表示有减排效果，正值表示排放增加。

根据 $RATE_w = (EMI_1 - EMI_0)/EMI_0 \times 100\%$，可定量计算出气象条件变化对浓度变化的贡献率，负值表示扩散条件较优，有降低污染物浓度效果，正值表示扩散条件较差，有增加污染物浓度效果。

这里需要说明的是，实际污染物浓度变化由二者共同影响，因此污染物实际变化率 $RATE_0$，并不等于排放变率与气象条件变率的简单相加，其关系为：
$$RATE_0 = (RATE_w + 1.0) \times (RATE_E + 1.0) - 1.0 \tag{12.9}$$

因此，如果需要计算实际污染物浓度变化中二者各自的贡献量，则可用 $RATE_w$ 和 $RATE_0$ 的绝对值大小来分担，具体为：

实际浓度变化量定义为：
$$\Delta O = O_1 - O_0$$

式中，$\Delta O = \Delta O_w + \Delta O_E$。其中，气象条件变化贡献为 $\Delta O_w = \Delta O \times \dfrac{RATE_w}{|RATE_w| + |RATE_E|}$；排放变化贡献为 $\Delta O_E = \Delta O \times \dfrac{RATE_E}{|RATE_w| + |RATE_E|}$。

气象条件变化贡献、排放变化贡献可以通俗地理解为两个时段污染物浓度差异中，气象因素和排放因素具体贡献的分担率。

♦ 12.2.3 评估系统

为满足环境气象评估业务需求，气象条件对大气污染防治效果影响评估系统包括区域定制查询统计和空间统计展示两大功能。

区域定制查询统计功能实现指定评估区域两段对比评估时段内 3 个物理量的统计分析：$PM_{2.5}$ 观测浓度变化、气象条件变化对 $PM_{2.5}$ 浓度的影响和排放变化对 $PM_{2.5}$ 浓度的影响。系统提供 3 种区域选择操作方式。①交互式地图选择，通过地图缩放可点选省、市区域，统计选择区域内的时空平均值（图 12.2、图 12.3）；②常用区域选择，包括京津冀及周边"2+26"城市、汾渭平原、长三角、珠三角以及全部省会城市，统计各城市的时间平均值和区域内的时空平均值（图 12.4）；③单个城市选择，提供单个城市的逐日时序分布（图 12.5）。以上三种区域选择操作方式均提供数据下载功能，便于后续处理应用。

图 12.2 交互式地图方式区域定制查询统计功能

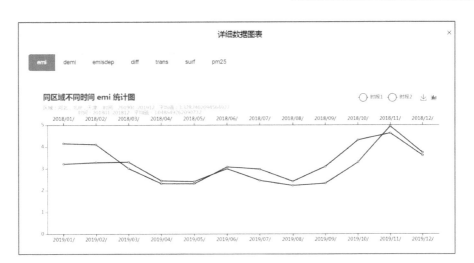

图 12.3 交互式地图方式区域定制查询统计结果显示

城市 2+26 要素 emi 日 月 时间 2019-01 至 2019-12 确定
比较时间 2018-01 至 2018-12 导出

地区	编号	当前时段	同比时段	emi当前均值	emi同比均值	emi变幅
北京市	110000	201901-201912	201801-201812	3.1467642713137347	2.8107679191629935	10.68%
天津市	120000	201901-201912	201801-201812	3.367267656145918	3.0277787822878595	10.08%
石家庄市	130100	201901-201912	201801-201812	5.087290576684292	4.654031066955496	8.52%
唐山市	130200	201901-201912	201801-201812	3.4395959130265212	3.105032718039949	9.73%
邯郸市	130400	201901-201912	201801-201812	4.652298701197925	4.52210293165959	2.80%
邢台市	130500	201901-201912	201801-201812	4.757250628413905	4.495313014233048	5.51%

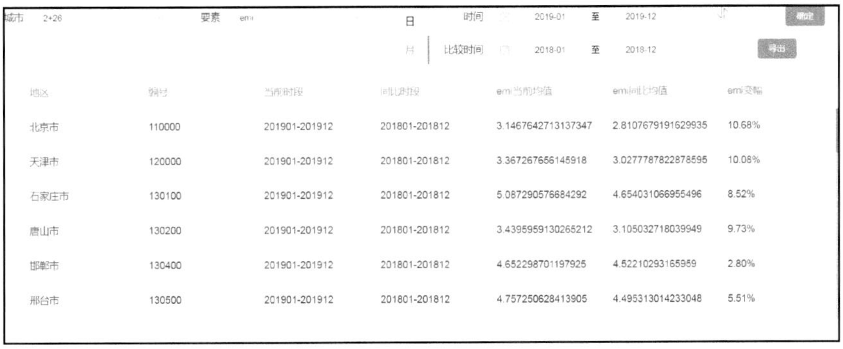

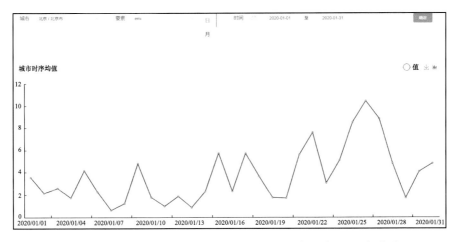

图 12.4 常用区域选择方式区域定制查询统计功能和统计结果显示

图 12.5 单个城市选择方式区域定制查询统计功能和统计结果显示

空间统计展示功能实现指定时段内 EMI 时间平均值、EMI 时间平均值变化的空间分布展示(图 12.6)。用于分析评估指定时段内气象条件对大气污染防治效果影响的全国及区域分布情况。

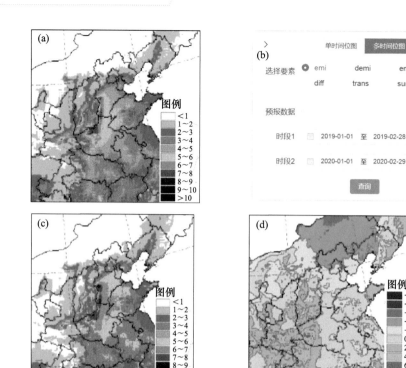

图 12.6　区域空间统计展示功能和统计结果

(a)、(c)分别为 2019 年 1—2 月和 2020 年 1—2 月 EMI 空间分布；

(b)系统空间统计功能界面；(d)2019 年 1—2 月 EMI 同比变化率空间分布

◆ **12.2.4　评估应用案例**

12.2.4.1　2018 年全国气象条件对大气污染防治效果影响评估

2018 年全国年平均气象条件使 $PM_{2.5}$ 浓度较 2017 年下降 0.8%，而实际 $PM_{2.5}$ 浓度降低了 9.3%，因此减排使全国 $PM_{2.5}$ 平均浓度下降 8.5%（表 12.1）。其中，京津冀地区气象条件偏差 1.4%，$PM_{2.5}$ 浓度下降了 14.1%，减排效果达 15.5%；长三角地区气象条件偏差 1.0%，$PM_{2.5}$ 浓度下降了 10.2%，减排效果达 11.2%；汾渭平原气象条件偏好 1.3%，$PM_{2.5}$ 浓度下降 10.8%，减排效果为 9.5%。

表 12.1　2018 年与 2017 年 $PM_{2.5}$ 浓度实况及气象条件、减排措施对浓度变化的贡献

变化及贡献百分比	京津冀地区	长三角地区	汾渭平原	珠三角地区	华中地区	东北地区	西北地区	西南地区	全国平均
$PM_{2.5}$浓度变化观测值(%)	−14.1	−10.2	−10.8	−6.1	−12.5	−17.5	−6.8	−5.9	−9.3
气象条件贡献(%)	1.4	1.0	−1.3	−4.8	0.8	0.9	5.6	−5.7	−0.8
减排对浓度变化贡献(%)	−15.5	−11.2	−9.5	−1.3	−13.3	−18.4	−12.4	−0.2	−8.5

注：观测值数据由中国环境监测总站提供。

2018 年 11 月、12 月，多数地区气象条件明显比 2017 年同期偏差（表 12.2），导致重污染天气时有发生，但减排措施仍很有成效。2018 年 11 月、12 月全国平均气象条件比 2017 年同

期偏差 6.0%,而实际 $PM_{2.5}$ 下降了 11.3%,减排效果平均为 17.3%。京津冀地区 $PM_{2.5}$ 上升了 11.3%,其中气象条件偏差 25.7%,减排效果平均为 14.4%。长三角地区 $PM_{2.5}$ 降低了 19.3%,气象条件偏差 15.7%,减排效果平均为 35%。汾渭平原地区 $PM_{2.5}$ 降低了 10.3%,气象条件偏差 13.0%,实际减排效果为 23.3%。

表 12.2　2018 年与 2017 年 11—12 月
$PM_{2.5}$ 浓度实况及气象条件、减排措施对浓度变化的贡献

变化及贡献百分比	京津冀地区	长三角地区	汾渭平原	珠三角地区	华中地区	东北地区	西北地区	西南地区	全国平均
$PM_{2.5}$ 浓度变化观测值(%)	11.3	−19.3	−10.3	−27.8	−26.2	−17.3	−2.5	−18.1	−11.3
气象条件贡献(%)	25.7	15.7	13.0	−9.5	11.6	5.5	28.0	−16.8	6.0
减排对浓度变化贡献(%)	−14.4	−35.0	−23.3	−18.3	−37.8	−22.8	−30.5	−1.3	−17.3

注:观测值数据由中国环境监测总站提供。

近年来,$PM_{2.5}$ 浓度逐年降低,以 2015 年的气象条件和 $PM_{2.5}$ 浓度为基准,评估气象条件和减排措施对 $PM_{2.5}$ 浓度降低的贡献。2018 年全国平均 $PM_{2.5}$ 浓度较 2015 年降低 22%,气象条件较 2015 年偏好 4.8%,减排效果达到 17.2%。2018 年京津冀、长三角、汾渭平原平均 $PM_{2.5}$ 浓度较 2015 年分别降低 28.6%、18.5%、4.9%,气象条件较 2015 年分别偏好 3.8%、1.6%、8.6%。京津冀和长三角地区的减排效果分别为 24.8% 和 16.9%,汾渭平原排放较 2015 年略有增加,较 2016 年和 2017 年下降(图 12.7)。

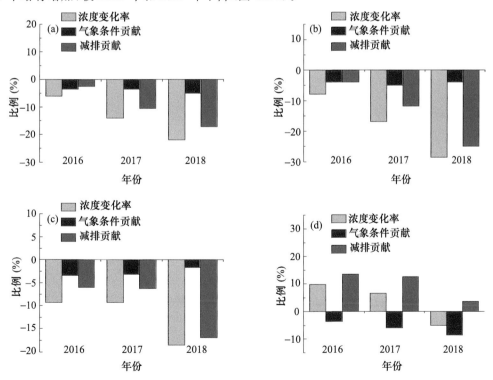

图 12.7　2016 年以来全国(a)、京津冀地区(b)、长三角地区(c)、
汾渭平原(d)气象条件和减排对 $PM_{2.5}$ 浓度变化的贡献
(以 2015 年气象条件和 $PM_{2.5}$ 浓度为基准)

12.2.4.2 2018 年秋冬季汾渭平原气象条件对大气污染防治效果影响评估

陕西省气象台利用国家气象中心下发的 EMI 产品开展 2018 年秋冬季汾渭平原气象条件对大气污染防治效果影响评估。

评估结果显示，EMI 较 2016 年同期下降，与 2017 年相比秋季下降，冬季上升。与 2016 年同期相比，汾渭平原 2018 年秋冬季有 4 个月的 EMI 下降，降幅达 6.6%～24.6%，表明气象条件好于 2016 年同期（表 12.3）；与 2017 年同期相比，9 月 EMI 维持不变，10 月 EMI 下降 24.3%，11 月至次年 2 月 EMI 上升 11.0%～46.1%，整体上气象条件 2018 年秋季好于 2017 年同期，冬季差于 2017 年同期。

表 12.3　2018 年秋、冬季与 2016—2017 年同期 EMI 的对比及其物理意义

月份	2016 年	2017 年	2018 年	2018 年相对于 2016 年		2018 年相对于 2017 年	
				变率(%)	物理意义	变率(%)	物理意义
9	2.24	2.03	2.03	−9.42	偏好	0.0	持平
10	2.76	2.75	2.08	−24.58	偏好	−24.3	偏好
11	2.76	2.32	2.58	−6.57	偏好	11.0	偏差
12	2.79	2.09	2.58	−7.53	偏好	23.4	偏差
1	2.61	2.21	2.78	6.37	偏差	25.52	偏差
2	2.44	2.03	2.97	22.05	偏差	46.11	偏差

从定量评估气象条件和减排措施对 $PM_{2.5}$ 浓度的影响结果看，汾渭平原地区 2018 年秋冬季 $PM_{2.5}$ 浓度较 2016 年和 2017 年同期分别下降 21.9% 和 1.0%，其中，气象条件的变化使 $PM_{2.5}$ 浓度较 2016 年同期下降 3.0%、较 2017 年同期上升 10.4%，减排措施使 $PM_{2.5}$ 浓度较 2016 年和 2017 年同期分别下降 18.9% 和 11.4%。

陕西西安 2018 年秋冬季 $PM_{2.5}$ 浓度较 2016 年和 2017 年同期分别下降 31.6% 和 6.7%。其中，气象条件的变化使 $PM_{2.5}$ 浓度较 2016 年同期下降 8.5%、较 2017 年同期上升 8.0%，减排措施使 $PM_{2.5}$ 浓度较 2016 年和 2017 年同期分别下降 23.1% 和 14.7%。

12.3　发布气象灾害预警对生态安全的贡献
——以山洪地质灾害为例

针对山洪地质灾害致灾的气象条件、地形和地质条件，分析山洪地质灾害发生地点、发生频率，找出各地致灾的关键因子，构建致灾模型和评价指标；分析灾害对生态安全（植被生态、居住环境、生命财产等）的致灾率和致灾程度、预报灾害的效果等。这里以舟曲泥石流灾害为例介绍山洪地质灾害预警发布贡献。

◆ 12.3.1　山洪地质灾害生态影响卫星遥感监测数据及处理

美国陆地卫星 Landsat 从 1972 年开始发射第一颗卫星 Landsat 1，到目前最新的 Landsat 8，该系列卫星影像是最为经典的陆地资源环境卫星之一。研究采用影像分别为 Landsat 7 ETM 与 Landsat 8 OLI 传感器影像，包括舟曲泥石流灾害前后的共 5 个时相数据，影像空间分辨率均为 30 m。其中，灾害发生前 2009 年 8 月 14 日与发生后 2010 年 11 月 5 日的影像为 ETM

影像(图 12.8),其余三期为 OLI 影像。Landsat7 卫星为 1999 年发射,Landsat8 卫星于 2013 年 2 月 11 日成功发射,OLI(Operational Land Imager,陆地成像仪)为该卫星的有效载荷之一,成像宽幅为 185 km×185 km。

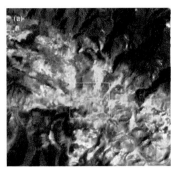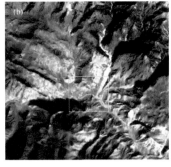

图 12.8　灾害发生前后县域遥感影像图(Landsat ETM)

(a)2009 年 08 月 14 日;(b)2010 年 11 月 5 日

对遥感影像进行预处理,主要包括对原始影像的辐射校正和几何校正,然后根据舟曲县域范围对原始影像进行裁切,最终获取研究区域的 5 个不同时相的遥感影像。具体技术流程如图 12.9 所示。

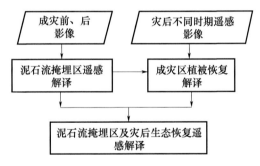

图 12.9　遥感影像预处理技术流程图

在受泥石流灾害最为严重的三眼峪沟和罗家峪沟,灾后地方政府进行了地质灾害综合治理工程和生态修复,如灾后的 3 期遥感影像所示(图 12.10),县域植被状况(影像红色部分)整体趋于好转,尤其在 2015 年植被覆盖率整体要优于其他年份。

在受灾最为严重的三眼峪沟,遥感影像上可清晰可见泥石流灾害综合治理建成的约 2 km 长的排导堤,在排导堤两侧原泥石流堆积区植被也逐渐得以恢复。

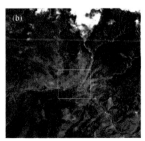

图 12.10　灾后不同时期遥感影像(Landsat OLI 标准假色彩合成影像)

(a)2013 年 8 月 1 日;(b)2015 年 8 月 23 日;(c)2017 年 7 月 11 日

以受灾最为严重的三眼峪沟为典型区,基于遥感影像分析灾区泥石流影响及灾后生态修复情况。图12.11为三眼峪沟灾前及灾后5个时期的遥感影像图,其中蓝色区域为泥石流堆积区范围。由图12.11a,b可见,本次泥石流对三眼峪沟区域植被造成了重大破坏:灾前植被总面积为57.06 hm²,在受灾后仅余9.45 hm²,83.4%的植被被泥石流荡平覆盖。

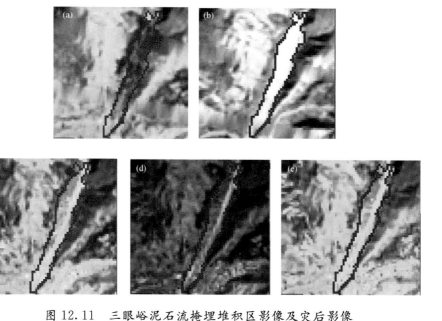

图12.11　三眼峪泥石流掩埋堆积区影像及灾后影像

(a)灾前(Landsat ETM 2009年8月14日);(b)灾后(Landsat ETM 2010年11月5日);
(c)2013年8月1日(Landsat OLI);(d)2015年8月23日(Landsat OLI);(e)2017年7月11日(Landsat OLI)

由图12.11c,d,e可见,灾后3期遥感影像,在2013年影像上可见,原泥石流掩埋区已得到有效的工程治理,排导堤(影像上白色高亮线状)清晰可见,堤两侧也呈现出植被及建筑物的影像特征;到2015年8月,此时淹埋区已全部被植被覆盖,此外两侧山体的植被覆盖度也相对较高;2017年7月,掩埋区植被覆盖相比2015年则呈现下降的趋势,可能的原因为随着掩埋区生态修复及地层构造的稳定,在该区域陆续进行了居住点的开发修建所致。

进一步基于灾后的3期影像进行植被覆盖信息(图12.12绿色区域)解译。由图12.12所示,三眼峪灾区工程治理和植被生态修复效果显著,原淹埋区从无植被覆盖到2013年的8.46 hm²,并进一步恢复到2015年的24.75 hm²,灾区生态环境得到了极大的好转。而到2017年,随着居住点的建设植被覆盖区逐渐下降到7.83 hm²。

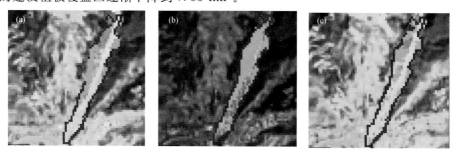

图12.12　三眼峪泥石流掩埋堆积区植被恢复遥感解译图

(a)2013年8月1日(Landsat OLI);(b)2015年8月23日(Landsat OLI);(c)2017年7月11日(Landsat OLI)

◆ 12.3.2　山洪地质灾害生态影响气象条件评估及预警发布效益评估

(1)山洪地质灾害生态影响气象条件评估

降水是导致山洪地质灾害生态影响的主要因素,尤其是前 14 d 有效降水和当日降水量因子。因此,基于山洪地质灾害的生态影响气象条件评估模型主要是基于前 14 d 有效雨量和当日雨量两个因子。具体的模型公式如下:

$$MR = \frac{1}{n}\sum_{i=1}^{n}\left(f_1 \times \frac{er_i - ert_i}{erm_i - ert_i} + f_2 \times \frac{r_i - rt_i}{rm_i - rt_i}\right) \tag{12.10}$$

式中,MR 为某时段内的地质生态环境气象条件指数;f_1 为前期降水权重系数;f_2 为当日降水权重系数;er_i 为前 14 d 有效降水量;erm_i 为过去 30 a 前 14 d 最大滑动有效降水量;ert_i 为前 14 d 有效降水量阈值;r_i 为当日降水量;rm_i 为过去 30 a 最大当日降水量;rt_i 为当日降水量阈值。

(2)山洪地质灾害预警发布效益评估

鉴于影响气象灾害和气象服务效益的因子颇多(诸如气象预报质量、预报时效、前期气象水文情况、天气强度及出现时间(昼、夜、季节)、政府决策、各部门组织和动员防灾减灾情况、群众实际防灾情况、受灾地区经济状况、建筑和工程质量、地理条件、人类无法抗拒因素、临阵救灾力度、人口素质等等),而且不稳定性很大,故应重点考虑气象服务水平、防灾减灾决策与组织这两个综合因子,以求得防灾减灾效益值,并设法从中分离出气象服务效益,即逆推法。其次,引入德尔菲法,在数学模型基础上结合专家打分,得到最终的气象灾害预警(气象服务)贡献率。

①经济指标设置和评估数学模型建立

考虑历年的气象条件差异,每年的物价上涨和人民生活水平的提高,每年的直接经济损失差异很大,单用绝对值来反映地质灾害的损失及服务效益缺乏可比性,因此引入地质灾害防灾减灾效益百分率:

$$M = B/(A+B) \times 100\% \tag{12.11}$$

式中,M 表示地质灾害过程发生后的防灾效益百分比;A 表示地质灾害后的直接经济损失;B 表示地质灾害的防灾减灾效益值;$A+B$ 即表示在没有开展防灾减灾的情况下,地质灾害可能对某区域造成的直接经济损失。

若考虑防灾减灾的成本投入,则上式为:

$$M = (B-C)/(A+B) \times 100\% \tag{12.12}$$

式中,C 表示防灾减灾的成本投入,上式表示防灾减灾净效益百分比。

首先,考虑地质灾害气象预报服务水平及政府、群众根据气象预报在实际防灾减灾中的工作效率,其次考虑在灾害过程中不可避免的损失,建立如下方程:

$$B = x \times y(A+B)(1-z) - C \tag{12.13}$$

式中,x 表示地质灾害的预报服务水平;y 表示防灾减灾工作水平;z 表示灾害过程中无法抗拒的灾害损失百分比。x 取值 0~1,y 也取值 0~1。则转化后如下:

$$B = \frac{x \times y \times A(1-z)}{1 - x \times y(1-z)} - C \tag{12.14}$$

根据上式,分离出其中的气象服务效益,如下:

$$W = \frac{x}{x+y}\left[\frac{x \times y \times A(1-z)}{1 - x \times y(1-z)} - C\right] \tag{12.15}$$

式中,W 为地质灾害防灾减灾过程中分离出来的气象服务直接经济效益。

②系数 z 确定

根据文献《重大气象灾害(台风、暴雨)服务效益评估研究》(周福,1998)气象服务时效与

防灾减灾效益之间有一种近似反三角关系,如式(12.16):

$$S = 2/\pi \times \arctan(at + b) \tag{12.16}$$

式中,t 表示预报时效,根据目前地质灾害的预报时效情况,$t = 24$ h 或 48 h 或 72 h;S 表示平均防灾减灾效益百分比;a,b 为不确定系数。

③系数 x 和 y 确定

这里采用预报准确率来反映预报服务水平 x,而预报质量和预报时效是预报服务水平的两大指标,降水预报质量一般可用 TS 评分来评价,根据国家级地质灾害业务规范中的要求,地质灾害预报质量一般采用命中率来衡量,也可以用 TS 评分来衡量,因此建立如下公式:

$$x = n \times T \tag{12.17}$$

式中,T 表示某次地质灾害过程的预报评分(命中率或 TS 评分值);n 为预报时效,当 $0 < t \leqslant 12$ 时,n 为 0.5;当 $12 < t \leqslant 24$ 时,n 为 1.0;当 $60 < t \leqslant 72$ 时,n 为 3.0;对于地质灾害预报个例,一般预报时效为 24 h,对于一次地质灾害过程而言,一般预报时效能达到 72 h。

④评估模型

综上所述,可直接应用于实际评估地质灾害气象服务效益的数学模型如下:

$$B = [0.251 \times 0.75 \times A \times (n \times T)]/[1 - 0.251 \times 0.75 \times (n \times T)] - C \tag{12.18}$$

$$W = n \times T/(n \times T + 0.75) \times B \tag{12.19}$$

式中,地质灾害预报业务中一般为 24 h 预报时效,因此,上式中 n 取值为 1,T 为地质灾害气象风险预警命中率。再结合德尔菲法,专家根据已计算得出的地质灾害气象服务效益贡献率,并结合自身经验,对气象服务贡献率 w 进行适当调整,即将 $2w$ 作为上限,0 作为下限,设计出 10 个档次,作为专家调查的备选答案进行调查。根据调查结果汇总得到气象灾害的贡献率,即:

$$B = \sum_{k=1}^{10} (\overline{e_k} \times W_k) \tag{12.20}$$

式中,W_k 为选择第 k 档次的人数占专家数的比例;$\overline{e_k}$ 为第 k 档次贡献率的中值。

◆ 12.3.3 系统技术模块

系统的技术模块共有 7 个:

(1)模块 1——生态环境基础 GIS 数据处理模块:植被、地形地貌等下垫面数据处理和显示,见图 12.13。

图 12.13 生态环境基础 GIS 数据处理模块

(2)模块 2——山洪地质灾害个例库查询处理模块:实现山洪地质灾害多要素(人数、经济损失、匹配降水等)查询,见图 12.14。

图 12.14　山洪地质灾害个例库查询处理模块

(3)模块 3——山洪地质灾害致灾降水阈值分析模块:实现山洪地质灾害致灾降水阈值分析计算,见图 12.15。

图 12.15　山洪地质灾害致灾降水阈值分析模块

(4)模块 4——山洪地质灾害生态安全风险预警模块:实现未来 24 h 山洪地质灾害生态安全风险预警,见图 12.16。

(5)模块 5——山洪地质灾害考核贡献率计算模块:实现基于山洪地质灾害预警发布的防灾减灾效益评估计算,见图 12.17。

(6)模块 6——评估产品制作与分布模块:实现山洪地质灾害生态风险预报产品的制作和分发,见图 12.18。

(7)模块 7——系统维护模块:实现系统程序的调度和运行,见图 12.19。

图 12.16　山洪地质灾害生态安全风险预警模块

图 12.17　山洪地质灾害考核贡献率计算模块

图 12.18　评估产品制作与分布模块

图 12.19　系统维护模块

第 13 章

生态气象地面观测和遥感
监测能力建设

生态文明建设气象保障需要生态气象地面观测和遥感监测支持。2003 年以来青海、内蒙古、黑龙江等省级气象局相继建立了省级生态气象地面观测站,其中青海省、内蒙古自治区气象局建立了覆盖全省(区)的生态气象观测站点,长期观测草原、荒漠、森林等生态状况和气象要素。2005 年中国气象局在全国建立了 7 个生态气象观测试验站,开展了森林、草原、荒漠、农田、湿地等主要生态系统的气象观测试验。随着自动化智能化观测技术的发展,2013 年以来内蒙古、新疆等省(区、市)典型生态系统试建了生态气象地面自动观测站,探讨了自动化观测的途径和方法。2018 年以来气象部门通过生态气象业务建设项目在雄安新区、浙江开化、宁夏银川、福建厦门等典型区域建立了 20 多个生态气象自动观测示范站,获取大气、植被、水体、土壤等方面的观测数据,支持天气气候、气候变化对生态系统影响的监测评估预警工作。本章以雄安新区白洋淀湿地生态气象自动观测站为例,详细介绍观测仪器和数据应用情况,以为后续生态气象地面自动观测站建设提供借鉴。

卫星遥感在时间和空间分辨率方面都具有独特的优势,使其成为不同时空尺度生态环境监测的主要数据来源。MODIS、FY 等多种卫星具有高频次、较高空间分辨率,可以实时监测大范围地表生态环境要素及其动态变化。国家卫星气象中心 2018 年以来建立了长序列可对比、规范化的全国旬月尺度、分辨率为 1 km、250 m 的 MODIS 和 FY-3 卫星植被指数(NDVI)数据集,形成了支持地表生态环境监测的数据支撑能力。本章介绍此数据集,助力开展生态、农业等领域的遥感监测和应用;同时本章也给出高分卫星和无人机获取农田种植信息的应用实例,为地表精细化遥感监测提供参考。

13.1　生态气象地面自动观测

◆ 13.1.1　白洋淀湿地生态气象自动观测试验站

2017 年国家成立了雄安新区,气象部门围绕国家建设需求,考虑天气气候对白洋淀湿地的影响,中国气象局气象探测中心于 2018 年在白洋淀核心区建立了一套集湿地气象、植被、水体、土壤和负氧离子观测为一体的生态气象自动观测站,以观测白洋淀湿地生态系统变化和天气气候的影响,解决雄安新区建设中缺少生态气象地面观测数据等问题,为国家掌握白洋淀湿地气候资源状况以及植被、水体、大气环境等受天气气候变化的影响提供科学依据,也为开展全国其他地区生态气象自动观测站建设提供经验和借鉴。所获取的基础生态气象观测数据,通过软件平台加工、处理,及时报送河北省和雄安新区相关部门以及中国气象局,建立的白洋淀生态气象观测数据集,为开展雄安新区生态系统保护和修复建设,提供科学、准确和及时的生态气象信息。白洋淀湿地生态气象自动观测试验站设备布局如图 13.1 所示,观测试验设备见表 13.1。

表 13.1　白洋淀湿地生态气象观测试验站设备列表

观测类型	设备名称	规格型号	数量(套)	备注
气象环境	湿地小气候自动观测仪	ZY5000 型	1	
植被长势	湿地植被自动观测仪	ZY5100 型	1	
	行业级无人机	M600 Pro 型	1	用于水域和植被长势监测的区域航拍

续表

观测类型	设备名称	规格型号	数量(套)	备注
土壤环境	自动土壤水分观测仪	DZN2 型	1	
	土壤水分宇宙射线仪	ZY5400 型	1	
	土壤盐度、酸碱度检测仪	ZY5500 型	1	
	地下水位仪	ZY5600 型	1	
水体环境	湿地水质自动观测仪	ZY5200 型	1	
	湿地水体液位仪	ZY5300 型	1	与植被长势监测共用
	行业级无人机	M600 Pro 型	1	
空气环境	大气负氧离子仪	ZY5700 型	1	

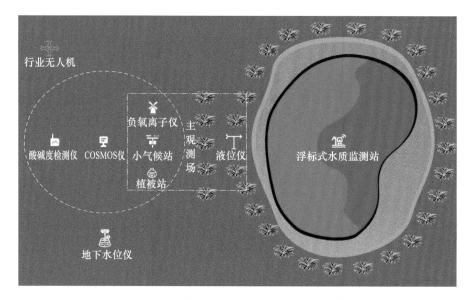

图 13.1　白洋淀湿地生态气象自动观测试验站设备布局

(1)陆地观测场

白洋淀湿地生态气象观测试验站陆地观测场位于雄县气象观测场西侧,面积 25 m×25 m,观测场内安装有湿地小气候观测仪、湿地植被观测仪、大气负氧离子仪、宇宙射线区域土壤水分仪、土壤酸碱度仪、土壤水分自动观测仪 6 套仪器。陆地观测场严格按照《地面气象观测规范》(中国气象局,2003)的相关要求进行建设,仪器的排列布设、电缆的安装与连接及其附属设施的安装情况,均结合观测场内地理、地质、气象、环境等多种因素进行设计。其中,为了能够真实反映下垫面的植被生长状况,观测场内尽量保留了原生自然植被。另外,依托观测站值班室东侧原有机井的基础进行改造,完成了地下水位观测仪的建设。陆地观测场布局见图 13.2,陆地观测场观测设备见图 13.3—图 13.5。

(2)水域观测场

白洋淀湿地生态气象观测试验站水域观测场位于白洋淀温泉城码头南侧 500 m 的烟花岛,观测场根据岛上植被环境、地形地貌以及周围水域状况进行设计,选择在岛北侧搭建 2 m×5 m 的观测平台,平台上建设水体液位观测仪;观测平台附近布设浮标平台,浮标平台上安装水质观测仪。水域观测场见图 13.6,水域观测场观测设备见图 13.7。

图 13.2　白洋淀湿地生态气象观测试验站陆地观测场

图 13.3　白洋淀湿地植被自动观测仪(a)与湿地小气候自动观测仪(b)

图 13.4　土壤酸碱度自动观测仪(a)与地下水位自动观测仪(b)

图 13.5   大气负氧离子仪(a)与区域土壤水分自动观测仪(b)

图 13.6   白洋淀湿地生态气象观测试验站水域观测场

图 13.7   地下水位自动观测仪(a)与水质自动观测仪(b)

◆ 13.1.2　生态气象观测要素

气象要素影响生态系统,生态系统对气象要素也有一定的反馈作用。生态气象观测主要观测气象要素以及与气象要素密切相关的生态系统,观测数据为开展大气与生态系统相互作用研究、生态气象业务服务提供基础数据支撑。

(1)气象观测要素

气象观测要素主要包括大气降水、温度、湿度、风向、风速、气压、总辐射、紫外辐射等。

(2)植被观测要素

植被观测要素主要包括植物群落冠层叶片温度、群落结构、密度、高度、覆盖度、物候等等。

(3)土壤观测要素

土壤观测要素主要包括土壤体积含水量、土壤相对湿度、土壤重量含水量、土壤有效水分贮存量、土壤温度(8层)、土壤区域水分、土壤盐度、土壤酸碱度等。

(4)水体观测要素

水体观测要素主要包括水域面积、水质(电导率、溶解氧、pH值)、水温、湿地水位、湿地小气候(温度、湿度、风向、风速、雨量、气压)、地下水位等。

(5)环境观测要素

环境观测要素主要包括正负离子浓度、雾霾、沙尘天气等。

(6)其他观测要素

其他观测要素主要是对重点区域、观测场等进行整体状况、植被长势、水域面积等的航拍,以获取实况数据。

◆ 13.1.3　观测方法

(1)气象要素观测方法

通过安装的湿地小气候自动观测仪,实现湿地生态系统降水量、空气温湿度、风向、风速、气压、总辐射、紫外辐射和冠层红外温度的自动观测。湿地小气候自动观测仪按照世界气象组织(WMO)气象观测标准安装,观测风向、风速、温度、湿度、气压、雨量、土壤温湿度等常规气象要素,具有自动记录、超限报警和数据通信等功能。

(2)植被要素观测方法

通过安装的湿地植被自动观测仪,实现植被长势(冠层叶温、植被群落结构、植被盖度、植株密度、植株冠层高度)的自动观测,植被自动观测仪有自动测量植被盖度、密度、冠层高度等参数,测量精度高、速度快;其利用三维激光扫描仪测量冠层高度,简便、直接,结果准确。该仪器具有分布式自动观测能力,可以低成本地实现植被多要素的自由组合观测,实现全自动数据采集、传输及监控,稳定性好;支持有线和无线传输,具备一站多发的功能;可扩展性强,预留有接口,可与其他业务系统共享。

通过布设植被观测仪,能够提高陆表植被观测能力,获取的植被生长资料对及时掌握植被生长状况、科学评估气象因子对植被的影响以及提高卫星遥感应用的解译精度与验证能力具有重要意义。

(3)土壤要素观测方法

通过安装的自动土壤水分观测仪,实现土壤环境(8层土壤体积含水量、土壤相对湿度、土壤重量含水量、土壤有效水分贮存量及地温)的自动观测。通过安装的土壤水分宇宙射线仪,实现土壤环境(区域土壤水分)的自动观测。土壤水分宇宙射线仪是一种新型的土壤水分监测系统,能够获取监测范围内的平均土壤水分,土壤水分宇宙射线仪安装在白洋淀淀区的核心区域,且保证以仪器为中心的350 m半径区域内无水体出现。该仪器具有无污染、连续、被动、非接触式原位测量,区域代表性强,填补了点测量法和遥感测量法之间的尺度空缺,也为遥感反演土壤含水量提供了匹配像元尺度的地面验证。观测仪可固定或移动测量,能在野外长时间连续自动测量;对土壤盐度、体积密度、质地和表面粗糙度不敏感,能穿透植被和冰雪覆盖,测量固态水,拓展测量雪深及生物量;其测量范围:300~500 m,测量深度:12~70 cm,量程:0~饱和。

为了方便观测站业务人员及湿地生态气象研究人员开展工作,自动土壤水分观测仪和土壤酸碱度检测仪布设在土壤水分宇宙射线仪观测区域内,便于进行后期数据对比分析。通过安装的土壤盐度、酸碱度检测仪,实现土壤环境(土壤温度、电导率、含水量和pH值)的自动观测。

(4)水体要素观测方法

湿地水质自动观测仪是弥补空间区域上气象观测数据空白的重要手段。通过安装的湿地水质自动观测仪,实现水体环境(水体电导率、溶解氧、pH、ORP、温度、浊度,水体上方的温度、湿度、风向、风速、降雨量、气压)的自动观测。建设的白洋淀湿地水质自动观测仪能够自动探测多个要素,无须人工干预,可自动生成报文,定时向中心站传输探测数据,能提供局域网数据浏览、互联网数据浏览、手机数据浏览等多种数据浏览途径供用户选择。其灵活的组网方式也便于与气象计算机组成气象监测系统。

通过安装地下水位仪,实现地下水位高度的自动观测;通过安装水质自动观测仪,实现水体pH、水温、溶解氧、浊度以及水体上方空气温度、空气湿度、降雨量等要素的自动观测;通过安装水体液位仪,采用非接触式测量方法,实现水体液位高度的自动观测。水体要素观测设备采用太阳能供电和无线网络传输方式,实现水环境数据的全自动采集、传输。通过布设水体观测设备,实现水生态环境的自动连续观测,为水资源合理利用、水生态保持与修复、水体质量评估提供数据支撑。

(5)环境要素观测方法

通过安装的大气负氧离子仪,实现大气负氧离子浓度的自动观测。仪器采用了独具特色的采集筒电容器和纯进口信号处理单元,离子电荷转化效率高,电荷采集稳定,有着抗干扰能力强、防雨能力强、通信稳定、测试精度高、环境适应能力强、能长期在户外无间断工作等特点。大气负氧离子观测系统配备数据接收和分析子系统,安装好后,局域网内任意电脑能够查看数据,并给出曲线分析,能直观反映离子变化情况。良好的除湿防尘效果,内部有着防结露结冰装置,使观测设备在各种气候条件下均不会结冰结露。

(6)其他要素观测方法

通过建设行业无人机机载雷达及配套设备,实现水体环境(水域面积)、观测场(陆地观测场和水域观测场)和植被面积的观测。新型机载雷达主要由基于行业无人机机载雷达的陆表生态观测应用系统和陆表生态观测应用试验平台构成。基于机载雷达的陆表生态观测应用系统包含无人机子系统、机载雷达、高光谱成像光谱仪、多光谱成像光谱仪、红外线热成像仪、植物荧光测量系统、植物观测分析仪等;陆表生态观测应用试验平台由无人机飞行控制子系统、多载荷无人机数据采集子系统、地面数据采集子系统、卫星数据模型管理子系统、数据解析子系统、无人机雷达点云数据预处理子系统、数据监控子系统、多载荷无人机数据预处理子系统、数据质量控制子系统、产品生成子系统、数据应用子系统组成,系统组成如图13.8所示。

　　行业无人机遥感系统进行低空飞行作业,一方面降低了对天气的依赖,另一方面可以获取高分辨率的影像信息,是对卫星遥感系统在地表生态监测领域应用的有效补充。

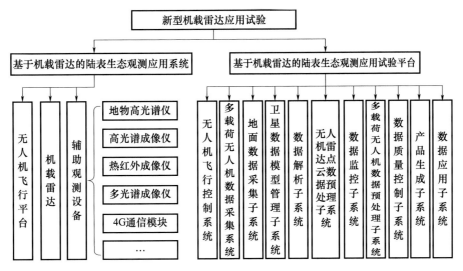

图 13.8　新型机载雷达应用试验组成

◆13.1.4　观测流程

　　白洋淀湿地生态气象自动观测系统由数据采集系统、终端系统、云平台应用软件系统组成,如图 13.9 所示。

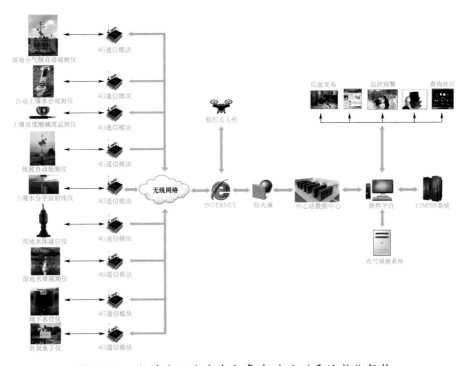

图 13.9　白洋淀湿地生态气象自动观测系统整体架构

数据采集系统包括湿地小气候自动观测仪、湿地植被自动观测仪、湿地水质自动观测仪、湿地液位自动观测仪、自动土壤水分观测仪、土壤水分宇宙射线仪、土壤盐度与酸碱度检测仪、地下水位仪、大气负氧离子仪和行业级无人机等。气象观测包括降水、空气温湿度、风向、风速、气压、总辐射、紫外辐射;植被观测包括冠层叶片温度、群落结构(单点)、生物量(单点)、高度;土壤观测包括土壤体积含水量(8层)、土壤相对湿度(8层)、土壤重量含水量(8层)、土壤有效水分贮存量(8层)、土壤区域水分、土壤盐度、pH;水体观测包括水质(电导率、溶解氧、pH值、浊度)、水温、温湿度(水体上方)、风向风速(水体上方)、雨量(水体上方)、气压(水体上方)、地下水位、湿地液位;环境观测包括负离子浓度、空气温湿度等要素。各项观测要素通过无线通信方式直接传输至中心站,实现对湿地小气候、植被、土壤、水体和负氧离子等相关要素的在线监测。

终端系统由计算机、网络设备组成,可以查询和显示湿地生态气象观测信息。

云平台应用软件系统可以实现信息的采集、存储、传输、质控、处理、应用、系统管理。

(1)数据采集

数据采集系统包括气象观测、植被观测、土壤观测、水体观测、环境观测数据的采集以及自动土壤水分数据收集、生态和农业气象观测数据收集。

①气象观测数据采集子系统,主要实现降水、温度、湿度、风向、风速、气压、地温、总辐射、紫外辐射等观测要素的采集。

②植被观测数据采集子系统,主要实现冠层叶片温度、群落结构、密度、高度、盖度等多种植被要素的采集。

③水体观测数据采集子系统,主要实现对水域面积、水质(电导率、溶解氧、pH值)、水温、地下水位、湿地水位、水体上方小气候(空气温湿度、风向风速、雨量、气压)等观测要素的采集。

④土壤观测数据采集系统,主要实现对土壤体积含水量、土壤相对湿度、土壤重量含水量、土壤有效水分贮存量和温度(8层)以及土壤区域水分、土壤盐度、土壤酸碱度等观测要素的采集。

⑤环境观测数据采集系统,主要实现正负离子浓度、空气温湿度等观测要素的采集。

(2)图像采集

图像采集系统包括植被长势特征和实景视频图像子系统。

植被长势包括群落结构、发育期、冠层高度、植株密度、植株盖度、叶面积指数、干物质重量以及生长状况。

实景视频图像包括植被生长实景、设备运行环境、湿地其他活动。

图像采集系统作为湿地生态气象管理与技术工作人员对观测站运行情况、湿地环境情况以及植被长势情况进行监测管理的重要工具之一,能够完成实时对其辖区范围内所有观测站的运行状态监控、图像观测数据采集存储、植被生长状况特征自动识别处理订正、文件生成、数据入库、数据应用分析、信息发布以及数据共享等工作。前端观测设备主要由图像视频传感器和图像采集器组成,负责视频和图像的采集,视频图像采用无线/有线网络进行传输,用户可以通过终端浏览软件实时查看湿地的视频图像以及植被生长信息识别结果。

(3)数据存储

①植被图像数据存储

采集的植被图像数据文件存储在可移动存储器(如CF卡)上,采用文件系统管理,存储的格式为 JPEG 或 TIFF 格式,并将图像的相关信息按照图像格式要求进行存储。例如:图像的尺寸、水平分辨率、垂直分辨率、位深、焦距、曝光时间等信息。

②安全与环境监控信息存储

采集的安全与环境监控信息以视频文件格式保存在本地,存储视频信息不少于 10 d。

(4)数据传输

生态气象自动观测站支持现有的有线通信和无线通信。有线通信方式包括以太网专线(IEEE 802.3)和光纤等,无线通信方式包括 3 G、4 G、Wi-Fi 和 Zigbee 等。

①植被图像数据传输

生态气象自动观测站具有植被图像数据传输的功能。图像采集器通过有线、无线等通信设备,将采集的植被图像信息传输到中心站,同时具有对连续缺失图片站点的告警功能。

通过有线传输的站点,数据中转软件能按照设定的时间间隔主动向采集器获取或被动接收采集器推送的植被长势图像数据。为保证观测数据完整、连续、准确,该软件具有自动和手动数据采集和补收功能。

②安全与环境监控信息传输

生态气象自动观测站具有安全与环境监控信息传输功能。视频传感器通过有线或 Wi-Fi 路由器等通信设备,将采集的安全与环境监控的视频信息传输到省级中心站。传输方式考虑采用 TCP/IP 数据通信协议,同时配备视频服务器。视频服务器具有视频数据缓冲和对访问视频服务的用户进行权限控制等功能。

(5)数据质量控制

数据质量控制主要功能是参照相关气象行业标准进行数据的质量控制,输出规定格式的数据和质量控制信息。平台质量控制内容包括格式检查、缺测检查、界限值检查、主要变化范围检查、内部一致性检查、时间一致性检查、质量控制综合分析以及数据质量标识。

①格式检查:应对观测数据的结构以及每条记录的长度进行检查。

②缺测检查:检查观测数据是否为缺测,若为缺测,不再进行其他检查。

③界限值检查:包括值域检查和气候学界限值检查,超出值域范围的资料为错误资料。

④主要变化范围检查:在指定地域和时域范围内,超出要素主要变化范围的数据为可疑资料,对此资料做进一步检查,以判断资料正确与否。

⑤内部一致性检查:要素观测资料应通过如下检查,未通过某一项检查时,相应数据为可疑资料,其中至少有一个数据为错误资料。

⑥时间一致性检查:不符合要素时间变化规律的数据为可疑资料。按照处理内容的不同,可以把质量控制分为传感器状态检查、数据异常值检查。将质量控制检测到的错误和可疑的观测数据形成质量控制信息存入到数据表,供监控模块使用。质量控制模块主要包括数据输入、质量控制、质量控制信息、传感器状态信息和数据输出。

(6)数据处理

①数据解析

根据不同设备通信协议的特点制定不同的检查方法,检查接收数据的格式等。数据解析主要根据数据通信协议进行解析,如果是加密数据,则进行解密处理。对于下行命令,根据不同设备进行协议转换。

②数据入库

将原始数据以及进行数据质量控制的数据,按协议解析后进行入库处理,作为后期进行业

务分析与应用的数据源。

入库处理后,一方面可以基于数据库直接开展相关的应用与服务;另一方面可以通过接口实现与其他业务系统(例如 CIMISS 系统)的数据融合与数据共享,从而为内容更丰富、水平更高的服务产品提供数据支持。

(7)报文生成

对经过标定和质量控制后输出的数据,按数据字典规定的数据传输格式进行标准化处理,写入中间文件中,并对中间文件中标准格式的数据进行解析入库处理。

对经过标定和质量控制后输出的数据,按共享文件格式(报文)的要求生成报文文件并存储在指定的目录内。

在生成文件的同时,根据设备型号、日期以及数据类型对其进行组织和管理。

(8)数据分发上传

白洋淀湿地生态气象中心站收集该站建设的生态气象观测站数据,按规定格式生成报文文件,并汇总打包,通过 FTP 方式定时自动上传报文文件到指定的省级 FTP 服务器,每小时一次,通过省级服务器上传至国家级"天擎"。

白洋淀湿地生态气象自动观测中心数据库是生态气象观测数据业务服务的数据源,生态气象观测业务系统和显示系统从中心数据库通过数据访问接口获取生态气象观测数据库中的各种数据,按照现有生态气象观测业务的需要加工生成生态气象观测产品和数据报表,并将数据分发到各个观测站所在的县、省。

(9)数据产品

①数据产品查询

通过局域网或因特网,自定义条件查询、浏览和统计中心站数据库(SQL Server)上的实时和历史观测数据,并以图形、曲线、表格等形式,直观、形象地将数据呈现出来。

气象要素观测统计数据主要包括 5 个类型:(a)气象观测部分监测到的降水、温度、湿度、风向、风速、气压、地温、总辐射、紫外辐射。(b)植被观测部分监测到的地温、冠层叶片温度、群落结构、密度、高度。(c)土壤观测部分监测到的土壤体积含水量、土壤相对湿度、土壤重量含水量、土壤有效水分贮存量和土壤温度(8 层)以及土壤区域水分、土壤盐度、土壤酸碱度。(d)水体观测部分监测到的水域面积、水质(电导率、溶解氧、pH 值)、水温、湿地水位以及水体上方的温湿度、风向风速、雨量、气压和湿地周围附近的地下水位。(e)环境观测部分监测到的正负离子浓度、空气温湿度等。

②数据查询方式

观测数据和统计数据的查询的方式包括:(a)单站查询,查询单个站点的观测数据和统计数据;(b)多站查询,同时选择多个站点进行观测数据和统计数据的查询;(c)单要素查询,查询单个要素的观测数据和统计数据;(d)多要素查询,同时选择多个要素的观测数据和统计数据的查询。

③数据产品生成

提供图片的预览、打印功能。可将显示的图片保存为 bmp、gif、jpg、tiff 和 png 等格式。可将观测要素值导出为 Micaps 格式和 Excel 格式。可把查询统计的数据导出为文本和 Excel 格式。

④数据统计分析

数据统计分析分为五部分:气象及环境分析、土壤和水体分析、湿地植被生长状况分析、到报情况统计、上传情况统计。

（a）气象及环境分析：分析观测站降水、温度、湿度、风向、风速、气压、地温、总辐射、紫外辐射及环境中正负离子浓度、空气温湿度等数据随时间的变化规律和观测指标。

（b）土壤和水体分析：分析土壤水分自动观测仪观测的土壤体积含水量、土壤相对湿度、土壤重量含水量、土壤有效水分贮存量和土壤温度（8 层）以及土壤酸碱度测试仪测得的土壤酸碱度和土壤盐度以及土壤区域水分等数据随时间的变化规律和观测指标。

（c）湿地植被生长状况分析：分析观测站植被自动观测仪上传的湿地植物长势特征和实景视频图像信息。完成对植被冠层叶片温度、群落结构、密度、盖度、冠层高度、生长状况评定、叶面积指数和干物质重量等生长特征要素的计算。

（d）到报情况统计：统计湿地生态系统观测站所有观测数据在某一时段内的到报情况，以表格或图形方式显示。

（e）上传情况统计：统计湿地生态系统观测站在某一时段内的报文文件上传情况，以表格或图形方式显示。

⑤监控预警

结合湿地生态气象观测站点的观测数据与数据质量检查结果，评估采集器运行状态和各类传感器工作状态，形成设备运行状态数据。以多种形式，实时显示湿地生态气象观测设备的运行状态，从而实现湿地生态气象观测站点运行状态的实时监控。包括设备运行状态监控、数据监控以及故障报警三方面内容。

（a）状态监控：包括设备自检状态、传感器工作状态、外接电源状态、主板电压状态、工作电流状态、主板温度状态、机箱温度状态、通信状态、采集器运行状态、AD 状态、门状态、外存储卡状态。

（b）数据监控：监控内容主要包括湿地气象要素、植被、水体、土壤和负氧离子含量。

数据主要有四种状态：观测要素数据及时到达，观测数据正常；观测要素数据及时到达，数据格式正确，但通过质量控制算法判断数据异常；观测要素数据及时到达，且格式正确，但质量控制算法判断数据错误或格式错误；无观测要素数据到达。

（c）故障报警：通过信息提示、声音等方式实现故障报警。

（10）生态气象观测系统管理

①系统配置管理

数据库连接参数设置：配置数据库服务器 IP 和端口、数据库名、用户名和密码，并能测试数据库是否连接成功。

文件路径配置：配置观测系统运行和操作产生的临时文件、报文文件、日志文件等存储目录。

数据传输网络参数设置：配置网络通信监听 IP 和端口。

②基础信息管理

（a）数据库管理：根据需要订制数据维护计划，定期进行数据备份操作，并将其备份数据转储到移动介质或其他机器上。

（b）用户信息管理：增加、修改和删除使用数据的用户，并能够对用户进行功能权限分配，主要分为系统管理员和一般使用数据的用户。系统管理员具有数据中心处理系统所有功能操作权限，一般操作员根据工作需要由系统管理员分配功能操作权限。

（c）站点信息管理：添加、修改和删除站点基本信息。主要包括台站号、台站名、经度、纬度、海拔高度等。

（d）标定参数管理：添加、修改和删除标定参数、修正系数、土壤水文常数等信息。

（e）统计报表管理：建立、修改统计报表格式，能够建立墒情、植被长势、水体环境、气象环境情况通报等报表。

⑥植被信息管理：实现对数据库中植被基本情况表的查看、添加、修改和删除。如添加、删除植被信息等。

♦ 13.1.5 观测资料应用

中国气象局气象探测中心进行了国家级生态和农业气象观测数据收集处理与监测分析平台的研发，实现了生态气象自动观测站观测数据的采集、传输、处理、入库及相关的查询统计等功能，完成对负责管理的生态气象自动观测站的运行状态监控、观测数据收发、数据质量控制、文件生成、数据入库、数据应用分析、信息发布以及数据共享等工作。该软件基于面向资源的体系架构（ROA）进行设计与开发，应用负载均衡机制、模块化收集处理和数据层检索优化算法等新技术和新理念，实现了观测业务的可定制化和可扩展性以及软件平台的高并发性和高稳定性，同时预留数据接口，能够完成对城市、草原、森林、戈壁等其他生态气象观测系统数据的接入，实现与生态领域各类观测资料的高度融合，提升生态气象观测的智能化和综合化水平。生态气象观测平台软件于2018年10月27日完成开发、测试，2019年9月1日正式上线运行，运行效果如图13.10所示。

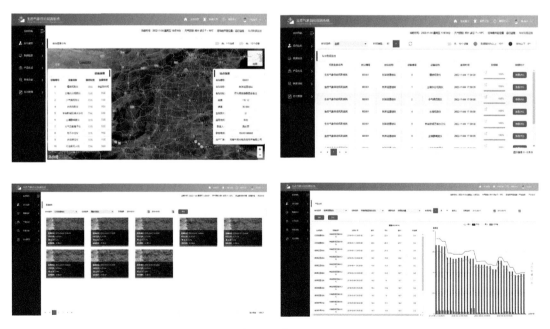

图 13.10　生态和农业气象观测数据收集处理与
应用分析平台运行效果示例

从数据收集处理与监测分析平台所获得的气象要素、植被要素、土壤要素、水体要素及环境要素的观测数据可见，整套观测系统运行稳定，获取的数据完整、合理，数据质量稳定，体现了国家级湿地生态气象观测系统建设的合理性、完整性，为今后其他地区和其他类型下垫面生态气象综合观测系统的建设提供了借鉴,起到了很好的示范作用(图 13.11—图 13.15)。

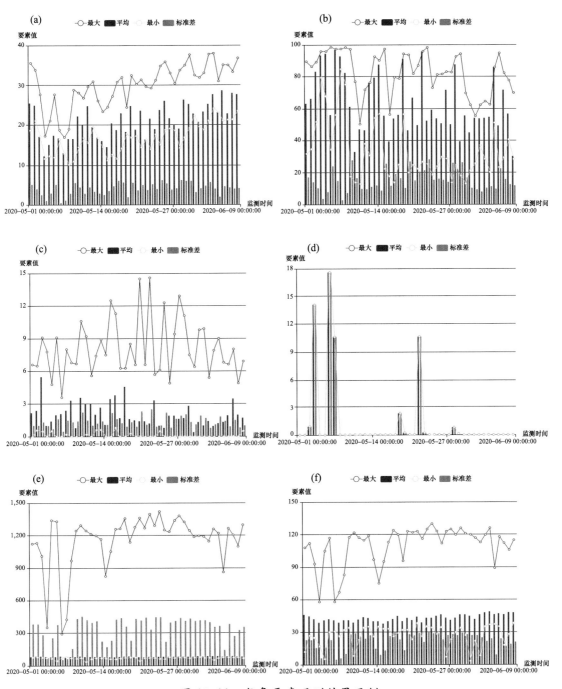

图 13.11 气象要素观测结果示例

(2020 年 5 月 1 日—6 月 13 日实测气象数据)

(a)气温(℃);(b)相对湿度(%);(c)风速(m·s⁻¹);

(d)降水量(mm);(e)总辐射照度(W·m⁻²);(f)紫外辐射(W·m⁻²)

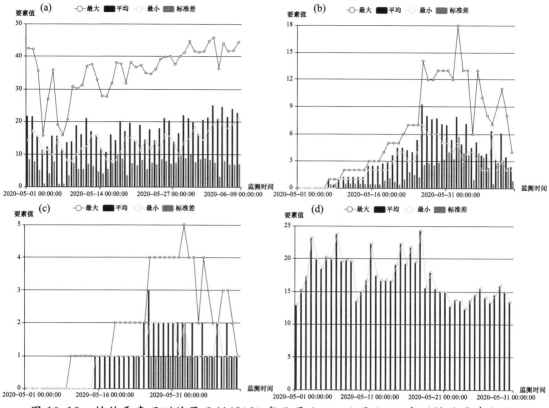

图 13.12　植被要素观测结果示例(2020 年 5 月 1 日—6 月 13 日实测植被要素数据)

(a)冠层红外温度(℃);(b)植株盖度(%);(c)植株密度(株·m⁻²);(d)植株冠层高度(cm)

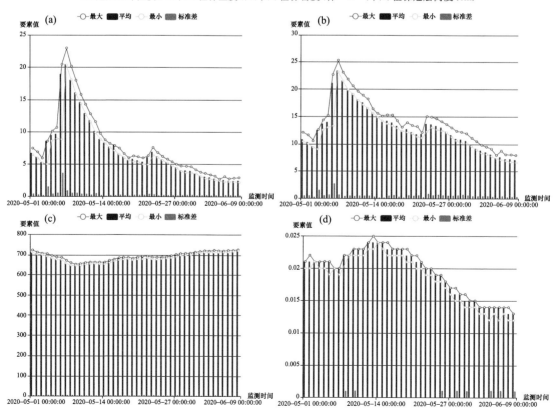

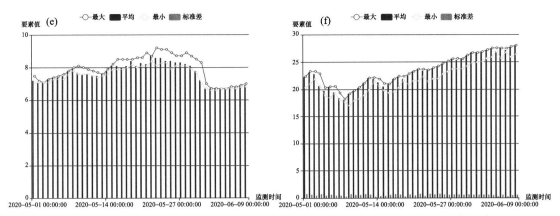

图 13.13　土壤要素观测结果示例(2020 年 5 月 1 日—6 月 13 日实测土壤要素数据)

(a)10 cm 土壤含水量(%);(b)宇宙射线 10 cm 土壤含水量(%);

(c)中子数;(d)土壤电导率(us·cm^{-1});(e)土壤 pH 值;(f)地温(℃)

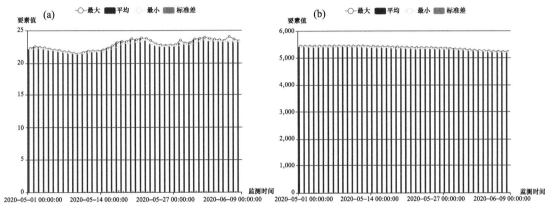

图 13.14　水体要素观测结果示例(2020 年 5 月 1 日—6 月 13 日实测水体要素数据)

(a)地下水位(m);(b)水体水位(m)

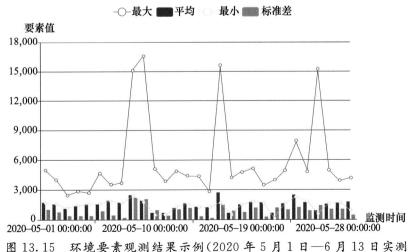

图 13.15　环境要素观测结果示例(2020 年 5 月 1 日—6 月 13 日实测

空气负氧离子浓度,单位:个·cm^{-3})

13.2 气象卫星遥感监测

气象卫星遥感是监测生态环境的重要手段,中低分辨率的 EOS/MODIS 和 FY-3 数据产品具有覆盖范围广、时间分辨率高的优势且积累了相对较长的时间序列,成为生态环境监测不可或缺的数据源。

◆ 13.2.1 监测要素

国家卫星气象中心 2018 年整编处理形成了中国区域 EOS/MODIS 植被指数和地表温度时间序列数据集以及 FY-3B 植被指数和地表温度时间序列数据集,成为生态气象业务和科研的基础数据。

(1)归一化差值植被指数(NDVI)

植被遥感监测的原理是基于植被在可见光波段的强吸收以及近红外波段的高反射的光谱特征。植被指数是对两个或多个波段反射率进行线性或非线性组合,对地表植被活动进行简单、有效的度量,用于诊断植被生长状态、绿色植被活力以及反演冠层生物物理参数、分析植被与环境相互作用。其中归一化差值植被指数(NDVI)应用最为广泛。

中国区域时间序列植被指数数据集的建立,主要以两类植被指数产品为基础处理生成:EOS/MODIS 和 FY-3 卫星 NDVI。

①中国区域 FY-3B 卫星时间序列 NDVI 数据集

该数据集以国家卫星气象中心业务系统生产的 FY-3B 卫星可见光红外扫描辐射计(VIRR)和中分辨率光谱成像仪(MERSI)的旬、月分幅植被指数为输入数据处理生成,输入数据的空间分辨率分别为 1 km 和 250 m,以 10°×10°分幅覆盖全球,投影方式为 Hammer 投影①,数据格式为 hdf5。对上述数据进行提取相关科学数据集(SDS)、质量检查、分幅拼接和投影转换等处理,生成中国区域 2013 年以来的旬/月时间尺度的时间序列植被指数数据集,包括 VIRR/NDVI 和 MERSI/NDVI 两种空间分辨率。处理后的数据格式为 envi/img 格式,投影方式为 Geographic(地理坐标),每组数据包括 NDVI 一个通道,short 类型,取值范围[−10000,10000],缩放系数(scale factor)为 0.0001,无效值为 −32750,−32768。产品规格见表 13.2。

表 13.2 FY-3B 中国区域旬/月时序植被指数数据集规格

产品类型	投影方式	覆盖范围	空间分辨率	时间分辨率	时间段
VIRR/NDVI 旬产品	Geographic	中国区域	0.01°	每旬一次	2013 年至今
VIRR/NDVI 月产品	Geographic	中国区域	0.01°	每月一次	2013 年至今
MERSI/NDVI 旬产品	Geographic	中国区域	0.0025°	每旬一次	2013 年至今
MERSI/NDVI 月产品	Geographic	中国区域	0.0025°	每月一次	2013 年至今

2)中国区域 EOS/MODIS 时间序列 NDVI 数据集

EOS/MODIS 植被指数数据来自美国国家航空航天局(NASA)EOSDIS 分布式数据存档中心(The Level-1 and Atmosphere Archive & Distribution System ,LAADS 和 Distributed Active Archive Center ,DAAC)(https://ladsweb. modaps. eosdis. nasa. gov/),植被指数包

---

① Harmmer 投影是等积伪圆柱投影中的一种,由 Harmmer 拟定,故以此命名。

括上午星 Terra 产品系列 MOD13 和下午星 Aqua 产品系列 MYD13。上述产品是分幅存档，投影方式为 Sinusoidal(正弦曲线)，数据格式为 HDFEOS。

根据生态气象监测业务需求,重点处理了上午星 1 km 分辨率月植被指数(MOD13A3)和 250 m 分辨率 16 d 的植被指数(MOD13Q1),以 MOD13Q1 和 MOD13A3 植被指数产品为输入数据源,对覆盖中国区域的分幅产品进行科学数据集(SDS)提取、拼接、投影转换处理,并对 16 d MOD13Q1 进行时间加权合成,处理形成 2000 年以来中国区域月时间序列植被指数数据集,整编后的数据格式为 envi/img 格式,投影方式为 Geographic,包含 NDVI 和质量标识两个通道,short 类型,取值范围[−2000,10000],缩放系数(scale factor)为 0.0001,无效值标识为 −3000。产品规格见表 13.3。

表 13.3 EOS/MODIS 中国区域月时序植被指数数据集规格

产品类型	投影方式	覆盖范围	生成频次	时间段
MODIS 250 m NDVI 月产品	Geographic	中国区域	每月一次	2000 年至今
MODIS 1 km NDVI 月产品	Geographic	中国区域	每月一次	2000 年至今

(2)地表温度

地表温度(LST)是表征地球表面能量平衡和温室效应的参数,是区域和全球尺度物理过程中的关键因子,在地表与大气相互作用过程中起着重要的作用,在生态监测方面有广泛的应用。

EOS/MODIS 和 FY-3 的地表温度业务产品都是基于两个热红外通道的分裂窗算法进行反演,该算法利用 2 个相邻的热红外窗区通道具有不同的吸收特性,通过某种组合消除大气的影响,不需要大气校正,也不需要详细的大气参数资料,实现较为容易,且精度较高,该算法是至今地表温度反演中应用最为广泛的方法。

①中国区域 FY-3B 卫星时间序列地表温度数据集

该数据集以国家卫星气象中心业务系统生产的 FY-3B 卫星可见光红外扫描辐射计(VIRR)分幅旬地表温度为输入数据,其空间分辨率为 1 km,FY-3B 分幅地表温度的产品规格和植被指数相同,即 10°×10°分幅覆盖全球,投影方式为 Hammer,数据格式为 hdf5。对 FY-3B 卫星 10°×10°分幅旬地表温度进行与 FY-3B 卫星 NDVI 相同的处理步骤,并用旬地表温度最大值合成得到月最大地表温度,生成中国区域 2013 年以来旬、月两种时间尺度分辨率的时间序列地表温度数据集。该类数据格式为 envi/img 格式,每组数据包括 LST 一个通道,short 类型,取值范围[2200,3500],缩放系数(scale factor)为 0.1,无效值为 −32768 和 0。产品规格见表 13.4。

表 13.4 FY-3B 中国区域旬/月时序地表温度数据集规格

产品类型	投影方式	覆盖范围	空间分辨率	时间分辨率	时间段
VIRR/LST 旬产品	Geographic	中国区域	0.01°	每旬一次	2013 年至今
VIRR/LST 月产品	Geographic	中国区域	0.01°	每月一次	2013 年至今

②中国区域 EOS/MODIS 时间序列 LST 数据集

以网络下载的 MOD11A2 8 d 1 km 地表温度分幅数据为输入数据,对覆盖中国区域的分幅产品进行科学数据集(SDS)提取、拼接转投影处理,并对 8 d MOD11A2 进行时间加权合成得到月地表温度,处理生成中国区域的时间序列月地表温度数据集,数据包含地表温度 1 个通道,short 类型,取值范围[7500,65535],缩放系数(scale factor)为 0.02,无效值为 0,产品规格见表 13.5。

表 13.5　EOS/MODIS 中国区域月时序地表温度数据集规格

产品类型	投影方式	覆盖范围	生成频次	时间段
MODIS 1 km 月产品	Geographic	中国区域	每月一次	2000 年至今

◆ 13.2.2　监测方法

中低分辨率卫星传感器探测时,太阳光照角度、观测视角以及云的条件变化很大,获取植被指数及变化信息时,需要对给定时间段内的多时次植被指数进行合成,减少云以及由太阳-目标-传感器几何角度带来的影响,最大限度获取植被信息。生态气象监测评估所需要的遥感产品的最小尺度是月,因此,采用合适的数据合成方式把现有的 FY-3 卫星的旬产品以及卫星 MODIS 的 16 d 或 8 d 的产品合成到月产品,主要的合成方法有以下几种:最大值合成(MVC)、时间权重合成、平均值合成等。

(1)最大值合成

最大值合成是简单有效的合成方法,对合成时段内逐像元进行多时次比较,选取最大的 NDVI 值为合成后的值。对大气散射各向异性的考虑,MVC 倾向于选择最"晴空"(最小光学路径)、最接近星下点和最小太阳天顶角的像元。近朗伯体表面的情况下 MVC 效果很好。当为各向异性表面时,MVC 结果变得不可预料,倾向选择远离星下点前向散射和较大的太阳天顶角的值,前向散射产生较高的 NDVI 值;MVC-NDVI 随太阳天顶角线性增加。

最大值合成是在给定的观测时间间隔内(如旬/月),选取其中的最大值作为该像元多时次合成后的值。表达式如下:

$$\mathrm{NDVI}_k = \max(\mathrm{NDVI}_{k,1}, \mathrm{NDVI}_{k,2}, \cdots, \mathrm{NDVI}_{k,n}) \tag{13.1}$$

式中,NDVI_k 为第 k 个像元合成后的归一化差值植被指数;$\mathrm{NDVI}_{k,n}$ 为第 k 个像元第 n 个时次的归一化差值植被指数。

(2)时间权重合成

MODIS 植被指数产品最小的合成时段为 16 d,1 km 植被指数产品是以 16 d 数据为基础使用时间加权方法合成生成,即对部分或全部时段属于某月的所有 16 d 数据,以每个时段在该月中所占日数与月总日数的比值作为权重,进行加权平均后计算植被指数。本研究中对 250 m 月植被指数产品和 1 km 月地表温度处理使用了时间加权合成方法,以每个 16 d 时段在该月中所占日数与月总日数的比值作为权重,当时间权重相同时,根据植被数据可信度确定,优先次序 0(完全可信)、1(数据可用,需参考其他质量信息)、2(冰雪区)、3(云区),时间权重合成后得到月植被指数或地表温度。

(3)NDVI 平均值合成

在最大值合成月植被指数的基础上,对于季节、年度的 NDVI,采用平均值合成。即在给定的观测时间间隔内(如季/年),统计各像元季节内或全年中各月像元多时次合成后的值。表达式如下:

$$\mathrm{NDVI}_k = \frac{\displaystyle\sum_{i=1}^{n} \mathrm{NDVI}_{k,i}}{n} \tag{13.2}$$

式中,NDVI_k 为第 k 个像元平均值合成后的归一化差值植被指数;$\mathrm{NDVI}_{k,i}$ 为第 k 个像元第 i

个时次的归一化差值植被指数。

◆ 13.2.3 监测流程

针对生态气象业务对植被指数和地表温度产品的需求,研制了面向生态监测基本需求的气象卫星遥感产品处理软件,形成了对生态气象业务提供中国区域植被指数和地表温度的支撑能力。该软件包括以下主要功能:EOS/MODIS 植被指数和地表温度产品自动下载和管理、提取 EOS/MODIS 和 FY-3 植被指数和地表温度 HDF 科学数据集、EOS/MODIS 和 FY-3 NDVI/LST 分幅数据拼接与投影转化、NDVI/LST 数据多时次合成、NDVI/LST 时空特征统计分析、专题图制作、NDVI/LST 数据分发功能。软件功能结构见图 13.16。

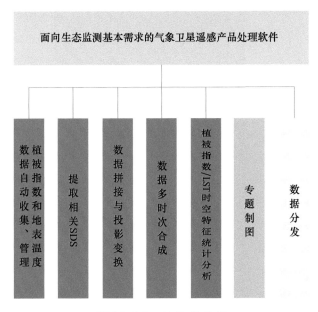

图 13.16 软件结构图

在该软件的支持下,建立中国区域时间序列植被指数/地表温度数据集的处理流程包括以下几个主要环节:植被指数/地表温度产品的收集与管理、分幅数据的拼接与投影转换、数据合成和数据统计。该软件提供了任务参数配置界面配置 XML 参数文件,以自动批处理的方式完成以上处理步骤(图 13.17),实现中国区域 EOS/MODIS 和 FY-3 时序植被指数/地表温度数据集处理。

(1)植被指数产品自动收集和管理

该处理功能主要用于从 NASA 的 EOSDIS 网站批量下载 EOS/MODIS 1 km 月植被指数(MOD13A3)、250 m 16 d 植被指数(MOD13Q1)和 1 km 8 d 的地表温度(MOD11A2)分幅产品。对于 FY-3 产品,国家卫星气象中心将一定时段的产品存放在资源池,内部用户可以共享盘方式直接读取。

数据自动收集和管理实现流程如下(图 13.18)。

①参数信息配置:用户在气象卫星遥感产品处理软件的"数据收集"菜单中点击"MODIS 数据下载",在交互界面中配置以下内容:时间范围、产品类别、空间范围、输出路径等参数。

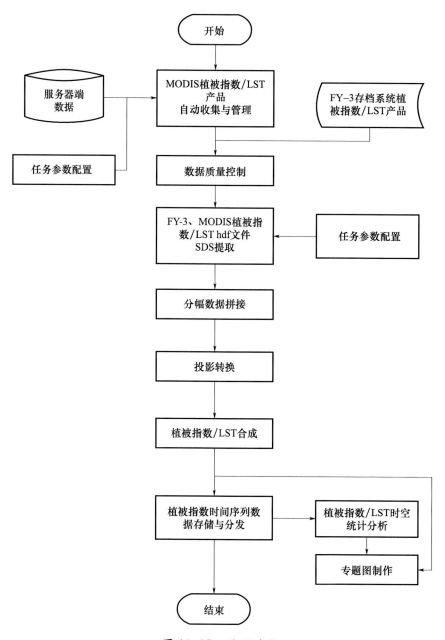

图 13.17　处理流程

②系统建立调度任务，根据规则确定执行时间。

③根据任务参数收集下载数据；按照数据产品类型，分别对 MOD13A3、MOD13Q1 和 MOD11A2 产品，系统在本地指定输出文件夹分别自动创建"MOD 1 km 月""MOD 250 m 16 d"和"MOD 1 km 地表温度 8 d"，对下载的各种产品按照年份、儒略日两级文件夹进行分类存储。

④解析下载成功存储的数据的元数据信息，即存储数据的数据名称、数据来源、所属卫星、所属传感器、所属产品、数据级别、数据规格、数据生成时间、数据空间范围、数据投影方式、数据状态等信息。

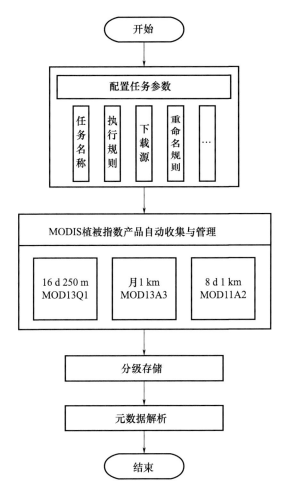

图 13.18　数据收集和管理实现流程

（2）植被指数拼接投影转换

EOS/MODIS 和 FY-3 的植被指数、LST 产品都是分幅存放。EOS/MODIS 的陆地产品投影为 Sinusoidal，这种投影是以真实比例显示所有纬线和中央经线的伪圆柱等积投影。FY-3 的陆地产品投影为 Hammer 投影，是兰勃特方位等积投影的改良型投影。时间序列 NDVI/LST 数据集的建立分别针对 MODIS 和 FY-3 的 NDVI 分幅产品数据，将其拼接为中国区域，并将 MODIS 的 Sinusoidal 投影和 FY-3 的 Hammer 投影转换为地理坐标系统。具体流程如下。

①用户根据数据处理需求配置任务参数，包括任务名称、卫星、传感器、产品、分辨率、执行规则、输入/输出位置等参数。系统建立调度任务，根据执行规则确定执行时间。

②根据任务参数中用户指定的时间段，与文件名中的时间字段匹配，检索出需要处理的 hdf 文件。

③根据任务参数中用户指定的处理范围与 EOS/MODIS 或 FY-3 产品分幅索引数据相交查询，获取拼接所需的数据分幅代码。

④用户在参数配置界面或 XML 文件中指定相应的 SDS 序号，提取分幅 MODIS 或 FY-3 植被指数或地表温度 hdf 文件中相应的科学数据集，如提取 MOD13Q1hdf 文件中的"250 m

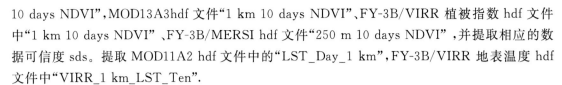

10 days NDVI",MOD13A3hdf 文件"1 km 10 days NDVI"、FY-3B/VIRR 植被指数 hdf 文件中"1 km 10 days NDVI"、FY-3B/MERSI hdf 文件"250 m 10 days NDVI",并提取相应的数据可信度 sds。提取 MOD11A2 hdf 文件中的"LST_Day_1 km",FY-3B/VIRR 地表温度 hdf 文件中"VIRR_1 km_LST_Ten"。

⑤对上述提取出的分幅植被指数/LST SDS 和数据可信度 SDS 分别进行拼接处理。

⑥投影转换处理,将 MODIS 和 FY-3 植被指数产品分别从 Sinusoidal 投影和 Hammer 投影转换为 WGS_84 坐标系下的地理坐标(geographic)。

(3)植被指数/地表温度多时间尺度合成

植被指数合成功能实现不同时间尺度的植被数据的合成处理,根据生态监测需求建立了以月为基本时间尺度的时间序列植被指数数据集,由于 MODIS 250 m 分辨率的植被指数产品是 16 d 合成,采用时间权重合成的方法将 16 d 植被指数合成为月植被指数。此外,提供了几种通用的植被指数合成方法,如最大值合成法和平均值合成,用户还可以根据使用需求生成月、季、年尺度以及自定义等多种时间尺度的植被指数。具体流程如下:

①用户根据数据处理需求配置任务参数,包括任务合成周期、合成方法和规则、输入/输出位置等参数。

②系统建立调度任务,根据执行规则确定执行时间。

③根据配置的合成周期检索出需要进行合成的文件,按指定的合成方法进行合成。

④对合成后的数据进行质量检查,确保像元值在合理范围内。

(4)植被指数/LST 时空统计分析

气象卫星遥感产品处理软件提供了对时间序列植被指数和地表温度数据进行时间和空间统计分析的功能,通过参数配置界面,用户指定产品类别、起始时间段、统计的空间区域(用户可以导入自定义矢量 shp 文件)、数据输出文件夹、基于时间的统计特征值,包括多年同期最大值、最小值、平均值、距平、距平百分率等,通过参数配置方式,自动批处理方式实现逐像元时间特征统计;此外该软件提供了空间特征的统计,随用户指定的空间区域,完成任意区域的植被指数/地表温度的平均值、最大值、最小值的统计;用户还可以基于土地利用分类进行空间统计分析,以及对植被指数和地表温度分级别统计面积百分比等。具体流程如下:

①用户根据数据处理需求配置任务参数,包括产品类别、时间段、区域范围、统计特征值类型、输入/输出位置等参数。

②检索出需要进行统计的时间段的数据文件,裁切统计区域的数据。

③按指定的统计特征值进行时间/空间统计。

◆**13.2.4 监测资料应用**

利用 2000 年以来的 EOS/MODIS 逐年 NDVI 分析显示,2019 年全国植被覆盖增加,全国平均植被指数较 2000—2018 年的平均值增加 5.68%,与近 5 a 平均值基本持平(0.19%),与 2018 年相比略有下降(图 13.19,图 13.20)。与 2000 年以来的同期平均值相比(图 13.21),2019 年我国中东部大部植被长势以偏好为主,植被略偏差的区域主要分布在黑龙江西部和南部、吉林中部、内蒙古东北部局部以及西藏东南部局部。植被覆盖偏好的区域占全国 43.5%(NDVI 增加幅度超过 0.02 的区域),植被覆盖变差(NDVI 下降幅度超过 0.02 的区域)占 12.0%。

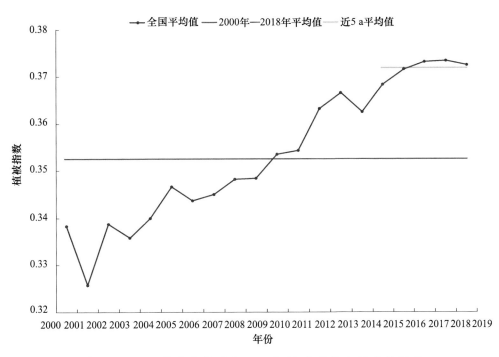

图 13.19 卫星遥感监测 2000—2019 年历年全国植被指数

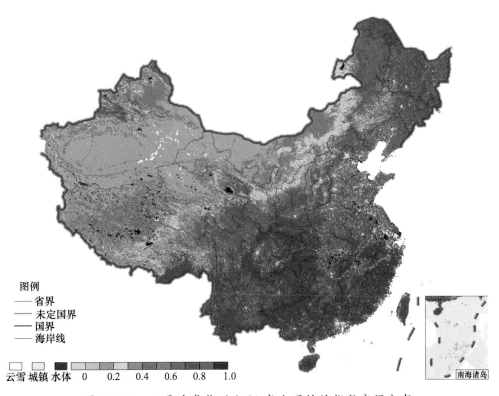

图 13.20 卫星遥感监测 2019 年全国植被指数空间分布

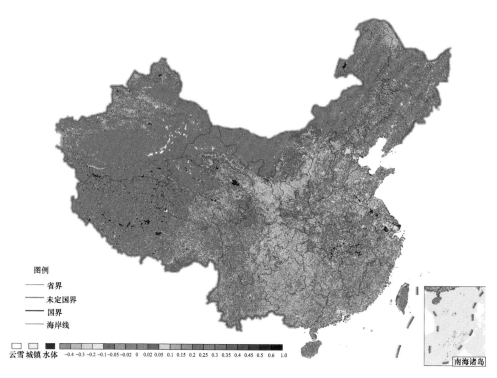

图例
—— 省界
—— 未定国界
—— 国界
—— 海岸线

云雪 城镇 水体　-0.4 -0.3 -0.2 -0.1-0.05-0.02 0 0.02 0.05 0.1 0.15 0.2 0.25 0.3 0.35 0.4 0.45 0.5 0.6 1.0

南海诸岛

图 13.21　卫星遥感监测 2019 年全国植被指数距平空间分布

13.3　高分卫星遥感监测和无人机观测

高分卫星遥感和无人机观测技术具有监测精度高、低成本和高效率等特点,在生态状况精细化监测中发挥了重要作用。贵州省气象局以铜仁市石阡县为例,探讨了烟草种植区精细化提取和种植株数精细化估算技术,本节介绍其具体实现方法。

◆ 13.3.1　数据来源及处理

(1)卫星遥感影像采集与处理

查询高分辨率对地观测卫星资料数据库(高分贵州中心),提取项目区域的高分影像数据,获得三个时相的高分六号卫星影像数据。

①高分卫星介绍及高分影像处理

高分六号是一颗低轨光学遥感卫星,具有高分辨率、宽覆盖、高质量和高效成像等特点,能有力支撑地表生态状况和农业资源监测、林业资源调查、防灾减灾救灾等工作,为生态文明建设、乡村振兴战略等重大需求提供精细化遥感数据支撑。其设计寿命 8 a,配置 2 m 全色/8 m 多光谱高分辨率相机、16 m 多光谱中分辨率宽幅相机,2 m 全色/8 m 多光谱相机观测幅宽 90 km,16 m 多光谱相机观测幅宽 800 km。高分六号实现了 8 谱段 CMOS 探测器的国产化研制,国内首次增加了能够有效反映作物特有光谱特性的"红边"波段,多光谱高分辨率相机主要参数见表 13.6。

表 13.6　GF-6 PMS 有效载荷技术指标

参数		2 m 分辨率全色/8 m 分辨率多光谱相机
光谱范围	全色	0.45～0.90 μm
	多光谱	0.45～0.52 μm
		0.52～0.60 μm
		0.63～0.69 μm
		0.76～0.90 μm
空间分辨率	全色	2 m
	多光谱	8 m
幅宽		90 km
重访周期		和高分一号组网可达 2 d

②高分影像处理

在获取到遥感数据后,需要对获取的原始数据进行预处理,才能得到用于识别烟草种植面积的遥感影像。遥感影像的处理流程如图 13.22。

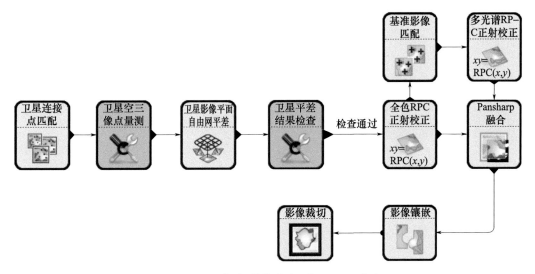

图 13.22　高分影像数据的预处理流程

(2)无人机影像处理

无人机航拍采用大疆无人机航拍系统,通过大疆地面站软件(DJI-GSPRO)制定航线,对烟草种植区进行航拍,通过预处理流程(图 13.23)处理成 ArcGIS 软件能识别的正射影像,再通过监督分类、目视解译、数据分析、空间分析等分析模块和方法提取烟草地块信息。

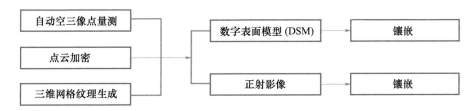

图 13.23　无人机航拍影像的预处理流程

◆**13.3.2　主要算法**

如图 13.24 所示,主要算法包括数据收集、数据处理、烟草种植区域识别及种植株数的估算等。

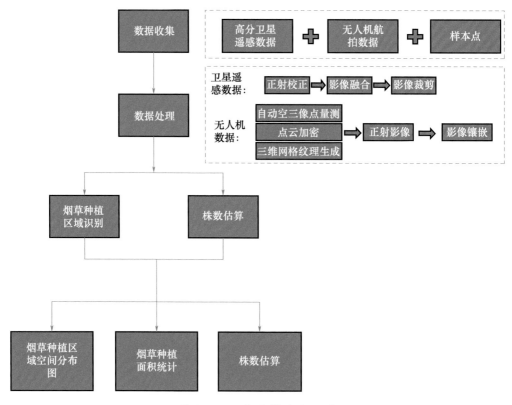

图 13.24　主要算法流程图

◆**13.3.3　工作流程**

(1)无人机影像采集和处理

①起飞点的选取

为保证无人机和飞控之间的通信,需满足良好的视野,飞控和飞机之间不要有较大的遮挡物,通过把烟草种植地地块点与遥感影像地图叠加,结合现场勘查情况,选取区域内高度最高和次高的区域,确定无人机起飞点的大概位置,起飞点没有高大的树木、电线、铁塔等障碍物,起飞场地相对平坦。

②航拍路线规划及航拍区域分布

选择好起飞点后,在航拍飞行前,使用大疆地面站软件进行路线规划。综合考虑烟草种植地分布情况、地形高差、无人机作业的最远距离等因素,设定航拍的飞行路线,为保证航片的拼接和航拍质量,飞行航向重叠率不低于 85%,旁向重叠率不低于 70%。连片的飞行作业区域如因范围太大需要转移场地的,飞行的起飞海拔、高度以及参数设置最好保持一致。

因高分影像主要分布在石阡的中部以西,无人机航拍区域主要是石阡中部以东、以南区域,主要包括石固乡、青阳乡、五德镇、坪地场乡、枫香乡、坪山乡、聚凤乡等乡镇。因飞行区域较多,面积较大,对飞机的续航能力要求很高,1 块电池的飞行时间在 25 min 左右,为了最大程度提升飞行作业时间,项目组购买 13 块电池,当电池用完后,到距离最近老乡家充电。项目组先后三次到石阡开展野外烤烟地航拍采集数据,每次历时 4 d,共飞行了 89 个区域,具体位置见图 13.25。

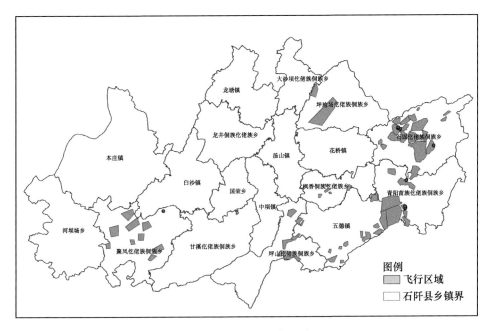

图 13.25　飞行区域分布图

③解译采集样本

遥感影像解译时,对地理环境的正确认知是保证解译结果正确的基本前提。利用具有对照关系的地面照片和遥感影像为主的解译基本数据,可以为遥感影像解译者建立对相关地域的正确认识提供重要支撑,并可在解译结果的质量控制方面发挥重要作用(图 13.26)。

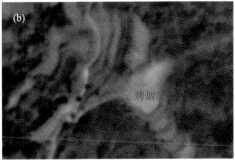

图 13.26　遥感解译样本对比

(a)无人机照片;(b)高分遥感影像

(a)解译样本数据的作用

这里采用的遥感解译样本数据类型包含两类,一类是地面照片,一类是遥感影像,其中遥感影像包括无人机影像和卫星影像,两类数据分别从不同方面反映地面的地物分布与覆盖情况,起到相互印证,可以帮助解译人员更准确高效地认知遥感影像所蕴含的信息,其作用有以下三方面。

(i)记录:用具有对照关系的地面照片与遥感影像实例记录地理环境信息。

(ii)认知:帮助解译人员对遥感影像地域直观、正确地认知,确保解译精度、提高解译效率。

(iii)验证:在解译结果的质量控制方面发挥重要作用,为长期监测积累实况资料。

(b)解译样本数据的内容

遥感影像解译样本数据的内容包括照片和遥感影像实例。照片是用数码相机、无人机、手机及 GPS 采集器在烤烟种植样地拍摄的能全面清晰反映一定范围内的地物特征照片,照片的属性内容一般包括拍摄时间、拍摄点经纬度、高程信息及照片的方位信息等;遥感影像实例是从经过正射处理的遥感影像上截取与地面照片拍摄范围和内容一致的遥感影像(图 13.27)。

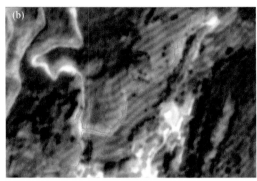

图 13.27　解译样本数据的内容

(a)无人机照片;(b)高分遥感影像

(c)解译样本数据采集要求

主要设备:交通工具(车辆)、工作底图(遥感影像)、笔记本电脑、GPS 仪、无人机、数码相机、记录表格、皮尺(用于测量烟草种植间距)、笔等。

调查人员:一名司乘人员、一名测量人员、一名资料记录人员、两名无人机操控人员,相互配合完成训练样本数据的采集。

调查路线:本次调研范围为铜仁市石阡县各乡镇,调查对象主要是烟草生产种植区,选择较为典型的烟草种植区。

调查方法:本次采样主要针对石阡县各乡镇种植烟草区,按照有烟草分布点的原则进行点位数据采集,对烟草分布不是很明显的区域尽量多选点进行采集,以保证抽样调查的可靠性。同时采集周边地物信息,分别建立遥感影像解译数据库,为遥感解译工作提供判读标志。

(d)外业调查结果

根据调查方案及要求,项目组对石阡县石固仡佬族侗族乡、青阳苗族仡佬族侗族乡、五德镇、花桥镇、枫香侗族仡佬族乡、坪地场仡佬族侗族乡、聚凤仡佬族侗族乡、坪山仡佬族侗族乡、河坝场乡、本庄镇等乡镇分别进行了烟草种植区采样工作,除无人机航拍影像外,另采集了192 个地面解译样本数据。

④无人机影像处理

以青阳乡某架次无人机影像处理为例,在获取种植区无人机影像后(图 13.28),首先通过检查及筛选,去除质量不好的影像,通过无人机处理软件进行初步检查和筛选,石阡县共有

24880 幅照片满足要求。如图 13.29 所示,不同颜色代表不同的重叠影像数,由图可知,本次航拍所获取的影像的旁向重叠影像数普遍超过了 3 张,满足后处理要求。

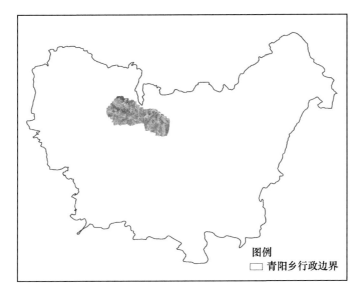

图 13.28　无人机飞行区域位置

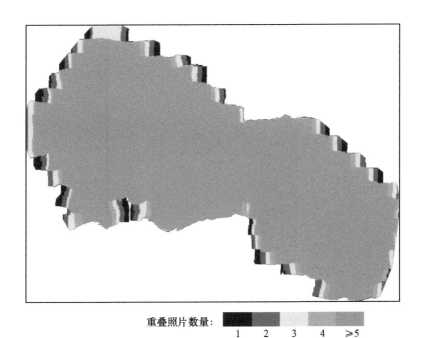

重叠照片数量: 1　2　3　4　≥5

图 13.29　重叠度自动检查情况分布

　　使用 Pix4Dmapper 作为后处理软件,其提供了一键式数据处理方案,仅需设置少量参数,其余过程无须人工干预。硬件环境为英特尔至强 E3-1535 M 8 核心处理器,8 GB 内存,并使用英特尔 P630 和镭 WX7100 GPU 进行加速,缩短处理时间。经过自动空三、点云加密、三维网格纹理生成等处理,生成数字表面模型(digital surface model,DSM)和正射影像成果,成图分辨率均值为 17 cm,最终的 DSM 和正射影像如图 13.30 所示。

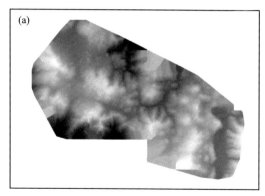

图 13.30 DSM(a)和正射影像(b)

⑤正射校正

正射校正是对影像进行几何畸变纠正的一个过程,它将对由地形、相机几何特性以及与传感器相关的误差所造成的明显的几何畸变进行处理。输出的正射校正影像将是正射的平面真实影像。

本次通过对影像分别进行卫星连接点匹配、卫星空三像点量测、平面自由网平差后,再给予有理多项式系数(rational polynomial coefficient,RPC)文件分别对多光谱和全色影像做正射校正,获得正射校正后的影像,坐标系为 WGS-1984(图 13.31)。

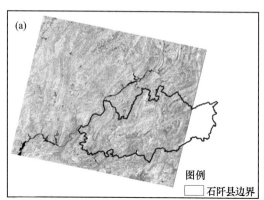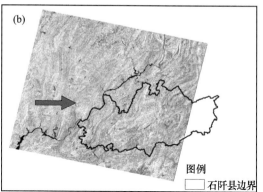

图 13.31 正射校正前(a,c)后(b,d)对比(2019 年 8 月 13 日)

(a、b)为全色影像;(c、d)为多光谱影像

⑥图像融合

图像融合是将多源信道所采集到的关于同一目标的图像数据经过图像处理,保留全色影像的高空间分辨率和多光谱影像的光谱信息,最大限度地提取各自信道中的有利信息,最后综合成高质量的图像,以提高图像信息的利用率、改善解译精度和可靠性、提升原始图像的空间分辨率和光谱分辨率。图 13.32 为将 GF-6 卫星的多光谱影像和全色影像融合后的影像,可以看出,融合后的影像提高了空间分辨率,同时也保留了多光谱信息。

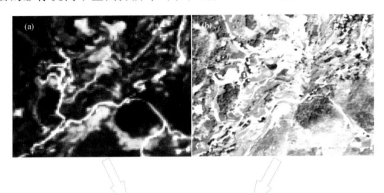

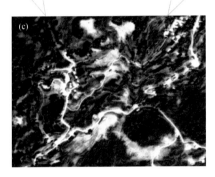

图 13.32 图像融合前(a,b)后(c)影像显示(2019 年 8 月 13 日)

(a、b)为全色影像;(c、d)为多光谱影像

⑦影像裁切

根据需要,将影像数据按照石阡县县界裁切出来,如图 13.33。

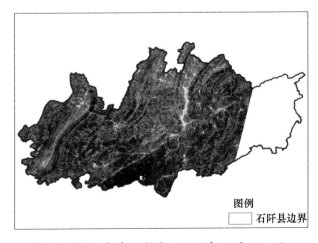

图例
☐ 石阡县边界

图 13.33 裁剪后影像(2019 年 8 月 13 日)

（2）遥感影像的采集及处理

受影像覆盖范围的影响，2019 年共筛选出覆盖石阡县不同种植时间的高分辨率遥感影像 3 景（图 13.34），影像数据包括全色和多光谱影像数据（图 13.35），成像时间分别为 2019 年 5 月 23 日、7 月 3 日、8 月 13 日，烟草处于移栽伸根期、旺长期和成熟采收期。

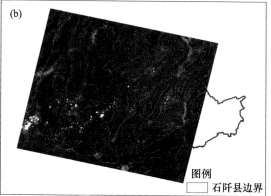

图 13.34　采集的 GF-6 卫星遥感影像

采集时间：2019 年 5 月 23 日（a）、7 月 3 日（b）、8 月 13 日（c）

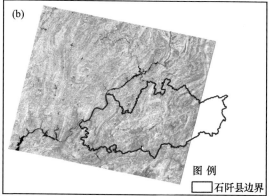

图 13.35　GF-6 卫星原始影像（2019 年 8 月 13 日）

（a）MUX（多光谱）影像数据；（b）全色影像数据

13.3.4　种植面积提取

（1）在卫星影像上的特征

在卫星影像上判识烤烟，需结合烤烟种植不同生育期，结合多时次卫星影像，提取烟草种植面积。

选取 2019 年 5 月 23 日、7 月 3 日及 8 月 13 日三个不同时期烟草影像。5 月下旬为烟草还苗生根期，此时期烟草地基本覆盖地膜，卫星影像上特征较为明显。7 月上旬石阡烟草处于旺长期，叶片迅速发生，叶面积迅速扩大；8 月中旬处于成熟期采收，与其他作物在颜色、含水量等方面差异明显，辨识度高。

①颜色

首先 321 波段合成真彩色图像（图 13.36）可以看出，不同时期烟草在真彩色合成图像上的颜色不同，5 月下旬大部分烟草地覆有地膜，图像呈青白偏黄色；7 月上旬烟草处于旺长期，呈翠绿色；到 8 月中旬成熟期，烟草叶片呈翠绿偏黄色，与其他植被有较明显区别。

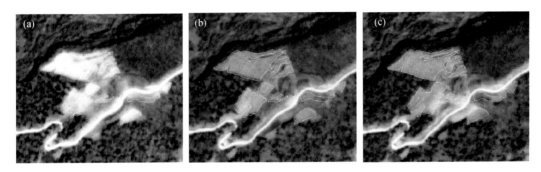

图 13.36　不同时间 GF-6 真彩色（RGB：321 波段）合成图像（2019 年）

(a)5 月 23 日；(b)7 月 3 日；(c)8 月 13 日

若采用 432 波段合成假彩色图像（图 13.37），则可看出，5 月下旬大部分烟草种植地图像呈白色偏青色；7 月上旬烟草处于旺长期，呈较浅粉红色，区别于其他植被的红色；到 8 月中旬成熟期，烟草叶片粉色更浅，与其他植被有较明显区别。

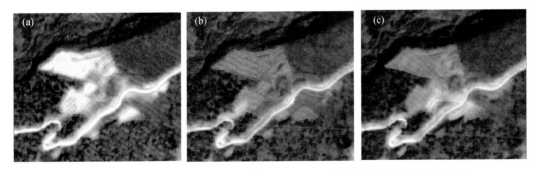

图 13.37　不同时间 GF-6 假彩色（RGB：432 波段）合成图像（2019 年）

(a)5 月 23 日；(b)7 月 3 日；(c)8 月 13 日

②光谱特征

选取了关注区域的几种地物（烟草、其他植被、裸地、建筑物和公路），其在影像上的光谱曲线如图（图 13.38）所示。从图中可以看出，植被和其他地区的光谱曲线差异较大，最明显的特征表现为植被在第 2 波段(绿波段)的 DN(digital number,遥感影像元亮度)值高于第 3 波段(红波段),且第 4 波段(即近红外波段)上 DN 值较高,利用此特征,可以将植被与其他地物很好地区分开来。同时也可以看出,烟草红外波段 DN 值明显高于其他植被,这也是烟草在假彩色合成图上比其他植被亮的原因。

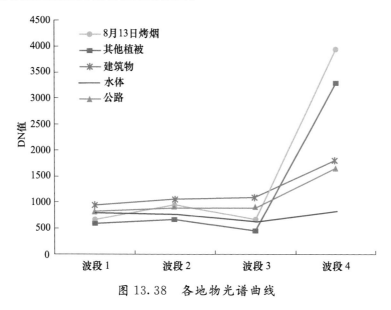

图 13.38　各地物光谱曲线

(2)无人机航拍影像上的特征

对于无遥感影像覆盖的区域,采用了无人机航拍的方式进行数据获取,从 2019 年 7 月 30 日—8 月 26 日期间,采用了两架无人机,共进行了 3 次野外航拍,每次 4 d,航拍影像共约 89 景,航拍影像如图 13.39。

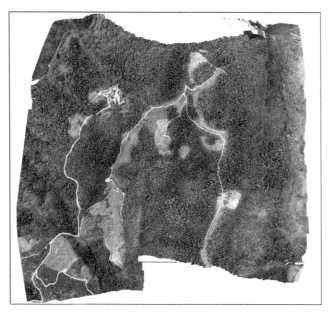

图 13.39　五德镇航拍影像示例

采用目视识别的方法,提取出了所有航拍影像的烟草地块。从无人机遥感影像上提取烟草信息,主要利用了烟草地与周边地物不同的明显特征。航拍时间段正值石阡烟草处于成熟采烤期,此时的烟草具有黄绿色的色调,规则的行列状纹理,很容易识别出来(图 13.40),但有的烟草因为处于采烤末期,特征稍微有些差别。

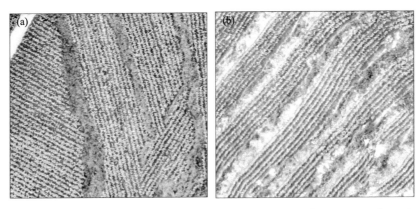

图 13.40 无人机影像上的正常烟草地(a)和处于采烤末期的烟草地(b)

(3)种植面积

结合烤烟种植区在卫星遥感影像和无人机影像上的不同特征,识别出烤烟种植区图斑,经过查重、去除拓扑错误处理后,得到总的烤烟图斑为 8796 个。利用空间分析方法,计算出每个图斑的面积,最后统计出石阡县总的烤烟种植面积。各乡镇烤烟种植面积如表 13.7 和图 13.41 所示,空间分布见图 13.42。

表 13.7 石阡县各乡镇烤烟种植面积

序号	乡镇名	种植面积(亩①)
1	石固仡佬族侗族乡	4628.7
2	聚凤仡佬族侗族乡	3528.1
3	本庄镇	2905.8
4	青阳苗族仡佬族侗族乡	2619.6
5	河坝场乡	1386.3
6	五德镇	1130
7	龙井侗族仡佬族乡	794.8
8	白沙镇	744.2
9	坪地场仡佬族侗族乡	738.3
10	坪山仡佬族侗族乡	510.3
11	花桥镇	458.2
12	枫香侗族仡佬族乡	306.4
13	龙塘镇	282.5
14	国荣乡	149.7
15	中坝镇	132.3
总计		20315.2

① 1 亩＝1/15 hm²,下同。

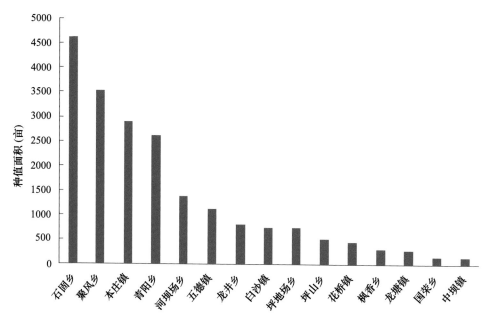

图 13.41　石阡县各乡镇 2019 年烟草种植面积

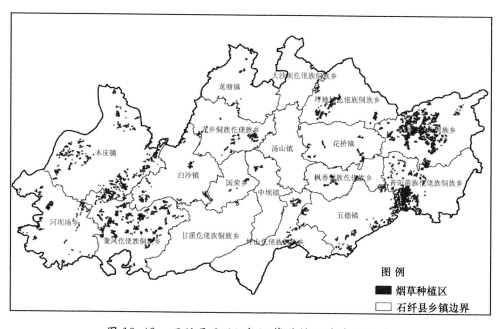

图 13.42　石阡县 2019 年烟草种植区域空间分布

从空间分布上来看,除了甘溪仡佬族侗族乡、汤山镇、大沙坝仡佬族侗族乡没有种植烟草外,其他乡镇都有种植,种植面积较大的地区分布在石阡县东部和西部乡镇。从统计表上可以看出,石阡县共种植烟草 20315.2 亩,其中各烟草种植乡镇中,种植面积大于 2000.0 亩的乡镇分别为石固、聚凤、本庄、青阳(空间分布见图 13.43—图 13.46),最大的是石固仡佬族侗族乡,面积为 4628.7 亩;面积最小的是中坝镇,烟草面积为 132.3 亩。

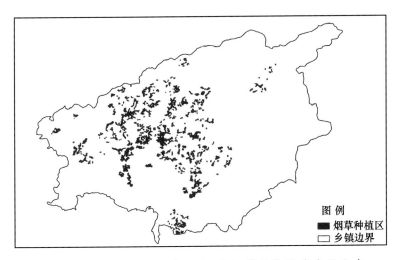

图 13.43 石阡县石固乡 2019 年烟草种植区域空间分布

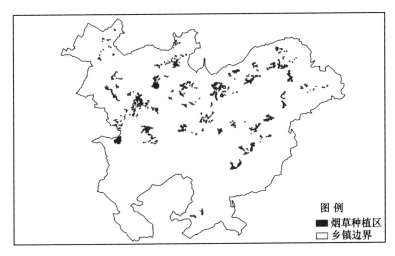

图 13.44 石阡县聚凤乡 2019 年烟草种植区域空间分布

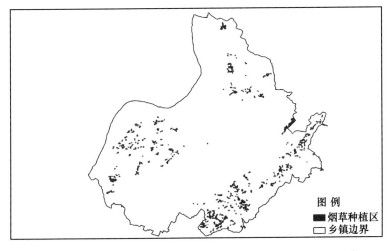

图 13.45 石阡县本庄镇 2019 年烟草种植区域空间分布

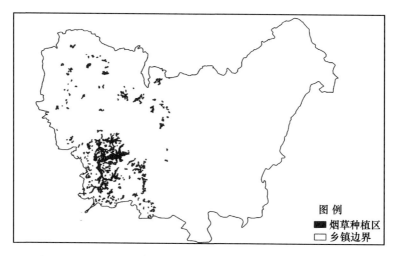

图 13.46　石阡县青阳乡 2019 年烟草种植区域空间分布

◆ **13.3.5　株数估算**

（1）方法介绍

近年来,烤烟移栽规范化程度比较高,推行拉绳错位等距移栽,明确要求生产技术员随身携带卷尺、白灰,深入烟田指导烟农合理密植,确保烟草移栽规范化、亩栽定量化,为烟叶总量指标提供保障。通过项目组外业核查显示(表 13.8),石阡县各乡镇移栽规格总体相似,大多按照行距 110～125 cm、株距 55～70 cm 进行移栽。

表 13.8　烟草种植株距及行距抽样调查统计

地块	经度 (°E)	纬度 (°N)	高程 (m)	株距(cm) ×行距(cm)	地块	经度 (°E)	纬度 (°N)	高程 (m)	株距(cm) ×行距(cm)
1	108.181	27.498	956.0	60×110	18	108.429	27.586	762.0	65×120
2	108.170	27.492	968.0	60×125	19	108.549	27.459	910.0	64×120
3	108.172	27.496	924.0	63×128	20	108.549	27.459	940.0	68×118
4	108.412	27.563	817.2	72×122	21	108.473	27.535	1146.0	62×116
5	108.172	27.496	891.0	65×105	22	108.476	27.541	1125.0	67×150(套种)
6	108.424	27.553	956.0	62×118	23	108.487	27.538	1186.0	61×121
7	108.428	27.570	830.8	61×114	24	108.462	27.562	952.0	71×115(套种)
8	108.427	27.570	828.8	58×110	25	108.462	27.562	958.0	69×140(套种)
9	108.427	27.570	828.8	65×122	26	108.462	27.564	981.0	69×110
10	108.426	27.569	827.6	65×111	27	108.435	27.576	1086.0	60×115
11	108.425	27.569	832.1	63×110	28	108.493	27.542	1055.0	70×104
12	108.424	27.569	840.0	63×120	29	108.421	27.495	1113.0	72×105
13	108.430	27.551	1011.0	65×110	30	108.373	27.414	1040.0	67×120
14	108.428	27.551	1104.0	65×115	31	108.308	27.472	958.0	47×112
15	108.431	27.586	785.0	63×120	32	108.282	27.602	710.6	55×115
16	108.430	27.586	782.0	74×120	33	108.276	27.590	756.6	60×125
17	108.429	27.586	770.0	60×113					

（2）株数估算

根据上述采样结果，剔除套种的情况，共获得 30 块烤烟地块的移栽株距及行距，参照前人根据株距和行距估算株数的计算公式（亩株数＝667÷株距÷行距），根据采样地块的信息，计算出相应的亩株数（表 13.9），求取其平均值（917 株/亩）作为本项目区的亩株数。

表 13.9 采样地块估算的亩株数

地块	株距（m）	行距（m）	亩株数（株）
1	0.60	1.10	1011
2	0.60	1.25	889
3	0.63	1.28	827
4	0.72	1.22	759
5	0.65	1.05	977
6	0.62	1.18	912
7	0.61	1.14	959
8	0.58	1.10	1045
9	0.65	1.22	841
10	0.65	1.11	924
11	0.63	1.10	962
12	0.63	1.20	882
13	0.65	1.10	933
14	0.65	1.15	892
15	0.63	1.20	882
16	0.74	1.20	751
17	0.60	1.13	984
18	0.65	1.20	855
19	0.64	1.20	868
20	0.68	1.18	831
21	0.62	1.16	927
23	0.61	1.21	904
26	0.69	1.10	879
27	0.60	1.15	967
28	0.70	1.04	916
29	0.72	1.05	882
30	0.67	1.20	830
31	0.47	1.12	1267
32	0.55	1.15	1055
33	0.60	1.25	889
平均值	0.63	1.16	917

根据上述的统计结果,获得石阡县各乡镇烟草种植株数的估算值,具体如表 13.10 所示。2019 年石阡县烟草种植株数约 1862.9 万株,其中种植株数最多的乡镇是位于东部的石固仡佬族侗族乡,种植株数为 424.5 万株,其次是聚凤、本庄和青阳,均在 200.0 万株以上。

表 13.10 石阡县烟草种植面积及移栽株数

乡镇	种植面积(亩)	亩栽株数(亩·株$^{-1}$)	移栽株数(万株)
石固仡佬族侗族乡	4628.7	917	424.5
聚凤仡佬族侗族乡	3528.1	917	323.5
本庄镇	2905.8	917	266.5
青阳苗族仡佬族侗族乡	2619.6	917	240.2
河坝场乡	1386.3	917	127.1
五德镇	1130.0	917	103.6
龙井侗族仡佬乡	794.8	917	72.9
白沙镇	744.2	917	68.2
坪地场仡佬族侗族乡	738.3	917	67.7
坪山仡佬族侗族乡	510.3	917	46.8
花桥镇	458.2	917	42.0
枫香侗族仡佬族乡	306.4	917	28.1
龙塘镇	282.5	917	25.9
国荣乡	149.7	917	13.7
中坝镇	132.3	917	12.1
总计	20315.2		1862.8

◆ **13.3.6 精度评价**

从 2020 年铜仁市统计年鉴(网址为:http://www.trs.gov.cn/zfsj/tjnj/202106/ P02021 0602552146655770.pdf)上查到,石阡县 2019 年共种植烟草面积为 2.3014 万亩。此外,从石阡县烟草公司相关人员了解到:2019 年石阡县烟草计划种植株数为 1230 株·亩$^{-1}$,实际种植株数为 1000~1100 株·亩$^{-1}$。分别计算出绝对误差和相对误差(表 13.11),可以看出,提取精度和估算精度为 80%以上,其中种植面积提取的精度为 88.3%,株数的估算精度为 83.4%~91.7%;同时也可以看出,利用遥感数据提取出的种植面积和估算出的种植株数都比实际值低,种植面积偏少 0.27 万亩,种植株数每亩偏少 83~183 株。

表 13.11 误差分析表

	计划值	实际值	监测/估算值	绝对误差	相对误差	精度
种植面积(万亩)	1.7	2.4 左右	2.03	0.37	15.4%	84.6%
种植株数(株·亩$^{-1}$)	1230	1000~1100	917	83~183	8.3%~16.6%	83.4%~91.7%

◆ **13.3.7 小结**

基于高分辨率卫星影像数据和无人机航拍影像数据,通过分析烟草不同生长期在影像上的色彩、光谱特征、纹理等方面的特征差异,以及与其他地物的光谱差异,提取出石阡县烟草种植区矢量,通过空间分析方法,最终获得烟草种植区空间分布图和各乡镇种植面积。此外,基于实地采样数据,估算出各乡镇种植株数。

①从种植区域空间分布上来看,除了甘溪仡佬族侗族乡、汤山镇、大沙坝仡佬族侗族乡没有种植烟草外,其他乡镇都有种植,种植面积较大的地区分布在石阡县东部和西部乡镇。

②石阡县共种植烟草 20315.2 亩,其中各烟草种植乡镇中,种植面积大于 2000.0 亩的乡镇分别为石固、聚凤、本庄、青阳,石固仡佬族侗族乡种植面积最大,面积为 4628.7 亩;面积最小的是中坝镇,烟草面积为 132.3 亩。

③平均种植株数为 917 株·亩$^{-1}$,2019 年石阡县烟草种植株数约 1862.9 万株,其中种植株数最多的乡镇是位于东部的石固仡佬族侗族乡,种植株数为 424.5 万株,其次是聚凤、本庄和青阳,均在 200.0 万株以上。

④通过与石阡县烟草公司提供数据对比得出,提取精度和估算精度为 80.0% 以上,其中种植面积提取的精度为 84.6%,株数的估算精度为 83.4%~91.7%;利用遥感数据提取的种植面积和估算的种植株数都比实际值低,种植面积偏少 0.37 万亩,种植株数每亩偏少 83~183 株。

存在问题:

①利用高分辨率遥感数据对烟草种植区域提取,分析发现,烟草与其他地物在光谱、纹理和色彩上都有一定的区别,因此,利用高分辨率遥感数据开展大范围烟草种植区域的提取监测在技术上是可行的;但由于卫星过境时间的不确定性,以及受天气条件的影响较大,特别是在多云雾的贵州山区,很难在作物生育期获得完整的无云影像数据,因此,很大程度上限制了卫星遥感数据在大范围作物监测方面的应用。

②无人机航拍数据空间分辨率高,作物提取精度高,但是续航时间短,航拍范围小,适用于小范围的作物监测,对于大范围的监测耗时耗力,成本较高。

③种植面积比烟草部门提供的实际值偏小的主要原因是:烟草部门以地块面积为统计单位,而利用卫星遥感数据提取出的种植地块边界比实际地块面积小,因此所统计出来的面积偏小;受到分辨率的影响,存在混合像元,无法识别出较小区域的烟草种植区。

④由于石阡县地形复杂,地块破碎,烟草种植区域大,种植结构不统一,种植株数估算的难度大。常用的估算方法为基于地面采样数据统计方法和遥感估算方法。遥感估算方法为利用无人机航拍数据进行单株烟草的识别,但是该方法对航拍数据空间分辨率要求高,因此只适用于小范围的试验地,无法实现大范围株苗的识别。

第 14 章

国家级生态气象业务平台

绿水青山就是金山银山

务服务　数据服务

 生态气象灾害　  植被生态气象　 生态服务功能　 草地生态气象　 森林生态气

利用成熟的云平台和微服务技术架构,建立基于"云+端"架构的国家级生态气象业务云平台,为生态气象业务产品制作和服务提供技术支撑,以满足不断增长的生态气象业务需求。本章介绍了国家级生态气象业务云平台的建设过程、技术框架、业务功能和应用案例。

14.1　国家级生态气象业务云平台建设过程

2012 年在中国农业气象业务系统(CAgMSS)中集成了全国陆地植被 NPP 估算系统、全国草地生态气象监测评价系统和全国森林 NPP、NEP 估算系统,建成了基于 CAgMSS 框架的桌面端的国家级生态气象监测评估系统。之后,通过增扩建建设,建立了包括全国植被生态气象监测评估、草原生态气象监测预测、森林生态气象监测评估、荒漠生态气象监测预测、生态气象监测评估、生态服务功能气象影响评估、干旱等重大气象灾害对生态影响评估、气候和气候变化对植被生态影响评估以及气候生产潜力评估等多个业务子系统,应用服务于《全国生态气象公报》和各类生态气象专题服务中,同时将系统推广应用于省级生态气象业务部门。

2020 年,国家气象中心探索了基于 Web CAgMSS 框架的"云+端"国家级生态气象业务云平台构建,逐步将原有基于桌面端的国家级生态气象监测评估系统改造升级到了云平台,并在云平台基础上新建了多个业务功能,初步实现国家级+重点生态功能区+省级的一体化生态气象业务云平台(图 14.1)。

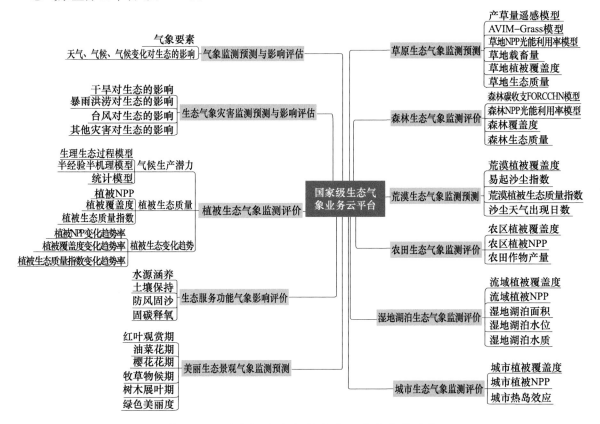

图 14.1　国家级生态气象业务云平台主要功能

14.2 国家级生态气象业务云平台总体框架

平台采用"云"＋"端"方式,"云"服务于"端"进行存储、运算和优化的虚拟解决方案。"云"有两个功能:其一是基础服务,包括数据的存储和计算;其二是核心业务,即数据处理、算法运算和业务产品制作。端为硬件和软件终端,负责用户操作和展示数据及产品(图14.2)。

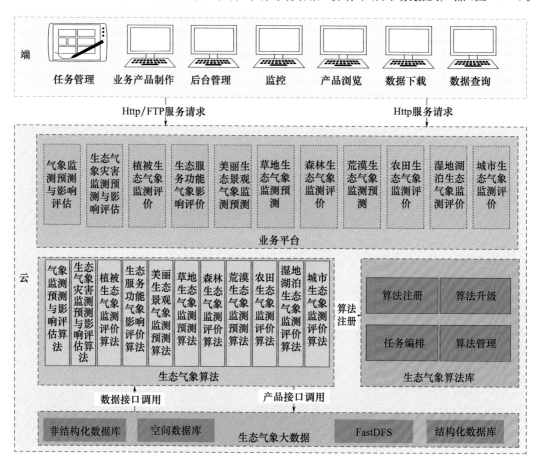

图 14.2 国家级生态气象业务云平台总体框架

♦ **14.2.1 云平台**

(1)生态气象大数据

通过整合所有使用的气象观测资料、格点预报资料、静态数据、元数据及日志数据,构建基于大数据云平台的系统框架。平台涉及的数据种类多、形式多样,所存储的数据从层次上划分为历史数据、中间过程数据和生态气象产品结果数据;从数据形式上包括结构化的观测数据和非结构化的格点预报数据等;从数据的内容上分为空间数据和非空间数据;从数据的时间点上分为历史数据和实时数据;从数据的性质上分为元数据、辅助数据、属性数据、产品数据、日志数据等;从数据服务的功能角度看,分为地面气象资料、天气预报数据、土壤数据信息、土地利用数据、地理信息数据、生态气象业务产品、算法库类及日志数据。

（2）生态气象算法库

生态气象算法库包含算法注册、算法升级、任务编排以及算法管理,将生态气象业务涉及到的各类算法等进行独立的算法注册,然后以任务形式进行运算,计算生成的产品结果推送到生态气象大数据云平台中。

生态气象业务算法主要包括以下 11 大类数十种算法,具体如下:

①气象监测预测与影响评估算法,主要包括气象要素的任意时段统计、多年均值和变化趋势率的计算以及天气、气候、气候变化对生态的影响评价等 5 种算法;

②生态气象灾害监测预测与影响评估算法,主要包括干旱对生态的影响、暴雨洪涝对生态的影响、台风对生态的影响以及其它灾害对生态的影响等 4 种算法;

③植被生态气象监测评价算法,主要包括基于生理生态过程模型、半经验半机理模型和统计模型的气候生产潜力估算算法,基于卫星遥感和地面气象观测的植被 NPP、植被覆盖度、植被生态质量指数估算算法以及植被 NPP 变化趋势率、植被覆盖度变化趋势率、植被生态质量指数变化趋势率等 9 种算法;

④生态服务功能气象影响评价算法,主要包括水源涵养、土壤保持、防风固沙、固碳释氧等 5 种算法;

⑤草地生态气象监测预测算法,主要包括草地植被生长气象条件定量评价、产草量遥感估算、基于 AVIM-Grass 模型的草地植被 NPP 和产草量估算、草地植被 NPP 光能利用率估算、草地载畜量估算、草地植被覆盖度估测、草地生态质量监测等 8 种算法;

⑥森林生态气象监测评价算法,主要包括基于森林碳收支 FORCCHN 模型的 NPP、NEP、LAI 估算,森林 NPP 光能利用率模型估算,森林覆盖度估算以及森林生态质量监测等 4 种算法;

⑦荒漠生态气象监测预测算法,主要包括荒漠植被覆盖度估算、易起沙尘指数计算、荒漠植被生态质量指数计算以及沙尘天气出现日数统计等 4 种算法;

⑧农田生态气象监测评价算法,主要包括农区植被覆盖度、农区植被 NPP 和作物产量估测以及气象影响评价等 4 种算法;

⑨湿地湖泊生态气象监测评价算法,主要包括流域植被覆盖度估测、流域植被 NPP 估测以及湿地湖泊面积、湿地湖泊水位以及湿地湖泊水质气象影响评价等 5 种算法;

⑩城市生态气象监测评价算法,主要包括城市植被覆盖度、城市植被 NPP 估测以及城市热岛效应评价等 3 种算法;

⑪美丽生态景观气象监测预测算法,主要包括红叶观赏期、树木展叶期、油菜花期、樱花花期、牧草物候期以及绿色美丽度监测预测等 6 种算法。

（3）生态气象业务平台

考虑到生态气象业务自身特点及未来业务功能的扩展需要,生态气象业务平台采用微服务框架进行开发,微服务框架可以对功能进行灵活配置,未来根据需要新增或修改功能时,不影响已有功能的使用。

基于微服务框架,将核心业务功能与公共功能分别开发成独立的服务,然后利用微服务框架将各功能组织形成生态气象业务平台。公共功能为其它业务功能提供了公用的基础功能,包括生态气象业务所需的站点数据读取、格点数据读取、卫星遥感数据处理、栅格数据渲染、空间插值、区域统计、专题图制作、地图定位等功能;业务功能主要实现生态气象的核心业务,包括气象监测预测与影响评估、生态气象灾害监测预测与影响评估、植被生态气象监测评价、生

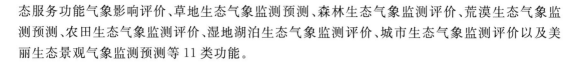

态服务功能气象影响评价、草地生态气象监测预测、森林生态气象监测评价、荒漠生态气象监测预测、农田生态气象监测评价、湿地湖泊生态气象监测评价、城市生态气象监测评价以及美丽生态景观气象监测预测等 11 类功能。

◆ 14.2.2 端

对于"端"服务中,业务逻辑简单,业务用户操作终端进行与"云"交互,端中只关注用户层:面向的直接用户和间接用户,包括管理员、国家级业务用户、值班员及其他相关用户。

14.3 国家级生态气象业务云平台微服务架构

国家级生态气象业务云平台的各个业务功能是基于微服务架构进行构建的。微服务架构(microservice architecture)是一种架构概念,旨在通过将功能分解到各个离散的服务中以实现对解决方案的解耦,它的主要作用是将功能分解到离散的各个服务当中,从而降低系统的耦合性,并提供更加灵活的服务支持。

基于微服务的架构设计,能有效地拆分应用,实现敏捷开发和部署。通过拆分,能够有效地降低平台的整体复杂度,保证平台可控。由于每个服务都是独立开发,从而能够做到功能按需扩展,而不影响其他的功能服务。微服务这种架构模式使每个服务都可以独立调整,进而带来了技术选型的灵活,服务之间的容错性高,以及部署时资源的高可用性。常见的微服务架构设计模式有聚合器微服务设计模式、代理微服务设计模式、链式微服务设计模式、分支微服务设计模式、数据共享微服务设计模式、异步消息传递微服务设计模式等几种,结合平台的建设需求以及实际情况,国家级生态气象业务云平台采用了代理微服务设计模式的方式对服务端进行重新规划和构建,其主要设计结构如图 14.3 所示。

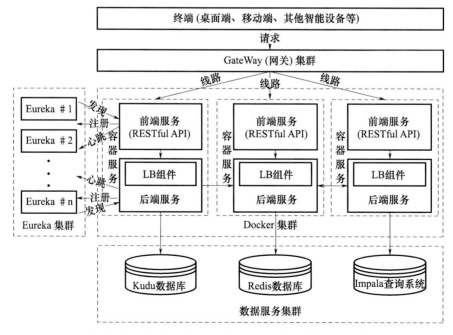

图 14.3 国家级生态气象业务云平台微服务架构

14.4　国家级生态气象业务云平台建设

　　国家级生态气象业务云平台涵盖了全国植被生态气象监测评价、草原生态气象监测预测评价、森林生态气象监测评价、生态服务功能气象影响评价、生态气象灾害监测预报等主要业务功能。基于 WebGIS 制作各类生态气象专题图产品,同时支持省、市、县等区域统计,并以柱状图、折线图等形式直观清晰地展示。

　　国家级生态气象业务云平台主界面如图 14.4 所示。

图 14.4　国家级生态气象业务云平台主界面

　　国家级生态气象业务云平台可以实现各个业务模型的计算、专题图制作、按经纬度查询、按区域统计、基于地图的产品显示和专题图产品展示等多个功能,平台以各个业务功能为主线,按照所需运行算法,制图和查看内容。各个业务功能操作方式基本一致。

14.5　国家级生态气象业务云平台应用案例

◆ 14.5.1　植被生态气象监测评价案例

　　(1)全国植被 NPP、植被覆盖度、植被生态质量指数

　　点击右上角头像进行登录,登录后点击首页的"植被生态气象",进入植被生态气象监测评估业务功能,在植被生态气象监测评估左侧菜单栏中可以选择植被生态监测、植被生态变化趋势率,点击二级菜单中的植被 NPP、植被覆盖度、植被生态质量指数可以将产品结果渲染后加载到地图上(植被 NPP 见图 14.5;植被覆盖度见图 14.6;植被生态质量指数见图 14.7)。

　　(2)区域植被 NPP、植被覆盖度、植被生态质量指数

　　①青藏高原植被生态质量指数

　　点击上方菜单中区域部分,可以选择重点生态功能区或者省份进行产品制作,在地图上展示,以植被生态质量为例,如选择青藏高原,则将制作青藏高原区域产品(图 14.8);如选择省份中的湖北省,则将制作湖北省产品(图 14.9)。

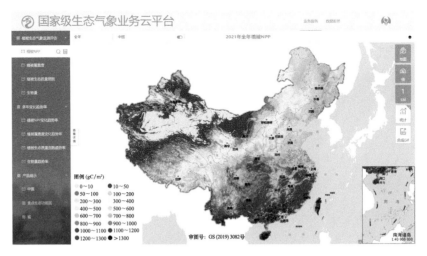

图 14.5　全国植被 NPP 产品制作界面

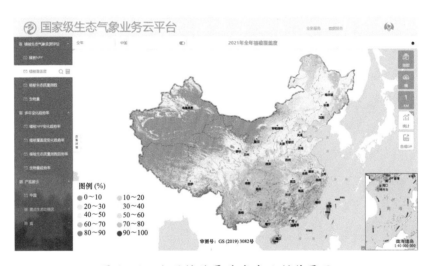

图 14.6　全国植被覆盖度产品制作界面

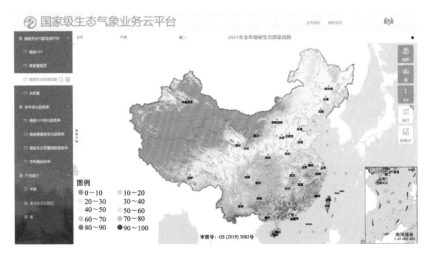

图 14.7　全国植被生态质量指数产品制作界面

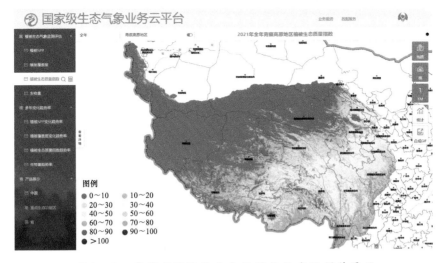

图 14.8　青藏高原植被生态质量指数产品制作界面

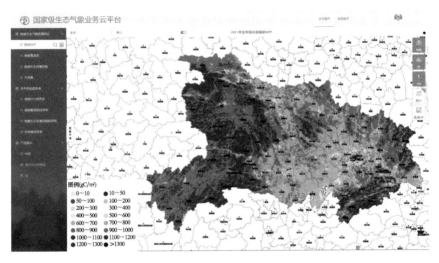

图 14.9　湖北省植被 NPP 产品制作界面

②根据经纬度选区的 NPP 计算和显示

鼠标点击地图时,可展示所点击格点的数据(经纬度位置的对应要素值,图 14.10);点击地图时,会出现该经纬度的要素值以折线形式展示,并给出该经纬度所在行政区域的信息;同时根据所选经纬度,可以给出缓冲区内所涉及的县级行政单位的统计值以柱状图(图 14.11)。

③省级行政区域植被 NPP

在右侧菜单栏中,取消勾选统计图标后,鼠标点击地图时,可给出所点击格点所在省级行政区域的要素值,以植被 NPP 为例,点击地图上河北区域后,可以以柱状图形式给出河北省历年植被 NPP 数值(图 14.12)。

④任意时段植被 NPP 计算、统计和查询

在左侧菜单栏中还可以进行植被生态气象监测评估产品制作和查询统计,以植被 NPP 为例,点击植被 NPP 右侧的 ▦ 按钮,进入植被 NPP 计算界面(图 14.13),可以根据需要选择按任意时段和季节计算,同时也可以计算植被 NPP、植被 NPP 变化趋势率以及植被 NPP 距平百分率,选择时间后,点击"提交任务"按钮,则提交计算。计算完毕后,点击该条任务后面的"查看",则在右侧显示专题图产品。

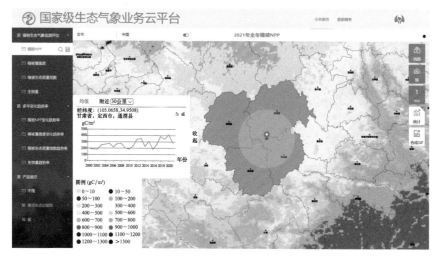

图 14.10 所选经纬度植被 NPP 要素统计产品制作界面

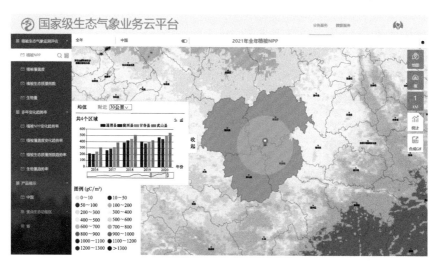

图 14.11 缓冲区内县级行政区域植被 NPP 统计产品制作界面

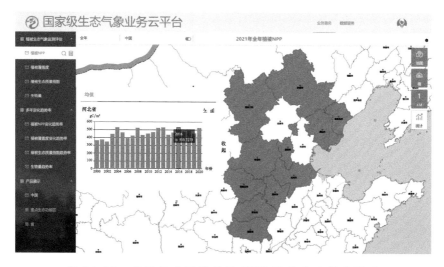

图 14.12 省级行政区域植被 NPP 统计产品制作界面

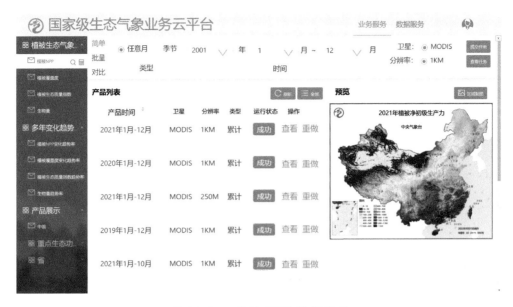

图 14.13　植被 NPP 计算界面

以植被 NPP 为例,点击植被 NPP 右侧的 🔍 按钮,进入植被 NPP 查询统计界面(图 14.14、图 14.15),可以根据需要选择时段和区域进行查询和统计。选择时间后,点击"查询"按钮,则进行查询,结果以列表和柱状图展示。

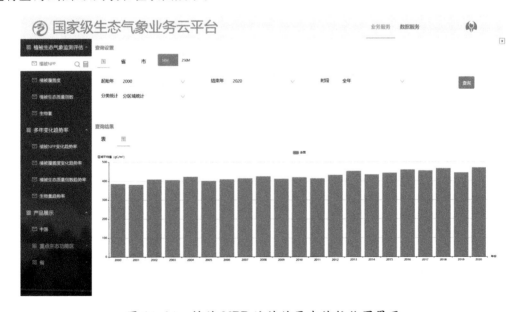

图 14.14　植被 NPP 统计结果查询柱状图界面

⑤专题图产品制作

在左侧菜单栏中的产品展示部分,可以根据区域查看已经制作完毕的专题图产品,区域分为中国、重点生态功能区以及省份,选择后在右侧给出各类植被生态气象监测评估的专题图产品,点击要查看的产品可以进行查看与下载(图 14.16、图 14.17)。

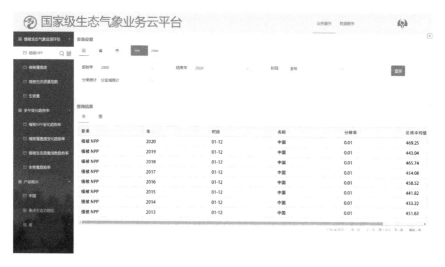

图 14.15　植被 NPP 数据统计界面

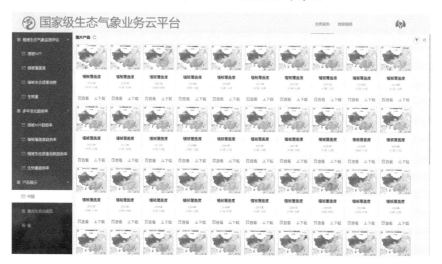

图 14.16　全国植被生态气象监测评估专题图产品界面

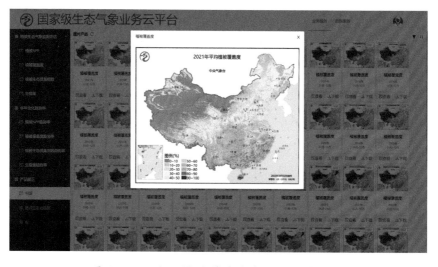

图 14.17　全国植被覆盖度专题图查看界面

◆14.5.2 主要生态系统气象监测评价案例

（1）全国森林生态气象监测评价

点击右侧菜单中第一个图标，可以选择植被、草原、森林、农田等区域，在地图上显示，以植被 NPP 为例，如选择森林区域，则制作全国森林区域 NPP 产品（图 14.18）。

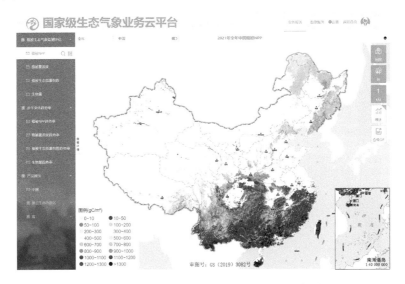

图 14.18　全国森林植被 NPP 产品制作界面

（2）全国草原生态气象监测预测

点击右上角头像进行登录，登录后点击首页的"草原生态气象"，进入草原生态气象监测预测业务功能，可以进行全国草地生态气象条件评价、遥感产草量估算、AVIM-GRASS 模型估算等（图 14.19、图 14.20）。

图 14.19　全国草地生态气象条件指数与去年同期对比结果界面

◆14.5.3　其他生态气象监测评价案例

点击右上角头像进行登录，登录后点击首页的"生态服务功能"，进入生态气象服务功能评价业务功能，可以进行水源涵养、土壤保持以及防风固沙等生态服务功能气象影响评价的产品制作（图 14.21、图 14.22）。

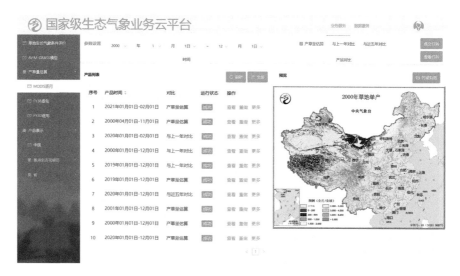

图 14.20　全国草地产草量遥感估测产品制作界面

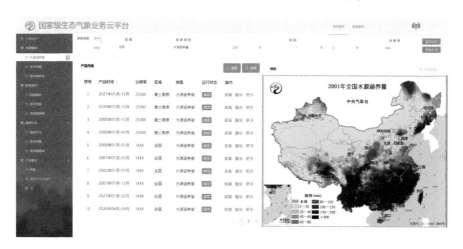

图 14.21　全国水源涵养功能气象监测评价产品制作界面

图 14.22　全国土壤保持功能气象监测评价产品制作界面

14.6 国家级生态气象数据产品可视化案例

◆14.6.1 气温、降水、日照等气象因子可视化

气象要素统计有气温、降水、日照、相对湿度、水汽压等,点击要素菜单,展示在地图上的有气象要素和有关气象要素的图例、信息框、时间轴。通过调整时间轴既可查看也可自动轮播气象要素图。点击要素菜单,会出现相应要素、查询内容(图 14.23—图 14.27)。

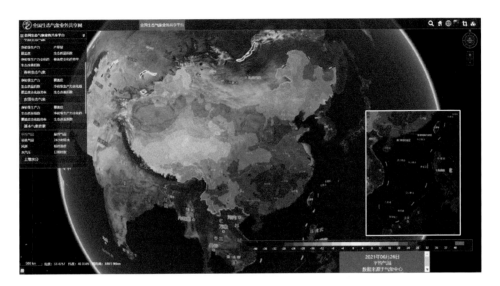

图 14.23 平均气温数据产品展示界面

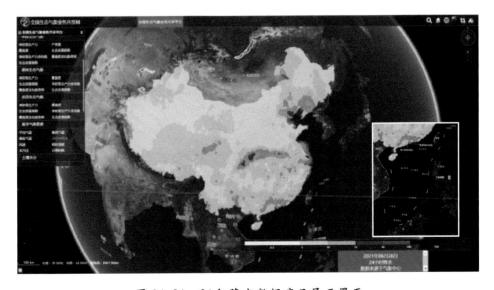

图 14.24 24 h 降水数据产品展示界面

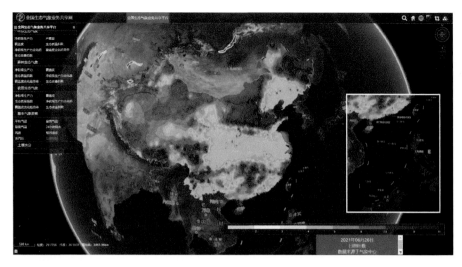

图 14.25　日照时数数据产品展示界面

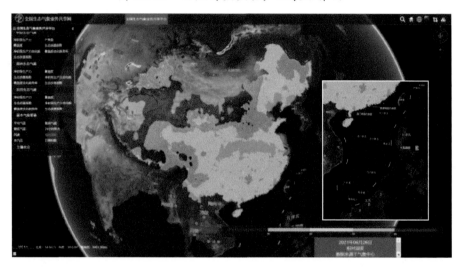

图 14.26　相对湿度数据产品展示界面

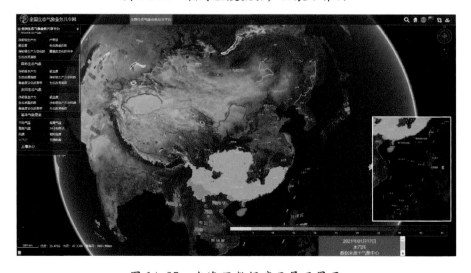

图 14.27　水汽压数据产品展示界面

◆14.6.2　土壤温度数据产品可视化

土壤温度统计要素分为 0 cm、5 cm、10 cm、15 cm、20 cm、40 cm 6 个层次,点击土壤温度要素菜单,展示在地图上的有土壤温度图和有关图的图例、信息框、时间轴。可调整时间轴,查看图片也可按时间播放。点击要素,菜单会出现相应要素、查询内容(图 14.28)。

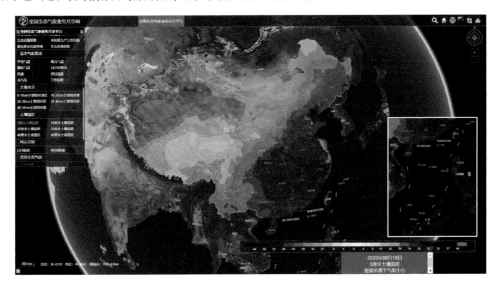

图 14.28　土壤温度数据产品展示界面

◆14.6.3　土壤水分数据产品可视化

土壤相对湿度分为 0~10 cm、10~20 cm、20~30 cm、30~40 cm、40~50 cm 5 个层次,点击土壤水分要素菜单,展示在地图上的有土壤湿度图和有关图的图例、信息框、时间轴。可调整时间轴查看图,也可按时间播放。点击要素菜单,会出现相应要素、查询内容(图 14.29)。

图 14.29　土壤水分数据产品展示界面

◆ 14.6.4 NDVI 卫星遥感数据可视化

点击 NDVI 数据要素菜单，展示在地图上的有 NDVI 图和有关图的图例、信息框、时间轴。可调整时间轴查看图片，也可按时间轴播放。点击要素菜单，会出现相应要素、查询内容（图 14.30）。

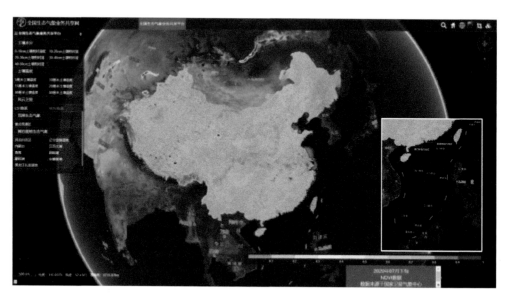

图 14.30　NDVI 卫星遥感数据产品展示界面

◆ 14.6.5 LST 卫星遥感数据可视化

点击 LST 数据要素菜单，展示在地图上的有 LST 图和有关图的图例、信息框、时间轴。可调整时间轴查看图片，也可按时间轴播放。点击要素菜单，会出现相应要素、查询内容（图 14.31）。

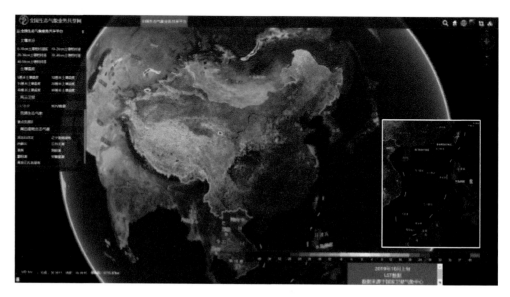

图 14.31　LST 数据产品展示界面

◆14.6.6　多年气象条件变化趋势产品可视化

(1)多年平均气温变化趋势

点击左侧菜单栏气象条件下的多年平均气温变化趋势,如选择 2000—2019 年年平均气温变化趋势展示在地图上,如图 14.32 所示。

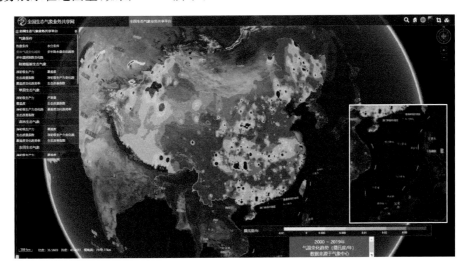

图 14.32　年平均气温变化趋势(2000—2019 年)数据产品展示界面

(2)多年降水量变化趋势

点击左侧菜单栏气象条件下的多年年降水量变化趋势,如选择 2000—2019 年年降水量变化趋势展示在地图上,如图 14.33 所示。

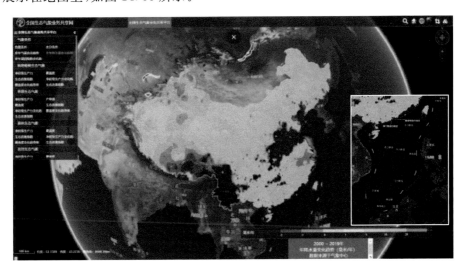

图 14.33　年降水量变化趋势(2000—2019 年)数据产品展示界面

(3)多年湿润指数变化趋势

点击左侧菜单栏气象条件下的多年湿润指数变化趋势,如 2000—2019 年年湿润指数变化趋势展示在地图上,如图 14.34 所示。

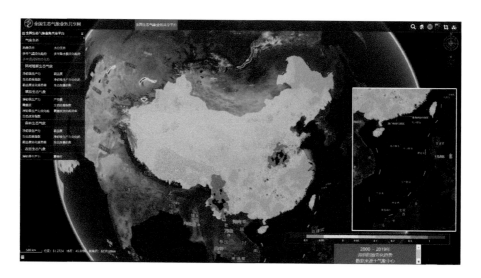

图 14.34　年湿润指数变化趋势(2000—2019 年)数据产品展示界面

◆**14.6.7　植被生态气象监测评价产品可视化**

(1)多年植被净初级生产力变化趋势

点击左侧菜单栏陆地植被生态气象下的植被净初级生产力变化趋势,如 2000—2019 年植被净初级生产力变化趋势展示在地图上,如图 14.35 所示。

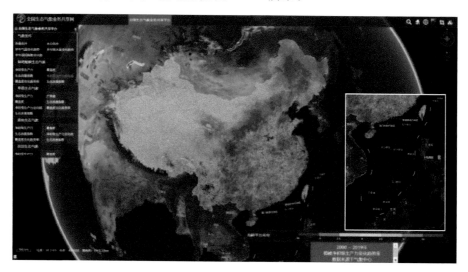

图 14.35　植被净初级生产力变化趋势率(2000—2019 年)数据产品展示界面

(2)多年植被覆盖度变化趋势

点击左侧菜单栏陆地植被生态气象下的植被覆盖度变化趋势,如 2000—2019 年植被覆盖度变化趋势展示在地图上,如图 14.36 所示。

(3)多年植被生态质量变化趋势

点击左侧菜单栏植被生态气象下的植被生态质量指数变化趋势率(生态改善指数)按钮,如 2000—2019 年植被生态改善指数展示在地图上,如图 14.37 所示。

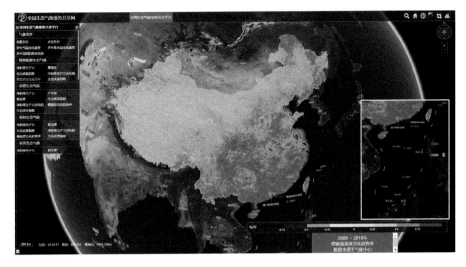

图 14.36　植被覆盖度变化趋势率(2000—2019 年)数据产品展示界面

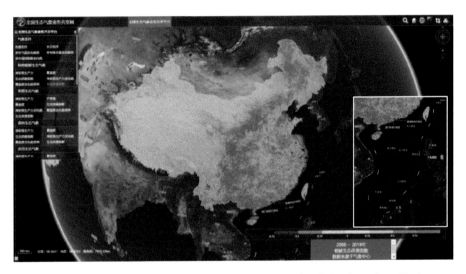

图 14.37　植被生态改善指数(2000—2019 年)数据产品展示界面

◆ **14.6.8　主要生态系统气象监测评价产品可视化**

(1)草原生态气象监测评价产品

草原生态气象监测评价产品可视化展示在地图上的有估算结果图和有关图的图例、信息框、时间轴。可调整时间轴查看图片,也可按时间轴播放。点击要素菜单,会出现相应要素的查询内容。

①草原植被净初级生产力

草原植被净初级生产力估算,通过三种模型实现。一种是利用气象卫星遥感资料和地面气象观测资料的基于光能利用率原理的草原植被 NPP 估算,另一种是基于纯气象要素驱动的草原生态模型估算草原植被 NPP,第三种是利用卫星遥感资料与地面观测的产草量资料建立统计模型估测产草量。

(a)基于光能利用率原理的草原植被 NPP 估算

草原植被光能利用率模型 NPP 估算结果如图 14.38 所示。

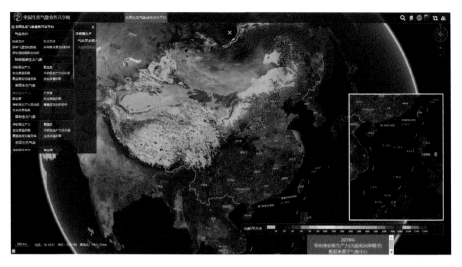

图 14.38　草原植被光能利用率 NPP 估算结果示例

(b)纯气象要素驱动草原生态模型的植被 NPP 估算

纯气象要素驱动草原生态模型的植被 NPP 估算结果如图 14.39 所示。

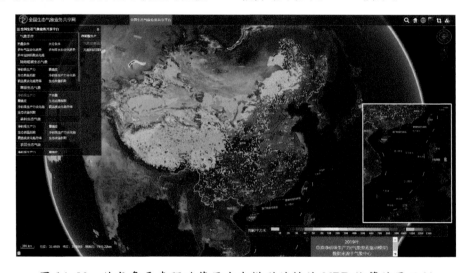

图 14.39　纯气象要素驱动草原生态模型的植被 NPP 估算结果示例

②草原产草量

利用气象卫星植被指数资料估测草原产草量的估测结果如图 14.40 所示。

③草原植被覆盖度

基于气象卫星植被指数资料估测的草原植被覆盖度如图 14.41 所示。

④草原生态质量指数

基于草原植被覆盖度和产草量计算的草原生态质量指数如图 14.42 所示。

⑤多年草原植被净初级生产力变化趋势

多年草原植被净初级生产力变化趋势率估算结果如图 14.43 所示。

⑥草原植被覆盖度变化趋势

多年草原植被覆盖度变化趋势率估算结果如图 14.44 所示。

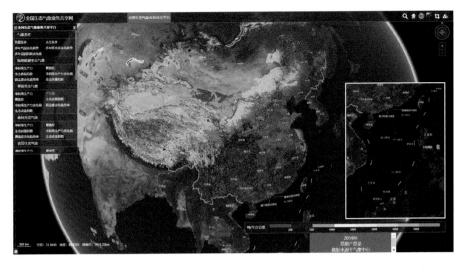

图 14.40 利用气象卫星植被指数资料估测草原产草量示例(2019 年)

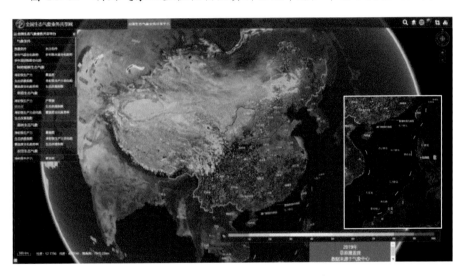

图 14.41 草原植被覆盖度(2019 年)估算结果示例

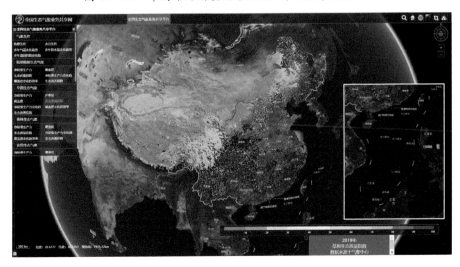

图 14.42 草原生态质量指数(2019 年)计算结果示例

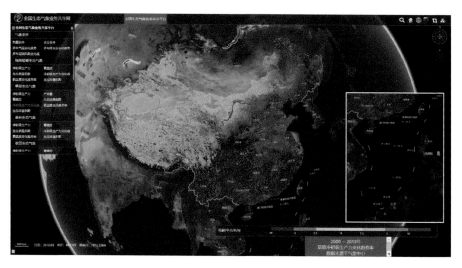

图 14.43 草原植被净初级生产力变化趋势率(2000—2019 年)估算结果示例

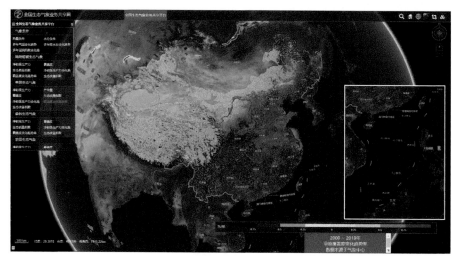

图 14.44 草原植被覆盖度变化趋势率(2000—2019 年)估算结果示例

⑦草原生态改善指数

多年草原生态改善指数,即草原生态质量指数变化趋势率估算结果如图 14.45 所示。

(2)森林生态气象监测评价产品

森林生态气象监测评价产品可视化展示在地图上的有结果图和有关图的图例、图片信息框、时间轴。可调整时间轴查看图,也可按时间轴播放。点击要素菜单,会出现相应要素的查询内容。

①森林植被净初级生产力

(a)基于光能利用率模型的森林植被 NPP 估算

森林植被光能利用率模型 NPP 估算结果如图 14.46 所示。

(b)气象要素驱动模型森林生态模型的植被 NPP 估算

气象要素驱动森林生态模型估测的植被 NPP 估算结果如图 14.47 所示。

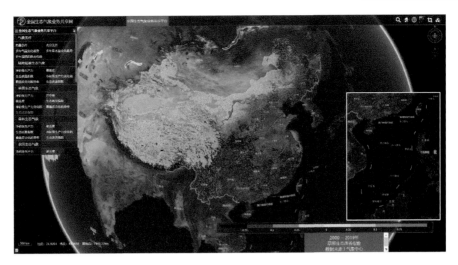

图 14.45　草原生态改善指数(2000—2019 年)估算结果示例

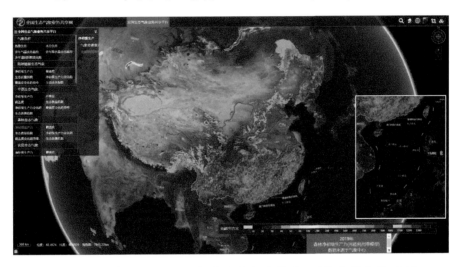

图 14.46　基于光能利用率模型的森林植被 NPP 估算结果示例

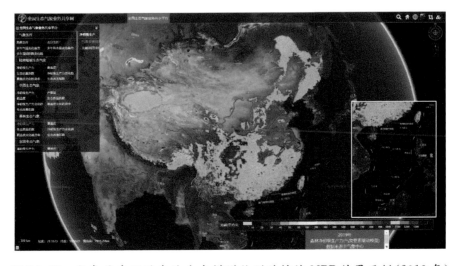

图 14.47　气象要素驱动森林生态模型估测的植被 NPP 结果示例(2019 年)

②林区植被生态质量指数

林区植被生态质量指数估算结果如图 14.48 所示。

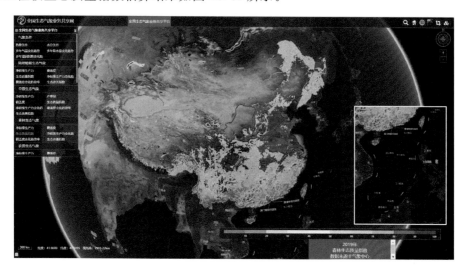

图 14.48　林区植被生态质量指数(2019 年)计算结果示例

③多年林区植被净初级生产力变化趋势

多年林区植被净初级生产力变化趋势估算结果如图 14.49 所示。

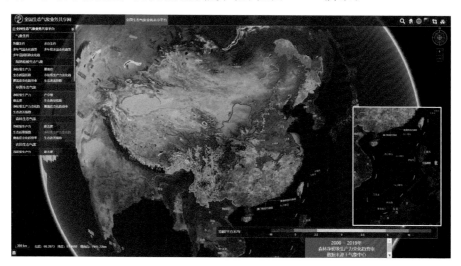

图 14.49　林区植被净初级生产力变化趋势率(2000—2019 年)估算结果示例

④多年林区植被生态改善指数

多年林区植被生态改善指数,即林区植被生态质量指数变化趋势率如图 14.50 所示。

(3)农田生态气象监测评价产品

点击农田生态气象监测评价要素菜单,展示在地图上的有结果图和有关图的图例、图片信息框、时间轴。可调整时间轴查看图片,也可按时间播放。点击要素菜单,会出现相应要素、查询内容。

①农田植被净初级生产力

农田植被净初级生产力估算如图 14.51 所示。

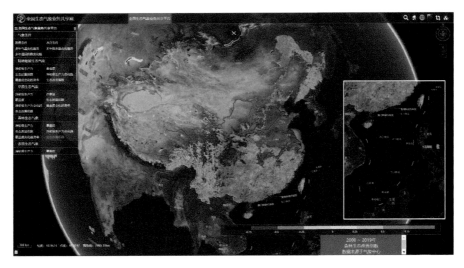

图 14.50　林区植被生态改善指数(2000—2019 年)估算结果示例

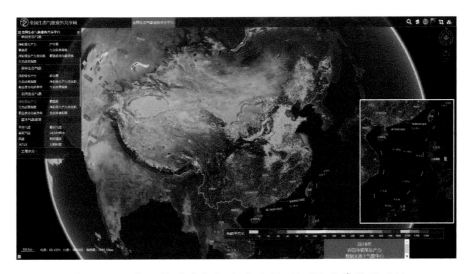

图 14.51　农田植被净初级生产力(2019 年)估算结果示例

②农区植被覆盖度

农区植被覆盖度估算结果如图 14.52 所示。

(4)荒漠生态气象监测评价产品

点击荒漠生态气象监测评价产品菜单,展示在地图上的有计算结果图和有关图的图例、图片信息框、时间轴。可调整时间轴查看图片,也可按时间轴播放。点击菜单会,出现相应要素、查询内容,如北方易起沙尘指数(图 14.53)。

(5)湖泊湿地生态气象监测评价产品

以河北白洋淀为例。对河北白洋淀的水位、降水量和水体面积的历年统计值进行展示,以水位为例。点击"湖泊湿地生态气象-河北白洋淀",弹出统计窗体,并且显示最大值、最小值和平均值,默认数据展示为柱状图,可切换成折线图,数据显示范围默认显示全部,可根据需要自定义筛选时间范围内的数据。通过切换要素,查看不同要素的时间序列图和导出表格数,并对数据来源进行了说明(图 14.54)。

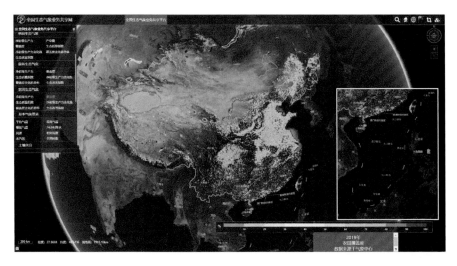

图 14.52 农区植被覆盖度(2019 年)估算结果示例

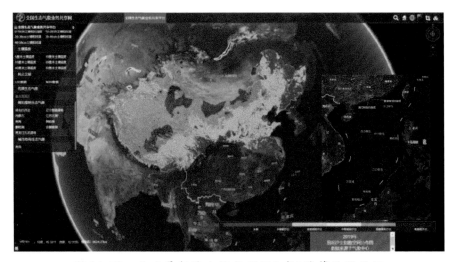

图 14.53 北方易起沙尘指数(2019 年)计算结果示例

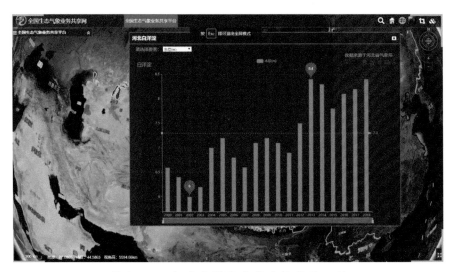

图 14.54 河北白洋淀水位统计结果示例

（6）城市热岛监测评价产品

对北京、天津、上海、重庆 、武汉以及广州等城市的热岛生态气象监测评价产品在地图上进行展示、渲染。点击城市菜单时,地图会自动定位到该城市位置,图上提示框显示数据信息。

以武汉为例,数据菜单中点击"热岛"-"武汉",地图自动缩放到武汉位置,加载武汉城市最新热岛数据(图14.55),并给出数据来源。

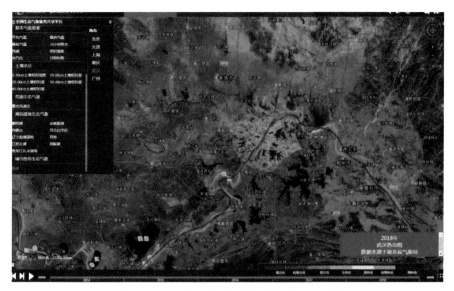

图 14.55　武汉城市热岛数据产品示例

14.7　国家级生态气象业务云平台未来建设展望

2020 年以来经过近 3 a 的建设,国家级生态气象业务云平台已经实现了包括植被生态气象监测评估、草原生态气象监测评估、森林生态气象监测评估、生态服务功能评价、生态气象灾害监测预报等多种生态气象监测评估功能的业务和服务一体化能力,同时也对区域级和省级相关单位提供了大力的支持。

随着中国气象局"天擎"云平台的业务化运行,国家级生态气象业务云平台已融入气象大数据云平台中。在前期项目建设过程中,基于 Web CAgMss 框架的平台已经探索出了基于"云"＋"端"架构的建设思路,为快速融入气象大数据云平台打下了基础。

目前国家级生态气象业务云平台已基于"天擎"、加工流水线和气象综合业务实时监控系统"天镜"进行建设,地面气象观测数据、卫星遥感数据等源数据直接从"天擎"获取,并实现空间数据、业务产品在"天擎"的存储,提供给全国各相关气象业务部门的使用和共享;利用气象大数据云平台的加工流水线,升级改造国家级生态气象业务云平台中的各个业务算法,对其他业务部门实现算法共享,同时也支持其他相关的生态气象业务部门贡献新的业务模型和算法,使之成为全国生态气象业务算法库,利用加工流水线的智能调度,打通业务全流程;平台对接"天镜",实现各个业务任务状态和产品完整性、全流程、可视化的监控。最终打造成基于气象大数据云平台的数、算一体的国家级生态气象业务云平台。

第 15 章

生态文明建设气象保障
标准体系

标准是指"通过标准化活动,按照规定的程序经协商一致制定,为各种活动或其结果提供规则、指南或特性,供共同使用和重复使用的文件",宜以科学、技术和经验的综合成果为基础,具有科学性、普遍性和权威性(全国标准化原理与方法标准化技术委员会,2015)。标准体系是指在一定范围内的标准按其内在联系形成的科学的有机整体,主要包括标准体系框架、标准体系表和标准实体(中国标准化研究院,2018)。

气象标准是指气象领域的国家标准、行业标准、地方标准、团体标准和企业标准(中国气象局 等,2020)。气象标准体系是指气象领域的标准按其内在联系形成的科学的有机整体,是气象标准发展的顶层设计,主要包括气象标准体系框架、标准体系表和标准实体,是气象标准的体系化的表达。

生态气象标准是气象标准下属的一个领域类别,是指为满足生态文明建设对气象保障的需求,获得最佳生态气象服务效益和经济效益,对相关生态气象事务、活动、结果和概念等所做的统一规定,具有科学性、普遍性和权威性。生态文明建设气象保障标准体系是指围绕生态文明建设形成的由生态气象观测、监测、预测预警、评估等系列化标准构成的相互衔接、有机统一的整体。

15.1 气象标准体系发展情况

气象标准化工作起步晚、起点低。1998 年前,只颁布实施了 1 项国家标准(宇如聪,2009),2000 年开始颁布气象行业标准。1998—2003 年,气象标准化工作稳步开展,共有 14 项气象标准列入国家标准制修订计划,40 余项气象标准列入气象行业标准制修订计划,其中颁布实施气象行业标准 20 项、国家标准 4 项(宇如聪,2009)。2004 年,中国气象局在政策法规司设置了行业管理与标准化处,各省(区、市)气象局及中国气象局各直属单位设立了专门的标准化管理岗位。同年 11 月,中国气象局批准成立了全国气象行业标准化技术委员会(宇如聪,2009)。2006 年 1 月,《国务院关于加快气象事业发展的若干意见》(国发〔2006〕3 号)印发,明确提出要建立气象标准体系,中国气象局从战略、规划层面加强了领导。2007 年 7 月,中国气象局成立了气象标准化研究室。2008 年 4 月,国家标准化管理委员会批准成立了气象防灾减灾、气象基本信息、卫星气象与空间天气 3 个气象类的全国专业标准化技术委员会。2009 年 3 月,国家标准化管理委员会又批准由中国气象局为主筹建全国气象仪器和观测方法标准化技术委员会(宇如聪,2009)。2009 年 4 月,中国气象局印发《全国气象标准体系构建与 2009 年至 2011 年标准化发展规划》,并组织开展"全国气象标准体系构建与 2011 年至 2015 年标准化发展规划专题研究",初步形成门类齐全、结构清晰、涵盖气象主要业务及服务的气象标准体系框架。截至"十一五"末,共发布实施气象领域国家标准 20 项、行业标准 121 项(气发〔2012〕27 号)。2012 年 3 月,中国气象局印发《气象标准化"十二五"发展规划》(气发〔2012〕27 号)。

"十三五"期间,气象标准体系不断完善。2017 年 4 月,中国气象局印发《"十三五"气象标准体系框架》(图 15.1)和《"十三五"重点气象标准项目计划》(气发〔2017〕26 号),形成了包括气象防灾减灾、应对气候变化、公共气象服务、气象预报预测、气象观测、气象基本信息、人工影响天气、生态气象、农业气象、卫星气象、空间天气、大气成分、雷电防御、气象综合 14 个分体系(专业领域),包含服务、管理、业务技术和通用基础 4 种类型,由国家标准、行业标准、地方标准、团体标准 4 个层级组成的气象标准体系,标准化领域覆盖完整、重点明确,标准制修订的指导性、计划性和协调性得到了明显加强(于新文,2019),在《"十三五"气象标准体系框架》中第一次设立了生态气象分体系。

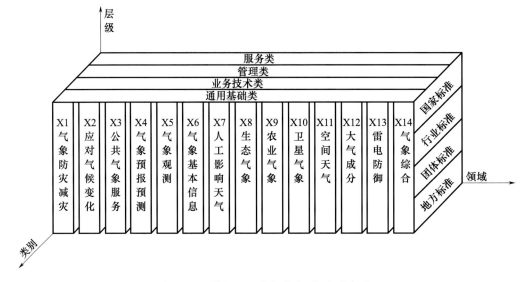

图 15.1 "十三五"气象标准体系框架

2000—2022 年气象标准累计数量变化情况见图 15.2,由图可见,2005 年以来,气象行业标准和有关气象的地方标准增长很快,且并驾齐驱。截至 2022 年 12 月底,共发布气象领域国家标准 210 项、行业标准 656 项、地方标准 922 项、团体标准 35 项(国家标准、行业标准、团体标准数据来源于作者的工作积累;地方标准数据来源于中国气象标准化网 http://www.cmastd.cn/),对气象服务国家、服务人民起到了重要作用。

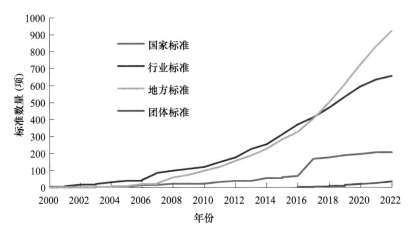

图 15.2 2000—2022 年气象标准累计数量变化情况
(修订标准统计在首次发布年份内,不重复统计;分部分标准按一项标准统计)

15.2 生态文明建设气象保障标准体系发展情况

◆ 15.2.1 国家层面生态文明建设标准体系政策情况

为深入贯彻党中央、国务院关于加快推进生态文明建设的总体部署,建立和完善生态文明建设标准体系,充分发挥标准化在生态文明建设中的支撑和引领作用,2018 年 6 月国家标准化管理委员会发布了《生态文明建设标准体系发展行动指南（2018—2020 年）》，提出了包括空间布局、生态经济、生态环境、生态文化 4 个标准子体系的生态文明建设标准体系框架，以及包括陆地空间布局、海洋空间布局、生态人居、生态基础设施、能源资源节约与利用、生态农业、绿色工业、生态服务业、环境质量、污染防治、生态保护修复、应对气候变化和生态文化等 13 个方面的标准研制重点。蔡文博等（2021）根据生态文明高质量发展建设的战略需求、生态文明建设标准体系的理论和实践进展，对照《生态文明建设标准体系发展行动指南（2018—2020年）》，提出了生态文明建设标准体系框架和内容的调整优化建议。

2021 年 4 月 6 日，国家标准化管理委员会印发《2021 年全国标准化工作要点》（国标委发〔2021〕7 号），提出要加快建设推动高质量发展的标准体系，加强"碳达峰"标准化支撑力度，完善生态环境质量、污染物排放标准，生态流量确定与评价标准，生态环境风险管控标准，完善产品中有毒、有害化学物质含量限值等强制性国家标准；开展绿色标准体系顶层设计，推动绿色产品评价标准研制，完善绿色产品标准体系，分类制定绿色公共机构评价标准，构建绿色生活标准体系。

在重点领域标准研制方面，2021 年 3 月 9 日，国家标准化管理委员会发布《2021 年国家标准立项指南》（国标委发〔2021〕3 号），提出农业农村领域，要"开展农用地土壤安全利用、森林草原湿地生态保护与修复等农林生态领域标准研制"；交通能源与资源环境领域，要"加强节能与新能源汽车、高技术船舶、智能交通、交通安全、航空航天等重要标准研制，重点支持应对气候变化、污染防治、国土空间布局、资源综合利用等生态文明建设领域标准研制，推进煤炭、石油、天然气等一次能源清洁高效利用和氢能制储运用等能源领域标准制修订工作"。

2021 年 10 月，中共中央、国务院印发《国家标准化发展纲要》，提出要"持续优化生态系统建设和保护标准，不断完善生态环境质量和生态环境风险管控标准，持续改善生态环境质量"，进一步丰富了生态文明建设标准体系建设内容。

2022 年 7 月，国家市场监督管理总局、中央网络安全和信息化委员会办公室、国家发展改革委员会、科学技术部等 16 部门联合印发《关于印发贯彻实施〈国家标准化发展纲要〉行动计划的通知》（国市监标技发〔2022〕64 号），把"完善生态系统保护与修复标准体系"列为行动计划之一，并提出要"健全生态环境质量和风险管控标准，制修订一批生态系统环境观测与环境保护、污染物排放标准。加强山、水、林、田、湖、草、沙、城整体观测、保护和系统修复领域标准研制，构建生态文明气象保障服务标准体系、国土空间生态保护修复标准体系。开展生物多样性保护与管理、生物安全评价、生态状况监测评估、生态系统稳定性评价、生态风险评估预警、生态系统服务等领域标准制定，完善绿色产品标准，构建国家公园、自然保护地、生态保护红线标准体系"，为生态文明建设标准体系建设指明了方向。

◆ 15.2.2 气象部门生态文明建设标准体系发展情况

2002 年，自中国气象局拓展生态气象领域以来，陆续加大了气象对生态系统、生态环境的影响研究和服务，制定发布了一系列生态气象规范、标准，服务国家生态文明建设。2005 年，中国气象局出版了《生态气象观测规范（试行）》（中国气象局，2005），下发了《生态质量气象评价规范（试行）》（气发〔2005〕170 号）。2012 年，全国农业气象标准化技术委员会成立，明确将生态气象监测评估纳入标准体系，并加大标准研制、修订力度，同时，其他气象领域标准化技术委员会根据生态文明建设气象保障工作需要也致力于相关气象领域国家标准和行业标准的研制。据不完全统计，至 2022 年 12 月，制定发布的与生态文明建设相关的气象领域国家标准、行业标准有 140 多项,涉及生态气象、农业气象、沙尘天气监测预报预警、霾天气监测服务、大气污染气象条件预报评估等多方面。其中明确涉及森林、草原、荒漠、湖泊等生态系统的生态气象标准有 10 多项,包括土地荒漠化监测方法、北方草原干旱监测评估、草地气象监测评价、植被生态质量监测评价、卫星遥感植被监测、北方植被防风固沙生态功能气象评价、生态系统水源涵养功能气象影响指数等。

2020 年以来,气象部门加大了生态气象标准编制力度。据不完全统计,截至 2022 年 12 月,在编的生态气象国家标准和行业标准有 20 多项,包括《植被生态质量气候变化评价规范》《生态保护红线划定中气象因子计算规范》《草原生态系统退化诊断及气候适应性评价》《陆地生态气象观测数据格式规范》等。

15.3　生态文明建设气象保障标准体系设计

◆ 15.3.1　生态文明建设气象保障标准体系构建依据和原则

根据《全国重要生态系统保护和修复重大工程总体规划(2021—2035 年)》(发改农经〔2020〕837 号)及其 9 项专项规划,特别是其中的《生态保护和修复支撑体系重大工程建设规划(2021—2035 年)》(发改农经〔2021〕1812 号)、《关于科学绿化的指导意见》(国办发〔2021〕19 号)、《气象高质量发展纲要(2022—2035 年)》(国发〔2022〕11 号)以及中国气象局《"十四五"生态气象服务保障规划》(气发〔2021〕163 号),参照《标准体系构建原则和要求》(GB/T 13016—2018)中规定的构建标准体系必须遵循的目标明确、全面成套、层次适当、划分清楚的基本原则,结合生态文明建设气象保障工作实际,确定生态文明建设气象保障标准体系的构建原则。

(1)系统性。生态文明建设既涉及地球系统,又涉及社会系统、经济系统,是一个多系统交叉并存的复杂的系统工程,各系统间应协调统一,实现人与自然的和谐共生。因此,生态文明建设气象保障标准体系的构建应遵循系统性原则,按照生态系统的整体性、系统性和内在规律与天气气候之间的关系,以系统观念考虑生态文明建设气象保障的方方面面,在构建标准体系时注意兼顾系统性、统一性。

(2)协调性。生态文明建设涉及生物学、物理学、气象学、测量学等多学科领域,涉及面广,多学科交叉融合,生态系统各组成部分相互依存、相互制约、协同进化。标准化对象的内在联系决定了标准体系内各项标准的相关性,标准体系内任何一个标准的制定或修改都必须考虑其他各相关标准的影响,使所有相关标准间相互协调、相互配合,避免相互矛盾。因此,生态文明建设气象保障标准体系的构建应遵循协调性原则。一是生态文明建设气象保障标准体系应与国家其他标准体系、生态文明建设的其他标准体系协调统一;二是生态文明建设气象保障标准体系是气象标准体系的组成部分,与气象标准体系的其他组成部分之间应协调统一。

(3)适用性。生态文明建设气象保障标准体系应满足生态文明建设气象保障对标准体系建设的需要,并能够指导生态文明建设实践,充分发挥标准的基础性、战略性、引领性作用。

(4)前瞻性。生态文明建设气象保障标准体系应充分考虑生态文明建设将来的发展趋势和社会需要,充分借鉴和吸纳国际或国外同类标准的先进经验,内容定位要具有一定的前瞻性。

◆ 15.3.2　生态文明建设气象保障标准体系框架

针对全面建设社会主义现代化国家的要求,以"系统性、协调性、适用性、前瞻性"为原则,开展生态气象基础术语、观测、监测、评价、预报预警、气候区划和资源利用、生态保护修复工程气象保障、绿色低碳发展气象保障、生态气象业务平台、科学试验和研究等标准建设,建立较为完善的生态文明建设气象保障标准体系(图 15.3),以提高和发挥生态气象标准在国家生态文明建设、绿色低碳高质量发展中的规范、指导、约束和保障作用。

　　未来生态文明建设气象保障标准体系将由 12 个分体系组成(图 15.3)。每个分体系由若干个子体系组成(图 15.4),各分、子体系从生态气象术语、生态气象观测、生态气象监测、评估评价、预报预警、生态气候区划和资源利用,到生态保护修复工程气象保障和绿色低碳发展气象保障、生态气象业务平台建设、生态气象服务产品制作,以及开展生态气象科学试验和研究等,形成气象保障生态文明建设的系列化国家标准、行业标准、团体标准、地方标准,以满足生态文明建设对气象服务的各种需要。其中,围绕国家生态安全、美丽中国建设等对气象服务的共性需求,推进生态气象国家标准的研制;围绕生态文明建设对气象行业的具体需求,加强生态气象监测评估评价、预报预警、农产品气候品质评价等方面的行业标准的研制;围绕地方生态文明建设对气象服务的特殊需求,制定特色生态气象观测、生态景观和物候监测预报、优质生态产品气候评价和认证等标准;围绕生态气象综合观测、气候资源开发利用、生态环境保护和修复气象影响评估、生态气象要素监测预报、生态安全气象风险预警、生态景观气象预报、生态气象数据信息和用语等,制定团体标准;围绕水污染治理、大气环境治理、土壤修复治理、荒漠化治理等对气象服务的具体需求,制定地方标准,助力精准生态修复治理和环境改善。

◆ 15.3.3　生态文明建设气象保障标准体系设计说明

　　从生态气象涉及的气象领域、生态领域以及二者交叉领域形成的生态气象术语,到覆盖"山、水、林、田、湖、草、沙、城"等各种生态类型的生态气象服务技术和科学研究,到建设生态气象业务平台、制作服务产品等,建立起促进生态保护修复和绿色低碳高质量发展的生态气象标准体系,为生态文明建设提供气象保障标准(图 15.3、图 15.4、表 15.1)。

　　(1)生态气象术语。此部分将增加与水污染治理、大气污染治理、土壤污染治理和生态保护修复、绿色低碳发展相关的生态气象术语,补充与"山、水、林、田、湖、草、沙、城"等生态类型相关的生态气象术语,形成面向生态文明建设的较为完善的生态气象术语。

　　(2)生态气象观测标准体系。从提高地球系统多圈层观测能力、观测技术和装备智能化水平出发,联合其他部门,综合建立覆盖"山、水、林、田、湖、草、沙、城"等不同生态类型的生态气象观测站网络,制定体现不同生态系统特色的生态气象观测标准体系。

　　(3)生态气象监测标准体系。建立包含生态气象影响要素监测和生态状况气象卫星遥感监测、高分辨率卫星遥感监测、近地面气象遥感监测的满足生态保护修复和绿色低碳发展的生态气象监测标准体系。

　　(4)生态气象评估评价标准体系。在现有评估评价标准基础上,完善生态质量气象要素影响评价、气象灾害影响评估、生态状况评价等标准,建立覆盖各种被评价对象、利用多种手段和多种资料的生态气象评价标准体系,包括生态状况气象条件影响评价、生态气象灾害影响评估、生态服务功能气象影响评估、生态价值气象影响评估、生态保护红线划定与严守气象影响评估、生态文明建设绩效考核气象贡献评估等标准。

　　(5)生态气象预报预警标准体系。在现有标准基础上,加强高温干旱、暴雨洪涝、大风、冰雹、低温冰冻等重大气象灾害以及衍生次生灾害对生态影响的预报预警标准制定;研制优美天气现象和自然物候景观预报、生态服务功能气象影响预报、生态产品价值气象影响预报等技术标准,建立生态气象预报预警标准体系。

(6)生态气候区划和资源利用标准体系。研究精细化生态气候资源插值算法、生态气候区划和资源开发利用技术,开展优质生态产品气候影响评价和认证,制定标准规范,提高生态气候资源利用能力。

(7)气候和气候变化生态影响评估标准体系。建立气候和气候变化对"山、水、林、田、湖、草、沙、城"等不同生态类型以及"水""土""气""生"影响的定量评估模型和指标,制定系列化气候和气候变化对生态影响的评估规范标准,为生态文明建设应对气候变化提供支撑。

(8)生态保护修复重大工程气象保障标准体系。围绕植树造林种草、水污染治理、大气环境治理、土壤污染治理和修复以及"三区四带"(青藏高原生态屏障区、黄河重点生态区、长江重点生态区、东北森林带、北方防沙带、南方丘陵山地带和海岸带)生态保护和修复重大工程等对气象保障的需求,制定精细化气象服务技术标准,形成规范化体系,支撑精准的生态保护和修复。

(9)绿色低碳发展气象保障标准体系。在太阳能、风能开发利用的基础上,加强生态系统固碳估算、优质生态产品生产、清洁能源开发利用、乡村振兴建设、城市生态宜居建设等气象服务保障标准的制定,形成促进绿色低碳高质量发展的气象标准体系。

(10)生态气象业务平台标准体系。制定生态气象业务平台数据输入、算法运行、产品输出以及共享产品的标准,形成包括生态气象数据、算法、产品、定制、共享等在内的标准体系。

(11)生态气象服务产品制作标准体系。制定面向不同用户需求的产品制作标准,具体包括年度公报制作、不同生态系统气象监测预测产品制作、重点生态功能区生态气象专题产品制作、植树造林适宜期预报制作、优美生态景观监测预测产品制作以及生态气象决策服务产品制作等规范标准,形成产品制作标准体系。

(12)生态气象科学试验和研究标准体系。针对生态文明建设对气象服务的具体需求,建立重点区域生态气象试验基地,开展机理性综合野外试验,在进行精密科学试验、精准研究的基础上,制定形成精细化生态气象科学试验和研究方案等标准,支撑生态气象实现精密观测、精准预报、精细服务。

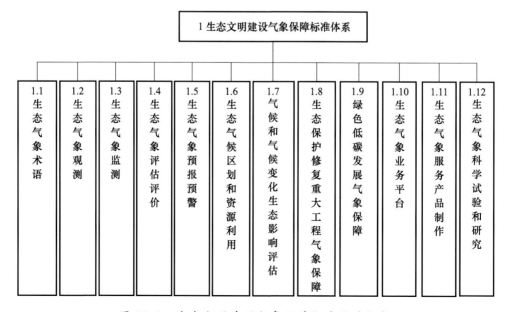

图 15.3 生态文明建设气象保障标准体系框架

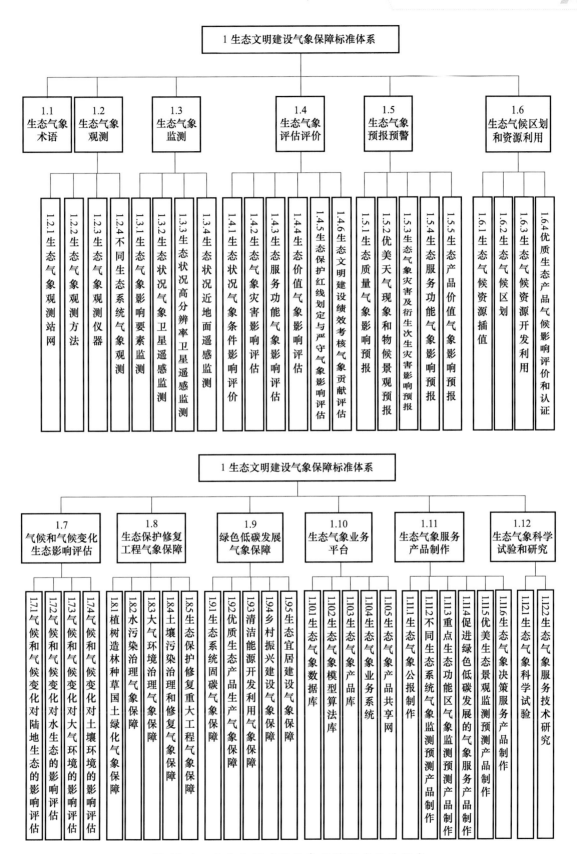

图 15.4 生态文明建设气象保障标准体系组成

表 15.1　生态文明建设气象保障分标准体系设计说明

体系编号	层级名称	主要内容	设置作用和意义
1.1	生态气象术语	生态气象观测、监测、评估、预报预警、灾害防御、气候资源利用等涉及的基础术语	生态气象基础标准
1.2	生态气象观测	生态气象观测站网、观测项目、观测方法、观测仪器等规范	生态气象基础观测业务
1.2.1	生态气象观测站网	生态气象观测站网布局、建设规范	生态气象基础观测业务
1.2.2	生态气象观测方法	生态气象人工、自动观测方法规范	生态气象基础观测业务
1.2.3	生态气象观测仪器	生态气象业务观测使用的仪器标准	生态气象基础观测业务
1.2.4	不同生态系统气象观测	森林、草原、荒漠、湿地等生态系统气象观测规范	生态气象基础观测业务
1.3	生态气象监测	通过地面气象和生态气象观测数据以及多源遥感数据，直接进行生态状况监测的规范标准	生态气象基础监测业务
1.3.1	生态气象影响要素监测	光照、温度、降水、湿度、风以及湿润指数、土壤水分等影响生态状况的气象要素监测规范	生态气象基础监测业务
1.3.2	生态状况气象卫星遥感监测	利用 NOAA、MODIS、FY 等气象卫星监测地表生态状况，空间分辨率达千米级至百米级的规范标准	生态气象基础监测业务
1.3.3	生态状况高分辨率卫星遥感监测	空间分辨率达十米级至米级的生态状况卫星遥感监测方法规范	生态气象基础监测业务
1.3.4	生态状况近地面遥感监测	空间分辨率达亚米级的生态状况遥感监测方法规范	生态气象基础监测业务
1.4	生态气象评估评价	生态状况和生态服务功能气象影响评价等方面的规范标准	生态气象基础评价业务
1.4.1	生态状况气象条件影响评价	光、温、水等气象条件对生态利弊影响的评价规范	生态气象基础评价业务
1.4.2	生态气象灾害影响评估	高温干旱、暴雨洪涝、大风、低温冰冻等气象灾害及衍生次生灾害对生态影响评估方法的规范标准	生态气象基础评估业务
1.4.3	生态服务功能气象影响评估	水源涵养、土壤保持、防风固沙、气候调节、维护生物多样性等生态服务功能受气象条件影响的评估规范标准	生态气象基础评估业务
1.4.4	生态价值气象影响评估	生态价值评估及气象影响评价规范标准	生态气象基础评估业务
1.4.5	生态保护红线划定与严守气象影响评估	生态保护红线划定、严守气象影响评估规范标准	生态气象基础评估业务
1.4.6	生态文明建设绩效考核气象贡献评估	生态文明建设绩效考核气象条件贡献和气象服务贡献评估规范标准	生态气象基础评估业务
1.5	生态气象预报预警	对未来影响生态的气象条件、气象灾害及其影响下的生态状况进行预报预警的规范标准	生态气象基本预报预警业务
1.5.1	生态质量气象影响预报	植被生产力、覆盖度等生态环境质量气象影响预报规范标准	生态气象基本预报预警业务
1.5.2	优美天气现象和物候景观预报	彩虹、朝霞、晚霞等天气现象以及桃花、油菜花、红叶等观赏期气象预报规范	生态气象基本预报预警业务

续表

体系编号	层级名称	主要内容	设置作用和意义
1.5.3	生态气象灾害及衍生次生灾害影响预报	高温干旱、暴雨洪涝等气象灾害以及火灾、病虫害等衍生次生灾害对生态影响的预报预警规范	生态气象基本预报预警业务
1.5.4	生态服务功能气象影响预报	气象条件对水源涵养、土壤保持、防风固沙、气候调节、维护生物多样性等生态服务功能影响的预报规范标准	生态气象基本预报预警业务
1.5.5	生态产品价值气象影响预报	气象条件对生态产品价值影响的预报规范标准	生态气象基本预报预警业务
1.6	**生态气候区划和资源利用**	生态气候区划和气候资源开发利用规范标准	生态气象基础业务
1.6.1	生态气候资源插值	光、温、水、风等气候资源精细化插值及精度规范	生态气象基础业务
1.6.2	生态气候区划	生态气候区划方法、结果表达规范	生态气象基础业务
1.6.3	生态气候资源开发利用	满足不同需求的生态气候资源开发利用规范标准	生态气象基础业务
1.6.4	优质生态产品气候影响评价和认证	优质生态产品认证和气候条件影响评价规范标准	生态气象基础业务
1.7	**气候和气候变化生态影响评估**	气候和气候变化对陆地、水、大气、土壤等影响的评估、预评估规范	生态气象基本业务
1.7.1	气候和气候变化对陆地生态的影响评估	气候和气候变化对森林、草原、荒漠、农田等生态系统的影响评估规范	生态气象基本业务
1.7.2	气候和气候变化对水生态的影响评估	气候和气候变化对湿地、湖泊、河流、海洋等生态系统的影响评估规范	生态气象基本业务
1.7.3	气候和气候变化对大气环境的影响评估	气候和气候变化对大气环境影响的评估规范	生态气象基本业务
1.7.4	气候和气候变化对土壤环境的影响评估	气候和气候变化对土壤水分、养分、污染物等影响的评估规范	生态气象基本业务
1.8	**生态保护修复工程气象保障**	面向重大生态保护修复工程的专项气象保障规范标准	生态保护修复气象保障业务
1.8.1	植树造林种草国土绿化气象保障	植树种草适宜期、适宜范围气象预报规范标准	国土绿化气象保障业务
1.8.2	水污染治理气象保障	针对湿地、湖泊、江河等水体治理研发的气象服务技术形成规范标准	生态保护修复工程气象保障业务
1.8.3	大气环境治理气象保障	针对大气污染治理研发的气象服务技术形成规范标准	大气环境治理气象保障业务
1.8.4	土壤污染治理和修复气象保障	针对土壤污染治理、土壤退化修复等研发的气象服务技术形成规范标准	生态保护修复工程气象保障业务
1.8.5	生态保护修复重大工程气象保障	针对青藏高原生态屏障区、黄河重点生态区、长江重点生态区，东北森林带、北方防沙带、南方丘陵山地带、海岸带等生态保护和修复重大工程的精细化气象保障规范	生态系统保护和修复重点保障业务
1.9	**绿色低碳发展气象保障**	实现气候资源利用、碳达峰、碳中和等的气象保障规范标准	高质量发展生态气象保障业务

体系编号	层级名称	主要内容	设置作用和意义
1.9.1	生态系统固碳气象保障	森林、草原、荒漠、湿地等不同生态系统固碳气象估算以及促进生态系统提升固碳能力的规范标准	固碳气象保障业务
1.9.2	优质生态产品生产气象保障	生态农产品生产、能源草种植等气象服务技术规范标准	生态产品气象保障业务
1.9.3	清洁能源开发利用气象保障	太阳能、风能、水能、生物质能、沼气等清洁能源开发利用规范	清洁能源气象保障业务
1.9.4	乡村振兴建设气象保障	美丽乡村建设气候可行性论证和气候宜居、宜业、宜游以及优质生态农产品价值实现保障规范标准	乡村振兴建设气象保障业务
1.9.5	城市生态宜居建设气象保障	城市建设气候可行性论证和气候宜居、宜业、宜游及安全出行保障规范标准	城市建设生态气象保障业务
1.10	**生态气象业务平台**	生态气象数据、算法、产品规范标准	生态气象业务支撑
1.10.1	生态气象数据库	生态气象地面观测数据、各种遥感数据、基础背景等数据库规范	生态气象基础数据支撑
1.10.2	生态气象模型算法库	生态气象条件指数、干旱指数、灾害风险指数等,植被生产力、覆盖度、生态质量指数、生态改善指数,森林固碳量、草原产草量、载畜量,水源涵养、土壤保持、防风固沙等生态服务功能估算,生态产品价值估算等模型和算法规范	生态气象基本技术支撑业务
1.10.3	生态气象产品库	各种生态气象模型输出的数据、图表、文档等规范标准	生态气象基础产品业务
1.10.4	生态气象业务系统	生态系统数据流、操作流程以及系统界面等的规范标准	生态气象基本业务系统
1.10.5	生态气象产品共享网	生态气象图、表、文字等产品网络共享的规范标准	生态气象产品共享业务
1.11	**生态气象服务产品制作**	各种生态气象服务产品制作规范	生态气象基本业务
1.11.1	生态气象公报制作	生态气象公报、年报等内容,制作方法和流程等规范	生态气象基本业务
1.11.2	不同生态系统气象监测预测产品制作	面向森林、草原、农田、荒漠、城市、湿地、湖泊、海洋等生态系统监督管理部门的专题生态气象服务产品制作规范	生态气象基本业务
1.11.3	重点生态功能区气象监测预测产品制作	针对"三区四带"等生态系统保护和修复重大工程的精细化生态气象保障服务产品制作规范	生态气象基本业务
1.11.4	促进绿色低碳发展的气象服务产品制作	促进气候资源利用、"绿水青山"变为"金山银山"、碳达峰与碳中和等气象服务产品制作规范	生态气象基本业务
1.11.5	优美生态景观监测预测产品制作	对优美天气现象、物候景观等气象监测预测的产品制作规范	生态气象基本业务
1.11.6	生态气象决策服务产品制作	针对重大生态问题气象解决方案的产品制作规范	生态气象基本业务
1.12	**生态气象科学试验和研究**	重点生态气象科学试验、服务技术研究规范	生态气象服务技术研究
1.12.1	生态气象科学试验	取得科学结果的生态气象试验设计、方法、流程、成效评价等规范标准	生态气象服务技术研究
1.12.2	生态气象服务技术研究	面向服务应用的生态气象服务技术研究方法规范	生态气象服务技术研究

注:"主要内容"栏描写该层级名称的含义,所包括的内容,即标准化的范围;"设置作用和意义"栏,描述相应标准建设的作用或意义。

15.4 截至"十四五"中期生态文明建设气象保障标准编制情况

"十四五"以来,气象部门加大了生态文明建设气象保障标准的编制力度。据不完全统计,截至 2022 年 12 月,已编制发布了与生态文明建设气象保障相关的国家标准和行业标准有 140 多项,具体见表 15.2。其中,生态气象术语相关标准 2 项,数量最少;生态气象观测相关标准 21 项,数量位居第二,但观测标准主要集中在农田生态系统,其次是大气环境,而森林、草原、水生态等气象观测的标准较少;生态系统气象监测相关标准 64 项,数量最多,尤其是农田生态气象灾害监测标准数量占整个监测标准总数的 50% 左右,在开展生态气象监测特别是农田生态气象监测发挥了重要作用;生态气象评估评价相关标准 17 项,标准数量位居第三,但从所需建设内容来看,此类标准数量很少,且有 50% 左右的标准属于农田生态系统;生态气候区划和资源利用相关标准 16 项,标准数量位居第四;面向绿色低碳发展气象保障的标准有 8 项,主要为作物灌溉、防灾减灾以及气候宜居;面向生态保护和修复工程气象保障的标准有 6 项,均为大气污染治理方面的;生态气象预报预警相关标准 5 项,主要为生态气象灾害预警;有关生态气象业务平台建设的标准有 5 项,主要集中数据编码、归档、存储、数据库等方面。

表 15.2 截至 2022 年 12 月已发布的与生态文明建设气象保障相关的国家标准和行业标准

序号	生态文明建设气象保障标准分体系	现有领域	标准编号	标准名称	标准级别	"十三五"气象标准分体系	发布日期(年-月-日)	实施日期(年-月-日)
1	1.1 生态气象术语	生态气象术语	QX/T 200—2013	生态气象术语	行标	生态气象	2013-07-11	2013-10-01
2		农田生态气象术语	QX/T 381.1—2017	农业气象术语 第1部分:农业气象基础	行标	农业气象	2017-06-09	2017-10-01
3	1.2 生态气象观测	生态气象观测仪器	GB/T 20524—2018	农林小气候观测仪	国标	气象观测	2018-12-28	2019-07-01
4		生态气象观测方法	QX/T 75—2007	土壤湿度的微波炉测定	行标	农业气象	2007-06-22	2007-10-01
5			QX/T 475—2019	空气负氧离子自动测量仪技术要求 电容式吸入法	行标	大气成分	2019-01-18	2019-05-01
6			QX/T 476—2019	气溶胶 PM_{10}、$PM_{2.5}$ 质量浓度观测规范 贝塔射线法	行标	大气成分	2019-01-18	2019-05-01
7			QX/T 477—2019	沙尘暴、扬沙和浮尘的观测识别	行标	气象观测	2019-01-18	2019-05-01
8		森林生态气象观测	QX/T 301.4—2015	林业气象观测规范 第4部分:森林地被可燃物含水量观测	行标	生态气象	2015-12-11	2016-04-01

续表

序号	生态文明建设气象保障标准分体系	现有领域	标准编号	标准名称	标准级别	"十三五"气象标准分体系	发布日期（年-月-日）	实施日期（年-月-日）
9		水生态气象观测	QX/T 249—2014	淡水养殖观测规范	行标	农业气象	2014-10-24	2015-03-01
10			QX/T 282—2015	农业气象观测规范 枸杞	行标	农业气象	2015-07-28	2015-12-01
11			QX/T 298—2015	农业气象观测规范 柑橘	行标	农业气象	2015-12-11	2016-04-01
12			QX/T 299—2015	农业气象观测规范 冬小麦	行标	农业气象	2015-12-11	2016-04-01
13			QX/T 300—2015	农业气象观测规范 马铃薯	行标	农业气象	2015-12-11	2016-04-01
14			QX/T 361—2016	农业气象观测规范 玉米	行标	农业气象	2016-12-12	2017-05-01
15	1.2 生态气象观测	农田生态气象观测	QX/T 362—2016	农业气象观测规范 烟草	行标	农业气象	2016-12-12	2017-05-01
16			GB/T 34808—2017	农业气象观测规范 大豆	国标	农业气象	2017-11-01	2017-11-01
17			QX/T 409—2017	农业气象观测规范 番茄	行标	农业气象	2017-12-29	2018-05-01
18			QX/T 448—2018	农业气象观测规范 油菜	行标	农业气象	2018-09-20	2019-02-01
19			QX/T 468—2018	农业气象观测规范 水稻	行标	农业气象	2018-12-12	2019-04-01
20			QX/T 632—2021	农业气象观测规范 茶树	行标	农业气象	2021-10-14	2022-01-01
21			GB/T 38757—2020	设施农业小气候观测规范 日光温室和塑料大棚	国标	农业气象	2020-04-28	2020-06-01
22	1.3 生态气象监测	生态气象条件和灾害监测	QX/T 228—2014	区域性高温天气过程等级划分	行标	气象预报预测	2014-07-25	2014-12-01
23			QX/T 280—2015	极端高温监测指标	行标	气象预报预测	2015-07-28	2015-12-01
24			GB/T 20484—2017	冷空气等级	国标	气象预报预测	2017-05-12	2017-12-01

序号	生态文明建设气象保障标准分体系	现有领域	标准编号	标准名称	标准级别	"十三五"气象标准分体系	发布日期（年-月-日）	实施日期（年-月-日）
25	1.3 生态气象监测	生态气象条件和灾害监测	GB/T 20481—2017	气象干旱等级	国标	气象预报预测	2017-09-07	2018-04-01
26			GB/T 34306—2017	干旱灾害等级	国标	气象预报预测	2017-09-07	2018-04-01
27			GB/T 34816—2017	倒春寒气象指标	国标	农业气象	2017-11-01	2018-05-01
28			QX/T 542—2020	中小河流洪水和山洪致灾阈值雨量等级	行标	气象防灾减灾	2020-04-14	2020-07-01
29			QX/T 595—2021	气候指数 高温	行标	应对气候变化	2021-05-10	2021-09-01
30		荒漠生态气象监测	GB/T 20479—2006	沙尘暴天气监测规范	国标	气象防灾减灾	2006-08-28	2006-11-01
31			GB/T 20483—2006	土地荒漠化监测方法	国标	气象防灾减灾	2006-08-28	2006-11-01
32			QX/T 141—2011	卫星遥感沙尘暴天气监测技术导则	行标	卫星气象	2011-08-16	2012-03-01
33			GB/T 20480—2017	沙尘天气等级	国标	气象防灾减灾	2017-05-12	2017-12-01
34		大气环境气象监测	QX/T 380—2017	空气负（氧）离子浓度等级	行标	大气成分	2017-06-09	2017-10-01
35		草原生态气象监测	QX/T 142—2011	北方草原干旱指标	行标	生态气象	2011-08-16	2012-03-01
36			GB/T 29366—2012	北方牧区草原干旱等级	国标	生态气象	2012-12-31	2013-07-20
37			QX/T 183—2013	北方草原干旱评估技术规范	行标	生态气象	2013-01-4	2013-05-01
38			QX/T 212—2013	北方草地监测要素与方法	行标	生态气象	2013-10-14	2014-02-01
39			GB/T 34814—2017	草地气象监测评价方法	国标	生态气象	2017-11-01	2018-05-01
40			QX/T 537—2020	高分辨率对地观测卫星草地面积变化监测技术导则	行标	卫星气象	2020-01-21	2020-05-01
41			QX/T 631—2021	北方牧区草原蝗虫发生气象等级	行标	生态气象	2021-10-14	2022-01-01

序号	生态文明建设气象保障标准分体系	现有领域	标准编号	标准名称	标准级别	"十三五"气象标准分体系	发布日期（年-月-日）	实施日期（年-月-日）
42	1.3 生态气象监测	农田生态气象灾害监测	QX/T 81—2007	小麦干旱灾害等级	行标	农业气象	2007-06-22	2007-10-01
43			QX/T 88—2008	作物霜冻害等级	行标	农业气象	2008-03-22	2008-08-01
44			QX/T 94—2008	寒露风等级	行标	农业气象	2008-03-22	2008-08-01
45			QX/T 98—2008	早稻播种育秧期低温阴雨等级	行标	农业气象	2008-03-22	2008-08-01
46			GB/T 21985—2008	主要农作物高温危害温度指标	国标	农业气象	2008-06-03	2008-11-01
47			QX/T 107—2009	冬小麦、油菜涝渍等级	行标	农业气象	2009-06-07	2009-11-01
48			GB/T 27959—2011	南方水稻、油菜和柑橘低温灾害	国标	农业气象	2011-12-30	2012-03-01
49			QX/T 168—2012	龙眼寒害等级	行标	农业气象	2012-11-29	2013-03-01
50			QX/T 169—2012	橡胶寒害等级	行标	农业气象	2012-11-29	2013-03-01
51			QX/T 197—2013	柑橘冻害等级	行标	农业气象	2013-07-11	2013-10-01
52			QX/T 198—2013	杨梅冻害等级	行标	农业气象	2013-07-11	2013-10-01
53			QX/T 224—2013	龙眼暖害等级	行标	农业气象	2013-12-22	2014-05-01
54			QX/T 259—2015	北方春玉米干旱等级	行标	农业气象	2015-01-26	2015-05-01
55			QX/T 260—2015	北方夏玉米干旱等级	行标	农业气象	2015-01-26	2015-05-01
56			QX/T 281—2015	枇杷冻害等级	行标	农业气象	2015-07-28	2015-12-01
57			QX/T 283—2015	枸杞炭疽病发生气象等级	行标	农业气象	2015-07-28	2015-12-01
58			GB/T 32136—2015	农业干旱等级	国标	农业气象	2015-10-13	2016-05-01
59			GB/T 32752—2016	农田渍涝气象等级	国标	农业气象	2016-08-29	2017-03-01
60			QX/T 363—2016	烤烟气象灾害等级	行标	农业气象	2016-12-12	2017-05-01
61			QX/T 392—2017	富士系苹果花期冻害等级	行标	农业气象	2017-10-30	2018-03-01
62			GB/T 34809—2017	甘蔗干旱灾害等级	国标	农业气象	2017-11-01	2018-05-01

序号	生态文明建设气象保障标准分体系	现有领域	标准编号	标准名称	标准级别	"十三五"气象标准分体系	发布日期（年-月-日）	实施日期（年-月-日）
63			GB/T 34818—2017	农田水分盈亏量的计算方法	国标	农业气象	2017-11-01	2018-05-01
64			GB/T 34967—2017	北方水稻低温冷害等级	国标	农业气象	2017-11-01	2017-11-01
65			GB/T 34965—2017	辣椒寒害等级	国标	农业气象	2017-12-29	2017-12-29
66		农田生态气象灾害监测	QX/T 410—2017	茶树霜冻害等级	行标	农业气象	2017-12-29	2018-05-01
67			QX/T 446—2018	大豆干旱等级	行标	农业气象	2018-09-20	2019-02-01
68			QX/T 447—2018	黄淮海地区冬小麦越冬期冻害指标	行标	农业气象	2018-09-20	2019-02-01
69			QX/T 82—2019	小麦干热风灾害等级	行标	农业气象	2019-04-28	2019-08-01
70	1.3　生态气象监测		GB/T 37744—2019	水稻热害气象等级	国标	农业气象	2019-06-4	2020-01-01
71			QX/T 583—2020	夏玉米涝渍等级	行标	农业气象	2020-11-05	2021-02-01
72		城市生态气象灾害监测	GB/T 40239—2021	城市雪灾气象等级	国标	气象防灾减灾	2021-05-21	2021-12-01
73			QX/T 96—2020	卫星遥感监测技术导则　积雪覆盖	行标	卫星气象	2020-11-05	2021-02-01
74			QX/T 140—2011	卫星遥感洪涝监测技术导则	行标	卫星气象	2011-08-16	2012-03-01
75			QX/T 188—2013	卫星遥感植被监测技术导则	行标	卫星气象	2013-01-4	2013-05-01
76		生态状况气象卫星遥感监测	QX/T 207—2013	湖泊蓝藻水华卫星遥感监测技术导则	行标	卫星气象	2013-10-14	2014-02-01
77			QX/T 344.1—2016	卫星遥感火情监测方法　第1部分:总则	行标	卫星气象	2016-09-29	2017-03-01
78			QX/T 344.2—2019	卫星遥感火情监测方法　第2部分:火点判识	行标	卫星气象	2019-09-30	2023-04-01
79			QX/T 344.3—2020	卫星遥感火情监测方法　第3部分:火点强度估算	行标	卫星气象	2020-11-05	2021-02-01
80			QX/T 344.4—2021	卫星遥感火情监测方法　第4部分:过火区面积估算	行标	卫星气象	2021-10-14	2022-01-01

序号	生态文明建设气象保障标准分体系	现有领域	标准编号	标准名称	标准级别	"十三五"气象标准分体系	发布日期（年-月-日）	实施日期（年-月-日）
81	1.3 生态气象监测	生态状况气象卫星遥感监测	QX/T 364—2016	卫星遥感冬小麦长势监测图形产品制作规范	行标	卫星气象	2016-12-12	2017-05-01
82			GB/T 42190—2022	卫星遥感监测技术导则 霾	国标	卫星气象	2022-12-30	2018-05-01
83			QX/T 540—2020	高分辨率对地观测卫星陆地水体面积变化监测技术导则	行标	卫星气象	2020-01-21	2020-05-01
84			QX/T 561—2020	卫星遥感监测产品规范 湖泊蓝藻水华	行标	卫星气象	2020-07-31	2020-12-01
85		森林生态状况遥感监测	QX/T 538—2020	高分辨率对地观测卫星森林覆盖面积变化监测技术导则	行标	卫星气象	2020-01-21	2020-05-01
86		荒漠生态状况卫星遥感监测	QX/T 539—2020	高分辨率对地观测卫星沙地面积变化监测技术导则	行标	卫星气象	2020-01-21	2020-05-01
87	1.4 生态气象评估评价	生态状况气象条件影响评价	GB/T 27963—2011	人居环境气候舒适度评价	国标	应对气候变化	2011-12-30	2012-03-01
88		生态气象灾害影响评估	QX/T 170—2012	台风灾害影响评估技术规范	行标	气象防灾减灾	2012-11-29	2013-03-01
89			QX/T 470—2018	暴雨诱发灾害风险普查规范 山洪	行标	应对气候变化	2018-12-12	2019-04-01
90			GB/T 40243—2021	龙卷风强度等级	国标	气象防灾减灾	2021-05-21	2021-12-01
91			GB/T 42073—2022	气候风险指数 干旱	国标	应对气候变化	2022-10-12	2023-02-01
92		植被生态质量气象评价	GB/T 34815—2017	植被生态质量气象评价指数	国标	生态气象	2017-11-01	2018-05-01
93			QX/T 494—2019	陆地植被气象与生态质量监测评价等级	行标	生态气象	2019-09-18	2019-12-01
94		生态服务功能气象评价	QX/T 648—2022	北方植被防风固沙生态功能气象评价等级	行标	生态气象	2022-12-06	2023-02-01
95			QX/T 649—2022	生态系统水源涵养功能气象影响指数	行标	生态气象	2022-12-06	2023-02-01

序号	生态文明建设气象保障标准分体系	现有领域	标准编号	标准名称	标准级别	"十三五"气象标准分体系	发布日期(年-月-日)	实施日期(年-月-日)
96	1.4　生态气象评估评价	农田生态气象条件和灾害影响评估评价	GB/T 21986—2008	农业气候影响评价：农作物气候年型划分方法	国标	农业气象	2008-06-03	2008-11-01
97			QX/T 167—2012	北方春玉米冷害评估技术规范	行标	农业气象	2012-11-29	2013-03-01
98			QX/T 182—2013	水稻冷害评估技术规范	行标	农业气象	2013-01-4	2013-05-01
99			QX/T 199—2013	香蕉寒害评估技术规范	行标	农业气象	2013-07-11	2013-10-01
100			QX/T 258—2015	荔枝寒害评估	行标	农业气象	2015-01-26	2015-05-01
101			GB/T 32779—2016	超级杂交稻制种气候风险等级	国标	农业气象	2016-06-14	2017-01-01
102			QX/T 335—2016	主要粮食作物产量年景等级	行标	农业气象	2016-09-29	2017-03-01
103			QX/T 383—2017	玉米干旱灾害风险评价方法	行标	农业气象	2017-06-09	2017-10-01
104	1.5　生态气象预报预警	农田生态气象预报	QX/T 391—2017	日光温室气象要素预报方法	行标	农业气象	2017-10-30	2018-03-01
105		生态气象灾害及衍生次生灾害影响预报预警	GB/T 28593—2012	沙尘暴天气预警	国标	气象防灾减灾	2012-06-29	2012-08-01
106			QX/T 487—2019	暴雨诱发的地质灾害气象风险预警等级	行标	气象防灾减灾	2019-09-18	2019-12-01
107		农田生态气象灾害预警	GB/T 34817—2017	农业干旱预警等级	国标	农业气象	2017-11-01	2018-05-01
108		大气环境气象预报	QX/T 41—2022	空气质量预报	行标	气象防灾减灾	2022-01-07	2022-04-01
109	1.6　生态气候区划和资源利用	优质生态产品气候影响评价和认证	QX/T 411—2017	茶叶气候品质评价	行标	农业气象	2017-12-29	2018-05-01
110			QX/T 486—2019	农产品气候品质认证技术规范	行标	农业气象	2019-04-28	2019-08-01
111			QX/T 557—2020	农产品气候品质评价　酿酒葡萄	行标	农业气象	2020-06-16	2020-09-01
112			QX/T 572—2020	农产品气候品质评价　青枣	行标	农业气象	2020-07-31	2020-12-01
113			QX/T 592—2020	农产品气候品质评价　柑橘	行标	农业气象	2020-12-29	2021-04-15

续表

序号	生态文明建设气象保障标准分体系	现有领域	标准编号	标准名称	标准级别	"十三五"气象标准分体系	发布日期（年-月-日）	实施日期（年-月-日）
114		农田生态气象灾害区划	QX/T 527—2019	农业气象灾害风险区划技术导则	行标	农业气象	2019-12-26	2020-04-01
115			GB/T 37526—2019	太阳能资源评估方法	国标	应对气候变化	2019-06-04	2020-01-01
116			QX/T 500—2019	避暑旅游气候适宜度评价方法	行标	应对气候变化	2019-09-30	2020-01-01
117			QX/T 593—2020	气候资源评价 通用指标	行标	应对气候变化	2020-12-29	2021-04-15
118	1.6 生态气候区划和资源利用	生态气候资源利用	QX/T 596—2021	气候资源评价 滨海旅游度假	行标	应对气候变化	2021-05-10	2021-09-01
119			QX/T 634—2021	气候资源评价 山岳旅游度假	行标	应对气候变化	2021-10-14	2022-01-01
120			QX/T 636—2022	气候资源评价 气候生态环境	行标	应对气候变化	2022-01-07	2022-04-01
121			GB/T 34307—2017	干湿气候等级	国标	气象预报预测	2017-09-07	2018-04-01
122		生态气候区划	GB/T 21983—2020	暖冬等级	国标	气象预报预测	2020-07-21	2020-07-21
123			GB/T 38950—2020	凉夏等级	国标	气象预报预测	2020-07-21	2020-07-21
124			GB/T 42074—2022	气候季节划分	国标	应对气候变化	2022-10-12	2023-02-01
125			GB/T 36542—2010	霾的观测和识别	国标	气象预报预测	2018-07-13	2019-02-01
126			QX/T 269—2015	气溶胶污染气象条件指数（PLAM）	行标	大气成分	2015-07-28	2015-12-01
127	1.8 生态保护修复工程气象保障	大气环境治理气象保障	GB/T 34299—2017	大气自净能力等级	国标	气象防灾减灾	2017-09-07	2018-04-01
128			QX/T 413—2018	空气污染扩散气象条件等级	行标	气象防灾减灾	2018-04-28	2018-08-01
129			QX/T 479—2019	PM$_{2.5}$气象条件评估指数（EMI）	行标	气象防灾减灾	2019-04-28	2019-08-01
130			QX/T 513—2019	霾天气过程划分	行标	大气成分	2019-12-26	2020-04-01

续表

序号	生态文明建设气象保障标准分体系	现有领域	标准编号	标准名称	标准级别	"十三五"气象标准分体系	发布日期(年-月-日)	实施日期(年-月-日)
131		乡村振兴建设气象保障	GB/T 34810—2017	作物节水灌溉气象等级　玉米	国标	农业气象	2017-11-01	2017-11-01
132			GB/T 34811—2017	作物节水灌溉气象等级　小麦	国标	农业气象	2017-11-01	2018-05-01
133			GB/T 34812—2017	作物节水灌溉气象等级　棉花	国标	农业气象	2017-11-01	2017-11-01
134	1.9　绿色低碳发展气象保障		GB/T 34813—2017	作物节水灌溉气象等级　大豆	国标	农业气象	2017-11-01	2017-11-01
135			GB/T 37926—2019	美丽乡村气象防灾减灾指南	国标	农业气象	2019-08-30	2020-03-01
136		生态宜居建设气象保障	QX/T 570—2020	气候资源评价气候宜居城镇	行标	应对气候变化	2020-07-31	2020-10-01
137			GB/T 40246—2021	气象防灾减灾示范社区建设导则	国标	气象防灾减灾	2021-05-21	2021-12-01
138			GB/T 42072—2022	气候宜居指数	国标	应对气候变化	2022-10-14	2023-02-1
139		生态气象数据库	QX/T 134—2011	沙尘暴观测数据归档格式	行标	气象基本信息	2011-06-07	2011-11-01
140			QX/T 382—2017	设施蔬菜小气候数据应用存储规范	行标	农业气象	2017-06-09	2017-10-01
141	1.10　生态气象业务平台		QX/T 435—2018	农业气象数据库设计规范	行标	农业气象	2018-07-11	2018-12-01
142			QX/T 619—2021	农业气象和生态气象资料分类与编码	行标	气象基本信息	2021-07-16	2021-11-01
143			QX/T 651—2022	农业气象观测数据XML格式	行标	气象基本信息	2022-12-06	2023-02-01

　　据不完全统计,截至 2022 年 12 月,在编的生态气象国家标准和行业标准有 20 多项,包括《植被生态质量气候变化评价规范》、《生态保护红线划定中气象因子计算规范》《草原生态系统退化诊断及气候适应性评价》《陆地生态气象观测数据格式规范》等,见表 15.3。

表 15.3 截至 2022 年 12 月在编的与生态文明建设气象保障相关的国家标准和行业标准

序号	在编标准项目编号	在编标准题目	标准级别	生态文明建设气象 保障标准分体系	子领域
1	QX/T-2019-42	湿地生态气象 自动观测规范	行标	1.2 生态气象观测	湿地生态气象观测
2	B-2022-020	森林生态气象定位 观测指标体系	行标	1.2 生态气象观测	森林生态气象观测
3	20192361-T-416	生态保护红线划定中 气象因子计算规范	国标	1.3 生态气象监测	生态气象条件监测
4	20212126-T-416	土地荒漠化监测方法	国标	1.3 生态气象监测	荒漠生态气象监测
5	B-2021-022	自然植被干旱 监测评价等级	行标	1.3 生态气象监测	植被生态气象灾害监测
6	20191099-T-416	植被生态质量气候 变化评价规范	国标	1.4 生态气象 评估评价	植被生态气象评价
7	20192362-T-416	草原生态系统退化诊断 及气候适应性评价	国标	1.4 生态气象 评估评价	草原生态气象评价
8	QX/T-2020-28	湿地生态质量 气象评价规范	行标	1.4 生态气象 评估评价	湿地生态气象评价
9	B-2022-030	气候变化下粮食作物生产 的脆弱性评估方法	行标	1.4 生态气象 评估评价	农田生态气象评估
10	B-2022-031	草地土壤碳汇 核算技术规程	行标	1.4 生态气象 评估评价	草地生态气象评估
11	B-2022-053	森林植被固碳释氧生态 功能气象评价等级	行标	1.4 生态气象 评估评价	森林生态气象评价
12	B-2022-074	碳储量和碳排放评估 方法 滨海湿地蓝碳	行标	1.4 生态气象 评估评价	滨海湿地生态气象评价
13	B-2022-075	碳收支与碳汇计量的清单 编制方法 沼泽湿地	行标	1.4 生态气象 评估评价	沼泽湿地生态气象评价
14	QX/T-2019-05	北方牧区雪灾风险 区划技术规范	行标	1.6 生态气候区划 和资源利用	草原生态气象灾害 风险区划
15	QX/T-2020-09	农产品气候品质 评价实施规则	行标	1.6 生态气候区划 和资源利用	优质生态产品气候 影响评价和认证
16	B-2022-021	青藏高原生态气候 资源区划指标	行标	1.6 生态气候区划 和资源利用	生态气候资源区划
17	B-2021-040	山岳景区爬山湿滑 指数等级划分	行标	1.6 生态气候区划 和资源利用	生态气候资源区划

序号	在编标准项目编号	在编标准题目	标准级别	生态文明建设气象保障标准分体系	子领域
18	B-2022-047	气候好产品（农产品）评价方法	行标	1.6 生态气候区划和资源利用	优质生态产品气候影响评价和认证
19	B-2022-048	气候资源评价 天然氧吧	行标	1.6 生态气候区划和资源利用	优质生态产品气候影响评价和认证
20	20193402-T-416	陆地生态气象观测数据格式规范	国标	1.10 生态气象业务平台	生态气象数据库
21	B-2021-027	气象数据元 农业与生态气象	行标	1.10 生态气象业务平台	生态气象数据库

通过表 15.2 和 15.3 可见,2022 年 12 月之前编制的这些标准针对性强,在一定程度上支撑了生态文明建设,但目前有关生态文明建设气象保障的标准无论是从数量上,还是从覆盖的广度、深度上,都需要继续加大编制发布的力度,为生态文明建设提供强有力的气象保障。

15.5　生态文明建设气象保障标准存在的不足

经过近 20 a 的不断研究和制定,生态气象标准有了长足的发展,但目前制定的生态气象标准数量不到气象标准总数的 1%。生态气象标准立项编制少,发布数量不足,在许多方面缺少技术研发和标准支撑,远不能满足生态文明建设对气象保障服务的需求。

生态文明建设涉及森林、草原、农田、荒漠、湿地、湖泊、城市等多种生态系统的保护和修复,涉及"水""土""气""生"的保护、治理和恢复,涉及生态气候资源的开发利用、绿色低碳高质量发展,涉及应对气候变化和防灾减灾以及保障生命安全、生态安全、生产发展、生活富裕等,因此,生态文明建设需要气象部门进行多方面的研究和保障服务。但目前我国还没有形成从气象观测到监测、评估、预报预测、预警的生态文明建设气象保障标准体系。具体体现在以下方面。

(1)生态气象术语标准已发布,但内容需要完善。2013 年,发布了《生态气象术语》(QX/T 200—2013),给出了生态气象的基础术语、大气要素术语、水环境要素术语、土壤要素术语、生物要素术语、灾害要素术语,但还缺少与大气污染和水污染治理、土壤修复和污染治理等以及陆地生态保护修复、绿色低碳发展等的相关术语,未来需要增加和完善。

(2)生态气象没有形成观测网,观测标准支撑不足。生态气象观测是指运用生态学和气象学的观测方法,从天气气候影响生态系统的角度,对气象要素及其影响的生态系统结构和功能等主要生态因子进行观测以获取生态气象数据。20 世纪 80 年代,我国建立了全国农业气象观测网,开展了农作物、畜牧业气象和自然物候等观测(国家气象局,1993a,1993b),为开展主要生态系统和大农业生产气象研究和服务提供了基础数据。2003 年以来,气象部门陆续增加了对草原、森林、荒漠、湿地、湖泊、城市等生态系统的气象观测,2005 年出版了《生态气象观测规范(试行)》(中国气象局,2005),下发了《生态与农业气象试验站建设试点生态气象业务试验方案》(气预函〔2005〕50 号),在全国建立了 7 个生态和农业气象试验站。近十几年来,随着地面气象观测和农业气象观测自动化程度的提高,生态气象也逐渐实现了自动化观测。但是,目前全国还没有形成系统的生态气象观测网,缺少生态气象观测标准规范,未来需要补充和完善。

(3)生态气象监测标准少,难以满足监测业务服务的需要。生态气象监测是指利用各种观测手段,监测天气气候对生态系统的影响,主要包括影响生态环境质量的气象要素监测、气象灾害监测以及生态状况及其变化监测等。监测的方法主要有地面监测、遥感监测,遥感监测可分为气象卫星遥感监测、高分辨率卫星监测、无人机监测、近地面摄像和拍照监测等。目前生态气象监测中的气象要素监测主要使用气温、降水等气象要素的监测标准,对生态系统的气象监测另有《草地气象监测评价方法》(GB/T 34814—2017)、《陆地植被气象与生态质量监测评价等级》(QX/T 494—2019)等,给出了部分生态气象条件指数监测的方法。但目前生态气象监测尚未形成完善的标准体系,未来需要加强。

(4)生态气象评估评价标准少,难以满足评估评价业务服务的需要。生态气象评估评价是指利用生态气象观测和遥感监测等数据,依据生态气象评价指标和模型等,评估评价天气气候对生态系统的影响。从评估评价的对象来看,有影响生态环境质量的气象要素评价、气象灾害评价、生态状况评价等;从评估评价手段来看,有基于气象要素的气象影响评估评价,有基于遥感监测数据的遥感评价;从使用的资料来看,有基于地面观测数据的评价,有基于模式计算结果的评估。并且评估评价经常与监测先后或同时进行,所以生态气象"监测"与"评估评价"经常相伴出现,如沙尘天气监测评价、草原气象监测评价等。目前,我国在植被生态质量、草原生态气象、荒漠生态气象等方面制定发布了标准,但是无论是生态气象评估评价还是监测评价,都还没有形成覆盖各种被评估评价对象的、利用多种手段和多种资料的评估评价标准,未来需要加强和完善。

(5)生态气象预报预测预警标准缺少,需要补充和加强。气象部门高度重视生态气象灾害预报预测预警,但由于研究难度大,目前制定的标准仅有《沙尘暴天气预警》(GB/T 28593—2012)、《美丽乡村气象防灾减灾指南》(GB/T 37926—2019)等标准,未来需要制定高温干旱、暴雨洪涝、大风、冰雹、低温冰冻等重大气象灾害以及衍生、次生灾害对生态影响的预报预测预警标准,提高生态文明建设防灾减灾能力。此外,美丽天气现象、物候景观等预报对于指导生态旅游、乡村振兴有十分重要的意义,可以助力实现绿水青山变为金山银山,但目前仅有《空气负(氧)离子浓度等级》(QX/T 380—2017)、《避暑旅游气候适宜度评价方法》(QX/T 500—2019)等少数标准,未来需要根据人们对美好景观的向往研发生态景观气象预报技术,制定形成标准体系。

(6)生态气候区划和资源利用标准缺乏,难以发挥作用。气候资源是一种重要的自然资源,决定着生态系统的格局和生态状况。长期以来,人们非常重视气候与农业的关系研究,2015年编制出版了《中国精细化农业气候区划:方法与案例》(毕宝贵 等,2015)、《中国精细化农业气候区划:产品制作与发布系统》(孙涵 等,2015),2019年出版了《中国精细化农业气候资源图集》(毛留喜 等,2019),但从生态与气候的角度进行生态气候区划和资源分析的还比较少,制定形成标准规范的更少,未来需要加强研究,形成规范标准,指导生态气候资源开发利用。

(7)气候和气候变化对生态影响评估标准缺乏,难以支撑服务。我国在气候变化对生态影响评估方面做了很多研究工作,有的形成了生态气象业务,成为编制《全国生态气象公报》和《生态气象决策服务报告》的重要支撑。2011年发布了《人居环境气候舒适度评价》(GB/T

27963—2011)；2017 年发布了《茶叶气候品质评价》(QX/T 411—2017)；2019 年发布了《农产品气候品质认证技术规范》(QX/T 486—2019)、《避暑旅游气候适宜度评价方法》(QX/T 500—2019)；2020 年发布了《气候资源评价　气候宜居城镇》(QX/T 570—2020)、《农产品气候品质评价　青枣》(QX/T 572—2020)等；2021 年发布了《气候资源评价　滨海旅游度假》(QX/T 596—2021)、《气候资源评价　山岳旅游度假》(QX/T 634—2021)等；2022 年发布了《气候宜居指数》(GB/T 42072—2022)、《气候资源评价　气候生态环境》(QX/T 636—2022)等(表 15.2)。但目前还缺少很多有关气候和气候变化对生态影响评估的标准，未来需要建立标准体系，支撑气候和气候变化对生态影响评估预评估以及应对气候变化工作的开展。

(8)生态保护修复重大工程气象保障标准缺乏，需要建立和加强。生态保护和修复对气象服务需求旺盛，但目前相关的气象保障服务技术缺乏，需要研究满足不同需求的气象服务技术，如：研究植树造林、种草绿化、园林浇水等适宜期预报技术，研究水污染治理、大气污染治理、土壤修复和污染治理气象服务技术，研究促进青藏高原生态屏障区、黄河重点生态区、长江重点生态区、东北森林带、北方防沙带、南方丘陵山地带、海岸带等生态保护和修复重大工程的精细化气象服务保障技术等，形成规范标准，以满足精细化精准化生态保护修复的需求。

(9)气象促进绿色低碳发展的标准不足，需要补充和加强。党的十九届五中全会审议通过的《中共中央关于制定国民经济和社会发展第十四个五年规划和二〇三五年远景目标的建议》把"加快推动绿色低碳发展"纳入新发展阶段的发展蓝图，习近平总书记关于力争 2030 年前实现二氧化碳排放达峰，2060 年前实现碳中和的宣示，为我国应对气候变化、绿色低碳发展指明了方向，为实现人与自然和谐共生、促进经济社会高质量发展提供了根本遵循。但是，目前有关促进碳达峰、碳中和以及绿色低碳发展的气象标准主要集中在太阳能、风能利用和评估方面，涉及面有限，满足不了绿色低碳发展的需求，未来需要加强广泛的气象促进绿色低碳高质量发展的新技术研究，制定形成标准体系。

(10)生态气象业务平台标准缺乏，需要逐步建立和完善。生态气象业务平台具有处理各种来源数据、运行各种算法、形成各种图表和文字等产品以及管理、展示、共享各种产品、算法和数据等方面的能力。生态气象大数据包括气象卫星、高分卫星等不同时空分辨率的遥感数据、地面气象观测数据、生态和农业气象观测数据、农业部门观测数据、自然资源和生态环境部门观测数据、国家统计资料以及土壤、土地利用、基础背景数据等；生态气象算法有针对整个地表的，也有针对森林、草原、农田、荒漠等不同生态系统的，另有针对"水""土""气""生"等不同保护和治理对象的气象影响模型和算法，支持业务运算；生态气象业务平台输出的产品成百上千，支撑各种生态气象服务产品的制作。目前国家级和省级建成了生态气象业务平台，正在建设生态气象业务云平台，但还没有制定从数据输入、算法运行、形成产品、用户定制下载，到实现产品共享的生态气象业务平台标准，未来需要根据发展情况制定相应的标准，促进标准化业务平台建设。

(11)生态气象服务产品制作规范少，需要尽快建立。2002 年以来，气象部门在拓展生态气象服务领域过程中，通过边研究技术、边建立业务系统、边研制服务产品，制定了一些业务规范。其中，2007 年初步制定了北方草地生态气象监测预测业务规范、基于植被净初级生产力(NPP)的全国植被生态气象监测评价规范。2015—2017 年，研制了基于植被 NPP 和覆盖度的生态质量指数，经过 5 a 的业务应用，2019 年制定了《陆地植被生态质量气象监测评价业务规范(暂行)》(气减函〔2019〕50 号)，规定了陆地植被生态质量气象监测评价的业务内容和产品、业务布局和分工、业务流程、产品校验等，制定了《全国生态气象公报编制发布规范(暂行)》

（气减函〔2019〕88号），支撑公报制作。2022年制定了《全国草地生态气象业务规范（暂行）》（气减函〔2022〕37号），支撑草地生态气象监测预测专报的制作。但目前生态气象产品制作规范少，难以满足不同需求，未来需要建立各种产品制作标准体系。

（12）生态气象科学试验和研究不足，缺乏技术标准支持。生态文明建设对气象服务的需求多样，需要进行精密的科学试验、精准的生态气象监测评估及预报预警、精细化的生态气象服务。如青藏高原生态屏障区立体气候明显，但目前地面气象观测、生态气象观测站点稀少，需要开展有针对性的科学试验，研究生态气象监测预报技术特别是干旱、土壤融冻、冰川融化等对生态的影响监测评估预评估技术，支持开展百米至米级的生态气象监测预报评估服务，实现对青藏高原生态环境演变以及气象影响的精细化评估或预评估。但是，目前针对"三区四带"的精细化生态气象科学试验和研究不足，制定的标准更少，未来需要加强精细化科学研究和制定标准。

15.6 未来生态文明建设气象保障标准发展展望

根据国家生态文明建设对气象服务的需求，按照15.3节设计的生态文明建设气象保障标准体系。从"精密监测"方面，加大生态气象观测力度，充分发挥"天、空、地"综合气象观测网的基础支撑作用；在生态气象监测评估评价和预报预警方面，根据"山、水、林、田、湖、草、沙、城"一体化保护和治理、"绿水青山变为金山银山"、低碳绿色发展等对气象服务保障技术的不同需求，结合智能天气气候预测预报，建立精准生态气象监测、影响评估评价和预报预警的技术体系，面向不同空间分辨率（1 km、250 m、10 m、1 m级）和时间分辨率（日、月、季、年、年代际）的气象服务产品体系；加强数、算一体化云业务平台建设，支撑面向不同需求的"监测精密、预报精准、服务精细"生态文明建设气象保障服务产品制作；形成从服务技术、到服务平台、到服务产品的生态文明建设气象保障标准体系（图15.5），助力建设美丽中国、健康中国、幸福中国。

图15.5 到2035年建立监测评估评价预警一体化生态文明建设气象保障标准体系

参考文献

安徽省气象局,2009.安徽省气象灾害年鉴[M].北京:气象出版社.

毕宝贵,孙涵,毛留喜,等,2015.中国精细化农业气候区划:方法与案例[M].北京:气象出版社.

蔡崇法,丁树文,史志华,等,2000.应用 USLE 模型与地理信息系统 IDRISI 预测小流域土壤侵蚀量的研究[J].水土保持学报,14(2):19-24.

蔡文博,徐卫华,杨宁,等,2021.生态文明高质量发展标准体系问题及实施路径[J].中国工程科学,23(3):40-45.

陈春阳,陶泽兴,王焕炯,等,2012.三江源地区草地生态系统服务价值评估[J].地理科学进展,31(7):978-984.

成迪芳,程路,黄鹤楼,等,2021.宁波四明山樱花花期预报模型及检验[J].江苏林业科技,48(1):5.

崔景轩,李秀芬,郑海峰,等,2019.典型气候条件下东北地区生态系统水源涵养功能特征[J].生态学报,39(9):3026-3038.

封志明,杨艳昭,游珍,等,2014.基于分县尺度的中国人口分布适宜度研究[J].地理学报,69(6):723-737.

龚诗涵,肖洋,郑华,等,2017.中国生态系统水源涵养空间特征及其影响因素[J].生态学报,37(7):2455-2462.

国家林业局,2008.森林生态系统服务功能评估规范:LY/T 1721—2008[S].北京:林业出版社.

国家气象局,1993a.农业气象观测:上卷[M].北京:气象出版社.

国家气象局,1993b.农业气象观测:下卷[M].北京:气象出版社.

国家气象中心,2017.2016 年大气环境气象公报[R].https://www.cma.gov.cn/zfxxgk/gknr/gxbg/202301/t20230119_5273612.html.

贺晶,吴新宏,杨婷婷,等,2013.基于临界起沙风速的草地防风固沙功能研究[J].中国草地学报,35(5):103-107.

侯亚红,息涛,张蕊,等,2019.辽东枫叶变色气象条件分析和气象指数研究[J].中国农学通报,35(16):112-121.

侯英雨,毛留喜,钱拴,等,2006.青海省牧草产量的遥感估算及其时空分布规律[J].生态学杂志,25(11):1-7.

侯英雨,柳钦火,延昊,等,2007.我国陆地植被净初级生产力变化规律及其对气候的响应[J].应用生态学报,18(7):1546-1553.

侯英雨,毛留喜,李朝生,等,2008.中国植被净初级生产力变化的时空格局[J].生态学杂志,27(9):1455-1460.

环境保护部,2012.环境空气质量指数(AQI)技术规定(试行):HJ 633—2012[S].北京:环境出版社.

环境保护部,2013.环境空气质量评价技术规范(试行):HJ 663—2013[S].北京:环境出版社.

吉奇,谭政华,孙雪,等,2017.本溪市枫红指数预报方法研究[J].安徽农业科学,45(19):195-197.

季劲钧,胡玉春,1999.一个植被冠层物理传输和生理生长过程的多层模式[J].气候与环境研究,4(2):152-164.

江波,欧阳志云,苗鸿,等,2011.海河流域湿地生态系统服务功能价值评价[J].生态学报,31(8):2236-2244.

姜卫兵,徐莉莉,翁忙玲,等,2009.环境因子及外源化学物质对植物花色素苷的影响[J].生态环境学报,18(4):1546-1552.

康志明,桂海林,花丛,等,2016.国家级环境气象业务现状及发展趋势[J].气象科技进展,6(2):64-69.

李亚春,谢小萍,朱小莉,等,2016.结合卫星遥感技术的太湖蓝藻水华形成温度特征分析[J].湖泊科学,28

(6):1256-1264.

李艳春,2010. 宁夏干旱区气候承载力分布特征分析[J]. 干旱区资源与环境,24(8):96-100.

惠特克 RH,里思 H,1985. 生物圈的第一性生产力[M]. 北京:科学出版社.

刘春蓁,刘志雨,谢正辉,2004. 近50年海河流域径流的变化趋势研究[J]. 应用气象学报,15(4):385-393.

刘东,黄海清,李艳,等,2014. 浙江省森林生态服务价值估算及其逐月变异分析[J]. 地球信息科学学报,16(2):225-232.

刘宪锋,任志远,林志慧,2013. 青藏高原生态系统固碳释氧价值动态测评[J]. 地理研究,32(4):663-670.

罗晓春,杭鑫,曹云,等,2019. 太湖富营养化条件下影响蓝藻水华的主导气象因子[J]. 湖泊科学,31(5):1248-1258.

毛留喜,李朝生,侯英雨,等,2006. 2006年上半年全国生态气象监测与评估研究[J]. 气象,32(12):88-95.

毛留喜,钱拴,侯英雨,等,2007. 2006年夏季川渝高温干旱的生态气象监测与评估[J]. 气象,33(3):83-88.

毛留喜,侯英雨,钱拴,等,2008. 牧草产量的遥感估算与载畜能力研究[J]. 农业工程学报,24(8):147-151.

毛留喜,魏丽,2015. 特色农业气象服务手册[M]. 北京:气象出版社.

毛留喜,毕宝贵,孙涵,等,2019. 中国精细化农业气候资源图集[M]. 北京:气象出版社.

欧阳志云,王效科,苗鸿,1999a. 中国陆地生态系统服务功能及其生态经济价值的初步研究[J]. 生态学报,19(5):607-613.

欧阳志云,王如松,赵景柱,1999b. 生态系统服务功能及其生态经济价值评价[J]. 应用生态学报,10(5):124-129.

潘家华,郑艳,王建武,等,2014. 气候容量:适应气候变化的测度指标[J]. 中国人口·资源与环境,24(2):1-8.

钱拴,2009. 中国主要天然草地产草量气象预测方法[J]. 生态学杂志,28(6):1201-1205.

钱拴,2019. 生态气象与美丽中国[M]//苏国民,尹传红. 遇见科学. 北京:北京理工大学出版社.

钱拴,毛留喜,张艳红,2007a. 中国天然草地植被生长气象条件评价模型[J]. 生态学杂志,26(9):1499-1504.

钱拴,毛留喜,侯英雨,等,2007b. 青藏高原天然草地载畜能力和草畜平衡问题研究[J]. 自然资源学报,22(3):389-396.

钱拴,陈晖,王良宇,2007c. 全国棉花发育期业务预报方法研究[J]. 应用气象学报,18(4):539-547.

钱拴,毛留喜,侯英雨,等,2008. 北方草地生态气象综合监测预测技术及其应用[J]. 气象,34(11):62-68.

钱拴,延昊,吴门新,等,2020. 植被综合生态质量时空变化动态监测评价模型[J]. 生态学报,40(18):6573-6583.

钱拴,毛留喜,侯英雨,等,2022. 生态气象业务服务技术进展与展望[J]. 气象研究与应用,43(4):1-6.

秦其明,袁吟欢,陆荣建,2001. 卫星图像中不同水体类型识别研究[J]. 地理研究,20(1):62-67.

覃志豪,李文娟,徐斌,等,2004. 陆地卫星TM6波段范围内地表比辐射率的估计[J]. 国土资源遥感(3):28-33,36.

全国标准化原理与方法标准化技术委员会,2015. 标准化工作指南 第1部分:标准化和相关活动的通用术语:GB/T 20000.1—2014[S]. 北京:中国标准出版社.

全国农业气象标准化技术委员会,2013. 生态气象术语:QX/T 200—2013[S]. 北京:气象出版社.

全国农业气象标准化技术委员会,2015. 农业干旱等级:GB/T 32136—2015[S]. 北京:中国标准出版社.

全国农业气象标准化技术委员会,2017a. 草地气象监测评价方法:GB/T 34814—2017[S]. 北京:中国标准出版社.

全国农业气象标准化技术委员会,2017b. 植被生态质量气象评价指数:GB/T 34815—2017[S]. 北京:中国标准出版社.

全国农业气象标准化技术委员会,2019. 陆地植被气象与生态质量监测评价等级:QX/T 494—2019[S]. 北京:气象出版社.

全国农业气象标准化技术委员会,2021. 农业气象和生态气象资料分类与编码:QX/T 619—2021[S]. 北京:气象出版社.

全国气候与气候变化标准化技术委员会,2017a. 空气负(氧)离子浓度等级:QX/T 380—2017[S].北京:气象出版社.

全国气候与气候变化标准化技术委员会,2017b. 气象干旱等级:GB/T 20481—2017[S].北京:中国标准出版社.

饶恩明,2015. 中国生态系统土壤保持功能变化及其影响因素[D].北京:中国科学院大学.

饶恩明,肖燚,欧阳志云,等,2013. 海南岛生态系统土壤保持功能空间特征及影响因素[J].生态学报,33(3):746-755.

邵佳丽,郑伟,刘诚,2015. 卫星遥感洞庭湖主汛期水体时空变化特征及影响因子分析[J].长江流域资源与环境,8(8):1315-1321.

申陆,田美荣,高吉喜,等,2016. 浑善达克沙漠化防治生态功能区防风固沙功能的时空变化及驱动力[J].应用生态学报,27(1):73-82.

苏永秀,李政,吕厚荃,2008. 水分盈亏指数及其在农业干旱监测中的应用[J].气象科技,36(5):592-595.

孙涵,毛留喜,毕宝贵,等,2015. 中国精细化农业气候区划:产品制作与发布系统[M].北京:气象出版社.

王经民,戴夏燕,1997. 陕西省气候资源生产潜力与土地人口承载力的研究[J].水土保持通报,17(1):13-17.

王姝,张艳芳,位贺杰,等,2015. 生态恢复背景下陕甘宁地区 NPP 变化及其固碳释氧价值[J].中国沙漠(5):311-318.

魏玉蓉,潘学标,敖其尔,等,2007. 草地牧草物候发育模型的应用研究——以锡林郭勒草原为例[J].中国生态农业学报,15(1):117-121.

肖寒,欧阳志云,赵景柱,等,2000. 森林生态系统服务功能及其生态经济价值评估初探——以海南岛尖峰岭热带森林为例[J].应用生态学报,11(4):481-484.

谢高地,张彩霞,张昌顺,等,2015. 中国生态系统服务的价值[J].资源科学,37(9):1740-1746.

徐玲玲,延昊,钱拴,2020. 基于 MODIS-NDVI 的 2000—2018 年我国北方土地沙化敏感性时空变化[J].自然资源学报,35(4):925-936.

延晓冬,赵俊芳,2007. 基于个体的中国森林生态系统碳收支模型 FORCCHN 及模型验证[J].生态学报,27(7):2684-2694.

阳柏苏,赵同谦,尹刚强,等,2006. 张家界景区 1990—2000 年生态系统服务功能变化研究[J].林业科学研究,19(4):517-522.

杨军,2012. 气象卫星及其应用[M].北京:气象出版社.

杨军,董超华,2012. 新一代风云极轨气象卫星业务产品及应用[M].北京:科学出版社.

姚建国,郑伟,邵佳丽,2018. FY3/MERSI 卫星资料监测淮河水体方法及应用[J].水文,38(3):66-68.

于新文,2019. 着力提高气象标准化水平 助推气象事业高质量发展[J].气象标准化(2):8-14.

宇如聪,2009. 加强气象标准化工作 保障和促进气象事业科学发展[J].气象标准化(2):10-16.

张恒德,张碧辉,吕梦瑶,等.2017. 北京地区静稳天气综合指数的初步构建及其在环境气象中的应用[J].气象,43(8):998-1004.

张继权,李宁,2007. 主要气象灾害风险评价与管理的数量化方法及其应用[M].北京:北京师范大学出版社:264-293.

张天航,迟茜元,张碧辉,等,2020. 全国网格化多模式集成空气质量预报的初步建立[J].气象,46(3):381-392.

张文建,刘诚,2004. 卫星遥感监测大气与环境科学原理和技术——2002 年度卫星遥感监测与分析[M].北京:气象出版社.

张心竹,王鹤松,延昊,等,2021. 2001—2018 年中国总初级生产力时空变化[J].生态学报,41(16):6351-6362.

张雪峰,牛建明,张庆,等,2015. 内蒙古锡林河流域草地生态系统土壤保持功能及其空间分布[J].草业学报,24(1):12-20.

张艳红,2007. 低温对丹东杜鹃花花期的影响[J].安徽农业科学,2007,35(26):8213,8228.

张艳红,吕厚荃,李森,2008. 作物水分亏缺指数在农业干旱监测中的适用性[J]. 气象科技,36(5):596-600.

赵俊芳,延晓冬,朱玉洁. 2007. 陆地植被净初级生产力研究进展[J]. 中国沙漠,27(5):780-785.

赵俊芳,延晓冬,贾根锁. 2008. 东北森林净第一性生产力与碳收支对气候变化的响应[J]. 生态学报,28(1):93-102.

赵俊芳,延晓冬,贾根锁. 2009. 基于 FORCCHN 的未来东北森林生态系统碳储量模拟[J]. 地理科学,29(5):690-696.

赵俊芳,曹云,马建勇,等,2018. 基于遥感和 FORCCHN 的中国森林生态系统 NPP 及生态服务功能评估[J]. 生态环境学报,27(9):1585-1592.

赵同谦,欧阳志云,贾良清,等,2004. 中国草地生态系统服务功能间接价值评价[J]. 生态学报,24(6):1101-1110.

郑华,徐华山,李云开,2016. 海河流域生态系统评估[M]. 北京:科学出版社.

郑伟,刘诚,2014. FY-3 卫星洪涝灾害监测应用[J]. 上海航天,34(4):73-78.

中国标准化研究院,2018. 标准体系构建原则和要求:GB/T 13016—2018[S]. 北京:中国标准出版社.

中国气象服务协会,2017. 天然氧吧评价指标:T/CMSA—2017[S]. 北京:中国气象服务协会.

中国气象局,2003. 地面气象观测规范[M]. 北京:气象出版社.

中国气象局,2005. 生态气象观测规范(试行)[M]. 北京:气象出版社.

中国气象局,国家标准化管理委员会,2020. 气象标准化管理规定[Z].

中国气象局应急减灾与公共气象服务司,2015.《农业干旱监测预报评估业务规定(试行)》(气减函〔2015〕24号)[Z].

仲舒颖,葛全胜,戴君虎,等,2017. 中国典型观赏植物花期模型建立及过去花期变化模拟[J]. 资源科学,39(11):2116-2129.

周福,1998. 重大气象灾害(台风、暴雨)服务效益评估研究[J]. 科技通报,14(1):39-43,49.

周广胜,张新时,1995. 自然植被净第一性生产力模型初探[J]. 植物生态学报,19(3):193-200.

朱好,张宏升,2010. 中国西北不同沙源地区起沙阈值的对比分析与研究[J]. 气象学报,68(6):977-984.

ALBERTIM,2008. Advances in Urban Ecology:Integrating Humans and Ecological Processes in Urban Ecosystems[M]. New York:Springer.

ALLEN R G ,1998. Crop evapotranspiration:guidelines for computing crop water requirements [M]. Rome:Food and Agriculture Organization of the United Nations.

COSTANZA R,1997. The value of the world's ecosystem services and natural capital[J]. Nature,387:253-260.

DAILY G C,1997. Nature's Services:Societal Dependence on Natural Ecosystems[M]. Washington D C:Island Press.

DAN L,JI J,LI Y,2005. Climatic and biological simulations in a two-way coupled atmosphere-biosphere model (CABM)[J]. Global and Planetary Change,47(2/4):153-169.

DAN L,JI J,HE Y,2007a. Use of ISLSCP Ⅱ data to intercompare and validate the terrestrial net primary production in a land surface model coupled to a general circulation model[J]. Journal of Geophysical Research,(112):1-18.

DAN L,JI J,2007b. The surface energy,water,carbon flux and their intercorrelated seasonality in a global climate-vegetation coupled model[J]. Tellus B,59(3):425-438.

DAN L,CAO F Q,GAO R,2015. The improvement of a regional climate model by coupling a land surface model with eco-physiological processes:A case study in 1998[J]. Climatic Change,129(3-4):457-470.

DAN L,YANG X J,YANG F Q,et al,2020. The integration of nitrogen dynamics into the land surface model AVIM. Part 2:Baseline data and variation of carbon and nitrogen fluxes in China[J]. Atmospheric and Oceanic Science Letters ,13(6):518-526.

FANG J,LUTZ J A,WANG L,et al,2020a. Using climate-driven leaf phenology and growth to improve predictions of gross primary productivity in north American forests[J]. Global Change Biology,26:6974-6988.

FANG J,LUTZ J A,SHUGART H,et al,2020b. A physiological model for predicting dynamics of tree stem-wood nonstructural carbohydrates[J]. Journal of Ecology,108:702-718.

FANG J,LUTZ J A,SHUGART H H,et al,2021. Improving intra- and inter-annual GPP predictions by using individual tree inventories and leaf growth dynamics[J]. Journal of Applied Ecology,58:2315-2328.

GOETZ S J,PRINCE S D,GOWARD S N,et al,1999. Satellite remote sensing of primary production: an improved production efficiency modeling approach[J]. Ecological Modelling:122(3):239-255.

GOWARD,S N,DYE D G,1987. Evaluating North-American net primary productivity with satellite observations[J]. Advanced Space Research,7(11):165-174.

GRIMMOND C S B,OKET R,1999. Aerodynamic properties of urban areas derived from analysis of surface form[J]. Journal of Applied Meteorology,38 (38):1262-1292.

JI J,1995. A climate-vegetation interaction model:Simulating physical and biological processes at the surface [J]. Journal of Biogeography,22:445-451.

JI J,HU Y,1989. A simple land surface process model for use in climate studies[J]. Acta Meteorologic Sinica,3:342-351.

JÖNSSON P,EKLUNDH L,2004. Timesat—a program for analyzing time-series of satellite sensor data[J]. Comput Geosci,30:833-845.

LIETH H,1975a. Primary Production of the Major Vegetation Units of the World[M]// Lieth H. ,Whittaker R. H. (eds) Primary Productivity of the Biosphere. Ecological Studies (Analysis and Synthesis). Berlin: Springer,14.

LIETH H,1975b. Modeling the primary productivity of the world[J]. Nature&Resources,8(1): 237-263.

LIU B L,QU JJ,NING D H,et al. 2019. WECON: A model to estimate wind erosion from disturbed surfaces [J]. Catena,172(2019):266-273.

MCFEETERS S K,1996. The use of normalized difference water index (NDWI) in the delineation of open water features[J]. International Journal of Remote Sensing,17(7):1425-1432.

MELILLO J M,MCGUIRE A D,KICKLIGHTER,D W,et al,1993. Global climate change and terrestrial net primary production[J]. Nature,363: 234-240.

NOZAKI K Y,1973. Mixing depths model using hourly surface observations[R]. USAF Environmental Technical Applications Center,Report 7053.

QIAN S,FU Y,PAN F F,2010. Climate change tendency and grassland vegetation response during the growth season in the Three-Rivers source region[J]. Science China: Earth Sciences,53(10):1506-1512.

QIAN S,WANG L Y,GONG X F. 2012. Climate change and its effects on grassland productivity and carrying livestock in the main grassland in China[J]. The Rangeland Journal,34(4):341-347.

QIAN S,PAN F F,WU M X,et al,2022. Appropriated protection time and region for Qinghai-Tibet Plateau grassland[J]. Open Geosciences,14: 706-716.

SIMS D A,RAHMAN A F,CORDOVA V D,et al,2006. On the use of MODIS EVI to assess gross primary productivity of North American ecosystems[J]. J Geophys Res,111: G04015.

XU L L,NIU B,ZHANG X Z,et al,2021. Dynamic threshold of carbon phenology in two cold temperate grasslands in China[J]. Remote sensing,13574.

YAN H,WANG S Q,BILLESBACHD,et al,2015. Improved global simulations of gross primary product based on a new definition of water stress factor and a separate treatment of C3 and C4 plants[J]. Ecological Modelling,297: 42-59.

YAN H,WANG S,WANGJ,et al,2019. Multimodel analysis of climate impacts on plant photosynthesis in China during 2000－2015[J]. International Journal of Climatology,39: 5539-5555.

YANG X J,DAN L,YANG F Q,et al,2019. The integration of nitrogen dynamics into a land surface model. Part 1:model description and site-scale validation[J]. Atmospheric and Oceanic Science Letters,12(1):

50-57.

ZAKŠEK K,OŠTIR K,KOKALJ Z,2011. Sky view factor as a relief visualization technique[J]. Remote Sensing,3:398-415.

ZHANG X,FRIEDL M A,SCHAAFC B,et al,2003. Monitoring vegetation phenology using MODIS[J]. Remote Sens Environ,84:471-475.

ZHAO M,RUNNING S W,2010. Drought-induced reduction in global terrestrial net primary production from 2000 through 2009[J]. Sciencen,329:940-943.